高等学校规划教材

材料热工基础

张美杰　主编

北　京
冶 金 工 业 出 版 社
2024

内 容 提 要

本教材着重介绍材料生产过程中所涉及的热工基本理论及相关设备，主要包括流体力学、传热学、传质原理、干燥过程与设备、燃料及其燃烧。该教材注重介绍热工理论的研究方法与解决问题的思路，使学生加深对理论的理解与应用，培养和提高学生分析与解决问题的能力。

本教材可作为高等院校材料学专业的师生教学使用，也可供从事相关专业的工程技术人员等参考。

图书在版编目(CIP)数据

材料热工基础/张美杰主编．—北京：冶金工业出版社，2008.4(2024.7 重印)

高等学校规划教材

ISBN 978-7-5024-4451-8

Ⅰ. 材…　Ⅱ. 张…　Ⅲ. 材料科学：热工学—高等学校—教材　Ⅳ. TB3　TK12

中国版本图书馆 CIP 数据核字（2008）第 053745 号

材料热工基础

出版发行	冶金工业出版社	**电　　话**	(010)64027926
地　　址	北京市东城区嵩祝院北巷 39 号	**邮　　编**	100009
网　　址	www.mip1953.com	**电子信箱**	service@mip1953.com

责任编辑　李培禄　美术编辑　彭子赫　版式设计　张　青

责任校对　卿文春　责任印制　窦　唯

北京印刷集团有限责任公司印刷

2008 年 4 月第 1 版，2024 年 7 月第 10 次印刷

787mm×1092mm　1/16；18.75 印张；1 插页；505 千字；290 页

定价 40.00 元

投稿电话　(010)64027932　投稿信箱　tougao@cnmip.com.cn

营销中心电话　(010)64044283

冶金工业出版社天猫旗舰店　yjgycbs.tmall.com

（本书如有印装质量问题，本社营销中心负责退换）

前　言

随着教学改革的不断深入，材料类各专业方向逐步趋于统一，不少学校已经按照材料科学与工程大专业招生，《材料热工基础》课程成为了专业基础平台课程，分散在原来各专业方向的《热工》、《化工原理》等课程都统一到了这门课程中。《热工基础》是材料类各专业方向重要的主干专业基础课程，服务于《窑炉学》、《材料机械过程和设备》等课程，在专业建设和学生培养中具有重要作用，但现在能够选用的教材大多是20世纪90年代以前的教材或是其缩写本，有着明显的专业方向特色，不能满足当今的教学需要。本教材是本着重视基础、淡化专业、加强实践的原则，参照材料类专业“热工基础”教学基本要求，结合长期从事教学和科研的经验编写而成。编者力图使本书在内容和体系上有较大的改革和突破，以适应新世纪人才培养的需要。

本书在体系上把原来分散在《流体力学》和《热工基础》等不同教材中的内容融合在一起，主要介绍了材料生产过程中所涉及的热工基本理论及相关设备，主要包括流体力学、传热学、传质原理、干燥过程与设备、燃料及其燃烧，在篇幅允许的范围内，尽量介绍热工领域的新成果、新发展，以拓宽学生视野。在写法上，本书注重基本概念、基本原理的介绍，注重基本原理物理意义的解释及其在材料工程中的应用，简化了部分繁琐的数学推导，加强了对知识的理解和应用。因此，在对流传热、对流传质部分，在介绍了描述这些现象的特征数后，介绍了一些主要的、工程中应用较为广泛的特征数关联式，以便对典型的对流传热、对流传质问题进行计算。

本书由武汉科技大学张美杰担任主编，并编写前言、第1章、第2章的2.1、2.4、第5章的5.4.3；重庆科技学院的孔松涛编写第2章的2.2、2.3、2.5；中国地质大学（武汉）的栗海峰编写第3章、第4章的4.1、4.3、4.4、4.5，第5章的5.2；河南科技大学的孟庆新编写第4章的4.2，第5章的5.3；武汉科技大学的杜建明编写第5章的5.1、5.4.1、5.4.2。全书由张美杰统稿。

武汉科技大学汪厚植教授、郑州大学管宗甫教授担任主审，且在本书的编写过程中给予了热情帮助和指正；武汉科技大学程玉保副教授对全书进行了审阅，并提出了宝贵建议。

本书在编写中，参考了相关教材及专著，得到了清华大学的过增元院士、孟继安老师、曹炳阳老师等的支持与帮助，在此一并表示衷心的感谢。

本书可作为材料科学与工程专业、材料成型与控制工程专业、化工工程专业、冶金工程及相关专业的热工基础课程教材，也可为研究生、教师及工程技术人员的参考书。为使本书适用面广，编写中涉及内容相对较多，教师在授课时可根据不同专业的具体要求选取所学内容，以决定详授还是略讲。

由于编者水平所限，书中不妥之处，敬请读者批评指正。

编　者
2008 年 3 月

目　　录

1 流体力学及流体输送设备

1.1 概述

1.1.1 流体力学的研究内容、研究方法及应用

流体力学是研究流体（包括液体、气体）的平衡与宏观运动规律以及流体与周围物体之间相互作用的科学，是近代力学的一大分支。它研究流体平衡的条件及其压强分布规律；研究流体运动的基本规律；研究流体流过某通道时的速度分布、压强分布和能量损失；研究流体与周围物体之间的相互作用。

目前研究流体力学问题的方法概括起来共有三种：实验研究法、理论分析法和数值计算法。

实验研究法是根据所给定的问题，准备实验条件，制订实验方案并进行实验，然后整理和分析实验结果，并与其他方法或其他著作所得结果进行比较，最后得出结论。实验研究法是流体力学发展过程中最早使用的一种方法。例如，我国墨子（约公元前468 ~ 前376年）对浮力原理的初步探讨，公元前300年我国都江堰灌渠工程的治水经验等。实验研究法可以直接解决生产中的复杂问题，实验结果可靠。但对于一些复杂问题，如大气环流、碳酸盐油田的渗流等，则无法在实验室内进行实验研究。

理论分析法一般是在实践与实验的基础上对运动流体提出合理的假设，建立简化的力学模型，再根据物理与一般力学中的原理与定理，建立基本方程，根据边界条件及初始条件求数学解析解，并与实验结果作比较。该方法推导严谨，结果精确，但只局限于比较简单的理论模型。对于复杂的流体力学问题，理论分析法无能为力，只能用理论指导下的实验研究或数值计算方法进行研究。

数值计算方法是随着计算方法及电子计算机技术的发展而发展起来的，它是在理论分析的基础上，采用数值计算方法，通过编制计算机程序求解基本方程，得出趋近于解析解的近似解。数值计算方法可以求解许多理论分析法无法完全解决的问题，而且可以大大节省实验研究的时间和经费。但它的数学模型必须以理论分析和实验研究为基础，而且往往难于包括实际流动的所有物理特性。

理论分析、实验研究和数值计算三种方法各有利弊，相辅相成。理论指导实验研究和数值计算，使之富有成效，少出偏差；实验用来检验理论分析和数值计算结果的正确性，提供建立理论模型和研究流动规律的依据；数值计算可以弥补理论分析和实验研究的不足，对复杂的流体力学问题进行既快又省的计算分析。这三种方法的综合应用，必将进一步促进流体力学的飞速发展。

流体力学在日常生活及许多工业技术中有着广泛的应用，如在航空、化工、动力、水利、材料、冶金等工业部门中均占有重要的地位。无机非金属材料工业中的许多问题，如窑炉内气体的流动、风机等流体机械的选型、设计等，都离不开流体力学的基本理论。因此，流体力学是许多工业技术部门必须应用和研究的一门重要科学。

1.1.2　流体的概念

通俗地讲，凡能够流动的物体统称为流体。用力学术语进行定义，流体是指在任何微小的剪切力下都将发生连续变形的物体。液体、气体统称为流体。

固体和流体具有不同的特征：固体具有一定的形状，流体没有固定的形状，其形状取决于限制它的固体边界；流体各个部分之间很容易发生相对运动，这就是流体的流动性，它是流体区别于固体的根本属性。当切应力停止时，在弹性极限内固体可以恢复原来的形状，而流体只是停止变形，而不能恢复到原来的位置；在静止状态下，固体能够同时承受法向应力和切向应力，而流体仅能够承受法向应力，只有在运动状态下才能够同时承受法向应力和切向应力。

流体与固体之间并没有明显的界线，同一物质在不同的条件下可以呈现不同的力学特性，既可能呈现流体的特性，也可能呈现固体的特性。如沥青，在短期载荷下可作固体处理，而在长期载荷下，表现出流体特性。介于流体和固体力学特性间的还有塑性体等其他物质。

1.1.3　连续介质模型

由于构成流体的无数分子之间存在间隙，因此从微观上看，流体是不连续的。但流体力学并不研究流体的微观分子运动，而只研究流体的宏观平衡与机械运动规律，只考虑大量分子运动的统计平均特性。因此，1775 年首先由欧拉提出连续介质模型的假设：（1）不考虑分子间隙，认为介质是连续分布于流体所占据的整个空间；（2）表征流体属性的诸物理量，如密度、速度、压强、切应力、温度等在流体连续流动时是时间与空间坐标变量的单值、连续函数。这样就可以利用数学分析这一有力的数学工具研究确定流体的平衡与机械运动规律。在研究流体宏观平衡与运动规律时，所取得最小流体微元称为流体质点，它是体积无穷小而又包含有大量分子的流体微团。从宏观上看，该微团的尺度充分的小，小到在数学上可以看作一个点来处理；而从微观上看，和分子的平均自由程比，该微团的尺度又足够大，大到包含有足够多的分子，使得这些分子的共同物理属性的统计平均值有意义。

实践证明，采用连续介质模型来解决一般工程实际问题，其结果是能满足要求的。例如，在标准状态下，$1mm^3$的水中约包含有 3.4×10^{19}个水分子（分子平均自由程为 7×10^{-5}mm），$1mm^3$的空气中约有 2.7×10^{16}个分子（分子平均自由程为 3×10^{-7}mm），即使在 $10^{-10}mm^3$的体积（相当于一粒灰尘体积）里，空气还有 2.7×10^6个分子。这么多的分子，其物理量仍然具有统计平均的特性，因此，在流体力学中采用连续介质模型是合理的。

在一些特殊的场合，当所研究问题的特征尺寸接近或小于分子大小及其运动平均自由程时，连续介质假设就不再合理。例如研究高空稀薄气体中飞行的物体，在 120km 高空处空气平均自由行程约为 1.3m，连续介质模型就不适用了，必须用分子运动论的研究方法。

1.1.4　流体的主要物理性质

流体不同于固体的基本特性是流体的流动性。而流体的流动性取决于流体本身的物理性质，如物质的分子间距、温度等。一般来讲，物质的流动性与分子间距成正比，即分子间距越大，流动性越大，如气体流动性优于液体，液体又优于固体。

1.1.4.1　流体的惯性

惯性是物体保持原有运动状态的性质，凡改变物体的运动状态，都必须克服惯性作用。质量是惯性大小的度量。单位体积的质量称为密度，以符号 ρ 表示，单位为 kg/m^3。流体中某点的密度就是该点单位体积流体的质量，若流体的质量为 Δm，体积为 ΔV，则密度可表示为

$$\rho = \lim_{\Delta V \to 0} \frac{\Delta m}{\Delta V} = \frac{dm}{dV} \quad (1\text{-}1)$$

在均质流体中，各点的密度相同，设其体积为 V，质量为 m，则

$$\rho = \frac{m}{V} \quad (1\text{-}2)$$

密度取决于流体的种类、温度与压强。液体的密度随压强和温度的变化影响很小，一般可视为常数，例如水的密度为1000kg/m^3，水银的密度为13550kg/m^3。

在一个标准大气压条件下，水的密度见表1-1，几种常见流体的密度见表1-2。

表 1-1　水的密度

温度/℃	0	4	10	20	30	40	50	60	80	100
密度/kg·m^{-3}	999.87	1000.00	999.73	998.23	995.67	992.24	988.07	983.24	971.83	958.38

表 1-2　几种常见流体的密度

流体名称	空　气	酒　精	四氯化碳	水　银	汽　油	海　水
温度/℃	20	20	20	20	15	15
密度/kg·m^{-3}	1.20	799	1599	13550	700~750	1020~1030

流体名称	氧　气	氢　气	氮　气	二氧化碳	一氧化碳	二氧化硫	水蒸气
温度/℃	0	0	0	0	0	0	0
密度/kg·m^{-3}	1.429	0.0899	1.251	1.976	1.250	2.927	0.804

对于气体，则其密度受压强和温度的影响很大。对于理想气体来说，它们之间的关系服从状态方程

$$\frac{p}{\rho} = RT/M \quad (1\text{-}3)$$

式中　p——作用于气体的绝对压强，Pa；

ρ——气体的密度，kg/m^3，标准状态下空气的密度为1.293kg/m^3；

T——气体的热力学温度，K；

R——摩尔气体常数，其数值是8314，J/(kmol·K)；

M——气体的平均分子量。

气体混合物的组成通常以体积分数 φ 表示，其混合密度的计算方法如下：以1m^{3}混合物为基准，其中各组分的质量以千克计，分别为 $\varphi_1\rho_1$，$\varphi_2\rho_2$，…，$\varphi_n\rho_n$，这些数值之和即为1m^{3}混合气体的质量，故混合气体的密度为

$$\rho = \varphi_1\rho_1 + \varphi_2\rho_2 + \cdots + \varphi_n\rho_n \quad (1\text{-}4)$$

理想气体混合物中各组分的体积分数与其摩尔分数 x 相等，故式（1-4）中各 φ 在计算理想气体时也可用 x 代替。

液体混合物的组成通常以质量分数 w 表示，要计算其密度，可取1kg混合物为基准。这1kg混合物中，各组分单独存在时它们的体积以立方米计分别为 w_1/ρ_1，w_2/ρ_2，…，w_n/ρ_n，假定混合后总体积不变，则这些数值之和就是1kg混合物的体积，亦即其密度的倒数 $1/\rho$，于是

$$\frac{1}{\rho} = \frac{w_1}{\rho_1} + \frac{w_2}{\rho_2} + \cdots + \frac{w_n}{\rho_n} \quad (1\text{-}5)$$

密度的倒数称为比容，即单位质量流体所占据的体积，用符号 ν 表示，其 SI 单位为 m^3/kg。可表示为

$$\nu = \frac{V}{m} = \frac{1}{\rho} \tag{1-6}$$

在共同的特定条件下，流体的密度与另一参考流体的密度的比值称为该流体的相对密度，又称作流体的比重，用符号 s 表示，即：

$$s = \rho_f / \rho_w \tag{1-7}$$

式中 ρ_f——某流体的密度，kg/m^3；

ρ_w——参考流体的密度，kg/m^3。

对于液体，常选4℃纯水作为参考流体，其密度为 $1000kg/m^3$；对于气体通常选一个大气压下0℃的空气或氢气作为参考流体。相对密度是一个无量纲量。

单位体积流体的重力称为流体的重度，用符号 γ 表示。重度与密度有如下关系：

$$\gamma = \rho g \tag{1-8}$$

式中 g——重力加速度，m/s^2。

【例 1-1】 锅炉烟气各组分气体的体积分数分别为 $\varphi_{CO_2} = 13.6\%$，$\varphi_{SO_2} = 0.4\%$，$\varphi_{O_2} = 4.2\%$，$\varphi_{N_2} = 75.6\%$，$\varphi_{H_2O} = 6.2\%$。试求标态下烟气的密度。

【解】 由表 1-2 查得在标准状态下，$\rho_{CO_2} = 1.976kg/m^3$，$\rho_{SO_2} = 2.927kg/m^3$，$\rho_{O_2} = 1.429kg/m^3$，$\rho_{N_2} = 1.25kg/m^3$，$\rho_{H_2O} = 0.804kg/m^3$。将已知数据代入式（1-4），得标准状态下烟气的密度为

$$\begin{aligned}\rho &= 1.976 \times 0.136 + 2.927 \times 0.004 + 1.429 \times 0.042 + 1.25 \times 0.756 + 0.804 \times 0.062 \\ &= 1.335kg/m^3\end{aligned}$$

1.1.4.2 流体的压缩性与膨胀性

流体与固体相比有较大的压缩性与膨胀性。流体的压缩性是指在温度一定时，流体的体积或密度随压强改变的性质，而流体的膨胀性指在压强一定时流体的体积或密度随温度改变的性质。

流体的压缩性用体积压缩系数来表示，指在一定温度下，单位压力增量产生的体积相对减少率，即

$$\beta_p = -\frac{dV/V}{dp} = -\frac{1}{V}\frac{dV}{dp} \tag{1-9}$$

式中，β_p 的单位是压力单位的倒数，1/Pa，恒为正值。显然，β_p 值大，表示流体的可压缩性大；反之则表示可压缩性小。

压缩系数的倒数 E 称作体积弹性模量，简称为弹性模量，它是单位体积缩小所需的压强增量，即

$$E = \frac{1}{\beta_p} = -\frac{dp}{dV/V} = -V\frac{dp}{dV} = \rho\frac{dp}{d\rho} \tag{1-10}$$

式中 E——弹性模量，Pa。

弹性模量越大，说明流体越不容易被压缩，即流体的弹性越大。

气体和液体两种流体的主要差别在于它们的可压缩性不同，因而有不同的流体力学表现。如在20℃ 1个标准大气压下，水的可压缩性系数 $\beta_p = 4.532 \times 10^{-10}$ 1/Pa，理想气体的可压缩性

系数 $\beta_p=9.869\times10^{-6}1/\mathrm{Pa}$，可见水的可压缩性远远小于气体。气体的压缩性与热力过程有关。例如，对于等温过程，

$$\frac{p}{\rho}=\text{常数} \tag{1-11}$$

即密度与压强成正比，这时必须考虑气体的压缩性。但是，在通常情况下（如外界温度变化不大），若气流的速度远小于声速，则流场中由速度改变而引起的压强变化不大，相应的密度变化亦不大。例如，当空气的气流速度小于100m/s时，利用伯努利方程式求得流场中的密度变化约小于5%，此时我们可近似地认为气体与液体一样，不考虑其压缩性。

流体的膨胀性用体膨胀系数 α_V 表示，它是压强一定而温度升高一个单位时流体的体积增加率，即：

$$\alpha_V=-\frac{\mathrm{d}V/V}{\mathrm{d}T}=-\frac{1}{V}\frac{\mathrm{d}V}{\mathrm{d}T} \tag{1-12}$$

式中　α_V——体膨胀系数，1/K 或 1/℃。

液体的体膨胀系数很小。例如，水在1工程大气压（0.098MPa）条件下，10～20℃时，$\alpha_V=150\times10^{-6}1/℃$，说明温度升高1℃时，水的体积仅仅增加了1.5/10000。但是气体的膨胀性较大。对于自然对流与传热学中的问题，当气体被加热或冷却时，必须考虑气体的膨胀性。气体的膨胀性与其热力过程有关。如，对于等压过程，

$$\rho T=\text{常数} \tag{1-13}$$

即密度与温度成反比，这时必须考虑气体的膨胀性。但是，通常情况下当气流速度远小于声速时，流场中速度改变而引起的温度变化不大，相应的密度变化也不大，此时可近似忽略气体的膨胀性。

理论上，所有流体都是可压缩的，只是程度不同而已。但在流体力学中，为了处理问题的方便，常将压缩性很小的流体近似看作不可压缩流体，它的密度看作常数，否则就是可压缩性流体。在研究具体问题时，流体（无论气体还是液体）是不是可压缩性的，判断的依据主要是可压缩性对流体运动影响的大小，或者问题研究所要求的近似程度。

1.1.4.3　流体的黏滞性

流体在受到外部剪切力作用时发生变形（流动），其内部相应要产生对变形的抵抗，并以内摩擦力的形式表现出来。流体表面在外部剪切力作用下发生流动，由于流体分子间的相互作用，表面流体将带动下面的流体流动，同时下面的流体要阻止上面部分流体的流动，从而使得流体速度 u 沿深度方向不断减小。设想在流体中有一个平面将流体分为上下两部分，则上下两部分流体接触面上必然存在阻碍相对运动的摩擦力，如图1-1所示。由于这种摩擦力出现在流体内部，因此把它称为流体内摩擦力。所有流体在有相对运动时都要产生内摩擦力，这是流体的一种固有物理属性，称为流体的黏滞性或黏性。

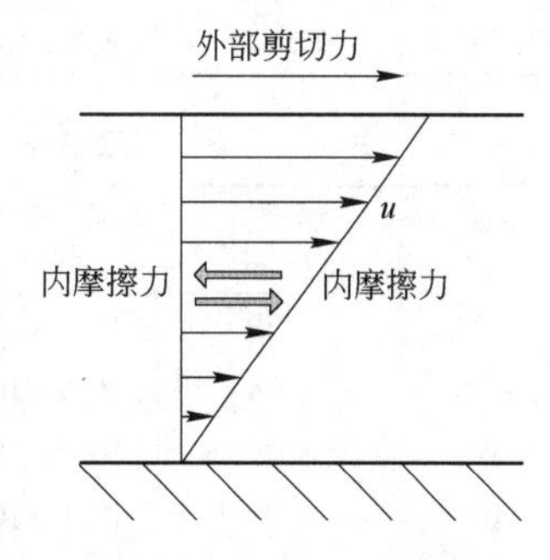

图1-1　流体的内摩擦力

流体的内摩擦力与运动速度梯度的关系，首先由牛顿在1687年根据试验结果提出，后经试验研究进一步验证，这就是后人所称的“牛顿内摩擦定律”或“牛顿剪切定律”。

该定律可表述为：流体层之间单位面积的内摩擦力与流体变形速率即速度梯度成正比。

如图 1-2 所示为两块平行的薄板 A 和 B，其间充满流体，A 以速度 u_0 运动，B 静止。平板 A 的运动相当于在流体表面作用了一个剪切力，因此流体要发生流动。显然，流体的流动只发生在 x 方向，而且速度只随 y 变化，即 $u = u(y)$。在与平板 A 接触处，流体的运动速度与 A 相等，沿 y 的负方向流体速度逐渐降低，直到平板 B 表面上流体速度为 0。流体沿 y 方向的变形速率或速度梯度可以表示为 $\mathrm{d}u/\mathrm{d}y$。于是，若用 τ 来代表流体层之间单位面积上的内摩擦力，则根据牛顿剪切定律有

$$\tau \propto \frac{\mathrm{d}u}{\mathrm{d}y} \tag{1-14}$$

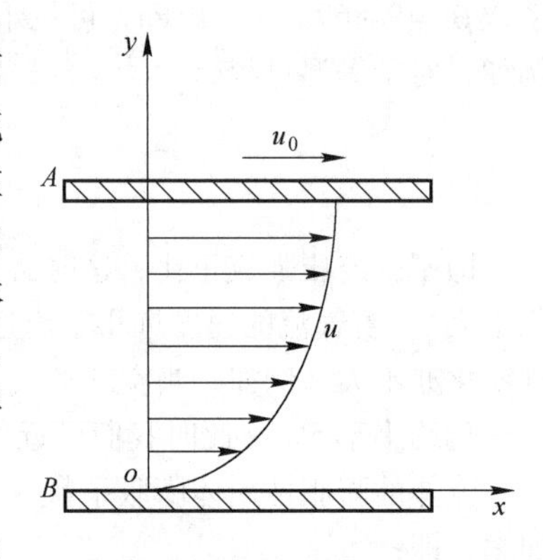

图 1-2　牛顿剪切定律说明图

引入比例系数 μ，则式（1-14）可写成

$$\tau = \mu \frac{\mathrm{d}u}{\mathrm{d}y} \tag{1-15}$$

式（1-15）为牛顿黏性定律的数学表达式。式中，比例系数 μ 就是代表流体黏滞性的物理量，反映了流体内摩擦力的大小，称为流体的动力黏性系数或黏度。

μ 在数值上等于速度梯度为 1 时单位面积上内摩擦力的大小，在国际单位制中，其单位为 Pa·s（帕·秒）。

在流体力学的分析计算中，常常把流体的黏度 μ 和密度 ρ 这两个物理量结合在一起以 μ/ρ 的形式出现。由此引出另一个参数，来表示这种比值

$$\nu = \frac{\mu}{\rho} \tag{1-16}$$

式中　ν——运动黏性系数或运动黏度，$\mathrm{m^2/s}$。

表 1-3 列出了不同温度下水的黏度。表 1-4 列出了 101.325kPa 压强下不同温度时空气的黏度。

表 1-3　水的黏度

温度 t /℃	密度 ρ /$\mathrm{kg \cdot m^{-3}}$	动力黏度 μ /Pa·s	运动黏度 ν /$\mathrm{m^2 \cdot s}$	温度 t /℃	密度 ρ /$\mathrm{kg \cdot m^{-3}}$	动力黏度 μ /Pa·s	运动黏度 ν /$\mathrm{m^2 \cdot s}$
0	999.87	1795×10^{-6}	1.80×10^{-6}	60	983.24	474×10^{-6}	0.482×10^{-6}
10	999.73	1304×10^{-6}	1.30×10^{-6}	80	971.83	357×10^{-6}	0.368×10^{-6}
20	998.23	1005×10^{-6}	1.01×10^{-6}	100	958.38	283×10^{-6}	0.296×10^{-6}
40	992.24	655×10^{-6}	0.661×10^{-6}				

表 1-4　在 1 标准大气压（101325Pa）下空气的黏度

温度 t /℃	密度 ρ /$\mathrm{kg \cdot m^{-3}}$	动力黏度 μ /Pa·s	运动黏度 ν /$\mathrm{m^2 \cdot s}$	温度 t /℃	密度 ρ /$\mathrm{kg \cdot m^{-3}}$	动力黏度 μ /Pa·s	运动黏度 ν /$\mathrm{m^2 \cdot s}$
−20	1.39	15.6×10^{-6}	11.3×10^{-6}	40	1.12	19.1×10^{-6}	17.0×10^{-6}
−10	1.34	16.2×10^{-6}	12.1×10^{-6}	60	1.06	20.3×10^{-6}	19.2×10^{-6}
0	1.29	16.8×10^{-6}	13.0×10^{-6}	80	0.99	21.5×10^{-6}	21.7×10^{-6}
10	1.25	17.4×10^{-6}	13.9×10^{-6}	100	0.94	22.9×10^{-6}	24.5×10^{-6}
20	1.21	18.2×10^{-6}	14.9×10^{-6}				

流体的黏度与温度有密切关系。由表1-3、表1-4可知，水与空气的黏度随温度变化的规律是不相同的，这是由于构成其黏性的主要因素不同。液体分子间的吸引力比气体要大得多，分子间的吸引力是构成液体黏性的主要因素。当温度上升时，分子间的空隙增大，吸引力减小，故液体的黏度降低。相反，气体分子间的吸引力微不足道，构成气体黏性的主要因素是气体分子做不规则热运动时，在不同流层间所进行的动量交换。温度越高，热运动产生的动量交换越强，气体的黏度越大。因此，一般情况下，液体的黏度随温度升高而下降，而气体的黏度则随温度的升高而升高。

普通的压力对流体的黏度几乎没有什么影响，因此在压力变化不大时可以只考虑黏度随温度的变化。例如，气体在小于几百千帕的作用下，便可以认为它们的黏度基本上与压力无关。多数液体的黏度也是如此。但是在高压作用下，气体和液体的黏度均随压力的升高而增大，如水在10^5MPa作用下的黏度是其在0.1MPa作用下的两倍。

水的动力黏度与温度的关系，可以近似地用下述经验公式计算：

$$\mu = \frac{\mu_0}{1 + 0.0337t + 0.000221t^2} \tag{1-17}$$

式中　μ_0——水在0℃时的动力黏度，Pa·s；

t——水的温度，℃。

气体的动力学黏度与温度的关系可以近似地用经验公式（1-18）计算（压力不太高时）：

$$\mu = \mu_0 \frac{273 + C}{T + C}\left(\frac{T}{273}\right)^{3/2} \tag{1-18}$$

式中　T——气体的绝对温度，K；

C——根据气体的种类而定的常数。

常用气体在标准状态下的黏度、相对分子质量、常数C列于表1-5。

表1-5　常用气体的黏度、相对分子质量、常数C

流体名称	μ_0/Pa·s	ν_0/m²·s⁻¹	M	C	备　注
空　气	17.09×10^{-6}	13.20×10^{-6}	28.96	111	
氧　气	19.20×10^{-6}	13.40×10^{-6}	32.00	125	
氮　气	16.60×10^{-6}	13.30×10^{-6}	28.02	104	
氢　气	8.40×10^{-6}	93.50×10^{-6}	2.016	71	
一氧化碳	16.80×10^{-6}	13.50×10^{-6}	28.01	100	
二氧化碳	13.80×10^{-6}	6.98×10^{-6}	44.01	254	
二氧化硫	11.60×10^{-6}	3.97×10^{-6}	64.06	306	
水蒸气	8.93×10^{-6}	11.12×10^{-6}	18.01	961	为便于计算而换算到0℃

混合气体的动力黏度可用下列公式近似计算

$$\mu = \frac{\sum_{i=1}^{n}\varphi_i M_i^{1/2}\mu_i}{\sum_{i=1}^{n}\varphi_i M_i^{1/2}} \tag{1-19}$$

式中　φ_i——i组分气体的体积分数；

M_i——混合气体中i组分气体的相对分子质量；

μ_i——混合气体中i组分气体的动力黏度，Pa·s。

【例 1-2】　如图 1-3 所示，有一长 $l = 2.0\text{m}$，直径 $d = 200\text{mm}$ 的圆柱体，置于内径 $D = 210\text{mm}$ 的圆管中以 1.0m/s 的速度相对运动，已知间隙中油液的比重为 0.92，运动黏性系数为 $5.6 \times 10^{-4}\text{m}^2/\text{s}$，求所需拉力 F。

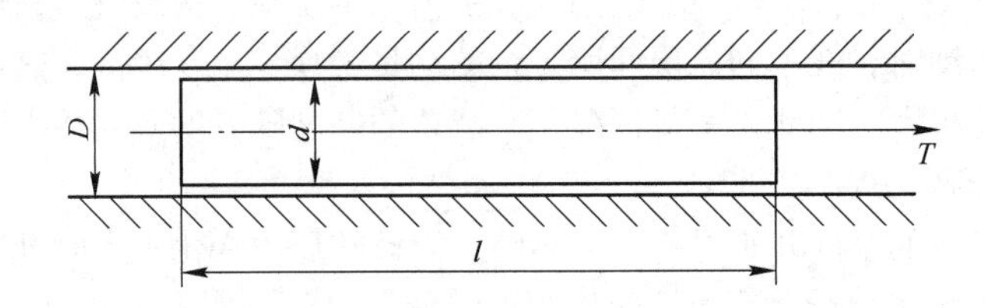

图 1-3　活塞运动的黏性阻力

【解】　圆柱体与圆管之间的间隙为

$$\delta = \frac{D - d}{2} = \frac{210 - 200}{2} = 5\text{mm}$$

因为间隙很小，故可以认为间隙内油液的分布为线性变化，所以间隙内的速度梯度为：

$$\frac{\mathrm{d}u}{\mathrm{d}y} = \frac{u}{\delta} = \frac{1.0}{5 \times 10^{-3}} = 200\text{s}^{-1}$$

圆柱体与油液的接触面积为

$$A = \pi dl = 3.14 \times 0.2 \times 2.0 = 1.256\text{m}^2$$

油液的动力黏度为

$$\mu = \nu\rho = \nu s\rho_{\text{H}_2\text{O}} = 5.6 \times 10^{-4} \times 0.92 \times 1000 = 0.515\text{Pa} \cdot \text{s}$$

将以上的数据代入牛顿内摩擦定律，得

$$F = \mu\frac{\mathrm{d}u}{\mathrm{d}y}A = 0.515 \times 200 \times 1.256 = 129.4\text{N}$$

根据流体的黏性不同，可以将实际流体分为不同的类型。

(1) 黏性流体与理想流体。自然界中存在的流体都具有黏性，具有黏性的流体统称为黏性流体或实际流体。完全没有黏性，即 $\mu = 0$ 的流体称为理想流体。自然界中并不存在真正的理想流体，它只是为了便于处理某些流动问题所作的假设而已。

引入理想流体的概念在研究实际流体流动时起着很重要的作用。这是由于黏性的存在给流体流动的数学描述和处理带来很大困难，因此，对于黏度较小的流体如水和空气等，在某些情况下，往往首先将其视为理想流体，待找出规律后，根据需要再考虑黏性的影响，对理想流体的分析结果加以修正。但是，在有些场合，当黏性对流动起主导作用时，则实际流体不能按理想流体处理。

(2) 牛顿流体和非牛顿流体。式 (1-15) 称为牛顿黏性定律。凡遵循牛顿黏性定律的流体称为牛顿型流体，否则为非牛顿型流体。所有气体和大多数相对分子质量小的液体均属牛顿型流体，如水、空气等；而某些高分子溶液、油漆、血液等则属于非牛顿型流体。

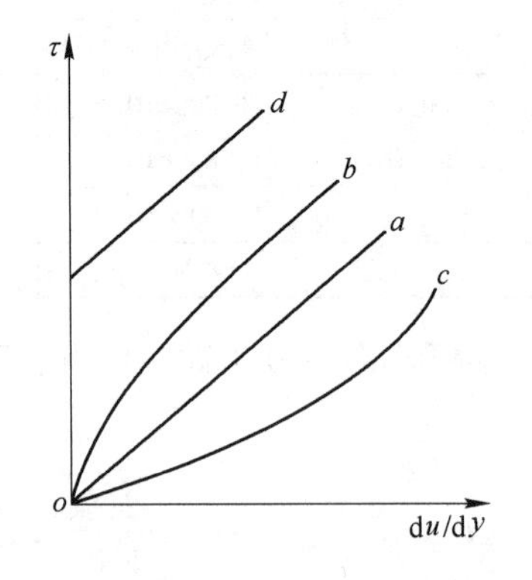

图 1-4　流体的剪应力与剪切速率之间关系曲线

a—牛顿型流体；*b*—假塑性流体；*c*—胀塑性流体；*d*—宾汉塑性流体

根据剪应力与速度梯度（亦称剪切速率）关系的不同，可将非牛顿型流体分为若干类型。图 1-4 所示为几种常见类型的非牛顿型流体的剪应力与剪切速率之间关系曲线。

与牛顿型流体不同，非牛顿型流体的τ-du/dy曲线是多种多样的，如图1-4中的曲线b、c、d所示。其中切应力与剪切变形速度的关系如b线所示的流体为假塑性流体，其黏性系数不是常数，将随剪切变形的增大而减小，如橡胶液、涂料、油漆、油脂等。切应力与剪切变形速度的关系如c线所示的流体为胀塑性流体，其黏性系数随剪切变形的增大而升高，如某些湿沙，含有硅酸钾、阿拉伯树胶等的水溶液均属于胀塑性流体。d线所示的流体为宾汉塑性（Bingham plastic）流体，流动时存在着一个所谓的极限剪应力或屈服剪应力τ_0，在剪应力数值小于τ_0时，液体根本不流动；只有当剪应力大于τ_0时液体才开始流动，如润滑脂、牙膏、纸浆、污泥、泥浆等均属于这类流体。

1.2 流体静力学

流体静力学是研究流体平衡时的力学规律及其在工程中的应用。

流体的平衡包括流体在惯性坐标系中静止或做匀速运动，也包括流体在某一坐标系中处于相对静止。平衡流体的共性是流体质点之间没有相对运动，因而流体的黏性不起作用，所以流体静力学是一种无黏性流体的力学模型。

1.2.1 作用在流体上的力

为了研究流体的平衡和运动规律，必须分析作用在流体上的力。作用在流体上的力可以分为两类：质量力与表面力。

1.2.1.1 质量力（体积力）

质量力又称作体积力，它是某种力场（如重力场、磁力场、电力场）作用于流体各质点（或各微团）上的力（相应的为重力、磁力、电场力）。质量力与周围流体的存在无直接关系。对于均质流体，总质量力的大小与流体的质量（或体积）成正比。

为方便起见，通常用单位质量的质量力$\boldsymbol{f}$来表示质量力，简称为单位质量力，其沿三个坐标轴的投影分别用f_x、f_y、f_z表示，则

$$\boldsymbol{f} = f_x\boldsymbol{i} + f_y\boldsymbol{j} + f_z\boldsymbol{k} \tag{1-20}$$

式中 f_x，f_y，f_z——分别为单位质量力在坐标轴x，y，z上的分量，N/kg；

$\boldsymbol{i}$，$\boldsymbol{j}$，$\boldsymbol{k}$——分别为对应坐标轴上的单位矢量。

在重力场中，若取z轴垂直向上，则$f_x=f_y=0$，$f_z=-g$。

1.2.1.2 表面力

表面力是周围相接触的物体作用于所研究流体表面且与该表面积大小成正比的力，它与流体的质量无关，而与周围物体的存在有直接关系。例如，大气压力、水压力与摩擦力都是表面力。

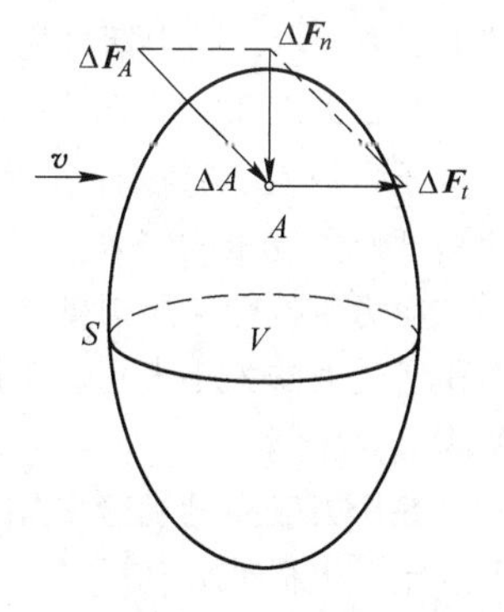

图1-5 作用在流体上的表面力与质量力

表面力用单位面积上的表面力，即表面应力来表示。

如图1-5所示，在运动的流体中取一体积为V的流体微元，在微元体表面的A点取一微小面积为ΔA，作用其上的表面力为$\Delta\boldsymbol{F}$，则ΔA收缩到A时的极限

$$\sigma_A = \lim_{\Delta A \to 0} \frac{\Delta \boldsymbol{F}}{\Delta A} \tag{1-21}$$

式中 σ_A—A点处的表面应力，Pa。

表面应力可分成两个分量：一个是沿表面切线方向作用的切向应力 τ，如前面讨论的黏性力；另一个是沿表面法线方向作用的法向应力，通常称为压强。显然作用在流体表面上的两种应力为

$$p = \lim_{\Delta A \to 0} \frac{\Delta \boldsymbol{F}_n}{\Delta A} \tag{1-22}$$

$$\tau = \lim_{\Delta A \to 0} \frac{\Delta \boldsymbol{F}_\tau}{\Delta A} \tag{1-23}$$

式中　p——A 点的法向应力，又称为压强，Pa；

τ——A 点的切向应力，又称为切应力或剪切力，Pa。

1.2.2　压强的计算基准与量度单位

1.2.2.1　压强的计算基准

压强根据计量基准的不同分为绝对压强与相对压强。

以绝对真空为基准计量的压强称为绝对压强，以 p 表示。以当地大气压 p_a 为基准计量的压强为相对压强，又称作表压，以 p_e 来表示。相对压强与绝对压强之间的关系为

$$p_e = p - p_a \tag{1-24}$$

工业用的各种压力表，因测量元件处于大气压作用下，测得的压强是该点的相对压强，所以相对压强又称表压强或计示压强。

由于各地海拔高度和气温不同，各地的大气压强也不同。国际上规定，一个标准大气压强（又称物理大气压强）=101325Pa。工程上常采用工程大气压强，一个工程大气压强 $=9.81\times10^4$Pa≈0.1MPa。

绝对压强总是正的，而相对压强可正可负。如果流体内部某点的绝对压强小于当地大气压强，则相应的相对压强为负值，又称为负压，此时，我们说该点处于真空状态。当流体处于真空状态时，习惯上用真空度 p_v 表示其压强的大小。真空度与绝对压强和相对压强之间的关系为

$$p_v = p_a - p \tag{1-25}$$

显然，真空度越高，亦即绝对压强越低。真空度又是表压的负值，例如真空度为66.6kPa，按表压算就是 -66.6kPa。

绝对压强、相对压强与真空度之间的关系可以用图1-6来表示，图中括号内表示的是相对压强值。

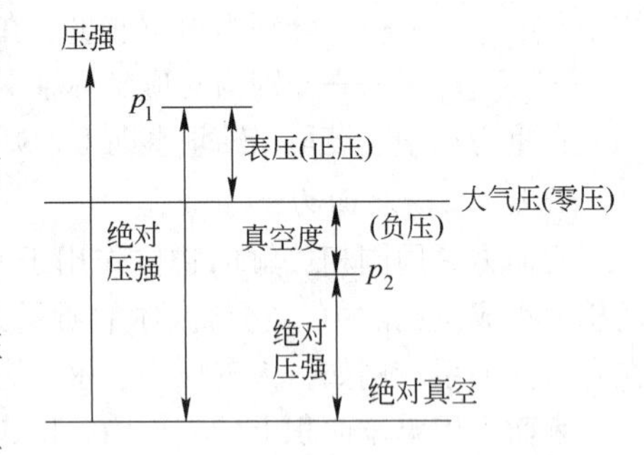

图1-6　绝对压强与相对压强、真空度的关系

1.2.2.2　压强的量度单位

压强的大小有三种表示方法：应力单位、流体柱的高度及大气压的倍数。

应力单位即从压强的基本定义出发，直接用单位面积所受力的大小表示，国际标准单位为Pa，工程单位为 kgf/cm^2。

在压力较高的场合多用大气压做量度单位。国际上规定一个标准大气压的值大小为101325Pa。工程单位中用 kgf/cm^2 作为大气压的计量单位，称为工程大气压，用符号 at 表示，即 $1at = 1kgf/cm^2 = 98000Pa$。

各种压力单位之间的换算关系见表1-6。

表 1-6　常用压强单位及换算关系

国际单位制 /Pa	巴 bar①	标准大气压 /atm①	工程大气压 /kgf · cm^{-2}①	毫米汞柱 mmHg①	米水柱 mH_2O①
1	1×10^{-5}	0.9869×10^{-5}	1.0179×10^{-5}	7.5×10^{-3}	10.21×10^{-5}
1×10^{5}	1	0.9869	1.0197	750.0	10.21
101325	1.01325	1	1.0332	760	10.34
98000	0.98	0.967	1	735	10
133.322	1.33×10^{-3}	0.0013	0.00136	1	0.0136
9800	0.098	0.0967	0.1	73.5	1

①非国际标准单位。

当压强数值用表压强或真空度表示时，必须分别注明，以免混淆，例如200kPa（表压），40kPa（真空度）。记录真空度时还要注明当地的大气压，若没有注明，大气压即认为等于1标准大气压。

【例 1-3】 虹吸管内最低绝对压强为45kPa，当地大气压 $p_a=98$kPa 时，试求虹吸管内的最大真空值 p_v。

【解】 根据绝对压强、相对压强及真空度之间的关系，虹吸管内的最大真空值为：

$$p_v = p_a - p = 98 - 45 = 53\text{kPa}$$

1.2.3　流体的静压强及其特性

当流体处于静止或相对静止时，作用在流体单位面积上的压力称为流体的静压强，习惯上称为静压力。流体的静压强有两个重要特性。

（1）流体静压力的方向沿作用面的内法线方向。因此，静止流体对容器的静压力处处垂直于器壁。假设压强不垂直于它所作用的面积，则可以将压力分解成沿法线方向和切线方向上的两个力。其切向力必将破坏流体的平衡，引起流动。因此，当流体相对静止时，只有法线方向的力存在，且沿着内法线方向作用，因为拉力的作用也会破坏流体的平衡。

（2）静止流体中任一点的流体静压强的大小与其作用面在空间的方位无关，即同一点上各个方向的流体静压强大小相等。可以证明如下：

在相对静止的流体中取一微元四面体 *ABCO*（图1-7），其三条互相垂直的侧棱长分别为 dx、dy、dz，与 x、y、z 垂直的三个面的面积分别为 A_x、A_y、A_z，斜面的面积为 A_n。四个面上流体的平均静压强分别为 p_x、p_y、p_z和 p_n。下面对该微元四面体进行受力分析：

质量力：该微元四面体所受到的质量力为 $\rho g(1/6)(\mathrm{d}x\mathrm{d}y\mathrm{d}z)$，在 x、y、z 方向所受到的分量分别为 $\rho g_x(1/6)(\mathrm{d}x\mathrm{d}y\mathrm{d}z)$、$\rho g_y(1/6)(\mathrm{d}x\mathrm{d}y\mathrm{d}z)$、$\rho g_z(1/6)(\mathrm{d}x\mathrm{d}y\mathrm{d}z)$；

表面力：作用于该四面体上表面力只有四个面上的压力 F_x、F_y、F_z、F_n，则 $F_x = p_x\,\mathrm{d}y\mathrm{d}z/2$，$F_y = p_y\mathrm{d}x\mathrm{d}z/2$，$F_z = p_z\mathrm{d}x\mathrm{d}y/2$，$F_n = p_nA_n$。

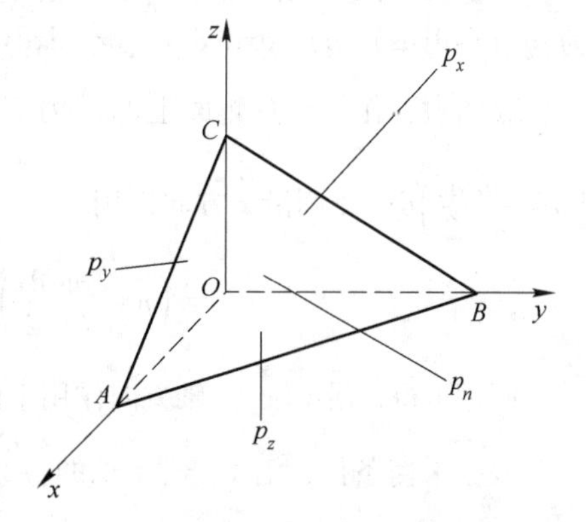

图 1-7　微元四面体受力分析

流体处于静止状态，根据平衡条件，各个力之间存在下述关系：

$$
\begin{cases}
\rho g_x(1/6)(\mathrm{d}x\mathrm{d}y\mathrm{d}z) + p_x\mathrm{d}y\mathrm{d}z/2 - p_nA_n\cos(n,x) = 0\\
\rho g_y(1/6)(\mathrm{d}x\mathrm{d}y\mathrm{d}z) + p_y\mathrm{d}x\mathrm{d}z/2 - p_nA_n\cos(n,y) = 0\\
\rho g_z(1/6)(\mathrm{d}x\mathrm{d}y\mathrm{d}z) + p_z\mathrm{d}x\mathrm{d}y/2 - p_nA_n\cos(n,z) = 0
\end{cases}
\tag{1-26}
$$

质量力为三阶小量，可忽略。则

$$
\begin{cases}
p_x\mathrm{d}y\mathrm{d}z/2 - p_nA_n\cos(n,x) = 0\\
p_y\mathrm{d}x\mathrm{d}z/2 - p_nA_n\cos(n,y) = 0\\
p_z\mathrm{d}x\mathrm{d}y/2 - p_nA_n\cos(n,z) = 0
\end{cases}
\tag{1-27}
$$

式中，$\cos(n,x)$、$\cos(n,y)$、$\cos(n,z)$ 分别为微元四面体斜面的法线与 x、y、z 轴的方向余弦。此时

$$
\begin{cases}
A_n\cos(n,x) = \mathrm{d}y\mathrm{d}z/2\\
A_n\cos(n,y) = \mathrm{d}x\mathrm{d}z/2\\
A_n\cos(n,z) = \mathrm{d}x\mathrm{d}y/2
\end{cases}
\tag{1-28}
$$

将式（1-26）代入式（1-27）得

$$p_x = p_y = p_z = p_n \tag{1-29}$$

这就证明了在平衡流体中，任一点的流体静压强与其作用面的方位无关。至于不同空间点的流体静压强，一般说来是各不相同的，即流体静压强是空间坐标的连续函数，即

$$p = f(x, y, z) \tag{1-30}$$

应当指出，流体静压强 p 实质上是一个标量函数，在对静压强方向的讨论中提到的“压强方向”应当被理解成作用面上流体压强产生的压力（矢量）方向。

1.2.4　流体平衡微分方程

根据静止流体的受力平衡条件与流体静压强的基本特性，可以建立流体平衡的基本关系式，研究流体静压强的空间分布规律。

1.2.4.1　流体平衡微分方程式的建立

在静止流体中取一微元六面体，其中心在任意点 c，各边分别与坐标轴平行，边长分别为 $\mathrm{d}x$、$\mathrm{d}y$、$\mathrm{d}z$，如图 1-8 所示。该六面体中心的压强为 $p(x,y,z)$，下面对该微元六面体进行受力分析。

质量力：该微元四面体所受到的质量力为 $\rho g(\mathrm{d}x\mathrm{d}y\mathrm{d}z)$，在 x、y、z 方向所受到的分量分别为 $\rho g_x(\mathrm{d}x\mathrm{d}y\mathrm{d}z)$、$\rho g_y(\mathrm{d}x\mathrm{d}y\mathrm{d}z)$、$\rho g_z(\mathrm{d}x\mathrm{d}y\mathrm{d}z)$；

表面力：作用于左侧面上的压力 $F_\mathrm{a} = \left(p - \frac{\partial p}{\partial x}\frac{\mathrm{d}x}{2}\right)\mathrm{d}y\mathrm{d}z$，作用于右侧面上的压力为 $F_\mathrm{b} = \left(p + \frac{\partial p}{\partial x}\frac{\mathrm{d}x}{2}\right)\mathrm{d}y\mathrm{d}z$，则沿 x 方向作用于该六面体上的总压力为

$$F_\mathrm{a} - F_\mathrm{b} = \left(p - \frac{\partial p}{\partial x}\frac{\mathrm{d}x}{2}\right)\mathrm{d}y\mathrm{d}z - \left(p + \frac{\partial p}{\partial x}\frac{\mathrm{d}x}{2}\right)\mathrm{d}y\mathrm{d}z = -\frac{\partial p}{\partial x}\mathrm{d}x\mathrm{d}y\mathrm{d}z$$

同理可得，沿 y 轴、z 轴方向作用于该微元六面体的总压力分别为 $-\frac{\partial p}{\partial y}\mathrm{d}x\mathrm{d}y\mathrm{d}z$ 及 $-\frac{\partial p}{\partial z}\mathrm{d}x\mathrm{d}y\mathrm{d}z$。

根据平衡条件，沿 x、y、z 轴的各力之和应等于 0。故

$$\rho g_x\mathrm{d}x\mathrm{d}y\mathrm{d}z - \frac{\partial p}{\partial x}\mathrm{d}x\mathrm{d}y\mathrm{d}z = 0 \tag{1-31a}$$

同理可得沿 y 轴、z 轴方向的平衡方程

$$\rho g_y \mathrm{d}x\mathrm{d}y\mathrm{d}z - \frac{\partial p}{\partial y}\mathrm{d}x\mathrm{d}y\mathrm{d}z = 0 \tag{1-31b}$$

$$\rho g_z \mathrm{d}x\mathrm{d}y\mathrm{d}z - \frac{\partial p}{\partial z}\mathrm{d}x\mathrm{d}y\mathrm{d}z = 0 \tag{1-31c}$$

用 $\rho(\mathrm{d}x\mathrm{d}y\mathrm{d}z)$ 除以式（1-31a）、式（1-31b）、式（1-31c），可得

$$\begin{cases} g_x - \dfrac{1}{\rho}\dfrac{\partial p}{\partial x} = 0 \\ g_y - \dfrac{1}{\rho}\dfrac{\partial p}{\partial y} = 0 \\ g_z - \dfrac{1}{\rho}\dfrac{\partial p}{\partial z} = 0 \end{cases} \tag{1-31d}$$

写成矢量形式

$$\boldsymbol{g} - \frac{1}{\rho}\nabla p = 0 \tag{1-32}$$

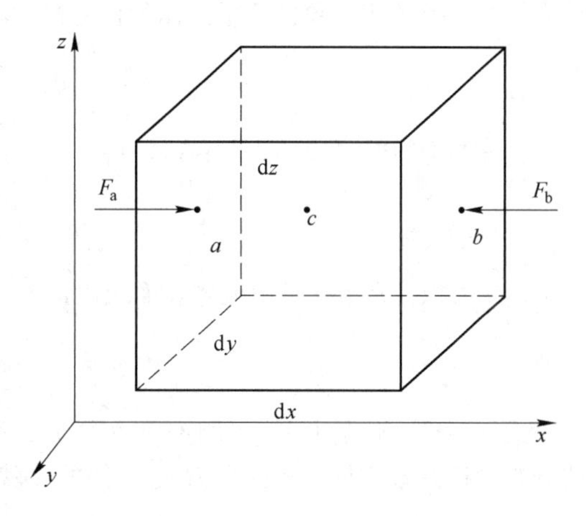

图 1-8　静止流体中的微元六面体

这就是流体的平衡微分方程式。它是欧拉（Leonard Euler）在1755年首先提出的，故又称为欧拉平衡方程式。该方程的物理意义为：在静止流体中，作用在单位质量流体上的质量力与静压强的合力相平衡。在该方程式的推导过程中，对质量力和流体密度均未加限制，因此，该方程对不可压缩流体和可压缩流体的静止和相对静止状态都适用。它是流体静力学基本方程式，流体静力学其他公式都是以它为基础推导出来的。

将式（1-31）的三个方程的两端分别乘以 dx、dy、dz，然后相加，得

$$\rho(g_x\mathrm{d}x + g_y\mathrm{d}y + g_z\mathrm{d}z) = \frac{\partial p}{\partial x}\mathrm{d}x + \frac{\partial p}{\partial y}\mathrm{d}y + \frac{\partial p}{\partial z}\mathrm{d}z \tag{1-33a}$$

式（1-33a）右端为压强的全微分 dp，故有

$$\mathrm{d}p = \rho(g_x\mathrm{d}x + g_y\mathrm{d}y + g_z\mathrm{d}z) \tag{1-33b}$$

该式称为压强差公式。它表明，流体静压强的增量取决于单位质量力和坐标增量。

1.2.4.2　平衡流体压强分布规律

将欧拉方程中的三个方程式（1-31）对坐标交错求导，可得

$$\frac{\partial g_x}{\partial y} = \frac{\partial g_y}{\partial x},\quad \frac{\partial g_y}{\partial z} = \frac{\partial g_z}{\partial y},\quad \frac{\partial g_z}{\partial x} = \frac{\partial g_x}{\partial z} \tag{1-34}$$

由矢量分析可知，满足上述条件的矢量，应是某一函数的梯度，它的矢量是该函数对应坐标的偏导数。假设用 $\Pi(x,y,z)$ 表示这一函数，则有

$$\boldsymbol{g} = -\mathrm{grad}\Pi \tag{1-35a}$$

$$g_x = -\frac{\partial \Pi}{\partial x},\quad g_y = -\frac{\partial \Pi}{\partial y},\quad g_z = -\frac{\partial \Pi}{\partial z} \tag{1-35b}$$

$$\mathrm{d}\Pi = (g_x\mathrm{d}x + g_y\mathrm{d}y + g_z\mathrm{d}z) \tag{1-35c}$$

函数 $\Pi(x,y,z)$ 称为力的势函数，有势函数存在的力称作有势的力。重力是有势的力，在

重力场中势函数表示单位质量流体的位势能。将式（1-35c）代入式（1-33b），得

$$dp = -\rho d\Pi \tag{1-36}$$

当 ρ 为常数时，积分式（1-36）得

$$p = -\rho\Pi + C$$

式中，C 为积分常数，可由流体表面或内部某点已知的势函数 Π_0 和压强 p_0 确定。从而有

$$p = p_0 + \rho(\Pi - \Pi_0) \tag{1-37}$$

式（1-37）就是不可压缩流体平衡微分方程积分后的普遍关系式。它说明了平衡流体压强的分布规律。若质量力势函数 Π 是已知的，就能够根据式（1-37）很方便地计算任一点的压强 p。

1.2.4.3　等压面

静止流体中压强相等的各点所构成的面（曲面或平面）称为等压面。例如，液体与大气接触的自由面是一种等压面。在等压面上，p = 常数；不同常数对应于不同的等压面。在等压面上 $dp=0$，由式（1-33b）得

$$g_x dx + g_y dy + g_z dz = 0 \tag{1-38}$$

写成矢量形式

$$g d\boldsymbol{r} = 0$$

式中

$$d\boldsymbol{r} = dx\boldsymbol{i} + dy\boldsymbol{j} + dz\boldsymbol{k}$$

这就是等压面的微分方程。该式表明，在静止流体中，作用于任一点的质量力垂直于经过该点的等压面。

由等压面的上述性质，便可根据质量力的方向来判断等压面的形状。例如，质量力只有重力时，因重力的方向垂直向下，可知等压面必是一系列的水平面。

1.2.4.4　重力场中流体静力学基本方程

自然界或工程实际中经常遇到的是作用在流体上的质量力只有重力的情况。只受重力作用的流体称为重力流体。

图 1-9 为重力场中的静止液体，设液体自由面（液面）上的压强为 p_0。若选择直角坐标系的 z 轴方向垂直向上，oxy 平面位于液面上，则单位质量力在各坐标轴的分量为

$$g_x = 0, \quad g_y = 0, \quad g_z = -g$$

代入式（1-33b）得

$$dp = -\rho g dz$$

或

$$dz + \frac{dp}{\gamma} = 0$$

对于不可压缩均质流体，ρ = 常数，则积分上式得

$$z + \frac{p}{\gamma} = C \tag{1-39}$$

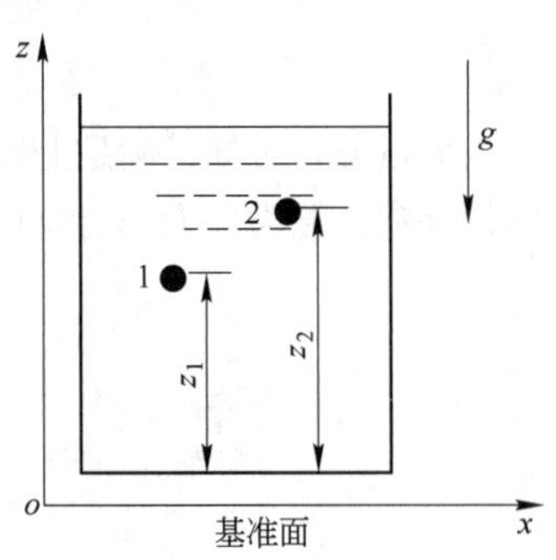

图 1-9　静力学基本方程式应用图

式中　C——积分常数，由边界条件确定。

在图1-9中，如1点的位坐标为z_1，静压强为p_1；2点的位坐标为z_2，静压强为p_2，将式（1-39）应用于1、2两点得

$$z_1 + \frac{p_1}{\gamma} = z_2 + \frac{p_2}{\gamma} \tag{1-40}$$

式（1-39）、式（1-40）称为流体静力学基本方程式。它适用于平衡状态下的不可压缩均质重力流体，对于可压缩流体或非均质流体是不适用的。

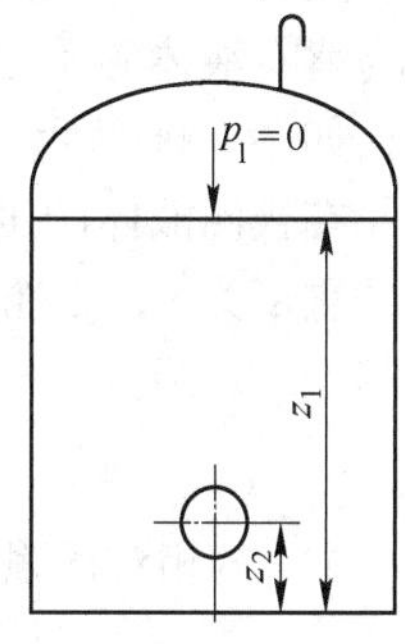

图1-10　例1-4图

【例1-4】　如图1-10所示，贮油罐中盛有比重为0.96的重油，油面最高时离罐底10.4m，油面上方与大气相通。罐侧壁下部有一直径600mm的人孔，用盖压紧。圆孔的中心在罐底以上800mm。试求作用在人孔盖上的总压力。

【解】　先求作用于孔盖内侧的压力。为简便计，设作用于孔盖的压力等于作用于盖中心点的压力。以罐底为基准水平面，压强以表压计，则

$$z_1 = 10.4\text{m},\quad z_2 = 0.8\text{m},\quad p_1 = 0,\quad \rho = 0.96 \times 1000\text{kg/m}^3$$

$$p_2 = p_1 + \rho g(z_1 - z_2) = 0 + 960 \times 9.81 \times (10.4 - 0.8) = 90409\text{Pa}$$

此为油作用于孔盖内侧的单位表压力，大气作用于孔盖外侧的单位表压力为零，故孔盖所受的单位平均压力即为90409Pa，作用于孔盖上的总压力

$$F = pA = 90409 \times \left(\frac{\pi}{4} \times 0.6^2\right) = 25550\text{N}$$

1.2.4.5　可压缩流体中压强的变化

可压缩流体的密度是随着压强和温度的改变而变化的。对理想气体，其变化规律为状态方程，即$\frac{p}{\rho}=RT$

将状态方程代入式（1-36）可得

$$\frac{\mathrm{d}p}{p} = -\frac{\mathrm{d}\Pi}{RT} \tag{1-41a}$$

若流场中温度处处相等，即$T=T_1=$常数；当$\Pi=\Pi_1$时，$p=p_1$，则积分式（1-41a）可得

$$p = p_1 e^{-\frac{\Pi-\Pi_1}{RT_1}} \tag{1-41b}$$

这就是在质量力有势的情况下等温可压缩流体静压强的变化规律。

对于重力流体$\Pi=gz$，$\Pi_1=gz_1$代入式（1-41b）得

$$p = p_1 e^{-\frac{(z-z_1)g}{RT_1}} \tag{1-41c}$$

这就是等温可压缩重力流体静压强变化规律。式（1-41b）与式（1-41a）比较可以看出，可压缩重力流体压强随深度的变化比不可压缩重力流体静压强随深度的变化更为显著。这是由于可压缩流体随着深度的增加，密度也增大的缘故。

1.2.5　压强的静力学测量方法

根据静力学基本方程可以进行压强的测量，压强的测量仪表很多，下边仅介绍利用静力学原理测量压强的方法及测量仪。

1.2.5.1　测压管（单管测压计）

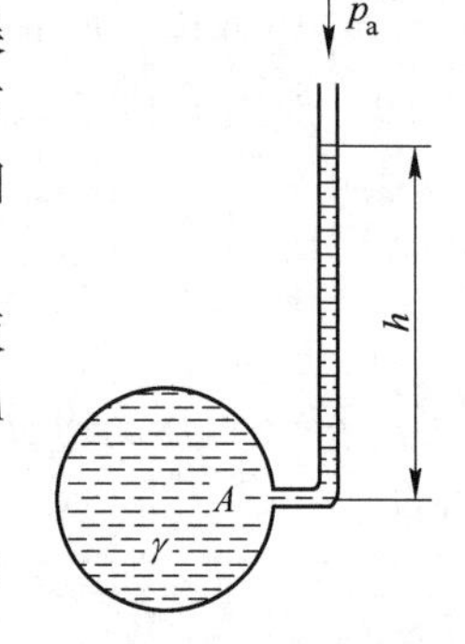

图 1-11　测压管

测压管是一种最简单的液柱式测压计。为了减少毛细现象造成的误差，通常采用一根内径大于 5mm 的直玻璃管。测量时，将测压管的下端与盛有液体的压力容器所要测量处的小孔相连接。上端开口与大气相通，如图 1-11 所示。

在被测液体的压力作用下，若液体在玻璃管中上升的高度为 h，液体的重度为 γ，当地大气压强为 p_a，根据流体静力学的基本方程可得 A 点的绝对压强为

$$p = p_a + \gamma h \tag{1-42a}$$

A 点的相对压强为

$$p_A = p - p_a = \gamma h \tag{1-42b}$$

于是，利用测得的液柱高度，就可以得到容器中某处的绝对压强和相对压强。但应注意，由于各种液体的重度不同，所以仅仅标明高度尺寸不能代表压强的大小，还必须同时注明是何种液体的液柱高度才行。

测压管只适用于测量较小的压强，一般不超过 10kPa。如果被测量的压强较高，就需要加长测压管的长度，使用就很不方便。此外，测压管中的工作介质就是被测容器（或管道）中的液体，所以测压管只能用于测量液体的压强。并且在测量过程中，测压管一定要垂直放置，否则将产生较大的误差。

【例 1-5】 如图 1-12 所示，已知测压管中液面比输油管道中心高出 1.2m，油液的密度为 640kg/m^3，水银的密度为 13600kg/m^3，当地大气压强为 98061Pa，求管道中心处的绝对压强和相对压强。

【解】 管道中心处油液的绝对压强为

$$p = p_a + \gamma h = 98061 + 9.81 \times 640 \times 1.2 = 105595\text{Pa}$$

管道中心处的相对压强为：

$$p_e = \gamma h = 9.81 \times 640 \times 1.2 = 7534\text{Pa}$$

1.2.5.2　U 形管压差计

U 形管压差计的结构如图 1-13 所示。在一根 U 形的玻璃管内装液体 A，称为指示液。指示

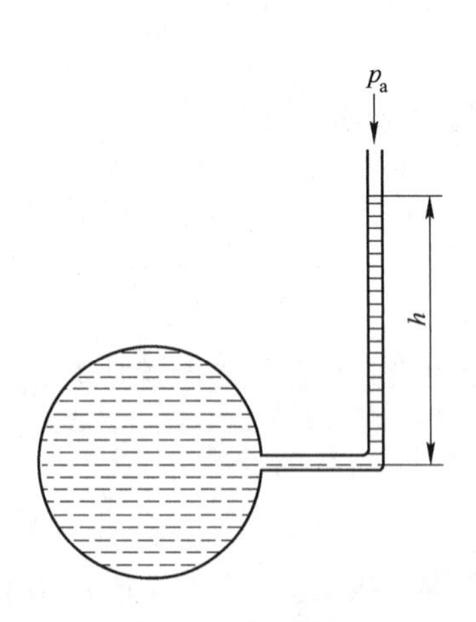

图 1-12　例 1-5 图

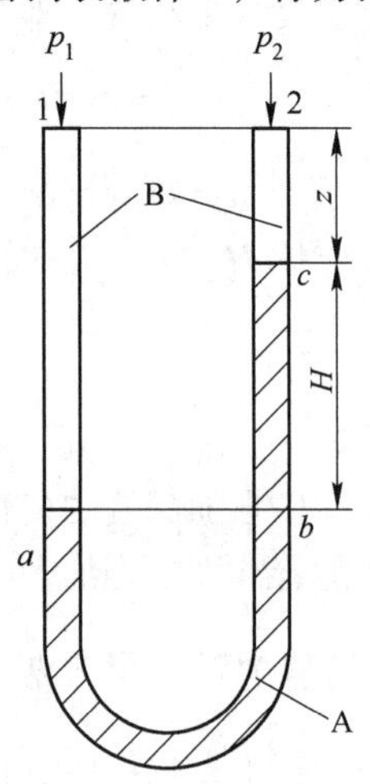

图 1-13　U 形管压差计

液要与所测量的流体 B 互不相溶，其密度要大于所测流体的密度。

将 U 形管两端与所测的两点连通，若作用于管两端的压强不等（图中 $p_1 > p_2$），则指示液在 U 形管的两侧壁上便显示出高差 H。

设指示液 A 的密度为 ρ_A，被测流体 B 的密度为 ρ_B，根据流体静力学的基本方程式，可得：

$$p_a = p_1 + \rho_B g(z + H)$$

同样，考虑其右侧可得

$$p_b = p_2 + \rho_B gz + \rho_A gH$$

因 $p_a = p_b$，故

$$p_1 + \rho_B g(z + H) = p_2 + \rho_B gz + \rho_A gH$$

上式简化后即为由读数 H 计算压强差 $p_1 - p_2$ 的公式，即

$$p_1 - p_2 = (\rho_A - \rho_B)gH \tag{1-43a}$$

测量气体时，由于气体的密度比指示液的密度小得多，式（1-43a）中的 ρ_B 可以忽略，则式（1-43a）可简化为

$$p_1 - p_2 = \rho_A gH \tag{1-43b}$$

若 U 形管的一端与被测流体连接，另一端与大气相通，则读数 H 所反映的是被测流体的表压强。

1.2.5.3　双液体 U 形管压差计

若所测压强差很小，用普通 U 形管压差计难以测准，可改用如图 1-14 所示的双液体 U 形管压差计。它是在 U 形管的两侧壁上增设两个小室，装入 A、C 两种密度稍有不同的指示液。若小室的横截面远大于管截面，即使下方指示液 A 的高差很大，两个小室内指示液 C 的液面基本上仍能维持等高。

压强差便可用下式计算

$$p_1 - p_2 = (\rho_A - \rho_C)gH \tag{1-44}$$

只要选择两种密度差很小的适用的指示液，便可将读数 R 放大到等于普通 U 形管的几倍或更大。

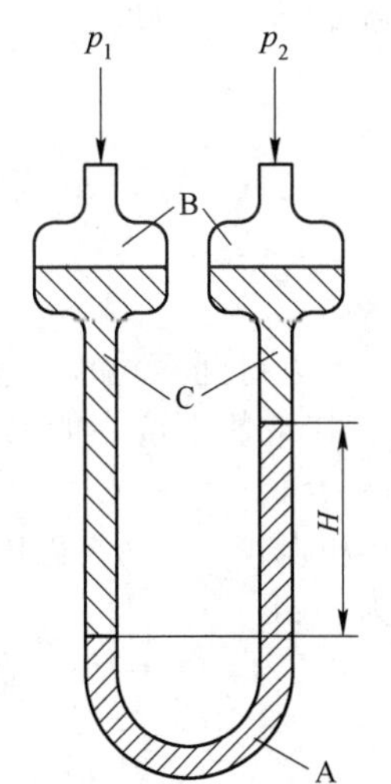

图 1-14　双液体 U 形管压差计

亦可将普通 U 形管压差计倾斜放置，以放大读数，此即倾斜 U 形管压差计。

【例 1-6】　如图 1-15 所示的 U 形管压差计，水银密度为 ρ_2，酒精密度为 ρ_1，如果水银面的高度读数分别为

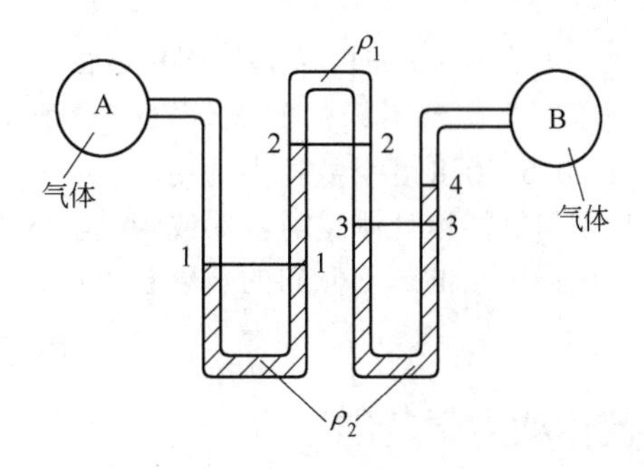

图 1-15　例 1-6 图

z_1、z_2、z_3、z_4，则 A、B 两气体容器的压差表达式为多少？

【解】 由于气体重度远小于液体重度，因此可认为 $p_A = p_1$，$p_B = p_4$

根据等压面的概念，1-1、2-2、3-3 都分别为等压面，则

界面 2 的压强：$p_2 = p_A - \rho_2 g(z_2 - z_1)$

界面 3 的压强：$p_3 = p_2 + \rho_1 g(z_2 - z_3) = p_A - \rho_2 g(z_2 - z_1) + \rho_1 g(z_2 - z_3)$

界面 4 的压强：$p_4 = p_3 - \rho_2 g(z_4 - z_3) = p_A - \rho_2 g(z_2 - z_1) + \rho_1 g(z_2 - z_3) - \rho_2 g(z_4 - z_3) = p_B$

整理上式，可得：$p_A - p_B = \rho_2 g(z_2 - z_1 + z_4 - z_3) - \rho_1 g(z_2 - z_3)$

1.2.5.4　斜管微压计

当测量很微小的流体压强时，为了提高测量的精度，常常采用斜管微压计，其构造如图 1-16所示。它是由一个大容器连接一个可以调整倾斜角度的细玻璃管组成，其中盛有重度为 γ 的工作液体（通常是采用密度 $\rho = 800\text{kg/m}^3$ 的酒精作为工作液体）。

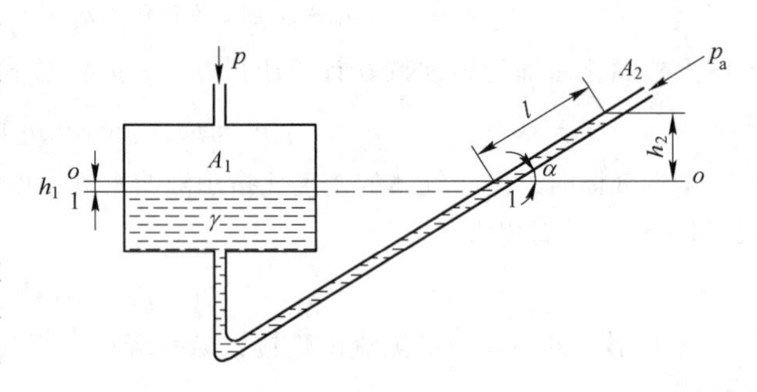

图 1-16　斜管微压计

在测压前，斜管微压计的两端与大气相通，容器与斜管内的液面平齐(如图中的 *o-o* 断面)。当测量容器或管道中某处的压力时，将微压计上端的测压口与被测气体容器或管道中的测量点相接，若被测气体的压强 $p > p_a$，则在该压强作用下，微压计容器中液面下降 h_1 的高度至 1-1 面，而倾斜玻璃管中的玻璃管的液面上升了 l 长度，其上升的高度为 $h_2 = l\sin\alpha$。这样，微压计中的液面的实际高度差为 $h = h_1 + h_2$。若微压计容器中的截面积为 A_1，倾斜玻璃管中的截面积为 A_2，由于容器内液体的下降体积和斜管中液体的上升体积相等，则

$$h_1 = l\frac{A_2}{A_1}$$

于是，根据流体静力学基本方程式，得到被测气体的绝对压强为

$$p = p_a + \gamma h = p_a + \gamma(h_1 + h_2) = p_a + \gamma\left(\frac{A_2}{A_1} + \sin\alpha\right)\cdot l = p_a + kl \tag{1-45a}$$

其相对压强为

$$p_e = p - p_a = kl \tag{1-45b}$$

式中，k 为斜管微压计常数，$k = \gamma\left(\dfrac{A_2}{A_1} + \sin\alpha\right)$。

当 A_1、A_2和 γ 不变时，k 是倾斜角 α 的函数。改变 α 的大小，可以得到不同的 k 值，即可以使被测压力差得到不同的放大倍数。对于每一种斜管微压计，其常数 k 值一般都有 0.2、0.3、0.4、0.6、0.8 五个数据供选用。

如果用斜管微压计测量两容器或管道上两点的压强差时，可将压强较大的 p_1 与微压计测压口相接，压强较小的 p_2 与倾斜的玻璃管出口相连，测得的压强差为

$$p_1 - p_2 = \gamma h = kl \tag{1-45c}$$

1.3　流体动力学基础

流体的基本特征就是流动性，本节主要讨论流体流动的一些基本概念、基本方法，应用质

量守恒定律、牛顿第二定律、能量守恒和转换定律导出流体动力学基本方程：连续性方程、能量方程、动量方程，并讨论他们在工程技术中的应用。

1.3.1　流体流动描述方法

流体是由无穷多流体质点组成的连续介质，流体的运动便是这些无穷多流体质点运动的总和。由于着眼点不同，研究流体运动的方法有两种：拉格朗日法和欧拉法。

1.3.1.1　拉格朗日法

拉格朗日法基本思想是跟踪每个流体质点的运动过程，描述其运动参数（如位移、速度等）与时间的关系。

他着眼于流体质点，物理意义直观，易为初学者接受。但在跟踪流体质点的过程中，时间和质点所处空间位置会同时发生变化，带来数学处理上的困难，且在大多数流体力学问题中，人们关心的是运动要素的空间分布，一般不需要了解每一流体质点运动的细节，故在流体力学中较少被采用。

1.3.1.2　欧拉法

欧拉法不着眼于个别流体质点的运动，而是在固定空间位置上，观察在不同时刻流体质点的运动情况，如空间各点的速度、压强、密度等，即欧拉法系直接描述各有关运动参数在空间各点的分布情况和随时间的变化。例如，对于速度，可作如下描述

$$\begin{cases} u_x = f_x(x,y,z,\tau) \\ u_y = f_y(x,y,z,\tau) \\ u_z = f_z(x,y,z,\tau) \end{cases} \tag{1-46}$$

式中　x, y, z——分别为位置坐标，m；

τ——时间，s；

u_x, u_y, u_z——分别为指定点速度在三个垂直坐标轴上的投影，m/s。

简言之，拉格朗日法描述的是同一质点在不同时刻的状态；欧拉法描述的则是空间各点的状态及其与时间的关系。

由式（1-46）可知，流体的流动速度不仅是位置坐标的函数，还与时间有关。因此，其加速度可表示为

$$\begin{cases} a_x = \dfrac{du_x}{d\tau} = \dfrac{\partial u_x}{\partial \tau} + u_x\dfrac{\partial u_x}{\partial x} + u_y\dfrac{\partial u_x}{\partial y} + u_z\dfrac{\partial u_x}{\partial z} \\ a_y = \dfrac{du_y}{d\tau} = \dfrac{\partial u_y}{\partial \tau} + u_x\dfrac{\partial u_y}{\partial x} + u_y\dfrac{\partial u_y}{\partial y} + u_z\dfrac{\partial u_y}{\partial z} \\ a_z = \dfrac{du_z}{d\tau} = \dfrac{\partial u_z}{\partial \tau} + u_x\dfrac{\partial u_z}{\partial x} + u_y\dfrac{\partial u_z}{\partial y} + u_z\dfrac{\partial u_z}{\partial z} \end{cases} \tag{1-47}$$

若用加速度 a 和速度矢量 $\boldsymbol{u}$ 来表示，则为

$$a = \frac{d\boldsymbol{u}}{d\tau} = \frac{\partial \boldsymbol{u}}{\partial \tau} + (\boldsymbol{u} \cdot \nabla)\boldsymbol{u} \tag{1-48}$$

由此可见，用欧拉法描述流体的流动时，流体质点的加速度由两部分组成：第一部分 $\dfrac{\partial \boldsymbol{u}}{\partial \tau}$ 称为当地加速度，它表示固定空间点的流体质点速度对时间的变化率；第二部分 $(\boldsymbol{u} \cdot \nabla)\boldsymbol{u}$ 为迁

移加速度，它表示流体质点所在空间位置的变化所引起的速度变化率。

用欧拉法求流体质点任一运动要素对时间的变化率的一般式子为

$$\frac{\mathrm{d}}{\mathrm{d}\tau} = \frac{\partial}{\partial \tau} + (\boldsymbol{u} \cdot \nabla) \tag{1-49}$$

称 $\frac{\mathrm{d}}{\mathrm{d}\tau}$ 为全导数，$\frac{\partial}{\partial \tau}$ 为当地导数，$(\boldsymbol{u} \cdot \nabla)$ 为迁移导数。例如对于密度，有

$$\frac{\mathrm{d}\rho}{\mathrm{d}\tau} = \frac{\partial \rho}{\partial \tau} + (\boldsymbol{u} \cdot \nabla)\rho \tag{1-50}$$

1.3.2　流体流动的基本概念

1.3.2.1　流场、迹线与流线

A　流场

流体流动所占据的空间称为流场。根据流场中各运动要素与空间坐标的关系，可把流动分为一维流动，二维流动与三维流动。若运动要素仅与一个坐标有关，则称为一维流动。实际流体力学问题多属于三维流动，但为了数学处理上方便，人们往往根据具体问题的性质把它简化为二维流动或一维流动来处理。

B　迹线

流体质点运动的轨迹即为迹线，它是采用拉格朗日法考察流体运动所得的结果。如滴一小滴不易扩散的颜料到水流中，便可看到颜料的运动轨迹。

C　流线

某时在流场中画出一条空间曲线，此瞬时在曲线上任一点之切线方向与该点流体质点的速度方向重合，这条曲线就称作流线。如图1-17所示。图中四个箭头分别表示在同一时刻 a、b、c 和 d 四点的速度方向。流线是采用欧拉法考察的结果。

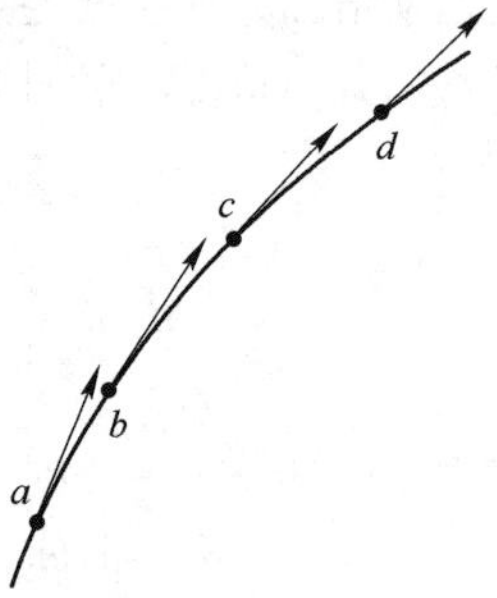

图 1-17　流线

设流线上任一点的速度矢量为 $\boldsymbol{u} = u_x\boldsymbol{i} + u_y\boldsymbol{j} + u_z\boldsymbol{k}$，流线上的微元段矢量为 $\mathrm{d}\boldsymbol{s} = \mathrm{d}x\boldsymbol{i} + \mathrm{d}y\boldsymbol{j} + \mathrm{d}z\boldsymbol{k}$，则根据流线的定义，可得用矢量表示的流线微分方程为

$$\boldsymbol{u} \times \mathrm{d}\boldsymbol{s} = 0 \tag{1-51}$$

若写成投影形式，则为

$$\frac{\mathrm{d}x}{u_x} = \frac{\mathrm{d}y}{u_y} = \frac{\mathrm{d}z}{u_z} \tag{1-52}$$

式中　u_x，u_y，u_z——分别为 x，y，z 的函数。

根据流线的定义可知，一般情况下流线不能相交，也不能转折。流线只在一些特殊点相交，如流速为0的点（称为驻点）；流速无穷大的点（称为奇点）以及流线相切的点。

在非恒定流中，流线一般会随时间变化；在恒定流中，流线不随时间变化，流体质点将沿着流线走，流线与迹线重合。

显然，迹线与流线是完全不同的。迹线描述的是同一质点在不同时间的位置，而流线表示的则是同一瞬间不同质点的速度方向。在稳态流动中流线与迹线重合。

1.3.2.2　过流断面、流量与流速

A　过流断面

凡是与流线处处相垂直的横截面称为流体的过流断面。如图1-18所示，当流线相互平行时，过流断面为平面，当流线互相不平行时，过流断面为曲面。

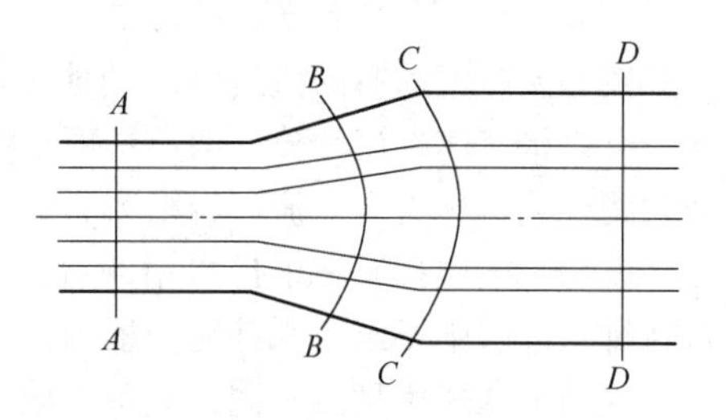

图1-18　过流断面

B　流量

流体在单位时间内流过某一特定空间曲面的流体量称为流量。流体量可以用体积、质量来表示，故流量又可相应地分为体积流量 q_V（m^3/s）与质量流量 q_m（kg/s）。如以 dA 为微元过流断面的面积，u 表示该断面上的速度，则通过此断面的流量为：

体积流量　　$dq_V = u dA$

质量流量　　$dq_m = \rho u dA$

总流的流量为上述两式对总流过流断面面积 A 的积分，即

$$q_V = \int_A u \cdot dA \tag{1-53}$$

$$q_m = \int_A \rho u \cdot dA \tag{1-54}$$

体积流量与质量流量之间的关系为

$$m = \rho q_V \tag{1-55}$$

C　流速

单位时间内流体在流动方向上流经的距离称为流速。流速是矢量，以符号 $\boldsymbol{u}$ 表示，单位为m/s。

流体在管内流动时，由于黏性的存在，流速沿管截面各点的值彼此不等而形成某种分布，如层流的抛物线分布。在工程计算中，为简便起见，通常用一个平均速度来代替这种速度的分布。在流体流动中通常按流量相等的原则来确定平均流速。平均速度以符号 $\bar{u}$ 表示，即

$$q_V = \bar{u}A = \int_A \boldsymbol{u} dA$$

$$\bar{u} = \frac{\int_A \boldsymbol{u} dA}{A} = \frac{q_V}{A} \tag{1-56}$$

式中　$\bar{u}$——平均流速，m/s；

$\boldsymbol{u}$——某点的流速，m/s；

A——垂直于流动方向的管截面积，m^2。

根据质量流量与体积流量的关系，则　$q_m = q_V\rho = \bar{u}A\rho$

【例1-7】　有一矩形通风管道，其断面尺寸为高 $h = 0.3$m，宽 $b = 0.5$m。若管内断面平均流速 $\bar{u} = 7$m/s，试求空气的体积流量、质量流量（空气的密度为1.21kg/m^3）。

【解】　根据式（1-56），空气的体积流量为

$$q_V = \bar{u}A = 7 \times 0.3 \times 0.5 = 1.05 m^3/s$$

质量流量为：　$q_m = q_V \rho = 1.05 \times 1.21 = 1.27$kg/s

1.3.2.3　恒定流与非恒定流

按照流体流动时的流速以及其他和流动有关的物理量（例如压力、密度）是否随时间变化，可以将流体的流动分成两类：恒定流和非恒定流。若流场中空间各点上的任何运动要素不随时间变化，称为恒定流。否则为非恒定流。

设想水桶底部有一根排水用的管路，由直径不等的几段管子连接而成。如图 1-19a 所示，若在排水过程中不断有水补充到桶内，使其中水面高度维持不变，则排水管中直径不等的各截面上水的平均速度虽然不同，但每一截面上的平均速度却是恒定的，并不随时间而变。这种流动属于恒定流动。

如图 1-19b 所示，若排水过程中不向桶内补充水，则液面不断下降，各截面上的流速随时间而发生变化（减小）。这属于非恒定流动。

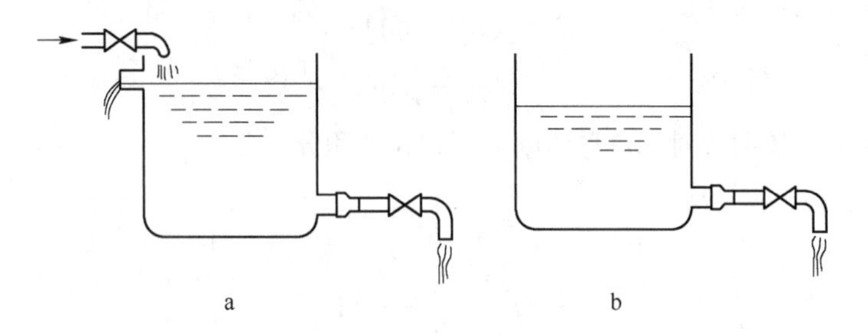

图 1-19　恒定流与非恒定流

a—恒定流动（液面高度不变）；b—非恒定流动（液面高度随时间改变）

上例表明，恒定流动中，流速（其他物理量亦然）只与位置有关；而非恒定流中，流速除与位置有关外，还与时间有关。

1.3.2.4　流管和流束

在流场中取一条不与流线重合的封闭曲线 L，在同一时刻过 L 每一点作流线，由这些流线围成的管状曲面称为流管，如图 1-20 所示。根据流线的性质，流体不能穿越流管的表面流入或者流出，就像在真实的管道中流动一样；流管不会在流场中终止，恒定流动的流管形状和位置不随时间变化。

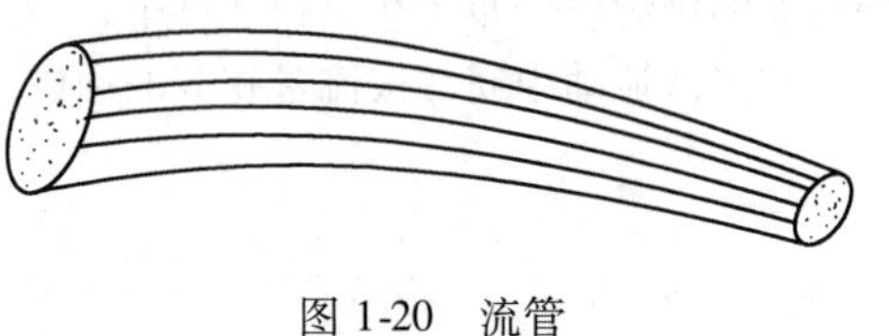

图 1-20　流管

流管内所有流线的总和称为流束。流束可大可小，如果封闭曲线取得无穷小，则所得流束称为微元流束，微元流束的极限就是流线。有限截面积的流束称为总流，工程中常见的管道、渠道内流动的流体都是总流。对于微元流管，可以认为其截面上各点的速度大小相同，方向均与截面相垂直。对于总流，其横截面上各点的速度不一定相同，所以流管内所有流线不一定均垂直于同一截面。与流束中所有流线正交的横截面称为过流截面或过流断面。

1.3.2.5　当量直径和水力半径

对于非圆形管道内流体的流动，在流动计算中要涉及当量直径的计算。在总流的有效截面上，流体与固体壁面接触的长度称为湿周，用 χ 表示；总流的有效截面积和湿周之比称为水力半径，用 R_h 表示，即

$$R_h = A/\chi \tag{1-57}$$

对于圆形管道，$R_h = A/\chi = \frac{\pi D^2}{4}\Big/\pi D = \frac{D}{4}$，即圆管直径为水力半径的4倍。对于非圆形管道或设备，也取水力半径的4倍表示其当量直径，即取当量直径

$$D_e = 4R_h \tag{1-58}$$

对于长度为 a、宽度为 b 矩形截面的管道，其当量直径为

$$D_e = 4 \times \frac{ab}{2(a+b)} = \frac{2ab}{a+b} \tag{1-59}$$

对于外径为 D_1、内径为 D_2 的圆环形管道，其当量直径为

$$D_e = 4 \times \frac{\pi(D_1^2 - D_2^2)/4}{\pi(D_1 + D_2)} = D_1 - D_2 \tag{1-60}$$

1.3.3 连续性方程

流体在流动过程中应该遵循质量守恒定律，且满足连续介质假设。流体运动的连续性方程就是流体上述性质的数学表达式。在这里我们将讨论流体在管道内流动的连续性条件。设流体在图1-21所示的截面变化的管道中做恒定的连续流动。截面1-1的面积为 A_1，该处流体密度为 ρ_1、截面上平均流速是 $\bar{u}_1$，截面2-2的面积为 A_2，该处流体密度为 ρ_2、截面上平均流速是 $\bar{u}_2$。设流动为恒定流动，则在流动过程中，管道各截面上的流速、压强、温度、密度等要素均不随时间而改变。如果在管道两截面之间的流体并无积聚或漏失，根据质量守恒定律，每单位时间内通过管道各截面的流体的质量应相等，即

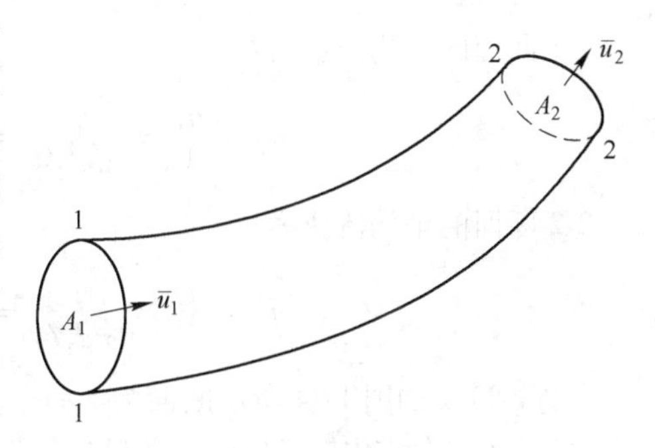

图1-21 控制体中的质量守恒

$$m_1 = m_2 = C \tag{1-61}$$

式中 C——常数。

这便是一元恒定流动的连续性方程。于是

$$\rho_1\bar{u}_1A_1 = \rho_2\bar{u}_2A_2 = \rho\bar{u}A = C \tag{1-62}$$

如果流体的密度为常数，则对于不可压缩流体，应有

$$\bar{u}_1A_1 = \bar{u}_2A_2 = \bar{u}A$$

或

$$\frac{\bar{u}_2}{\bar{u}_1} = \frac{A_1}{A_2} \tag{1-63}$$

式（1-63）表明，因受质量守恒原理的约束，不可压缩流体的平均流速其数值只随管截面的变化而变化，即截面增加，流速减小；截面减小，流速增加。流体在均匀直管内做恒定流动时，平均流速 $\bar{u}$ 沿流程保持定值，并不因内摩擦而减速。

以上导出的连续性方程虽然只反映了两断面间的质量守恒，但根据质量守恒定律，可以推广到任意空间，如三通管的分流与合流、管网的总管与支管等。

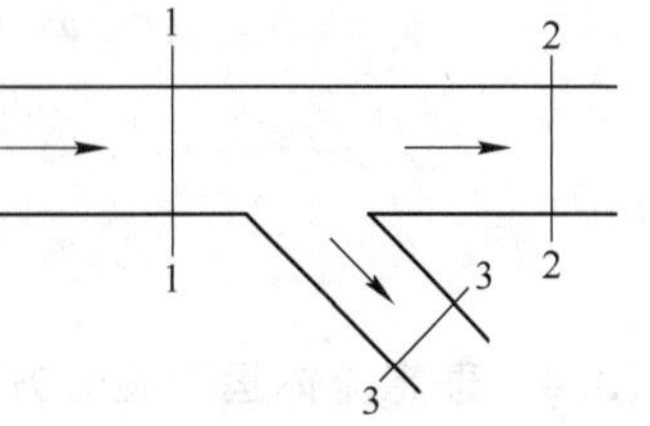

图1-22 流体分流

图1-22所示的不可压缩流体的分流，其连续性方程如下：

$$q_{m1} = q_{m2} + q_{m3}$$

即
$$\bar{u}_1 A_1 = \bar{u}_2 A_2 + \bar{u}_3 A_3$$

【例 1-8】 如图 1-23 所示。管道中水的质量流量为 $q_m = 300\text{kg/s}$，若 $d_1 = 300\text{mm}$，$d_2 = 200\text{mm}$，求体积流量和过流断面 1-1、2-2 的平均流速。

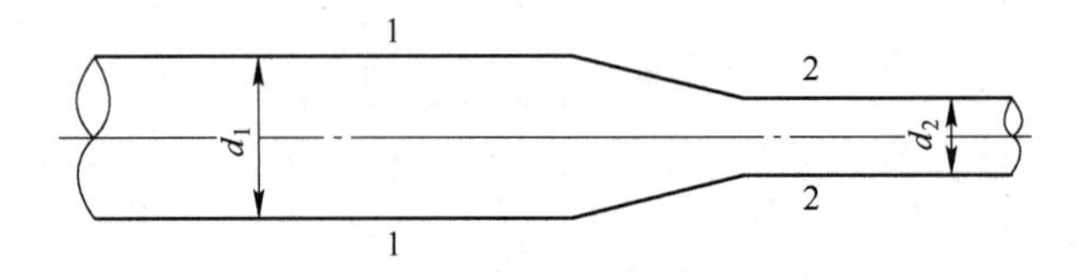

图 1-23　例 1-8 图

【解】 根据质量流量与体积流量的关系，得

$$q_V = q_m/\rho = 300/1000 = 0.3\text{m}^3/\text{s}$$

1-1 断面的平均流速为：

$$\bar{u}_1 = \frac{q_V}{A_1} = \frac{q_V}{\pi d_1^2/4} = \frac{0.3}{\pi \times 0.3^2/4} = 4.246\text{m/s}$$

2-2 断面的平均流速为：

$$\bar{u}_2 = \frac{q_V}{A_2} = \frac{q_V}{\pi d_2^2/4} = \frac{0.3}{\pi \times 0.2^2/4} = 9.554\text{m/s}$$

【例 1-9】 如图 1-24 所示断面为 50cm × 50cm 的送风管道，通过 a、b、c、d 四个 40cm × 40cm 的送风口向室内输送空气，送风口气流平均速度均为 5m/s，求通过送风管 1-1、2-2、3-3 各断面的流速和流量。

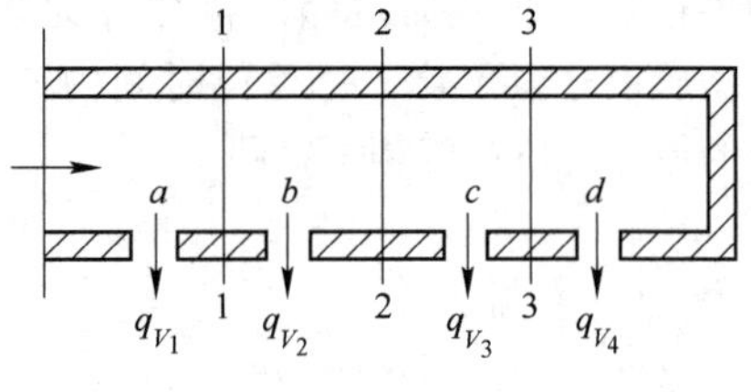

图 1-24　例 1-9 图

【解】 每一送风口流量 $q_V = 0.4 \times 0.4 \times 5 = 0.8\text{m}^3/\text{s}$

分别以 1-1、2-2、3-3 各断面以右的全部管段作为质量守恒收支运算的空间，写出连续性方程。

$$q_{V_1} = 3q_V = 3 \times 0.8 = 2.4\text{m}^3/\text{s}$$

$$q_{V_2} = 2q_V = 2 \times 0.8 = 1.6\text{m}^3/\text{s}$$

$$q_{V_3} = q_V = 1 \times 0.8 = 0.8\text{m}^3/\text{s}$$

各断面的流速：

$$\bar{u}_1 = q_{V_1}/A_1 = 2.4/(0.5 \times 0.5) = 9.6\text{m/s}$$

$$\bar{u}_2 = q_{V_2}/A_2 = 1.6/(0.5 \times 0.5) = 6.4\text{m/s}$$

$$\bar{u}_3 = q_{V_3}/A_3 = 0.8/(0.5 \times 0.5) = 3.2\text{m/s}$$

1.3.4　理想流体运动微分方程

所有存在于自然界的实际流体均具有黏性和压缩性。由于实际流体的这种特性，使问题的研究变得复杂。为简化问题，我们先从理想流体着手，找出它的规律，然后再考虑黏性的影响，根据试验数据加以修正。

在某给定的瞬间，从理想不可压缩流体中任取一微元平行六面体，如图1-25所示。微元六面体的棱长分别为dx、dy、dz，中心的压强为p。该微元六面体受到表面力与质量力的作用，受力分析如下：

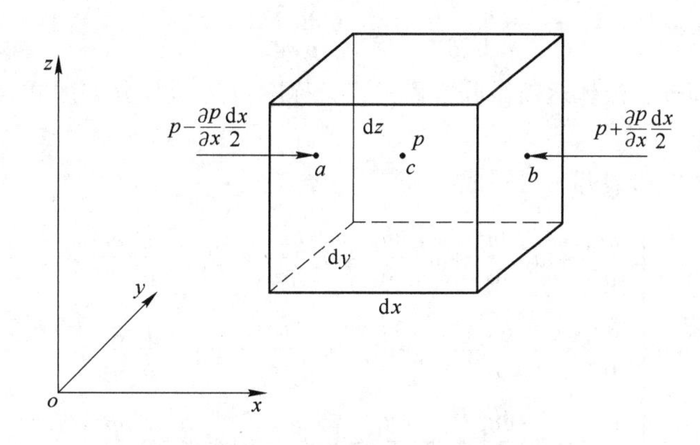

图1-25　欧拉运动微分方程的推导

微元六面体在沿x轴方向所受到的表面力为：

$$\left(p-\frac{\partial p}{\partial x}\frac{dx}{2}\right)dydz-\left(p+\frac{\partial p}{\partial x}\frac{dx}{2}\right)dydz$$

质量力为：

$$g_x\rho dxdydz$$

则沿x轴方向所受到的合力为

$$\Sigma F_x=\left(p-\frac{\partial p}{\partial x}\frac{dx}{2}\right)dydz-\left(p+\frac{\partial p}{\partial x}\frac{dx}{2}\right)dydz+g_x\rho dxdydz$$

$$=-\frac{\partial p}{\partial x}dxdydz+g_x\rho dxdydz$$

同理可得微元六面体在沿y轴、z轴方向上所受到的合力分别为：

$$\Sigma F_y=-\frac{\partial p}{\partial y}dxdydz+g_y\rho dxdydz$$

$$\Sigma F_z=-\frac{\partial p}{\partial z}dxdydz+g_z\rho dxdydz$$

根据牛顿第二定律可得

$$-\frac{\partial p}{\partial x}dxdydz+g_x\rho dxdydz=(\rho dxdydz)\frac{Du_x}{D\tau}$$

$$-\frac{\partial p}{\partial y}dxdydz+g_y\rho dxdydz=(\rho dxdydz)\frac{Du_y}{D\tau}$$

$$-\frac{\partial p}{\partial z}dxdydz+g_z\rho dxdydz=(\rho dxdydz)\frac{Du_z}{D\tau}$$

整理之后可得

$$\begin{cases}\dfrac{\mathrm{d}u_x}{\mathrm{d}\tau}=g_x-\dfrac{1}{\rho}\dfrac{\partial p}{\partial x}\\ \dfrac{\mathrm{d}u_y}{\mathrm{d}\tau}=g_y-\dfrac{1}{\rho}\dfrac{\partial p}{\partial y}\\ \dfrac{\mathrm{d}u_z}{\mathrm{d}\tau}=g_z-\dfrac{1}{\rho}\dfrac{\partial p}{\partial z}\end{cases}\tag{1-64}$$

式（1-64）即为理想流体运动微分方程式，又称欧拉运动微分方程式，是1755年由欧拉提出的。

将式（1-64）的左边展开，可写成

$$\begin{cases}\dfrac{\partial u_x}{\partial\tau}+u_x\dfrac{\partial u_x}{\partial x}+u_y\dfrac{\partial u_x}{\partial y}+u_z\dfrac{\partial u_x}{\partial z}=g_x-\dfrac{1}{\rho}\dfrac{\partial p}{\partial x}\\ \dfrac{\partial u_y}{\partial\tau}+u_x\dfrac{\partial u_y}{\partial x}+u_y\dfrac{\partial u_y}{\partial y}+u_z\dfrac{\partial u_y}{\partial z}=g_y-\dfrac{1}{\rho}\dfrac{\partial p}{\partial y}\\ \dfrac{\partial u_z}{\partial\tau}+u_x\dfrac{\partial u_z}{\partial x}+u_y\dfrac{\partial u_z}{\partial y}+u_z\dfrac{\partial u_z}{\partial z}=g_z-\dfrac{1}{\rho}\dfrac{\partial p}{\partial z}\end{cases}\tag{1-65}$$

写成矢量的形式为

$$\frac{\mathrm{d}\boldsymbol{u}}{\mathrm{d}\tau}=\frac{\partial\boldsymbol{u}}{\partial\tau}+(\boldsymbol{u}\cdot\nabla)\boldsymbol{u}=\boldsymbol{f}-\frac{1}{\rho}\nabla p\tag{1-66}$$

式中　$\boldsymbol{f}$——单位质量力矢量，N/m^2。

对于恒定流动，$\dfrac{\partial\boldsymbol{u}}{\partial\tau}=0$，如果是静止流体，$u_x=u_y=u_z=0$，则欧拉运动微分方程变为静力学基本方程（式(1-32)）。

1.3.5　伯努利方程式及其应用

1.3.5.1　恒定元流的伯努利方程式

首先我们用运动方程式探讨如图1-26所示的一股元流（微细流）流线各点上的几何高度、压强、速度的关系。假设流体不可压缩且做恒定流动。

设流体微元在 dτ 时间内移动的距离为 dl，它在坐标轴上的分量为 dx、dy、dz。现将式（1-64）中各式分别乘以 dx、dy、dz，得

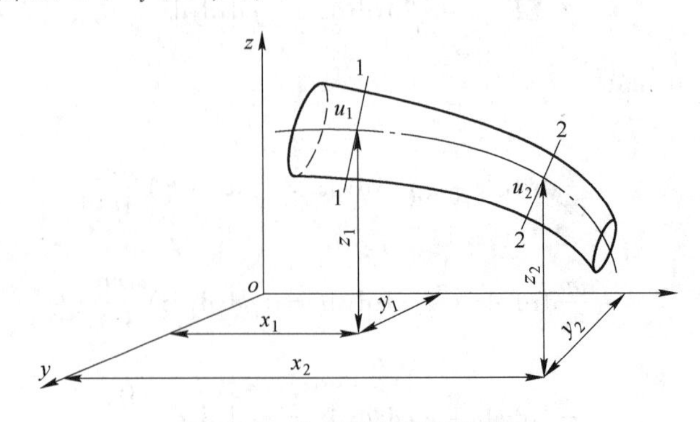

图 1-26　伯努利方程式的推导

$$\begin{cases} g_x \mathrm{d}x - \dfrac{1}{\rho}\dfrac{\partial p}{\partial x}\mathrm{d}x = \dfrac{\mathrm{d}u_x}{\mathrm{d}\tau}\mathrm{d}x \\ g_y \mathrm{d}y - \dfrac{1}{\rho}\dfrac{\partial p}{\partial y}\mathrm{d}y = \dfrac{\mathrm{d}u_y}{\mathrm{d}\tau}\mathrm{d}y \\ g_z \mathrm{d}z - \dfrac{1}{\rho}\dfrac{\partial p}{\partial z}\mathrm{d}z = \dfrac{\mathrm{d}u_z}{\mathrm{d}\tau}\mathrm{d}z \end{cases} \tag{1-67a}$$

因 $\mathrm{d}x$、$\mathrm{d}y$、$\mathrm{d}z$ 为流体质点的位移，按速度的定义：

$$u_x = \frac{\mathrm{d}x}{\mathrm{d}\tau},\quad u_y = \frac{\mathrm{d}y}{\mathrm{d}\tau},\quad u_z = \frac{\mathrm{d}z}{\mathrm{d}\tau}$$

代入式（1-67a）得

$$\begin{cases} g_x \mathrm{d}x - \dfrac{1}{\rho}\dfrac{\partial p}{\partial x}\mathrm{d}x = u_x \mathrm{d}u_x = \dfrac{1}{2}\mathrm{d}u_x^2 \\ g_y \mathrm{d}y - \dfrac{1}{\rho}\dfrac{\partial p}{\partial y}\mathrm{d}y = u_y \mathrm{d}u_y = \dfrac{1}{2}\mathrm{d}u_y^2 \\ g_z \mathrm{d}z - \dfrac{1}{\rho}\dfrac{\partial p}{\partial z}\mathrm{d}z = u_z \mathrm{d}u_z = \dfrac{1}{2}\mathrm{d}u_z^2 \end{cases} \tag{1-67b}$$

对于恒定流动

$$\frac{\partial p}{\partial \tau} = 0,\quad \mathrm{d}p = \frac{\partial p}{\partial x}\mathrm{d}x + \frac{\partial p}{\partial y}\mathrm{d}y + \frac{\partial p}{\partial z}\mathrm{d}z \tag{1-68}$$

且注意到

$$\mathrm{d}(u_x^2 + u_y^2 + u_z^2) = \mathrm{d}u^2$$

于是将式（1-67b）中三式相加可得

$$(g_x \mathrm{d}x + g_y \mathrm{d}y + g_z \mathrm{d}z) - \frac{1}{\rho}\mathrm{d}p = \mathrm{d}\left(\frac{u^2}{2}\right) \tag{1-69}$$

若流体只是在重力场中流动，取 z 轴垂直向上，则

$$g_x = g_y = 0,\quad g_z = -g$$

式（1-69）成为

$$g\mathrm{d}z + \frac{\mathrm{d}p}{\rho} + \mathrm{d}\left(\frac{u^2}{2}\right) = 0 \tag{1-70}$$

对于不可压缩流体，ρ 为常数，式（1-70）积分后可得

$$gz + \frac{p}{\rho} + \frac{u^2}{2} = 常数 \tag{1-71}$$

或

$$z + \frac{p}{\gamma} + \frac{u^2}{2g} = 常数 \tag{1-72}$$

由于式（1-72）中三项之和对于流线上的任何点都是常数。因此，对于图 1-25 中 1-1 和 2-2两个位置上的流体质点

$$z_1 + \frac{p_1}{\gamma} + \frac{u_1^2}{2g} = z_2 + \frac{p_2}{\gamma} + \frac{u_2^2}{2g} \tag{1-73}$$

式(1-71)～式(1-73)称为不可压缩性流体元流做恒定流动时的伯努利（Bernoulli）方程式，是1738年伯努利提出的，它是欧拉运动方程式在特定条件下沿流线积分的结果。

1.3.5.2　伯努利方程式的物理意义

伯努利方程式中的每一项均表示微细流（即元流）中某一截面上对于单位重量流体而言的能量。事实上，如果微细流的某一截面对于某一水平基准面的高度为z(m)，该截面上流体压强为p(Pa)，速度大小为u(m/s)，流过的流体的重量为dG(N)，体积为dV(m^3)，则单位重量流体的位能为：$\frac{z\mathrm{d}G}{\mathrm{d}G}$(m)。

处于压强p之下，流过的体积为dV的流体具有的压力势能为$p\mathrm{d}V$，于是单位重量流体的压力势能为：

$$\frac{p\mathrm{d}V}{\mathrm{d}G}=\frac{p(\mathrm{d}G/\gamma)}{\mathrm{d}G}=\frac{p}{\gamma}$$

单位重量流体动能为：

$$\frac{\frac{1}{2}\frac{\mathrm{d}G}{g}u^2}{\mathrm{d}G}=\frac{u^2}{2g}$$

所以，伯努利方程式的物理意义是：沿同一微元流束或流线，单位重量流体的动能、位势能、压力势能之和为常数，即总的机械能是守恒的。由此可见，伯努利方程实质上就是物理学中能量守恒定律在流体力学上的一种表现形式，故又称其为能量方程。

从几何角度看，式（1-72）的每一项都表示一个高度，或是一种水头。第一项z表示某点相对于基准面的位置高度，称为位置水头。第二项p/γ表示某点压强作用下液体在完全真空的闭口测压管中上升的高度，称为压强水头。位置水头与压强水头之和称为静水头。第三项$u^2/2g$表示速度水头（或称动水头）。三种水头之和称为总水头。所以式（1-72）的几何意义是：对于重力作用下的不可压缩理想流体做恒定流动时，在整个流场或沿流线，总水头为一常数，即总水头线（各点总水头的连线）为一水平线。

1.3.5.3　黏性流体的伯努利方程式

由式（1-71）可知，理想流体流动时，其机械能沿流程不变。但黏性流体流动时，由于流层间内摩擦阻力做功会消耗部分机械能，使之不可逆地转变为热能等能量形式而耗散掉，因此，黏性流体的机械能将沿流程减小。设h_w为单位重量流体从图1-22的截面1-1至2-2所消耗的机械能（通常称为流体的能量损失或水头损失），根据能量守恒定律，可得黏性流体微元流的伯努利方程为

$$z_1+\frac{p_1}{\gamma}+\frac{u_1^2}{2g}=z_2+\frac{p_2}{\gamma}+\frac{u_2^2}{2g}+h_w \tag{1-74}$$

1.3.5.4　总流的伯努利方程式

以上讨论的是微细流的情况。但是在工程实际中要求我们解决的往往是总流流动问题，如流体在管道、渠道中的流动问题，因此还需要通过在过流断面上积分把它推广到总流上去。

将式（1-71）各项同乘以$\rho g\mathrm{d}q_V$，得到单位时间内通过微元流束两过流断面的全部流体的机械能关系为

$$\left(z_1+\frac{p_1}{\gamma}+\frac{u_1^2}{2g}\right)\rho g\mathrm{d}q_V=\left(z_2+\frac{p_2}{\gamma}+\frac{u_2^2}{2g}\right)\rho g\mathrm{d}q_V$$

注意到 $\mathrm{d}q_V = u_1\mathrm{d}A_1 = u_2\mathrm{d}A_2$，代入上式，在总流过流断面上积分，可得通过总流两过流断面的总机械能之间的关系为

$$\int_{A_1}\left(z_1 + \frac{p_1}{\gamma} + \frac{u_1^2}{2g}\right)\rho g u_1\mathrm{d}A_1 = \int_{A_2}\left(z_2 + \frac{p_2}{\gamma} + \frac{u_2^2}{2g}\right)\rho g u_2\mathrm{d}A_2$$

或

$$\rho g\int_{A_1}\left(z_1 + \frac{p_1}{\gamma}\right)u_1\mathrm{d}A_1 + \rho g\int_{A_1}\frac{u_1^3}{2g}\mathrm{d}A_1 = \rho g\int_{A_2}\left(z_2 + \frac{p_2}{\gamma}\right)u_2\mathrm{d}A_2 + \rho g\int_{A_2}\frac{u_2^3}{2g}\mathrm{d}A_2 \tag{1-75}$$

式（1-75）共有两种类型的积分，现分别确定如下：

（1）$\rho g\int_A\left(z + \frac{p}{\gamma}\right)u\mathrm{d}A$ 是单位时间内通过总流过流断面的流体位能和压力势能的总和。为了确定这个积分，需要知道总流过流断面上各点 $\left(z + \frac{p}{\gamma}\right)$ 的分布规律。一般来讲，$\left(z + \frac{p}{\gamma}\right)$ 的分布规律与过流断面上的流动状态有关。在急变流断面上，各点的 $\left(z + \frac{p}{\gamma}\right)$ 不为常数，其变化规律因具体情况而异，积分较困难。但在渐变流断面上，流体动压强近似地按静压强分布，各点的 $\left(z + \frac{p}{\gamma}\right)$ 近似等于常数。因此，若将过流断面取在渐变流断面上，则积分

$$\rho g\int_A\left(z + \frac{p}{\gamma}\right)u\mathrm{d}A = \rho g\left(z + \frac{p}{\gamma}\right)\int_A u\mathrm{d}A = \rho g\left(z + \frac{p}{\gamma}\right)q_V \tag{1-76}$$

（2）$\rho g\int_A\frac{u^3}{2g}\mathrm{d}A$ 它是单位时间内通过总流过流断面的流体动能的总和。由于过流断面上的速度分布一般难以确定，工程上为了计算方便，常用断面平均速度 $\bar{u}$ 来表示实际动能，即

$$\rho g\int_A\frac{u^3}{2g}\mathrm{d}A = \rho g\frac{\alpha\bar{u}^3}{2g}A = \rho g\frac{\alpha\bar{u}^2}{2g}q_V \tag{1-77}$$

式中，α 称动能修正系数，表示实际动能与按断面平均速度计算的动能之比值，即

$$\alpha = \frac{\rho g\int_A\frac{u^3}{2g}\mathrm{d}A}{\rho g\frac{\bar{u}^2}{2g}q_V} = \frac{\int_A\left(\frac{u}{\bar{u}}\right)^3\mathrm{d}A}{A} \tag{1-78}$$

α 值取决于总流过流断面上的速度分布，通过试验确定。一般流动，$\alpha = 1.05 \sim 1.10$，有时可达 2.0 或更大，在工程计算中常取 $\alpha = 1.0$。

将式(1-76)、式(1-77)代入到式(1-75)，考虑到定常流动时，$q_{V_1} = q_{V_2} = q_V$，化简后得

$$z_1 + \frac{p_1}{\gamma} + \frac{\alpha\bar{u}_1^2}{2g} = z_2 + \frac{p_2}{\gamma} + \frac{\alpha\bar{u}_2^2}{2g} \tag{1-79}$$

式（1-79）即为理想流体总流的伯努利方程式。

对于黏性流体，在过流断面 1-1 和 2-2 之间恒定总流的伯努利方程式为

$$z_1 + \frac{p_1}{\gamma} + \frac{\alpha\bar{u}_1^2}{2g} = z_2 + \frac{p_2}{\gamma} + \frac{\alpha\bar{u}_2^2}{2g} + h_w \tag{1-80}$$

在许多情况下，管道系统中还装有对流体做功的机械，如风机、泵等，能够使管道中流体的机械能增加。若单位重量的流体所获得的外加有效机械能为 H_e(m)，则总流的伯努利方程式

可写成：

$$z_1 + \frac{p_1}{\gamma} + \frac{\alpha \bar{u}_1^2}{2g} + H_e = z_2 + \frac{p_2}{\gamma} + \frac{\alpha \bar{u}_2^2}{2g} + h_w \tag{1-81a}$$

为了书写的方便，总流伯努利方程式中的平均速度 $\bar{u}$ 用 u 来代替，即式（1-81a）可写成：

$$z_1 + \frac{p_1}{\gamma} + \frac{\alpha u_1^2}{2g} + H_e = z_2 + \frac{p_2}{\gamma} + \frac{\alpha u_2^2}{2g} + h_w \tag{1-81b}$$

对于单位体积的流体，伯努利方程可通过式（1-81b）两边同乘以 ρg 得到：

$$\rho g z_1 + p_1 + \frac{\alpha \rho u_1^2}{2} + p_e = \rho g z_2 + \frac{\alpha \rho u_2^2}{2} + p_2 + p_w \tag{1-81c}$$

同理，对于单位质量的流体，其伯努利方程式可通过式（1-81b）两边同乘以 g 得到：

$$g z_1 + \frac{p_1}{\rho} + \frac{\alpha u_1^2}{2} + H_e = g z_2 + \frac{p_2}{\rho} + \frac{\alpha u_2^2}{2} + \frac{h_w}{\rho} \tag{1-81d}$$

伯努利方程式阐明了与流向垂直的各个截面上，流体中各种形式的能量之间的相互转化规律，因而可以用来解决有关流体的位能、压力势能、动能以及外界补入的机械能之间相互转化的许多问题。在应用伯努利方程式时，要注意到以下各点：

（1）恒定总流的伯努利方程式是以渐变流为前提得到的结果，因此，图1-25 中截面1-1 和2-2 处都应该符合缓变的条件，但两截面之间可以是急变流。

（2）由推导过程可知，伯努利方程仅适用于重力场不可压缩流体做恒定流动的情况，流体的重度看作常数。对于像气体这样压缩性较大的流体，如果图1-25 中截面1-1 和2-2 之间压强相差不大，即 $\frac{p_1 - p_2}{p_1} \times 100\% \leqslant 20\%$ 时，仍可使用上述公式，但这时气体的重度要用两截面之间的平均值 $\gamma_m = \frac{\gamma_1 + \gamma_2}{2}$ 代替，不会导致较大的误差。如果两截面之间的压强差相差较大，则应该充分考虑流体的压缩性带来的影响。

下面通过简单的例子从几方面说明伯努利方程式的应用。至于比较复杂的问题，如管路计算、流速和流量的测定等，则留待后面再详细介绍。

【例1-10】 如图1-27 所示，水池中的水通过图示的管道引出，水池液面距离管道插入口8m，管道最高点 c 的位置高度 $z_c = 9.5\text{m}$，出口的位置高度 $z_b = 6\text{m}$，不考虑水流中的阻力损失。求 c 点压能和动能。

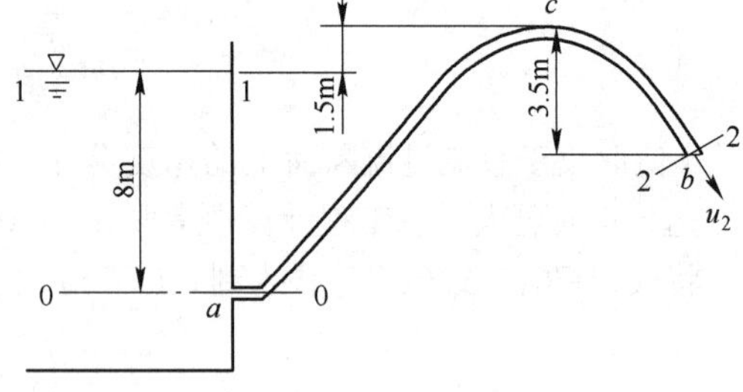

图1-27　例1-10 图

【解】 水池中的水通过水池与管道出口（图1-27 中2-2 截面）流出，水池液面及管道出口均与大气相通，因此在1-1 与2-2 两截面间列伯努利方程有：

$$\frac{p_1}{\gamma} + z_1 + \frac{a_1}{2g} u_1^2 = \frac{p_2}{\gamma} + z_2 + \frac{a_2}{2g} u_2^2$$

选1-1 为基准面，则 $z_1 = 0$，$p_1 = p_2 = 0$（表压），$z_2 = -3.5 + 1.5 = -2\text{m}$，取 $a_1 = a_2 = 1$
由于水池液面的面积远远大于管道截面的面积，因此 $u_1 \approx 0$，整理上述伯努利方程可得出口动能为：

$$\frac{u_2^2}{2g} = 2$$

根据连续性方程，$u_2 = u_c$，因此

$$\frac{u_c^2}{2g} = 2\text{mH}_2\text{O} = 19620\text{Pa}$$

在 1-1 与 c 断面间列伯努利方程有

$$\frac{p_1}{\gamma} + z_1 + \frac{a_1}{2g}u_1^2 = \frac{p_c}{\gamma} + z_c + \frac{a_c}{2g}u_c^2$$

将 $z_c = 1.5\text{m}$，$p_1 = 0$（表压）代入上式得：

$$\frac{p_c}{\gamma} = -2 - 1.5 = -3.5\text{m} = 34335\text{Pa}$$

因此 c 点的动能为 19620Pa，真空度为 34335Pa。

【例 1-11】 用泵将水从水池输送到高处的密闭容器，输水量为 $15\text{m}^3/\text{h}$。输水管的内径为 53mm，其出口位于水池水面以上 20m，伸入压力为 500kPa（表压）的容器内，水在管路内的流动阻力（能量损耗）为 40J/kg。试计算所需的输送功率。设泵的效率为 0.6，求泵实际输出的功率。

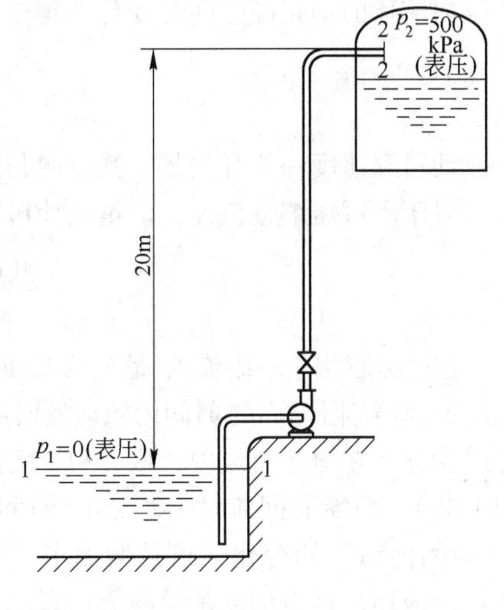

图 1-28　例 1-11 图

【解】 图 1-28 中以池内水面为截面 1-1，输水管出口为截面 2-2，基准水平面取在截面 1-1。根据已知条件

$$z_1 = 0 \quad z_2 = 20\text{m}$$

$$p_1 = 0 \quad p_2 = 500000\text{Pa}$$

$$u_1 = 0 \quad u_2 = \frac{15/3600}{\pi(0.053)^2/4} = 1.89\text{m/s}$$

阻力：　$h_w = 40\text{J/kg}$

设对单位质量的流体，有效泵功率为 H_e

根据伯努利方程式（1-81c）得：

$$gz_1 + \frac{u_1^2}{2} + \frac{p_1}{\rho} + H_e = gz_2 + \frac{u_2^2}{2} + \frac{p_2}{\rho} + h_w$$

代入各已知值得：

$$0 + 0 + 0 + H_e = 20 \times 9.81 + \frac{1.89^2}{2} + \frac{500000}{1000} + 40$$

$$H_e = 196.2 + 1.79 + 500 + 40 = 738\text{J/kg}$$

结果表明每千克水要取得 738J 的机械能才能从水池升到容器，换言之，泵要对每千克水做 738J 的有效功才能将水输送到容器内，泵实际所做功比有效功大，因为泵内亦有各种能量损耗，泵所做功并非全部都是有效的。

泵对每千克水所做有效功乘以水的质量流量（kg/s），即为单位时间的有效功，即有效功率。

质量流量 $q_m = 15/3600 \times 1000 = 4.17\text{kg/s}$

有效功率 $N_e = q_m H_e = 4.17 \times 738 = 3080\text{J/s} = 3.08\text{kW}$

泵实际输出的功率为有效功率除以效率所得之商，故

泵的实际功率 $N = \dfrac{3.08}{0.6} = 5.13\text{kW}$

1.3.6 动量方程

动量方程是理论力学中的动量定理在流体力学中的具体体现，它反映了流体运动的动量变化与作用力之间的关系，它的主要作用是要解决作用力，特别是流体与固体之间的作用力。

根据固体力学知识可知，物体质量 m 与速度 $\boldsymbol{u}_1$ 的乘积称为物体的动量。作用于物体所有外力的合力 $\Sigma \boldsymbol{F}$ 和作用时间 $\mathrm{d}\tau$ 的乘积称为冲量。对任一微元系统，动量定理可表述为：微元系统内流体的动量随时间的变化率等于作用于该微元系统上所有外力之和。即

$$\Sigma \boldsymbol{F} = \frac{\mathrm{d}(q_m \boldsymbol{u})}{\mathrm{d}\tau} \tag{1-82a}$$

动量和速度一样是矢量，其方向与速度的方向相同。动量定律是矢量方程。

对于不可压缩性流体，动量定律可表述为

$$\frac{\mathrm{d}(q_m \boldsymbol{u})}{\mathrm{d}\tau} = \rho \mathrm{d}x\mathrm{d}y\mathrm{d}z \frac{\mathrm{d}\boldsymbol{u}}{\mathrm{d}\tau} \tag{1-82b}$$

这个方程用于一维流动，是把两断面间的流体作为研究对象，研究流体在 $\mathrm{d}\tau$ 时间内的动量增量和外力的关系。

为此，在恒定总流中，取 1 和 2 两渐变流断面（见图 1-29）。两断面间流段 1-2 在 $\mathrm{d}\tau$ 时间后移动到 1′-2′。$\mathrm{d}\tau$ 时间内动量的变化，只是增加了流段新占有的 2-2′ 体积内流体所具有的动量，减去流段退出的 1-1′体积内所具有的动量。中间 1′-2 空间为 $\mathrm{d}\tau$ 前后流段所共有。由于恒定流动，1′-2 空间内各点流速大小方向不变，所以动量也不变，因此不予考虑。仍用平均流速的流动模型，则动量变化率为

$$\frac{\mathrm{d}(q_m \boldsymbol{u})}{\mathrm{d}\tau} = \lim_{\Delta\tau \to 0} \frac{\int_{2\text{-}2'} \rho \boldsymbol{u} \mathrm{d}q_V - \int_{1\text{-}1'} \rho \boldsymbol{u} \mathrm{d}q_V}{\Delta\tau} \tag{1-83}$$

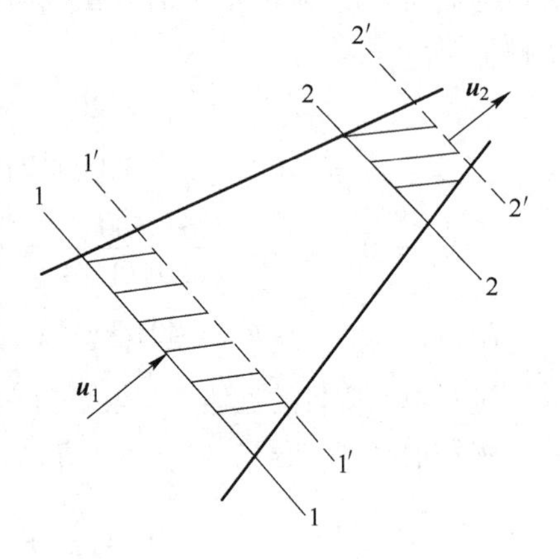

图 1-29 动量方程推导

这个方程是以断面各点平均流速为模型写出的。实际流速的不均匀分布使式（1-83）存在计算误差，为此，对式（1-83）中的 $\int \rho \boldsymbol{u} \mathrm{d}q_V$ 进行如下变换：

$$\int \rho \boldsymbol{u} \mathrm{d}q_V = \int \rho \boldsymbol{u} \bar{u} \mathrm{d}A = \rho \frac{\bar{u}^2 A}{A} \int_A \left(\frac{\boldsymbol{u}}{\bar{u}}\right)^2 \mathrm{d}A$$

$$= \rho \boldsymbol{u} q_V \left[\frac{1}{A} \int_A \left(\frac{\boldsymbol{u}}{\bar{u}}\right)^2 \mathrm{d}A\right] = \rho q_V \boldsymbol{u} \beta \tag{1-84}$$

式中，$q_V = A\bar{u}$；$\beta = \frac{1}{A}\int_A\left(\frac{\boldsymbol{u}}{\bar{u}}\right)^2 \mathrm{d}A$ 称为动量修正系数，其值取决于断面流速分布的不均匀性。不均匀性越大，β 越大。一般取 $\beta = 1.02 \sim 1.05$。为了简化计算，常取 $\beta = 1$。考虑了流速的不均匀分布，将式（1-84）代入式（1-83），整理可得：

$$\frac{\mathrm{d}(q_m \boldsymbol{u})}{\mathrm{d}\tau} = \rho q_V(\beta_2 \boldsymbol{u}_2 - \beta_1 \boldsymbol{u}_1) \tag{1-85}$$

将式（1-85）代入式（1-82）可得

$$\Sigma \boldsymbol{F} = \rho q_V(\beta_2 \boldsymbol{u}_2 - \beta_1 \boldsymbol{u}_1) \tag{1-86a}$$

式（1-86）即为恒定管流的动量方程。方程表明，作用于流段全部外力的矢量和，等于单位时间流出断面的动量和流入断面的动量的矢量差。

将方程写为三个正交方向的投影，则得

$$\left.\begin{aligned}\Sigma F_x &= \rho q_V(\beta_2 u_{2x} - \beta_1 u_{1x})\\ \Sigma F_y &= \rho q_V(\beta_2 u_{2y} - \beta_1 u_{1y})\\ \Sigma F_z &= \rho q_V(\beta_2 u_{2z} - \beta_1 u_{1z})\end{aligned}\right\} \tag{1-86b}$$

式中　u_{1x}，u_{1y}，u_{1z}——分别为第一断面平均流速在相应坐标轴上的分速度；

　　　u_{2x}，u_{2y}，u_{2z}——分别为第二断面平均流速在相应坐标轴上的分速度。

作用于流体引起其动量变化的外力包括质量力（重力等）及表面力（压力、固体壁面阻碍力及摩擦力等）。合力则是这些力的矢量和。由于使用动量方程式时牵涉到好几个矢量的和差计算，为方便起见，最好先将这些量分解到 x、y、z 轴上，求出其分量，然后再进行合成。下面以固体壁面与流体之间的作用为例，说明计算方法。

【例 1-12】 恒定流动的清水经 90°弯曲的异径管流过，如图 1-30 所示。进口处的压强（绝对压强）为 1.48MPa，流速为 6.096m/s，内径为 0.3048m；出口处的压强为 1.205MPa，内径为 0.1524m。弯管周围的大气压强为 101kPa，水的密度为 999.55kg/m³。求流体对弯管的作用力及为了约束此弯管而需要施加的约束力。

【解】

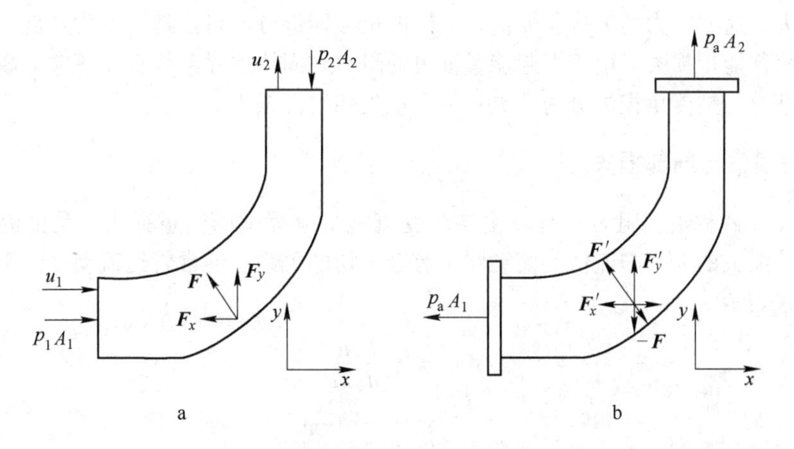

图 1-30　例 1-12 图

a—流体为隔离体受力分析；b—弯管为隔离体受力分析

进、出口处的截面积

$$A_1 = \frac{\pi}{4}D_1^2 = \frac{\pi}{4} \times 0.3048^2 = 0.07297\text{m}^2$$

$$A_2 = \frac{\pi}{4}D_2^2 = \frac{\pi}{4} \times 0.1524^2 = 0.01824\text{m}^2$$

出口处的平均流速

$$u_2 = \frac{u_1 A_1}{A_2} = \frac{6.096 \times 0.07297}{0.01824} = 24.385\text{m/s}$$

取管内的流体为隔离体（图 1-30a）。设弯管对流体的作用力为 $\boldsymbol{F}$，其在 x、y 轴上的分量为 $\boldsymbol{F}_x$、$\boldsymbol{F}_y$。根据动量方程式，在 x 轴方向上，

$$p_1 A_1 - \boldsymbol{F}_x = \rho u_1 A_1(-u_1)$$

于是　$14.80 \times 10^5 \times 0.07297 - \boldsymbol{F}_x = -999.55 \times 6.096 \times 0.07297 \times 6.096$

解得　$\boldsymbol{F}_x = 14.80 \times 10^5 \times 0.07297 + 444.62 \times 6.096 = 110706\text{N}$

在 y 轴方向上，　$-p_2 A_2 + \boldsymbol{F}_y = \rho u_1 A_1(u_2)$

于是　$-12.05 \times 10^5 \times 0.01824 + \boldsymbol{F}_y = 444.62 \times 24.385$

$$\boldsymbol{F}_y = 12.05 \times 10^5 \times 0.01824 + 444.62 \times 24.385 = 32821\text{N}$$

所得的 $\boldsymbol{F}_x$、$\boldsymbol{F}_y$ 均为正值，说明原来所取得作用力 $\boldsymbol{F}$ 的方向正确。

流体对弯管的作用力大小与 $\boldsymbol{F}_x$、$\boldsymbol{F}_y$ 相等，而方向相反。

取弯管为隔离体（图 1-30b）。作用于弯管上的力有：流体从内壁作用于弯管的力 $-\boldsymbol{F}$，外部约束力 $\boldsymbol{F}'$，以及未平衡的作用在进口和出口截面投影面积背面上的周围大气压力。于是

$$-\boldsymbol{F}'_x + \boldsymbol{F}_x - p_a A_1 = 0$$

$$\boldsymbol{F}'_x = \boldsymbol{F}_x - p_a A_1 = 110706 - 1.013 \times 10^5 \times 0.07297 = 103314\text{N}$$

$$\boldsymbol{F}'_y - \boldsymbol{F}_y + p_a A_2 = 0$$

$$\boldsymbol{F}'_y = \boldsymbol{F}_y - p_a A_2 = 32821 - 1.013 \times 10^5 \times 0.01824 = 30973\text{N}$$

所得的 $\boldsymbol{F}'_x$、$\boldsymbol{F}'_y$ 均为正值，说明原来所取得约束力 $\boldsymbol{F}'$ 的方向正确。

1.4　流体流动的阻力和能量损失

黏性流体在流动过程中，由于流体之间的相对运动而产生切应力以及流体与固体壁面之间产生摩擦阻力，这些阻力的形成将使流动流体的机械能部分不可逆地转变为热能，引起流体机械能损失，简称能量损失。由于引起能量损失的阻力与固体边界条件直接相关，故将根据固体边界的变化情况，把能量损失分为两类：沿程损失和局部损失。

1.4.1　沿程损失与局部损失

沿程损失（或称沿程阻力）是发生在缓变流整个流程中的能量损失，是由流体的黏性力造成的。这种损失的大小与流体的流动状态有着密切的关系。通常管道流动单位重量流体的沿程损失用下式表示

液体　$$h_l = \lambda \frac{l}{d}\frac{u^2}{2g} \tag{1-87}$$

气体　$$p_l = \gamma h_l = \lambda \frac{l}{d}\frac{\rho u^2}{2} \tag{1-88}$$

该式称为达希—威斯巴赫（Darcy-Weisbach）公式。

式中 λ——沿程阻力系数，它与流体的黏度、管道的内径以及管壁表面粗糙度等有关，是一个无因次系数，由实验确定；

l——管道长度，m；

d——管道内径，m；

$\frac{u^2}{2g}$——单位重量流体的动压头（速度水头）。

由式（1-87）可以看出，在同样的条件下，管道越长，损失的能量越大，这是沿程阻力的特征。

局部损失（或称局部阻力），是发生在流动状态急剧变化的急变流中的能量损失。这种损失主要是由于流体微团发生碰撞、产生漩涡等原因在管件附近的局部范围内所造成的能量损失。通常管流中单位重量流体的局部损失可以按下式计算

液体
$$h_m = \zeta \frac{u^2}{2g} \tag{1-89}$$

气体
$$p_m = \zeta \frac{\rho u^2}{2} \tag{1-90}$$

式中，ζ 为局部阻力系数。ζ 是一个无因次的系数，根据不同的管件由实验确定，工程计算时可查有关的图表，见附录Ⅲ。

多数工程的管道系统有许多直管段，这些直管段用管件（如变径管、接头、阀门等）连接，整个管道的能量损失是分段计算出的能量损失的叠加，即

$$h_w = \Sigma h_l + \Sigma h_m \tag{1-91}$$

由于单位重量流体能量损失的量纲为长度，也称它为水头损失。

1.4.2 黏性流体的两种流动状态

流体流动时，除了根据流动与时间的关系将流动区分为恒定流和非恒定流两种类型之外，还可以根据流动状态区分为两种不同的流态。英国物理学家雷诺（Reynolds）在1883年通过实验揭示出流动的两种截然不同的流态。图1-31为雷诺实验装置示意图。

为了识别管内黏性流体的流动情况，用一根滴管将有色液体注入到圆管内稳定流动的无色液体中。当管内无色液体的速度不大时，滴入管内的有色液体呈现为清晰可见的有色细丝。有色细丝与管内分层流动的无色液体互不掺混，流体质点的迹线是与管壁平行的直线。这种情况下，管内无色液体的流动处于层流状态，如图1-32a所示。如

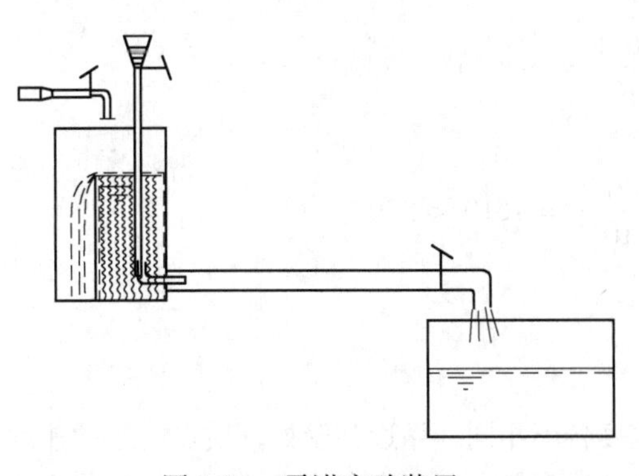

图1-31 雷诺实验装置

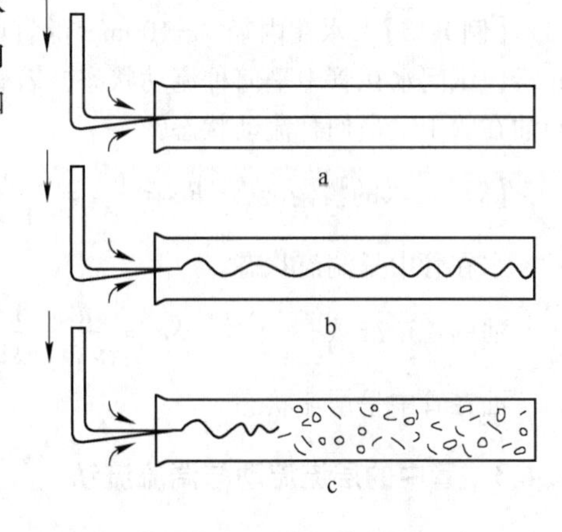

图1-32 流体的流动状态

a—层流；b—过渡状态；c—湍流

果逐渐增加管内液体的速度，有色细丝开始变粗，摆动如波浪形状，如图 1-32b 所示。管内液体速度继续增加，有色波浪状细丝的振幅和频率随之增加，当管内液体速度达到某一数值时，有色细丝突然破裂，形成许多漩涡向外扩散，在很短时间内便消失，使管内整个液体染成淡薄的颜色，如图 1-32c 所示。这种情况下，管内各部分液体剧烈掺混，流体质点的迹线紊乱，管内液体的运动处于湍流状态。

由实验可知，流体的流动有两种性质不同的状态，即层流和湍流。层流的特征是流体的运动很规则，流动分层，互不掺混；质点迹线光滑，流场稳定。湍流的特征则刚好相反，流动极不规则，各部分剧烈掺混；质点的迹线也杂乱无章，流场极不稳定。

雷诺通过对不同黏性系数的流体和不同直径的圆管进行了大量实验，发现管内流体流动呈现层流状态还是湍流状态，主要取决于管内流体平均速度 u、圆管直径 d 和运动黏性系数 ν 组成的无量纲数，称这一无量纲数为雷诺准数，用符号 Re 表示，记为

$$Re = \frac{\rho ud}{\mu} = \frac{ud}{\nu} \tag{1-92}$$

大量实验证明，对于在内表面光滑的圆截面直管中流动的流体，当 $Re<2300$ 时，流动呈层流。当 $Re>4000$ 时，流动呈湍流。而在 $2300<Re<4000$ 这个范围内，流动形态是不稳定的，可能是层流，也可能是湍流，称其为过渡流。由于过渡流很不稳定，容易被外界干扰因素触发而立即转变为湍流。工程计算中通常都将过渡流按湍流处理。

实际工程中一般用雷诺准数 Re 作为层流与湍流流态的判别标准，临界雷诺准数为 $Re_c=2300$。即流体在圆管内流动时，$Re<2300$ 为层流；$Re>4000$ 为湍流。

上述雷诺准数 Re 中的 d 是指圆形截面的导管或设备的内径。在工程中经常会遇到一些截面为非圆形的导管或设备，此时 Re 数中的 d 应采用当量直径 d_e 来代替。

雷诺准数所反映的是流体流动中惯性力与黏性力的对比关系。对于流过圆管的流体，$u\rho$ 表示单位时间通过单位截面积的质量（质量流速），$u^2\rho$ 表示单位时间通过单位管截面的动量，此值可视为与单位截面积的惯性力（或消除此动量之力）成比例，u/d 反映流体内部的速度梯度，$\mu u/d$ 应与流体内的剪应力或黏性力成比例。于是，$u^2\rho/(\mu u/d) = du\rho/\mu = Re$ 相当于惯性力与黏性力之比。若流体的速度大或黏度小，Re 大，表示惯性力占主导地位；若流体的速度小或黏度大，Re 小，表示黏性力占主导地位。雷诺准数越大，湍动程度越大，可见惯性力加剧湍动，黏性力抑制湍动。

【例 1-13】 水在内径 $d=100\text{mm}$ 的管中流动，流速 $u=0.5\text{m/s}$，水的运动黏度 $\nu=1\times10^{-6}\text{m}^2/\text{s}$，试问水在管中呈何种流动状态？若管中的流体是油，运动黏度为 $\nu'=31\times10^{-6}\text{m}^2/\text{s}$，试问油在管中又呈何种流动状态？

【解】 水的雷诺准数 $Re = \frac{ud}{\nu} = \frac{0.5\times0.1}{1\times10^{-6}} = 5\times10^4 > 2300$

水在管中呈湍流状态。

油的雷诺准数 $Re = \frac{ud}{\nu'} = \frac{0.5\times0.1}{31\times10^{-6}} = 1610 < 2300$

油在管中呈层流状态。

1.4.3　管中的层流流动与湍流流动

流体在圆管内流动时，管截面上各点的速度各不相同。靠近管壁处，质点的运动速度受到管壁的阻滞，速度很慢，靠近中心，质点的速度达到最大。速度在管道截面上的变化规律，与

流体的流态有关，管内层流及湍流时的速度分布如图1-33所示。

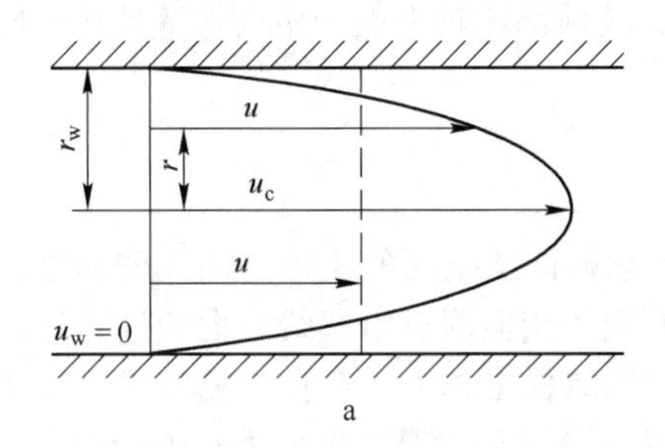

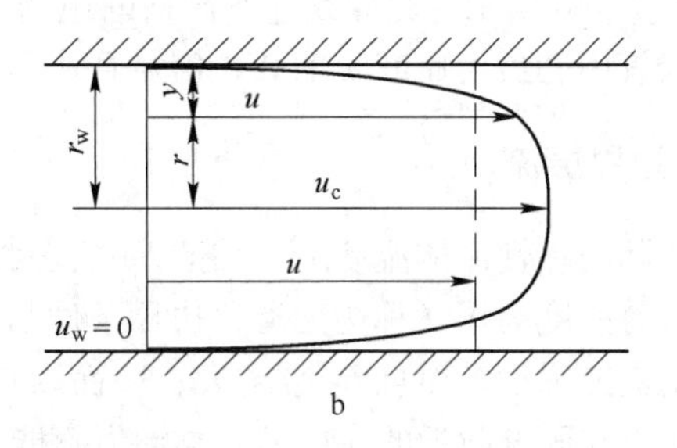

图1-33 管内流速度分布图

a—层流时的速度分布；b—湍流时的速度分布

层流时，管内流体严格地分成无数同心圆筒——流体层向前运动，由实验测得的速度分布如图1-33a所示。曲线呈抛物线形，管中心处速度 u_c 最大，平均速度 $\bar{u}$ 为最大速度的1/2。

湍流时，流体流动比较复杂。这时，流体质点在沿管轴流动的同时还做着随机的脉动，空间任一点的速度（包括方向和大小）都随时变化。如果在某一点测定该点沿管轴 x 方向的流速 u_x 随时间的变化，可得图1-34所示的波形。该点速度在其他方向上的分量也有类似的波形。

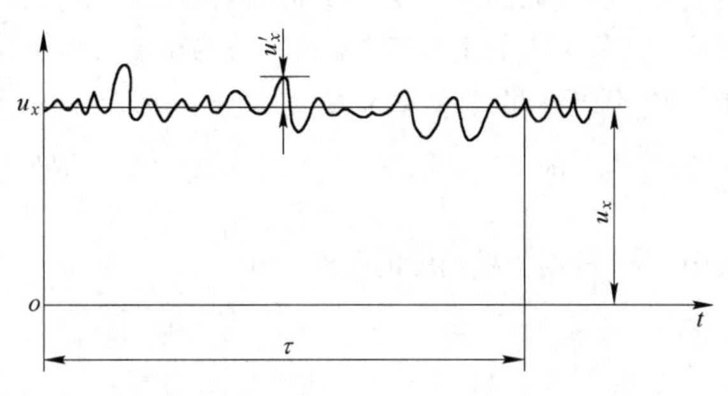

图1-34 速度脉动曲线

该波形还表明，湍流时每一点仍有一个不随时间而变的时均速度 $\bar{u}_x$，这个时均速度是指瞬时流速在时间间隔 τ 内的平均值，即

$$\bar{u}_x = \frac{1}{\tau}\int_0^T u_x \mathrm{d}\tau \tag{1-93}$$

当时间间隔取得足够长，时均速度与所取的时间间隔无关，这种流动即称为湍流时的恒定流动。湍流的其他流动参数（如压强 p 等）也可仿照式（1-93）作时均化。这样，在后面提到湍流流体的速度、压强等参数时，如无说明，均指它们的时均值。

但是，流动参数的时均化仅是一种处理方法。实际的湍流流动是在一个时均流动上叠加了一个随机的脉动量。例如，质点的瞬时流速可写成

$$\begin{cases} u_x = \bar{u}_x + u_x' \\ u_y = \bar{u}_y + u_y' \\ u_z = \bar{u}_z + u_z' \end{cases} \tag{1-94}$$

式中 $\bar{u}_x$，$\bar{u}_y$，$\bar{u}_z$ ——分别为三个方向上的时均速度，m/s；

u_x'，u_y'，u_z' ——分别为三个方向上随机的脉动速度，m/s。

脉动速度是一个随机量，其值可正可负。脉动速度的时均值为零。

管道内湍流流动，虽然沿管道质点的运动不规则，但从整体上看，流体在整个管截面上的

平均速度仍是固定的，某一截面上各点的速度 $\boldsymbol{u}$ 亦按一定的规律分布。由实验测得的速度分布曲线如图 1-33b 所示。此曲线并非严格的抛物线，其顶部比较平坦，靠近管壁处比较陡。平均速度 $\bar{u}$ 为管中心最大速度 u_c 的 0.8 倍左右。

1.4.4　边界层流动

在实际的黏性流体流动中，无论 Re 数多大，紧贴固体壁面的流体与固体壁面之间没有相对运动，其速度为零（称为无滑移边界条件），而固体壁面附近沿法线方向流速迅速增大，存在较大的流速梯度。而且 Re 数越大，壁面附近的流速梯度越大，存在有速度梯度的流体层越薄。因此，在固壁附近的流层内，黏性力不能忽略，流体同时受到黏性力与惯性力作用。把固壁附近存在较大速度梯度的流层称为边界层。通常定义，流速降为未受边壁影响流速（来流速度 u_0）的 99% 以内的区域为边界层。

流体沿平壁流动时的边界层示于图 1-35。边界层按其中的流态仍有层流边界层和湍流边界层之分。在壁面的前一段，边界层内的流态为层流，称为层流边界层。离平壁前缘 0 处若干距离后，边界层内的流态转为湍流，称为湍流边界层，其厚度较快地扩展。边界层内流动的湍流化与 Re 有关，此时 Re 定义为

$$Re = \frac{\rho u_0 x}{\mu} \tag{1-95}$$

式中　x——离平壁前缘的距离，m。

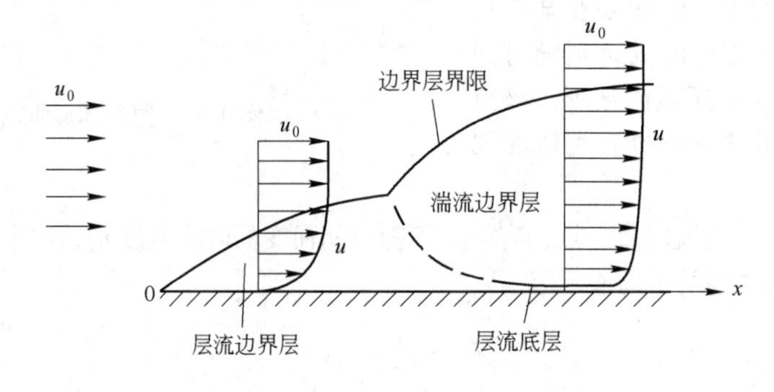

图 1-35　平壁上的边界层

即使在湍流边界层内，紧靠壁面的薄层内，流体仍做层流流动，此薄层称为层流底层，如图 1-35 所示。

对于管流来说，只在进口附近一段距离内（入口段）有边界层内外之分。经此段距离后，边界层扩大到管中心，如图 1-36 所示。

在汇合时，若边界层内流动是层流，则以后的管流为层流。若在汇合点之前边界层内流动已发展成湍流，则以后的管流为湍流。在入口段 L_0 内，速度分布沿管长不断变化，至汇合点处速度分布才发展为恒定流动时管流的速度分布。入口段中因未形成确定的速度分布，若进行传热、传质等传递过程，其规律与一般恒定管流有

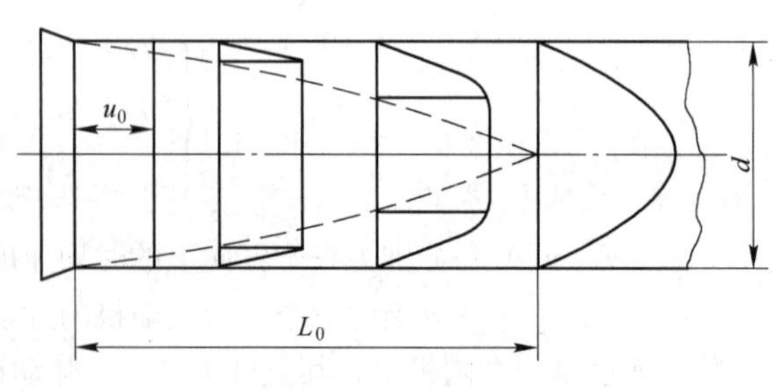

图 1-36　圆管入口段中边界层的发展

所不同。例如，当管流雷诺准数等于9×10^5时，入口段长度约为40倍管直径。

边界层的划分对许多工程问题具有重要的意义。虽然对管流来说，入口段以后整个管截面都在边界层范围内，没有划分边界层的必要。但是当流体在大空间中对某个物体做绕流时，边界层的划分就显示出它的重要性。

1.4.5 沿程阻力系数

由达希公式（1-87）可知，计算流体流动时的沿程阻力，关键是确定沿程阻力系数。由于沿程损失是由于流体的摩擦而引起的，因此沿程阻力系数也称为摩擦系数。理论与实践证明，沿程阻力系数与流体的流态及管壁的相对粗糙度有关。相对粗糙度ε/D是管道的绝对粗糙度ε与管道内径D之比值。

1.4.5.1 层流流动的沿程阻力系数

从相关的流体力学知识可知道，管内层流条件下的速度分布表达式为

$$u_c = -\frac{1}{4\mu}\frac{dp}{dl}r_w^2 \tag{1-96}$$

式中 u_c——管内最大速度，m/s；

r_w——管道半径，m；

l——管长，m。

u_c与平均速度$\bar{u}$的关系为：

$$\bar{u} = \frac{1}{2}u_c \tag{1-97}$$

将式（1-96）代入式（1-97），可得

$$\bar{u} = -\frac{1}{8\mu}\frac{dp}{dl}r_w^2 \tag{1-98}$$

式（1-98）适用于直管的一微分段dl，要积分后才能用于全管。设上游截面的压强为p_1，下游截面的压强为p_2，两截面之间的距离为l（即上游截面$l_1=0$，下游截面$l_2=1$），将上式的变量分离后积分可得

$$8\mu l\bar{u} = (p_1 - p_2)r_w^2$$

$$p_1 - p_2 = \frac{8\mu l\,\bar{u}}{r_w^2}$$

即

$$-\Delta p = \frac{32\mu l\bar{u}}{d^2} \tag{1-99}$$

式中 d——管道直径，m。

由于$\frac{\Delta p}{\gamma}=h_l$，将式（1-99）整理成式（1-87）的形式，得

$$h_l = \frac{64}{\frac{du\rho}{\mu}}\cdot\frac{l}{d}\cdot\frac{\bar{u}^2}{2g} = \frac{64}{Re}\cdot\frac{l}{d}\cdot\frac{u^2}{2g} \tag{1-100}$$

将此式与式（1-87）相对比，可得层流时的沿程阻力系数的计算式为

$$\lambda = \frac{64}{Re} \tag{1-101}$$

式（1-101）表明，圆管层流的沿程阻力系数只是雷诺准数的函数，与管壁的粗糙度无关。

【例 1-14】 水管的直径 $d=20\text{mm}$，管中水的流速 $u=0.12\text{m/s}$，水温 $t=10℃$。试求在管长 $l=20\text{m}$ 上的摩擦阻力损失。

【解】 当水温 $t=10℃$ 时，查表得水的运动黏度 $\nu=1.31\times10^{-6}\text{m}^2/\text{s}$。

计算雷诺准数　　$Re = \frac{ud}{\nu} = \frac{0.12\times0.02}{1.31\times10^{-6}} = 1832 < 2300$

因此，管中流动为层流。

此时，　　$\lambda = \frac{64}{Re} = \frac{64}{1832} = 0.035$

根据式（1-87），得 20m 管长上的沿程损失为

$$h_l = \lambda\frac{l}{d}\frac{u^2}{2g} = 0.035\times\frac{20}{0.02}\times\frac{0.12^2}{2\times9.8} = 0.026\text{mH}_2\text{O} = 255.06\text{Pa}$$

1.4.5.2　湍流流动的沿程阻力系数

由于湍流的复杂性，湍流的沿程阻力系数 λ 至今未能像层流那样严格地从理论上推导出来。为了探索湍流沿程阻力系数的变化规律，1933 年德国力学家尼古拉兹（Nikuradse J.）在人工均匀砂粒粗糙管道中进行了系统的沿程阻力系数和断面流速分布的测定工作，称之为尼古拉兹实验。

尼古拉兹采用人工粗糙管进行试验，实验管道的相对粗糙度的变化范围为 $\frac{\varepsilon}{d}=\frac{1}{30}\sim\frac{1}{1014}$。对每根管道（对应一个确定的 ε/d），测定不同流量下的平均流速和沿程压头损失，并计算 Re 和 λ

$$Re = \frac{ud}{\nu},\quad \lambda = \frac{d}{l}\frac{2g}{u^2}h_l$$

将其点绘在对数坐标纸上，就得到 $\lambda = f(Re,\varepsilon/d)$ 曲线，即尼古拉兹粗糙管损失曲线图，如图 1-37 所示。

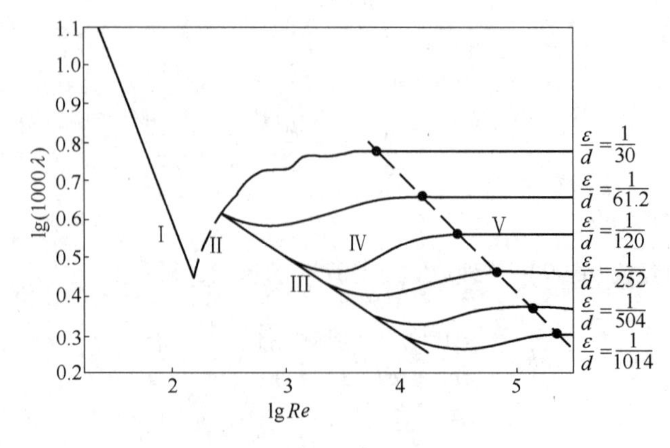

图 1-37　尼古拉兹曲线图

根据 λ 的变化特征，图中的曲线可分为五个阻力区：

Ⅰ为层流区，$Re<2300$ 时，所有实验点尽管相对粗糙度不同，都落在了一条直线上。根据实验曲线，得到 $\lambda=\frac{64}{Re}$。在此区域，摩擦系数与管壁粗糙度无关。此种情况下，阻力是流体层与层之间做相对滑动时的摩擦力，服从牛顿黏性定律，所以称作黏性阻力。此时，阻力与流速的一次方成正比。

Ⅱ为临界区。在 Re 为 2300～4000 的范围内，属于层流向湍流的过渡区，阻力和摩擦系数均有急剧上升的趋势。不过，这时摩擦系数还不完全确定。因为这时可能出现湍流流态，也可能出现层流流态。因此，管壁粗糙度对摩擦系数并无影响，摩擦系数只随 Re 而变。于是，不管粗糙度如何，λ 与 Re 的关系都如光滑管一样。

Ⅲ为湍流光滑区。$Re>4000$。不同相对粗糙度的试验点起初都集中在曲线Ⅲ上。随着 Re 的增大，相对粗糙度较大的管道，其试验点在较低的 Re 时就偏离曲线Ⅲ；而相对粗糙度较小的管道，其试验点要在较大的 Re 时才偏离光滑区。在区域Ⅲ范围内，λ 只与 Re 有关，而与 $\frac{\varepsilon}{d}$ 无关。

Ⅳ为湍流过渡区。此区内试验点已偏离光滑区曲线。不同相对粗糙度的实验点落在各自的曲线上。因此，λ 既与 Re 有关，也与 $\frac{\varepsilon}{d}$ 有关。

Ⅴ为湍流粗糙区。图 1-37 中虚线右侧的区域所示，这个区域内，不同相对粗糙度的曲线形成与横坐标基本平行的直线，λ 只与 $\frac{\varepsilon}{d}$ 有关，而与 Re 无关。沿程损失与速度的平方成正比，因而又称为阻力平方区。

为什么湍流存在光滑区、过渡区与粗糙区呢？

各区 λ 的变化规律不同，这是由于层流底层的存在。湍流流动在靠近管壁处实际上有一层薄薄的流层，由于黏性力的作用较为明显，该层的流动较为缓慢，显示出层流的特征，称为层流底层。层流底层厚度 d_b 与绝对粗糙度 ε 之间的相对关系，对 λ 有较大的影响，如图 1-37 所示。

在湍流光滑区，管壁上的粗糙峰完全被覆盖在层流之中，摩擦纯粹是在流体层之间发生的，管壁的粗糙度影响不到阻力的大小，因而在此区域，λ 与管壁 $\frac{\varepsilon}{d}$ 无关；在湍流过渡区，随着 Re 增大，层流底层逐渐变薄，接近糙粒高度，粗糙度开始对 λ 产生影响，这时，λ 与 Re 及 ε 两个因素有关；在湍流粗糙区，层流底层厚度远小于糙粒高度，糙粒几乎完全进入湍流核心内，此时层流底层对湍流的扰动影响很小，λ 只与 $\frac{\varepsilon}{d}$ 有关，与 Re 无关。

由于管壁附近仍然有层流底层存在，而且层流底层较厚，粗糙峰依然被层流底层覆盖，管壁处的摩擦发生在流体层之间，因此，管壁粗糙度对摩擦系数并无影响，摩擦系数只随 Re 而变。

以上所谓的“光滑”和“粗糙”都是从流动阻力分区需要而提出的，它不仅与粗糙度有关，而且还取决于 Re 和层流底层的厚度。

综上所述，沿程阻力系数 λ 的变化分区可归纳如下：

Ⅰ. 层流区，$\lambda=f_1(Re)$；

Ⅱ. 临界过渡区，$\lambda=f_2(Re)$；

Ⅲ. 湍流光滑管区，$\lambda=f_3(Re)$；

Ⅳ. 湍流过渡区，$\lambda = f_4\left(Re, \frac{\varepsilon}{d}\right)$；

Ⅴ. 湍流粗糙管区（阻力平方区），$\lambda = f_5\left(\frac{\varepsilon}{d}\right)$。

尼古拉兹曲线反映了沿程损失系数的变化规律及影响因素，为管内流动 λ 的计算提供了依据。

莫迪图：尼古拉兹实验是针对人工粗糙管进行的，工业生产中所用的实际管道的粗糙度不似人工粗糙度那么均匀，将尼古拉兹曲线直接用于工业管道会有一些出入。因此，为了确定实际管道的沿程阻力系数变化规律，柯列勃洛克（Colebrook，C. F.）根据大量的工业管道实验资料，提出适用于工业管道的湍流过渡区的 λ 计算公式，与工业管道实验结果符合良好。

为了便于与尼古拉兹粗糙管相比较，莫迪引入当量绝对粗糙度的概念。所谓当量绝对粗糙度是指和工业管道粗糙区 λ 值相等的同直径尼古拉兹粗糙管的粗糙突起高度，用 ε_s 表示。为叙述方便，取消“绝对”两字。常用工业管道的当量粗糙度见表 1-7。

表 1-7　常用工业管道的当量粗糙度

管道类别		当量粗糙度 ε_s/mm	管道类别		当量粗糙度 ε_s/mm
金属管	无缝黄铜管、铜管及铅管	0.01～0.05	非金属管	干净玻璃管	0.0015～0.01
	新的无缝钢管、镀锌铁管	0.1～0.2		橡皮软管	0.01～0.03
	新的铸铁管	0.3		木管道	0.25～1.25
	具有轻度腐蚀的无缝钢管	0.2～0.3		陶土排水管	0.45～6.0
	具有显著腐蚀的无缝钢管	>0.5		很好整平的水泥管	0.33
	旧的铸铁管	>0.85		石棉水泥管	0.03～0.8

莫迪在尼古拉兹实验的基础上，对大量金属与非金属工业管道进行了类似实验，并绘制了摩擦系数 λ 与雷诺数 Re 及相对粗糙度 ε_s/d 之间的关系图，又称为莫迪图，如图 1-38 所示。

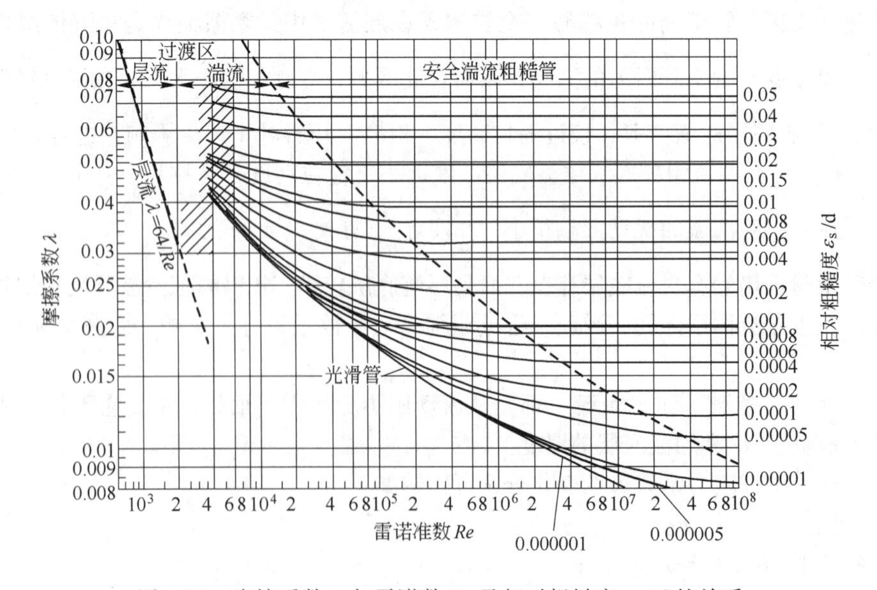

图 1-38　摩擦系数 λ 与雷诺数 Re 及相对粗糙度 ε_s/d 的关系

比较尼古拉兹与莫迪实验的曲线图，可以看出：

（1）在层流区、湍流光滑区和湍流粗糙区，实际管道沿程阻力系数的变化规律与人工粗糙管基本一致，与实验结果基本接近。这是因为在层流区、湍流光滑区，两种管道糙粒均被层流覆盖，而湍流粗糙区，两种管道糙粒几乎全部进入湍流核心。

（2）在湍流过渡区，λ 的变化规律两者有所不同。这是由于两种管道粗糙均匀性不同。在工业管道中，粗糙是不均匀的，当层流底层比当量粗糙度大很多时，粗糙管中的最大糙粒就将提前对湍流核心内的湍动产生影响，使 λ 开始与 ε_s/d 有关，使实验曲线较早地离开光滑区。而尼古拉兹粗糙是均匀的，其作用几乎是同时产生的，当层流底层厚度开始小于糙粒高度时，全部糙粒立即全部暴露于核心内，促使产生强烈的漩涡，因此沿程损失急剧上升。

莫迪实验验证了尼古拉兹实验的正确性，并通过当量粗糙度的联系，使其实验成果能直接用于工程实际。也就是说，在已知管路流体的 Re 和 ε_s/d 的情况下，可以从莫迪图直接查得实际工业管道的沿程阻力系数 λ，进而求得管路的压头损失。

湍流沿程阻力损失系数的确定可以采用莫迪图，也可以采用公式计算。这里介绍的公式是半经验公式或纯经验公式，尽管在理论上不够严密，但却与实验资料吻合得较好。

（1）临界过渡区。$Re=2300\sim4000$ 的临界过渡区内，可采用扎依琴柯的 λ 计算式

$$\lambda = 0.0023\sqrt[3]{Re} \tag{1-102}$$

（2）湍流光滑管区。尼古拉兹光滑管区公式

$$\frac{1}{\sqrt{\lambda}} = 2\lg Re\sqrt{\lambda} - 0.8 \tag{1-103a}$$

或写为

$$\frac{1}{\sqrt{\lambda}} = 2\lg\frac{Re\sqrt{\lambda}}{2.51} \tag{1-103b}$$

对于 $Re<10^5$ 的湍流光滑管区，布拉修斯提出经验公式

$$\lambda = \frac{0.3164}{Re^{0.25}} \tag{1-104}$$

此式形式简单，计算方便，在 $Re<10^5$ 时与实验结果吻合较好，是经常使用的公式。

（3）湍流粗糙管区。尼古拉兹湍流粗糙管区公式

$$\frac{1}{\sqrt{\lambda}} = 2\lg\frac{r_0}{2\varepsilon_s} + 1.74 \tag{1-105}$$

或写为

$$\frac{1}{\sqrt{\lambda}} = 2\lg\frac{3.7d}{\varepsilon_s} \tag{1-106}$$

（4）湍流过渡管区。柯列勃洛克根据大量的工业管道实验资料，提出过渡区 λ 计算公式，简称柯氏公式

$$\frac{1}{\sqrt{\lambda}} = -2\lg\left(\frac{\varepsilon_s}{3.7d} + \frac{2.51}{Re\sqrt{\lambda}}\right) \tag{1-107}$$

式（1-107）是尼古拉兹光滑管区公式和粗糙管区公式的结合。当 Re 很小时，公式右边括号内第二项很大，第一项相对很小，公式接近尼古拉兹光滑区公式；当 Re 很大时，第二项很小，公式接近尼古拉兹粗糙管区公式。因此柯氏公式所代表的曲线以光滑管区斜线和粗糙管区

水平线为渐近线，它不仅适用于过渡区，也适用于湍流的三个阻力区。因此，又称为湍流的综合公式。

对于非圆形管道，圆管流动的沿层阻力计算公式、沿层阻力系数公式及雷诺准数仍然适用，但要把公式中的直径 d 用当量直径 d_e 来代替。

【例 1-15】 在管径 $d=100\text{mm}$，管长 $l=300\text{m}$ 的圆管中，流动着 $t=10℃$ 的水，其雷诺准数 $Re=80000$，试分别求下列情况下的水头损失：

（1）管内壁为 0.15mm 的均匀砂粒的人工粗糙管。

（2）为光滑铜管（即流动处于湍流光滑区）。

（3）为工业管道，其当量粗糙度为 $\varepsilon_s=0.15\text{mm}$。

【解】 （1）根据 $Re=80000$，相对粗糙度 $\frac{\varepsilon_s}{d}=\frac{0.15}{100}=0.0015$，查莫迪图（图 1-38）得 $\lambda=0.02$。

当水温 $t=10℃$ 时，查表得水的运动黏度 $\nu=1.31\times10^{-6}\text{m}^2/\text{s}$。

根据 $Re=\frac{ud}{\nu}=\frac{u\times0.12}{1.31\times10^{-6}}=80000$，求得 $u=1.04\text{m/s}$。

水头损失　$h_l=\lambda\frac{l}{d}\frac{u^2}{2g}=0.02\times\frac{300}{0.1}\times\frac{1.04^2}{2\times9.8}=3.31\text{mH}_2\text{O}=32471\text{Pa}$

（2）光滑黄铜管的水头损失。在 $Re<10^5$ 时，可用式（1-104）计算阻力系数

$$\lambda=\frac{0.3164}{Re^{0.25}}=\frac{0.3164}{80000^{0.25}}=0.0188$$

与通过莫迪图查出的结果基本一致。

水头损失 $h_l=\lambda\frac{l}{d}\frac{u^2}{2g}=0.0188\times\frac{300}{0.1}\times\frac{1.04^2}{2\times9.8}=3.12\text{mH}_2\text{O}=30607\text{Pa}$

（3）当量粗糙度为 $\varepsilon_s=0.15\text{mm}$ 的工业管道。根据 $Re=80000$，相对粗糙度 $\frac{\varepsilon_s}{d}=\frac{0.15}{100}=0.0015$，查莫迪图（图 1-38）得 $\lambda=0.024$。

水头损失　$h_l=\lambda\frac{l}{d}\frac{u^2}{2g}=0.024\times\frac{300}{0.1}\times\frac{1.04^2}{2\times9.8}=3.97\text{mH}_2\text{O}=38946\text{Pa}$

1.4.6 局部阻力系数

实际的流体通道，除了在各直管段产生沿程损失外，流体流过各个接头、阀门等局部障碍时，由于流体流向、速度变化等都会产生一定的能量损失，即局部损失。由于产生局部损失的原因很复杂，难于精确计算。通常采用以下两种近似方法。

（1）近似地认为局部阻力损失服从平方定律，按照式（1-108）进行计算，即

$$h_m=\zeta\frac{u^2}{2g}\tag{1-108}$$

（2）近似地认为局部损失可以相当于某个长度的直管，即

$$h_m=\lambda\frac{l_e}{d}\frac{u^2}{2g}\tag{1-109}$$

式中　l_e——管件的当量长度，由实验测得。

常用管的 ζ 和 l_e 值可在图 1-39、图 1-40 和附录Ⅲ中查得。必须注意，对于突然扩大和缩

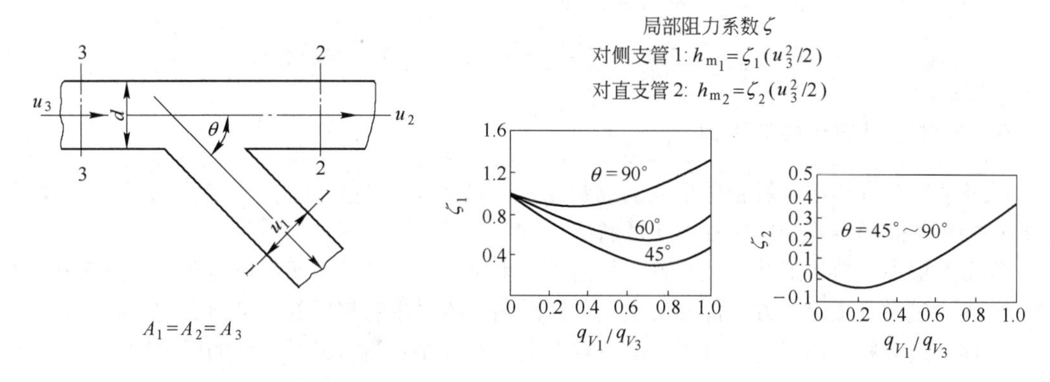

图 1-39　分流时三通的阻力系数

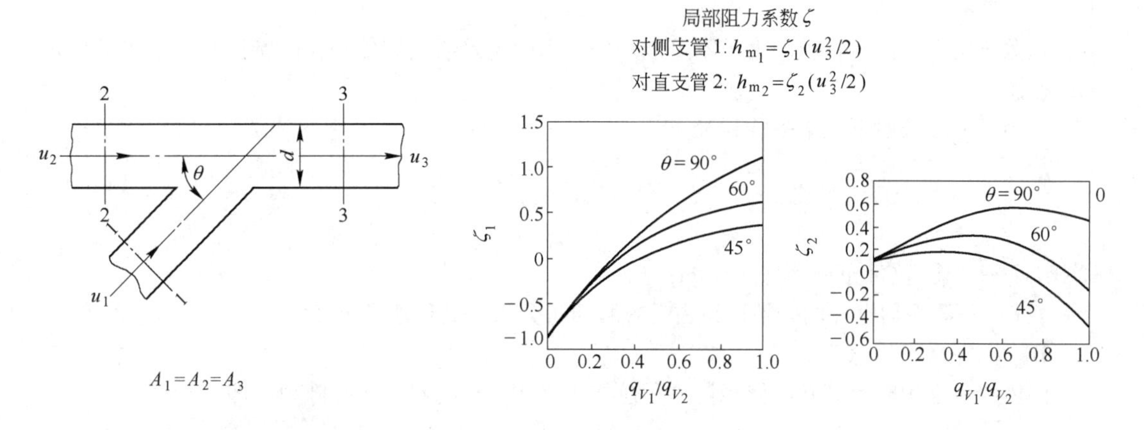

图 1-40　合流时三通的阻力系数

小，式（1-108）和式（1-109）中的 u 是用小管截面的平均速度。显然，式（1-108）和式（1-109）两种计算方法所得结果不会一致，它们都是近似的估算值。

实际应用时，长距离输送以直管阻力损失为主；车间管路则往往以局部阻力为主。

【例 1-16】 30℃的空气以 2000m³/h 的流量自内径 200mm 的管道流入内径 300mm 的管道。求突然扩大处的压强降。常压下 30℃空气的密度 $\rho = 1.165\text{kg/m}^3$。

【解】 空气在小管内的流速：

$$u_1 = \frac{2000}{3600 \times \frac{\pi}{4} \times 0.2^2} = 17.7\text{m/s}$$

截面积比
$$\frac{A_1}{A_2} = \left(\frac{d_1}{d_2}\right)^2 = \left(\frac{200}{300}\right)^2 = 0.44$$

阻力系数
$$\zeta = \left(1 - \frac{A_1}{A_2}\right)^2 = (1 - 0.44)^2 = 0.32$$

压头损失
$$h_m = \zeta\frac{u^2}{2g} = 0.32 \times \frac{(17.7)^2}{2 \times 9.81} = 5.1\text{m}$$

所以：压强降$(-\Delta p)$ = 5.1m 气柱，即

$$(-\Delta p) = 5.1 \times \frac{1.165}{1000} = 0.006\text{mH}_2\text{O} = 58.86\text{Pa}$$

1.4.7　气体通过散料层的阻力

块状或粒状固体物料堆积所组成的物料层称作散料层。例如燃烧室、煤气发生炉的煤层、竖窑中物料与燃料堆积的料层都属于散料层。

在散料层中，料块形状、尺寸各不相同，大小颗粒相互掺杂，所形成的孔隙小且形状不规则，气体通过时其流速、方向都要发生变化，因此气体通过散料层的能量损失难于计算。

气体通过散料层的阻力与散料层的特点有关，故首先介绍组成散料层的固体颗粒的有关参数。

A　平均直径 d_m

在散料层中，固体颗粒的大小不可能均匀，因此定量研究固体颗粒的特征时，常用平均粒径的概念。

采用筛分法按照下式求平均粒径

$$d_m = \frac{1}{\sum_{i=1}^{n} \frac{x_i}{d_i}} \tag{1-110}$$

式中　d_i——某两筛孔的平均直径，m；

x_i——该平均直径的颗粒质量占总颗粒质量分数，又称质量分率。

B　物料堆积孔隙率 ε

固体物料堆积时，其孔隙体积与堆积总体积之比，称物料堆积孔隙率。即

$$\varepsilon = \frac{V_0}{V} = \frac{V - V_s}{V} \tag{1-111}$$

式中　V_0——颗粒堆积空隙体积，m^3；

V_s——固体颗粒的真实体积，m^3；

V——颗粒堆积的总体积，m^3。

C　球形度 ϕ

颗粒状物料多呈不规则的复杂形状。设某一颗粒与直径为 d 的球具有相同的体积，就用球体直径表示非球形颗粒的直径。此时，颗粒表面积与等体积球的表面积不同，它们的差别用球形度表示。即

$$\phi = \left(\frac{\text{球体表面积}}{\text{颗粒表面积}}\right)_{\text{二者体积相等}} \tag{1-112}$$

当颗粒为球形时，$\phi = 1$；颗粒为任何其他形状时，$0 < \phi < 1$。

D　比表面积 α

单一颗粒的比表面积可表示为

$$\alpha' = \frac{\text{颗粒表面积}}{\text{颗粒体积}} = \frac{\pi d^2/\phi}{\pi d^3/6} = \frac{6}{\phi d}$$

料层的表面积可表示为

$$\alpha = \frac{\text{料层颗粒总表面积}}{\text{料层体积}} \tag{1-113a}$$

设料层颗粒数目为 n，则其总表面积为 $n\dfrac{\pi d_m^2}{\phi}$，料层体积 = 颗粒总体积 + 孔隙总体积，即

$$V = n \cdot \frac{4}{3} \cdot \frac{\pi d_m^3}{8} + \varepsilon V$$

则

$$V = n\frac{\pi d_m^3}{6(1-\varepsilon)} \tag{1-113b}$$

将颗粒总表面积与式（1-113b）计算的料层体积代入式（1-113a）得

$$\alpha = \frac{6(1-\varepsilon)}{\phi d_m} \tag{1-113c}$$

E　料层空隙当量直径 d_e

根据当量直径的定义 $d_e = \dfrac{4 \times 通道截面积}{通道湿周}$。图 1-41 的料层高为 H，料层孔隙通道截面积为 A，长度为 l，$l = kH$，长度系数 $k > 1$，孔隙通道周边长度 s。则有

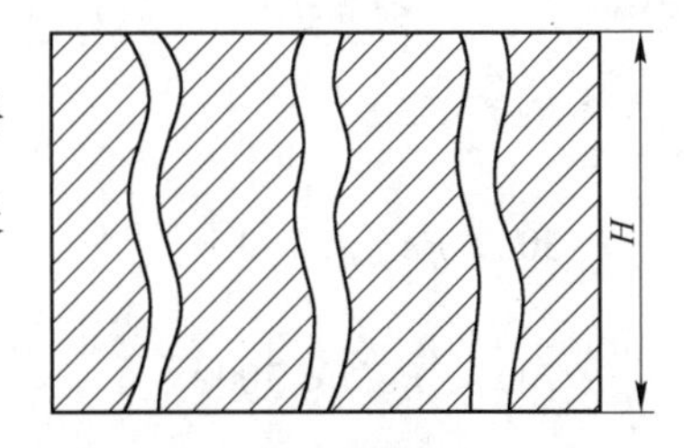

图 1-41　料层孔隙当量直径的推导

$$d_e = \frac{4\sum_{i=1}^{n} A_i}{\sum_{i=1}^{n} s_i}$$

对上式分子、分母同乘以通道长度 l，则

$$d_e = \frac{4\sum_{i=1}^{n} A_i l_i}{\sum_{i=1}^{n} s_i l_i}$$

式中，料层孔隙体积 $\sum_{i=1}^{n} A_i l_i = V\varepsilon$；料层孔隙的表面积 $\sum_{i=1}^{n} s_i l_i = V\alpha$。则

$$d_e = \frac{4V\varepsilon}{V\alpha} = 4\frac{\varepsilon}{\alpha} \tag{1-114a}$$

料层比表面积公式（1-113c）代入式（1-114a），得

$$d_e = \frac{2}{3}\frac{\varepsilon}{1-\varepsilon}\phi d_m \tag{1-114b}$$

在进行散料层阻力计算时，可以把气体在散料层中的流动看成若干不规则的孔隙通道中的流动，料层阻力损失 h_{ls}(Pa) 仍采用计算摩擦阻力的基本公式，即

$$h_{ls} = \lambda_0 \frac{H}{d_e}\frac{\rho u_0^2}{2} \tag{1-115}$$

式中　λ_0——气体通过孔隙通道流动的阻力系数；
　　H——料层高度，m；
　　d_e——孔隙当量直径，m；
　　u_0——气体通过孔隙流动的流速，m/s。

当气体通过料层流动时，在孔隙中的流速是难以确定的，为此需要将其换算成空窑速度，

即通过料层的气体流量 q_V 与窑的横截面积 A 之比。

$$u = \frac{q_V}{A} \quad u_0 = \frac{q_V}{A_0} = \frac{u}{\varepsilon}$$

式中　A_0——孔隙截面面积，$A_0 = A_\varepsilon$；

　　u——空窑速度，m/s。

考虑到阻力系数以及其与其流体的雷诺准数之间的一系列计算，经计算简化整理得：

$$h_{sl} = \lambda^* \cdot \frac{9}{4} \cdot \frac{(1-\varepsilon)^2}{\varepsilon^3 \cdot \phi^2} \cdot \frac{H}{d_m} \cdot \frac{\rho u^2}{2} \tag{1-116}$$

式中　λ^*——修正的阻力系数。

$Re^* < 30$　　$\lambda^* = \frac{220}{Re^*}$，层流区

$30 < Re^* < 700$　　$\lambda^* = \frac{28}{(Re^*)^{0.4}}$，过渡区

$700 < Re^* < 7000$　　$\lambda^* = \frac{7.04}{(Re^*)^{0.2}}$，湍流区

$Re^* > 7000$　　$\lambda^* = 1.26$，湍流区

由式（1-116）可以看出，料层越高，阻力损失越大；料块尺寸加大，阻力损失减小；气流速度增加，阻力损失增加；气流温度增高，实际流速增加，阻力损失也随之增加；此外，料块形状及料层孔隙率都影响料层的阻力。

1.4.8　气体通过管束的阻力

当气体通过一组与其前进方向垂直的管束，即气体横向通过管束时，其阻力大小与管束的排数、排列方式、雷诺准数等因素有关。

管束的排列方式有顺排和叉排两大类，如图 1-42 所示。

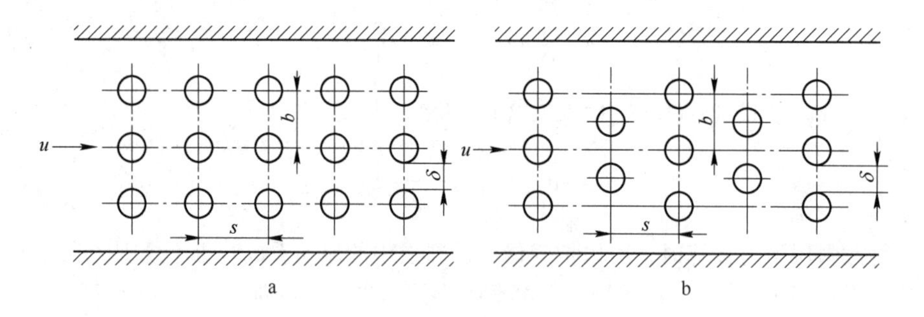

图 1-42　管束在通道内的排列

a—顺排式管束；b—叉排式管束

气体横向通过管束的阻力损失 h_{lg}(Pa)可根据下式计算

$$h_{lg} = K_g \frac{\rho u^2}{2}$$

式中　u——气体在管束通道内的流速，m/s；

K_g——整个管束的阻力系数。

对于顺排式的管束，当 $Re \geqslant 5 \times 10^4$ 时

$$K_g = n\frac{s}{b}\alpha + \beta$$

式中 n——沿气流方向的管子排数；

s——沿气流方向的管子中心距，m；

α，β——实验常数，$\alpha = 0.028\left(\frac{b}{\delta}\right)^2$，$\beta = \left(\frac{b}{\delta} - 1\right)^2$；

b——管排距，m。

当 $Re < 5 \times 10^4$ 时，则阻力系数乘以如下的修正系数 ϕ'

Re	4000	6000	10000	30000
ϕ'	1.70	1.55	1.37	1.08

对于叉排式的管束，当 $Re \geqslant 5 \times 10^4$ 时，管束的阻力系数 K'_g 为

$$K'_g = (0.8 \sim 0.9)K_g$$

当 $Re < 5 \times 10^4$ 时，其修正系数 ϕ'

Re	4000	6000	10000	30000
ϕ'	1.40	1.32	1.22	1.05

将其忽略或按沿程损失的5% ~10%进行估算。

1.5 管路计算基础

工程实际中的各种流体输配管路，如供水管路、供热管路、通风管路等，都会涉及到管路的计算问题，即流量、能量损失和管道几何尺寸之间关系的确定问题。管路计算的任务就是利用流体力学的基本理论，根据流体在管路中的流动规律、确定其流量、能量损失和管道几何尺寸之间的关系。本节利用能量方程、连续性方程及阻力损失规律，讨论恒定湍流状态下的管路计算问题。

在工程中所遇到的管道问题主要包括设计型问题和操作型问题。所谓设计型问题，指给定输送任务，要求设计出经济、合理的管路系统，主要指确定最经济的管径 d 的大小。而操作型问题指在管路系统已给定的情况下，当操作条件改变时，核算管路系统的输送能力或某项技术指标是否满足要求。

管路按其配置情况可分为简单管路和复杂管路。前者是单一管线，后者则包括串联管路、并联管路及复杂的管网。复杂管路区别于简单管路的基本点是存在着分流与合流。

为了计算方便，根据管路系统中沿程阻力与局部阻力在总阻力中所占的比例不同，将管路分为短管路和长管路。“短管”是指局部阻力在总阻力中所占的比例较大（超过沿程阻力的10%），计算时，两部分阻力必须同时考虑的管路。工程实际中的大多数管路都需要按照“短管”来处理。“长管”是指局部阻力在总阻力中的比例较小（不超过沿程阻力的10%），计算时可将其忽略或按沿程损失的5% ~10%进行估算的管路。

1.5.1 简单管路计算

为了研究流体在管道中的流动规律，首先讨论在简单管路中的流动。所谓简单管路，就是

由管径相等的管道和局部装置首尾相连组成的管路，它是组成各种复杂管路的基本单元。如图 1-43 所示的简单管路系统，管道的直径为 d，管道的长度为 L，水箱中的水通过该简单管路流入大气中。取基准面 O-O 通过管道的轴线。

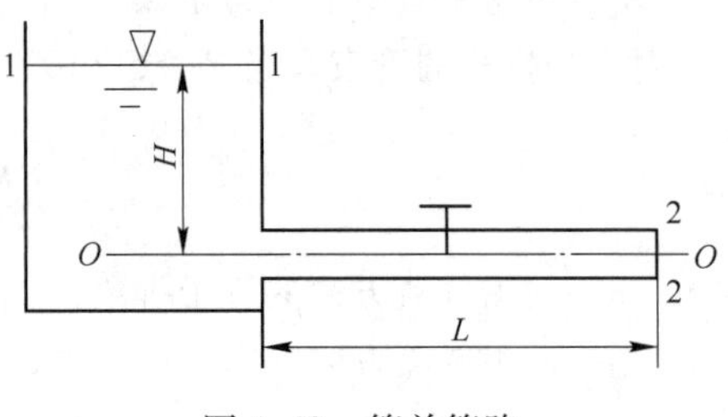

图 1-43　简单管路

列水箱水面 1-1 和管道出口断面 2-2 的能量方程

$$z_1 + \frac{p_1}{\gamma} + \frac{u_1^2}{2g} = z_2 + \frac{p_2}{\gamma} + \frac{u_2^2}{2g} + h_w$$

由于

$$H = z_1 - z_2, \quad h_w = \left(\lambda \frac{L}{d} + \Sigma\zeta\right)\frac{u^2}{2g}$$

则

$$H = \left(\lambda \frac{L}{d} + \Sigma\zeta + 1\right)\frac{u^2}{2g}$$

因出口局部阻力系数 $\zeta_0 = 1$，将其合并到 $\Sigma\zeta$ 中去，则

$$H = \left(\lambda \frac{L}{d} + \Sigma\zeta\right)\frac{u^2}{2g} \tag{1-117}$$

如果是气体管路，则为压强损失，可以表示为

$$p = \left(\lambda \frac{L}{d} + \Sigma\zeta\right)\frac{\rho u^2}{2} \tag{1-118}$$

将 $u = \dfrac{4q_V}{\pi d^2}$ 代入式（1-117）可得

$$H = \frac{8\left(\lambda \frac{L}{d} + \Sigma\zeta\right)}{g\pi^2 d^4} q_V^2$$

令

$$S_H = \frac{8\left(\lambda \frac{L}{d} + \Sigma\zeta\right)}{g\pi^2 d^4} \tag{1-119}$$

则

$$H = S_H q_V^2 \tag{1-120a}$$

式中　H——作用水头，m；

S_H——阻抗，也称为管路特性阻力系数，s^2/m^5；

q_V——流量，m^3/s。

如果是气体管路，式（1-120）仍然适用，常用压强表示，即

$$p = \gamma S_H q_V^2 = S_p q_V^2 \tag{1-120b}$$

式(1-120b) 中，

$$S_p = \frac{8\rho\left(\lambda \frac{L}{d} + \Sigma\zeta\right)}{\pi^2 d^4}$$

上述计算式中的 $\Sigma\zeta$ 包含了系统中所有局部构件及管道出口处的局部阻力系数。

当流体种类固定（ρ、γ 固定），在 d、L 给定时，S_H 和 S_p 只与沿程阻力系数 λ 和局部阻力系数 $\Sigma\zeta$ 有关。根据 1.4 知沿程阻力系数 λ 与流动状态有关，但当流动处于阻力平方区时，λ 只与管道相对粗糙度有关，因此只要管道材质确定，就可以将 λ 看作常数。当管路系统确定以后，管路中的局部构件是固定的，只要不调节阀门，局部阻力系数固定不变，所以 $\Sigma\zeta$ 可视为

常数。从而将 S_H和 S_p看作只与管路系统有关的系数，对于给定的系统，S_H和 S_p是常数。根据式（1-119）、式（1-120b）可知 S_H和 S_p的物理意义为：管路通过单位流量时的能量损失，称其为管路的阻抗（管路特性阻力系数）。由式(1-117)、式（1-118）可知，简单管路中能量损失与流量平方成正比。

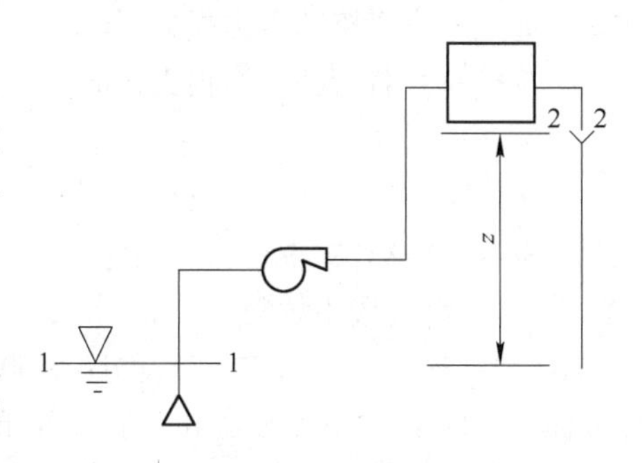

图 1-44　例 1-17 图

【例 1-17】　如图 1-44 所示，某设备的冷却水系统从河水中取水，已知河水水面与管路系统出水口的高差 $z=5\text{m}$，管路直径 $d=200\text{mm}$，管长 $L=250\text{m}$，沿程阻力系数 $\lambda=0.025$，总局部阻力系数 $\Sigma\zeta=50$。求流量为 $250\text{m}^3/\text{h}$ 时泵应提供的有效能。

【解】　这是由简单管路构成的系统。列河水水面 1-1 和管路系统出口断面 2-2 的伯努利方程式

$$z_1+\frac{p_1}{\gamma}+\frac{\alpha u_1^2}{2g}+H_e=z_2+\frac{p_2}{\gamma}+\frac{\alpha u_2^2}{2g}+h_w$$

由于 $\alpha=1$，$u_1=u_2=0$，$z_1=0$，$z_2=z$，$p_1=p_2=0$，整理上式得

$$H_e=z+h_w=z+S_Hq_V^2$$

$$S_H=\frac{8\left(\lambda\dfrac{L}{d}+\Sigma\zeta\right)}{g\pi^2d^4}=\frac{8\left(0.25\times\dfrac{250}{0.2}+50\right)}{9.81\times3.14^2\times0.2^4}=4200.15\text{s}^2/\text{m}^5$$

则 $$H_e=z+S_Hq_V^2=5+4200.15\times(250/3600)^2=25.25\text{m}$$

1.5.2　串联管路计算

串联管路是许多简单管路首尾相连而组成的管路系统。如图 1-45 所示，此串联管路由三根简单管路顺序连接而成。

A　流量规律

管段相接之点称为节点，如图 a、b 点。在每一个节点上都遵循质量守恒原理，即流入的质量流量与流出的质量流量相等，当 $\rho=$常数时，流入的体积流量等于流出的体积流量，取流入流量为正，流出流量为负，则对于每一节点可以写出 $\Sigma q_V=0$。因此，当串联管路没有节点分流时，有：

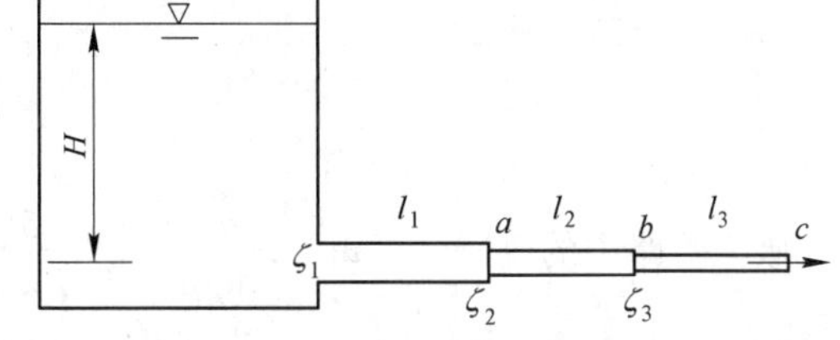

图 1-45　串联管路

$$q_{V_1}=q_{V_2}=q_{V_3}=\cdots \tag{1-121}$$

串联管路的阻力损失按阻力叠加原理，总阻力等于各管段沿程阻力与局部阻力之和，即

$$\Sigma h_w=h_{w1}+h_{w2}+h_{w3}=S_1q_{V_1}^2+S_2q_{V_2}^2+S_3q_{V_3}^2 \tag{1-122}$$

若没有节点分流，则 $q_{V_1}=q_{V_2}=q_{V_3}=q_V$，从而有

$$S=S_1+S_2+S_3 \tag{1-123}$$

B　阻力损失规律

阻力损失的普遍规律可表示为

$$h_{w_{1-n}}=\sum_{i=1}^{n}h_{wi} \tag{1-124}$$

式中　$h_{w_{1-n}}$——管路总阻力损失，m；

h_{wi}——各管路阻力损失，m。

$$S = \sum_{i=1}^{n} S_i \tag{1-125}$$

式中　S——管路总阻抗数，s^2/m^5；

S_i——各管段阻抗数，s^2/m^5。

式（1-124）、式（1-125）表明：串联管路在没有节点分流的条件下，管路的总阻力损失等于各管段阻力损失之和；管路的总阻抗数等于各管段的阻抗数之和。

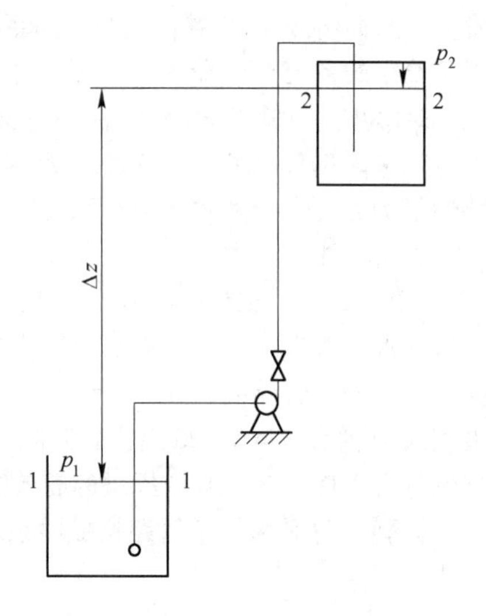

图 1-46　例 1-18 图

【例 1-18】　用泵将地面敞口贮槽中的溶液送往 10m 高的容器中去（参见图 1-46），在容器出口处的表压强为 0.05MPa。经选定，泵的吸入管路为 ϕ57mm × 3.5mm 的无缝钢管，管长 6m，管路中设有 1 个止逆底阀，1 个 90°弯头。压出管路为 ϕ48mm × 4mm 无缝钢管，管长 25m，其中装有闸阀（全开）1 个，90°弯头 10 个。操作温度下溶液的特性为 $\rho = 900\text{kg/m}^3$，$\mu = 1.5 \times 10^{-3}\text{Pa·s}$。求流量为 $4.5 \times 10^{-3}\text{m}^3/\text{s}$ 时泵应提供的总扬程。

【解】　从 1-1 截面至 2-2 截面列伯努利方程

$$\frac{p_1}{\gamma} + z_1 + H_e = \frac{p_2}{\gamma} + z_2 + h_w$$

可得
$$H_e = \frac{p_2 - p_1}{\gamma} + (z_2 - z_1) + h_w$$

而
$$\frac{p_2 - p_1}{\gamma} + (z_2 - z_1) = \frac{0.05 \times 10^6}{900 \times 9.81} + 10 = 15.7\text{m}$$

吸入管路中的流速
$$u_1 = \frac{q_V}{\frac{\pi}{4}d_1^2} = \frac{4.5 \times 10^{-3}}{0.785 \times 0.05^2} = 2.29\text{m/s}$$

$$Re_1 = \frac{d_1 u\rho}{\mu} = \frac{0.05 \times 2.29 \times 900}{1.5 \times 10^{-3}} = 6.87 \times 10^4$$

管壁粗糙度 ε 取 0.2mm，$\varepsilon/d = 0.004$，查图 1-38 得 $\lambda_1 = 0.03$

查附录Ⅲ，吸入管路的局部阻力系数　$\Sigma\zeta_1 = 0.75 + 1.5 = 2.25$

压出管路中的流速
$$u_2 = \frac{q_V}{\frac{\pi}{4}d_2^2} = \frac{4.5 \times 10^{-3}}{0.785 \times 0.04^2} = 3.58\text{m/s}$$

取 $\varepsilon = 0.2\text{mm}$，$\varepsilon/d = 0.005$，$Re_2 = \frac{d_2 u\rho}{\mu} = \frac{0.04 \times 3.58 \times 900}{1.5 \times 10^{-3.}} = 8.59 \times 10^4$，$\lambda_2 = 0.03$，

$$\Sigma\zeta_2 = 0.17 + 10 \times 0.75 = 7.67$$

$$h_w = \left(\lambda_1 \frac{l_1}{d_1} + \Sigma\zeta_1\right)\frac{u_1^2}{2g} + \left(\lambda_2 \frac{l_2}{d_2} + \Sigma\zeta_2\right)\frac{u_2^2}{2g}$$

$$= \left(0.03 \times \frac{6}{0.05} + 2.25\right) \times \frac{2.29^2}{2 \times 9.81} + \left(0.03 \times \frac{25}{0.04} + 7.67\right) \times \frac{3.58^2}{2 \times 9.81}$$

$$= 18.8\text{m}$$

单位重量流体所需补加的能量为

$$H_e = 15.7 + 18.8 = 34.5\text{m}$$

即泵所需提供的扬程为34.5m。

1.5.3　并联管路计算

由简单管路并联而组成的管路系统称为并联管路，如图1-47所示。

A　流量规律

与串联管路相同，并联管路的节点处也应满足质量守恒规律，流入节点的质量流量与流出的质量流量相等，对于不可压缩流体，转为体积流量守恒，即流入节点的体积流量等于流出节点的体积流量。仍然取流入的流量为正，流出的流量为负，则在节点处满足 $\Sigma q_V = 0$。

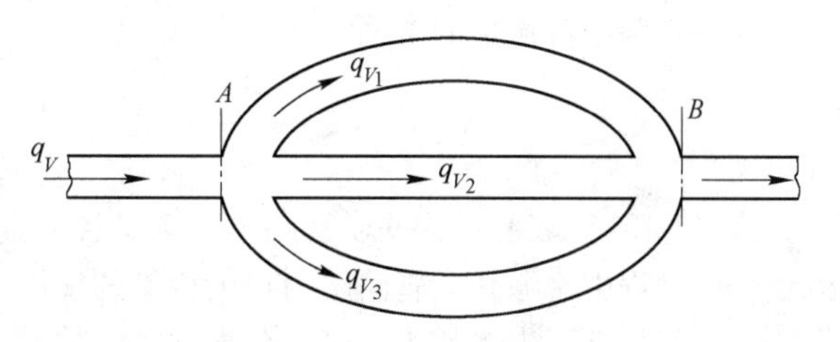

图1-47　并联管路

在图1-47中，设总流量为 q_V，并联各管段的流量为 q_{V_1}、q_{V_2}、q_{V_3}，则其流量关系为

$$q_V = q_{V_1} + q_{V_2} + q_{V_3} \tag{1-126}$$

流量的普遍规律为

$$q_V = \sum_{i=1}^{n} q_{V_i} \tag{1-127}$$

式中　q_V——管路的总流量，m^3/s；

q_{V_i}——并联各管段的流量，m^3/s。

B　阻力损失规律

并联管路的特点在于分流点 A 与合流点 B（严格讲应分别在 A 点上游和 B 点下游的两点）的势能 $\frac{\varphi}{\rho}\left(即\frac{p}{\rho} + gz\right)$ 值为唯一的，因此，单位质量流体由 A 流到 B，不论通过哪一支管，阻力损失应是相等的，即

$$h_{w1} = h_{w2} = h_{w3} = h_w \tag{1-128}$$

对于一般情况，有

$$h_{w1} = h_{w2} = \cdots = h_{w_n} = h_w \tag{1-129}$$

式中　h_w——总阻力损失，m；

h_{w1}——并联支管的阻力损失，m。

而　$h_{w1} = S_1 q_{V_1}^2$，　$h_{w2} = S_2 q_{V_2}^2$，　$h_{w3} = S_3 q_{V_3}^2$，　$h_w = S q_V^2$

所以有

$$q_{V_1} = \sqrt{\frac{h_{w1}}{S_1}},\quad q_{V_2} = \sqrt{\frac{h_{w2}}{S_2}},\quad q_{V_3} = \sqrt{\frac{h_{w3}}{S_3}},\quad q_V = \sqrt{\frac{h_w}{S}}$$

将上述流量表达式代入式（1-126）可得

$$\sqrt{\frac{h_w}{S}} = \sqrt{\frac{h_{w1}}{S_1}} + \sqrt{\frac{h_{w2}}{S_2}} + \sqrt{\frac{h_{w3}}{S_3}}$$

把式（1-128）代入上式得

$$\frac{1}{\sqrt{S}} = \frac{1}{\sqrt{S_1}} + \frac{1}{\sqrt{S_2}} + \frac{1}{\sqrt{S_3}} \tag{1-130a}$$

对于一般情况，则有

$$\frac{1}{\sqrt{S}} = \sum_{i=1}^{n} \frac{1}{\sqrt{S_i}} \tag{1-130b}$$

式中 S——并联管路总阻抗，s^2/m^5；

S_i——并联各管段的阻抗，s^2/m^5。

并联管路中各流量的关系

$$q_{V_1} : q_{V_2} : \cdots : q_{V_n} = \frac{1}{\sqrt{S_1}} : \frac{1}{\sqrt{S_2}} : \cdots : \frac{1}{\sqrt{S_n}} \tag{1-131}$$

式（1-131）表明：在并联管路中，各支管流量的大小与管路特性阻力系数 S 成反比，在流量分配过程中遵循并联管路阻力损失相等的规律，即管路特性阻力系数大的管段分配到的流量小，管路特性阻力系数小的管段分配到的流量大。

【例 1-19】 在图 1-47 所示的输水管路中，已知水的总流量为 $3m^3/s$，水温为 20℃。各支管总长度分别为 $l_1 = 1200m$，$l_2 = 1500m$，$l_3 = 800m$；管径 $d_1 = 600mm$，$d_2 = 500mm$，$d_3 = 800mm$；求 AB 间的阻力损失及各管的流量。已知输水管为铸铁管，$\varepsilon = 0.3mm$。

【解】 由式（1-126）和式（1-128）可联立求解 q_{V_1}，q_{V_2}，q_{V_3} 但因 λ_1，λ_2，λ_3 均未知，需用试差法求解。

设各支管的流动皆进入阻力平方区，由于 $\frac{\varepsilon_1}{d_1} = \frac{0.3}{600} = 0.0005$；$\frac{\varepsilon_2}{d_2} = \frac{0.3}{500} = 0.0006$；$\frac{\varepsilon_3}{d_3} = \frac{0.3}{800} = 0.000375$，从图 1-38 查得摩擦系数分别为

$$\lambda_1 = 0.017, \quad \lambda_2 = 0.0177, \quad \lambda_3 = 0.0156$$

将 $S_H = \dfrac{8\left(\lambda \dfrac{L}{d} + \Sigma\zeta\right)}{g\pi^2 d^4}$ 及 $\Sigma\zeta = 0$ 代入式（1-131）得

$$q_{V_1} : q_{V_2} : q_{V_3} = \sqrt{\frac{d_1^5}{\lambda_1 l_1}} : \sqrt{\frac{d_2^5}{\lambda_2 l_2}} : \sqrt{\frac{d_3^5}{\lambda_3 l_3}}$$

将数据代入得

$$q_{V_1} : q_{V_2} : q_{V_3} = \sqrt{\frac{0.6^5}{0.017 \times 1200}} : \sqrt{\frac{0.5^5}{0.0177 \times 1500}} : \sqrt{\frac{0.8^5}{0.0156 \times 800}}$$

$$= 0.0617 : 0.035 : 0.162$$

又

$$q_{V_1} + q_{V_2} + q_{V_3} = 3m^3/s$$

故 $$q_{V_1} = \frac{0.0617 \times 3}{0.0617 + 0.035 + 0.162} = 0.72\text{m}^3/\text{s}$$

$$q_{V_2} = \frac{0.035 \times 3}{0.0617 + 0.035 + 0.162} = 0.40\text{m}^3/\text{s}$$

$$q_{V_3} = \frac{0.162 \times 3}{0.0617 + 0.035 + 0.162} = 1.88\text{m}^3/\text{s}$$

以下校核 λ 值。

$$Re = \frac{du\rho}{\mu} = d\frac{q_V}{\frac{\pi}{4}d^2}\frac{\rho}{\mu} = \frac{4q_V\rho}{\pi d\mu}$$

查表得知在20℃下，$\mu = 1 \times 10^{-3}\text{Pa} \cdot \text{s}$，$\rho = 1000\text{kg/m}^3$

代入得 $$Re = \frac{4 \times 1000 \times 1000 q_V}{\pi d} = 1.14 \times 10^6 \frac{q_V}{d}$$

故 $$Re_1 = 1.14 \times 10^6 \times \frac{0.72}{0.6} = 1.367 \times 10^6$$

$$Re_2 = 1.14 \times 10^6 \times \frac{0.4}{0.5} = 9.12 \times 10^5$$

$$Re_3 = 1.14 \times 10^6 \times \frac{1.88}{0.8} = 2.68 \times 10^6$$

由莫迪图（图1-38）可以看出，各支管已进入或十分接近阻力平方区，原假设成立，以上计算结果正确。

A、B 间的阻力损失 h_w 可由下式求出

$$h_w = \frac{8\lambda_1 l_1 q_{V_1}^2}{\pi^2 d_1^5} = \frac{8 \times 0.017 \times 1200 \times 0.72^2}{\pi^2 \times 0.6^5} = 110.4\text{Pa}$$

1.5.4 管网计算基础

管网是一种在许多节点处有分支，由简单管路经过串联和并联所构成的复杂管路。工程实际中的一切复杂管路系统均为管网。管网按其布置方式可分为枝状管网和环状管网。

1.5.4.1 枝状管网

枝状管网是指管段从管路系统的各个节点分出后不再汇合的管网，如图1-48所示为由三个吸风口、6根简单管路，并联、串联而成的排风枝状管网。

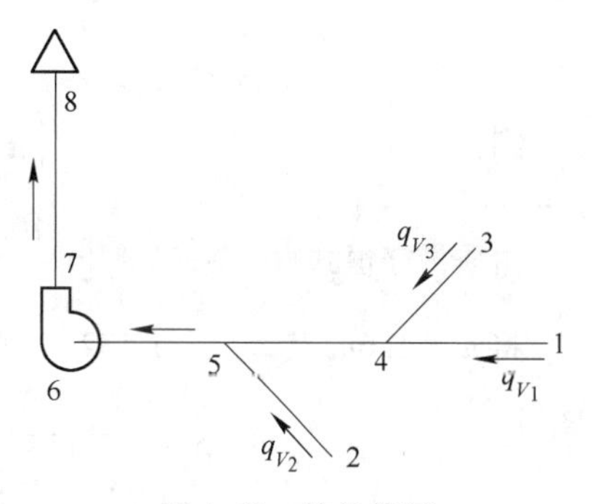

图1-48 枝状管网

根据并联、串联管路的流动规律，可得该风机应具有的压头为

$$H = \frac{p}{\gamma}h_{w1\text{-}4\text{-}5} + h_{w5\text{-}6} + h_{w7\text{-}8}$$

风机应具有的风量为 $$q_V = q_{V_1} + q_{V_2} + q_{V_3}$$

在节点4与大气（相当于另一节点）间，存在着1-4管段、3-4管段两根并联的支管。通

常是管段最长、局部构件最多的一支参加阻力叠加，而另外一支则不应加入，只按并联管路的规律，在满足流量要求下，与第一支管段进行阻力平衡。

【例 1-20】 如图 1-49 所示，用长度 $l=50\text{m}$，直径 $d_1=25\text{mm}$ 的总管，从高度 $z=10\text{m}$ 的水塔向用户供水。在用水处水平安装 $d_2=10\text{mm}$ 的支管 10 个，设总管的摩擦系数 $\lambda=0.03$，总管的局部阻力系数 $\Sigma\zeta_1=20$。支管很短，除阀门阻力外其他阻力可以忽略，试求：

（1）当所有阀门全开，$\zeta_2=6.4$ 时，总流量为多少？

（2）再增设同样支路 10 个，各支路阻力同前，总流量有何变化？

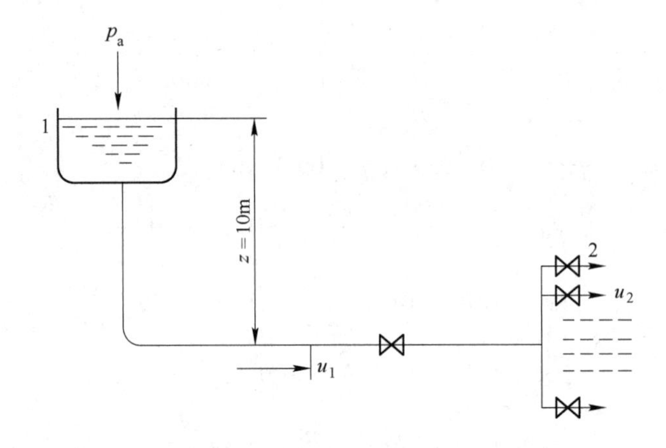

图 1-49　例 1-20 图

【解】（1）忽略分流点阻力，在液面 1 与支管出口端面 2 间列伯努利方程式得

$$z=\frac{u_2^2}{2g}+h_{\text{w1}}+h_{\text{w2}}$$

又因为

$$h_{\text{w1}}=\left(\lambda\frac{l}{d_1}+\Sigma\zeta_1\right)\frac{u_1^2}{2g}$$

$$h_{\text{w2}}=\zeta_i=\frac{u_2^2}{2g}$$

则：

$$z=\left(\lambda\frac{l}{d_1}+\Sigma\zeta_1\right)\times\frac{u_1^2}{2g}+\zeta_2\frac{u_2^2}{2g}+\frac{u_2^2}{2g}\tag{1-132a}$$

由质量守恒式得

$$u_1=\frac{10d_2^2u_2}{d_1^2}=10\times\left(\frac{10}{25}\right)^2u_2=1.6u_2\tag{1-132b}$$

将 $u_1=1.6u_2$ 代入式（1-132a）并整理得

$$u_2=\sqrt{\frac{2gz}{\left(\lambda\dfrac{l}{d_1}+\Sigma\zeta_1\right)\times1.6^2+\zeta_2+1}}\tag{1-132c}$$

$$=\sqrt{\frac{2\times9.81\times10}{\left(0.03\times\dfrac{50}{0.025}+20\right)\times1.6^2+6.4+1}}$$

$$=0.962\text{m/s}$$

$$q_V=10q_{V_2}=10A_2u_2=10\times0.785\times(0.01)^2\times0.962$$

$$=7.56\times10^{-4}\text{m}^3/\text{s}$$

(2) 如再增设10个支路，则：

$$u_1' = \frac{20d_2^2u_2'}{d_1^2} = 20 \times \left(\frac{10}{25}\right)^2 u_2' = 3.2u_2' \tag{1-132d}$$

$$u_2' = \sqrt{\frac{2gz}{\left(\lambda \frac{l}{d_1} + \Sigma\zeta_1\right) \times 3.2^2 + \zeta_2 + 1}}$$

$$= \sqrt{\frac{2 \times 9.81 \times 10}{\left(0.03 \times \frac{50}{0.025} + 20\right) \times 3.2^2 + 6.4 + 1}}$$

$$= 0.487\text{m/s}$$

$$q_V = 20 \times 0.785 \times (0.01)^2 \times 0.487$$

$$= 7.65 \times 10^{-4}\text{m}^3/\text{s}$$

支路数增加一倍，总流量只增加$\frac{7.65-7.56}{7.56} = 1.2\%$，这是由于总管阻力起决定性作用的缘故。

反之，当以支管阻力为主时，情况则大不相同。由本例式（1-132c）可知，当总管阻力甚小时，式（1-132c）分母中（$\xi+1$）占主要地位，则u_2接近为一常数，总流量几乎与支管的数目成正比。

1.5.4.2 环状管网

环状管网是由多条管段互相连接成闭合形状的管路系统，如图1-50所示。

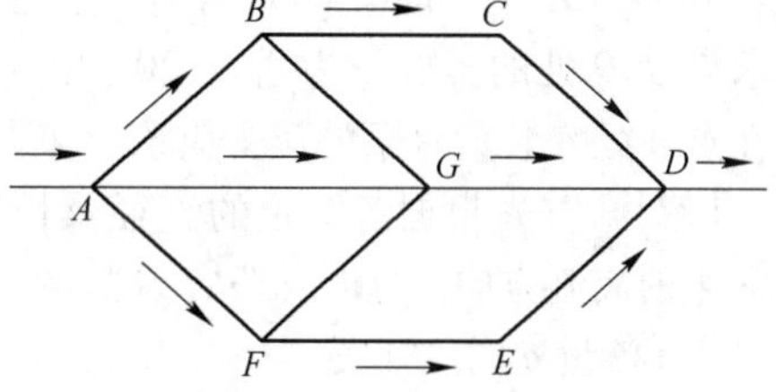

图1-50 环状管网

环状管网的计算遵循两条原则：

(1) 满足质量守恒定律，即在任何节点，都满足流入节点的流量等于流出节点的流量，即

$$\Sigma q_V = 0$$

(2) 任一闭合环路（如$ABGFA$）中，如果规定顺时针方向流动的阻力为正，反之为负，则各管段阻力损失的代数和必等于零。即

$$\Sigma h_{ABGFA} = 0$$

环状管网的计算，通常是在环状管网的布置情况及节点出流量已经确定的条件下，来决定通过各管段的流量和管径，进一步确定整个管网所需要的总压头。

环状管网根据以上两个原则进行计算理论上没有什么困难，但在实际计算程序上是相当繁琐的，因此计算方法较多，这里仅对哈迪·克罗斯算法做一简单介绍。其计算步骤如下：

(1) 首先将管网分成若干闭合环路。按节点流量平衡确定流量q_V，选取限定流速u，定出管径D。

(2) 根据$h_w = Sq_V^2$计算各闭合环路的阻力损失代数和Σh_i。

(3) 各闭合环路阻力损失的代数和通常不为零。大于零说明顺时针流量偏大，小于零说明逆时针流量偏大，则进行流量校正，即计算各管段的校正流量Δq_V。与此相适应的阻力损失修正为Δh_i。则

$$h_i + \Delta h_i = S_i(q_{V_i} + \Delta q_V)^2 = S_i q_{V_i}^2 + 2S_i q_{V_i}\Delta q_V + \Delta q_V^2$$

略去二阶微量$\Delta q_{V_i}^2$，

$$h_i + \Delta h_i = S_i q_{V_i}^2 + 2S_i q_{V_i}\Delta q_V$$

所以

$$\Delta h_i = 2S_i q_{V_i} \Delta q_V$$

对于整个环路，满足 $\Sigma h_i = 0$，则

$$\Sigma(h_i + \Delta h_i) = \Sigma h_i + \Sigma \Delta h_i = \Sigma h_i + 2S_i q_{V_i} \Delta q_V = 0$$

则

$$\Delta q_V = -\frac{\Sigma h_i}{2\Sigma S_i q_{V_i}} = \frac{-\Sigma h_i}{2\Sigma\left(\dfrac{S_i q_{V_i}^2}{q_{V_i}}\right)} = -\frac{\Sigma h_i}{2\Sigma \dfrac{h_i}{q_{V_i}}} \tag{1-133}$$

将修正的流量加到闭合回路的每一管段上，便得到第一次校正后的流量 q_V。

（4）用同样的程序，计算出第二次校正后的流量 q_{V_2}、第三次校正后的流量 q_{V_3}，…，直至 $\Sigma h_i = 0$，满足工程精度要求。

在实际工程中，要使得闭合环路阻力损失代数和为零往往比较困难，所以工程中通常给出一个允许的计算精度，只要不超过这个值就满足要求。

【例 1-21】 铸铁的水平管道连接成环形，如图 1-51 所示，已知 $L_1 = 400\text{m}$，$D_1 = 200\text{mm}$；$L_2 = 1000\text{m}$，$D_2 = 150\text{mm}$；$L_3 = 1000\text{m}$，$D_3 = 100\text{mm}$；$L_4 = 500\text{m}$，$D_4 = 75\text{mm}$。20℃的清水在管道中流过，要求 C 及 D 处的排放量为 $q_{V_C} = 20\text{L/s}$，$q_{V_D} = 30\text{L/s}$。问在点 A 处安装的水泵的压头应该为多大？

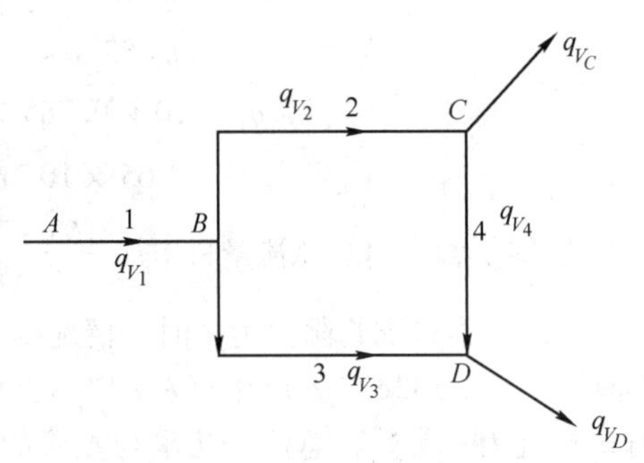

图 1-51　例 1-21 图

【解】 首先根据各管道的直径及长度，假定可能发生的液流方向。这时，假定 D 处的流量 q_{V_D} 一部分来自管段 3（流量 q_{V_3}），另一部分来自管段 4（流量 q_{V_4}），于是

$$q_{V_D} = q_{V_3} + q_{V_4} \quad 则 \quad q_{V_3} = q_{V_D} - q_{V_4}$$

$$q_{V_2} = q_{V_C} + q_{V_4}, \quad q_{V_1} = q_{V_2} + q_{V_3} = q_{V_C} + q_{V_D}$$

将速度压头略去不计，则水泵有效压头

$$H_e = h_{w1} + h_{w3} = h_{w1} + h_{w2} + h_{w4}$$

$$h_{w3} = h_{w2} + h_{w4}$$

或者

$$\frac{\lambda_3 L_3 q_{V_3}^2}{12.1 D_3^5} = \frac{\lambda_2 L_2 q_{V_2}^2}{12.1 D_2^5} + \frac{\lambda_4 L_4 q_{V_4}^2}{12.1 D_4^5} \tag{1-134}$$

各管段的相对粗糙度为：

管段 1：
$$\frac{\varepsilon}{D_1} = \frac{0.26}{200} = 0.013$$

管段 2：
$$\frac{\varepsilon}{D_2} = \frac{0.26}{150} = 0.017$$

管段 3：
$$\frac{\varepsilon}{D_3} = \frac{0.26}{100} = 0.026$$

管段 4：
$$\frac{\varepsilon}{D_4} = \frac{0.26}{75} = 0.035$$

假定流动阻力损失服从平方规律，则各管段的摩擦系数为

$$\lambda_1 = 0.022, \quad \lambda_2 = 0.023, \quad \lambda_3 = 0.025, \quad \lambda_4 = 0.027$$

于是式（1-134）可写成

$$\frac{0.025 \times 1000 q_{V_3}^2}{12.1 \times 0.1^5} = \frac{0.023 \times 1000 q_{V_2}^2}{12.1 \times 0.15^5} + \frac{0.027 \times 500 q_{V_4}^2}{12.1 \times 0.075^5}$$

整理得

$$0.2066 \times 10^6 q_{V_3}^2 = 0.025 \times 10^6 q_{V_2}^2 + 0.47 \times 10^6 q_{V_4}^2$$

由于：

$$q_{V_3} = q_{V_D} - q_{V_4} = 30 \times 10^{-3} - q_{V_4}$$

$$q_{V_2} = q_{V_C} + q_{V_4} = 20 \times 10^{-3} + q_{V_4}$$

代入上式，经过整理，得：

$$q_{V_4}^2 + 0.0465 q_{V_4} - 0.0006 = 0$$

解此方程式，

$$q_{V_4} = 10.5 \times 10^{-3} \text{m}^3/\text{s}$$

因而：

$$q_{V_3} = 30 \times 10^{-3} - 10.5 \times 10^{-3} = 19.5 \times 10^{-3} \text{m}^3/\text{s}$$

$$q_{V_2} = 20 \times 10^{-3} + 10.5 \times 10^{-3} = 30.5 \times 10^{-3} \text{m}^3/\text{s}$$

$$q_{V_1} = 50 \times 10^{-3} \text{m}^3/\text{s}$$

在此流量下，各管段的 Re 值为

$$Re_1 = \frac{1.273 q_{V_1} \rho}{D_1 \mu} = \frac{1.273 \times 50 \times 10^{-3} \times 1000}{0.2 \times 1.005 \times 10^{-3}} = 3.18 \times 10^5$$

$$Re_2 = 2.6 \times 10^5$$

$$Re_3 = 2.48 \times 10^5$$

$$Re_4 = 1.79 \times 10^5$$

在这些 Re 值以及在相应的相对粗糙度之下，摩擦系数均与原来假设相差不大，可以认为计算正确。所以，点 A 处所需有效压头为

$$H_e = h_{w1} + h_{w3} = \frac{\lambda_1 L_1 q_{V_1}^2}{12.1 D_1^5} + \frac{\lambda_3 L_3 q_{V_3}^2}{12.1 D_3^5}$$

$$= \frac{0.022 \times 400 \times (50 \times 10^{-3})^2}{12.1 \times 0.2^5} + \frac{0.025 \times 1000 \times (19.5 \times 10^{-3})^2}{12.1 \times 0.1^5}$$

$$= 5.68 + 78.56 = 84.24 \text{mH}_2\text{O} = 826394 \text{Pa}$$

1.6　窑炉系统内气体的流动

1.6.1　不可压缩气体的流动

在材料工业生产用窑炉系统内，气体的流动大多属于不可压缩气体的流动，如气体在窑炉内的水平流动、垂直流动、从孔口和炉门的流出或吸入等均是不可压缩气体的流动。下面主要介绍气体从孔口和炉门流出与吸入规律，气体流动的分散垂直分流法则。

1.6.1.1　两气体的伯努利方程式

窑炉系统内充满了热气体，周围为冷空气，二者又相互连通，冷空气对热气体所产生的浮力必然影响窑炉内气体的运动，为此需要推导出适合于冷热两种气体同时存在、而又反映它们之间相互作用的伯努利方程式，该方程式简称为两气体伯努利方程式。

前面已经讲到，恒定总流的伯努利方程为式（1-80）

$$z_1 + \frac{p_1}{\gamma} + \frac{\alpha u_1^2}{2g} = z_2 + \frac{p_2}{\gamma} + \frac{\alpha u_2^2}{2g} + h_{w1\to2}$$

由推导过程可知，该方程适用于不可压缩流体的流动，但是在流速不太高（小于68m/s）

压强变化不太大的情况下，同样可适用于气体。

当伯努利方程用于气体流动时，由于水头概念没有像液体流动那样明确具体，我们将方程各项乘以流体的重度γ，转变为压强的因次，并取$a=1$。则式（1-80）可改写为

$$p_1' + \gamma z_1 + \frac{\rho u_1^2}{2} = p_2' + \gamma z_2 + \frac{\rho u_2^2}{2} + p_{w1\to2} \tag{1-135}$$

式中，两断面压强写为p_1'、p_2'，表示它们是绝对压强，与以后的相对压强相区别。

实际上，多数工程计算中需要求出的是相对压强而不是绝对压强。如窑炉内气体的流动，只有相对压强才能表明内部气流和外部大气之间的流动趋向。相对压强为正时，窑内压强大于窑外压强，则窑内气体会在窑门、测温测压孔等不严密处向外流动；反之，相对压强为负时，窑内压强小于窑外压强，则窑外的冷空气会向窑内流动。

为了将式（1-135）中的绝对压强换算为相对压强，对于液体和气体应当区别对待。如前所述，液体在管中流动时，由于液体的重度大于空气的重度，一般可以忽略大气压强因高度不同的差异。此时绝对压强$p_1' = p_a + p_1$，$p_2' = p_a + p_2$。将p_1'、p_2'代入式（1-135）中，消去p_a后得

$$p_1 + \gamma z_1 + \frac{\rho u_1^2}{2} = p_2 + \gamma z_2 + \frac{\rho u_2^2}{2} + p_{w1\to2} \tag{1-136}$$

比较式（1-135）、式（1-136）可知，对于液体流动，伯努利方程中的压强用绝对压强或相对压强均可。

对于气体流动，特别是高度差较大、气体密度与空气密度不相等的情况下，如管内热气体的流动、窑内热烟气的流动等，必须考虑大气压强因高度不同的差异。如图1-52所示。设0为基准面，1-1、2-2两断面相对于基准面的高度分别为z_1和z_2，相对压强分别为p_1和p_2；热气体的流速分别为u_1和u_2；忽略管外空气的流动；管内气体的密度为ρ_h，管外空气的密度为ρ_a；z_1处的大气压强为p_a，则z_2处的大气压将减至$p_a - \rho_a(z_2 - z_1)$。如断面1处绝对压强与相对压强的关系为$p_1' = p_a + p_1$，则断面2处绝对压强与相对压强的关系为

$$p_2' = p_a - g\rho_a(z_2 - z_1) + p_2$$

将$\gamma = \rho_h g$及p_1'、p_2'代入方程式（1-135），整理得

$$p_1 + gz_1(\rho_h - \rho_a) + \frac{\rho_h u_1^2}{2} = p_2 + gz_2(\rho_h - \rho_a) + \frac{\rho_h u_2^2}{2} + p_{w1\to2} \tag{1-137}$$

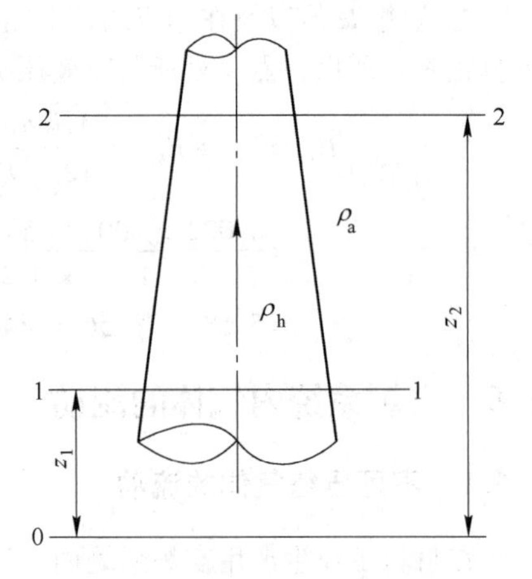

图1-52　相对压强表示的气流伯努利方程式的推导

式（1-137）即为用相对压强表示的气流的伯努利方程式。

一般情况，热气体的密度小于空气的密度，因此，$(\rho_h - \rho_a)$总为负值。又由于伯努利方程式中的基准面可以任意选取，为了计算的方便，可将基准面选在上边，如图1-53所示。根据一般坐标法则，从基准面向下时z取负值，则$gz(\rho_h - \rho_a)$为正值。当取基准面选取在上边，z只取绝对值时，式（1-137）可表示为

$$p_1 + gz_1(\rho_a - \rho_h) + \frac{\rho u_1^2}{2} = p_2 + gz_2(\rho_a - \rho_h) + \frac{\rho u_2^2}{2} + p_{w1\to2} \tag{1-138}$$

式（1-138）又称为两气体的相对伯努利方程式，它表示了管内或窑内热气体与管外冷空气同时存在时，它们之间相互作用的伯努利方程式，用压头的形式可表示为

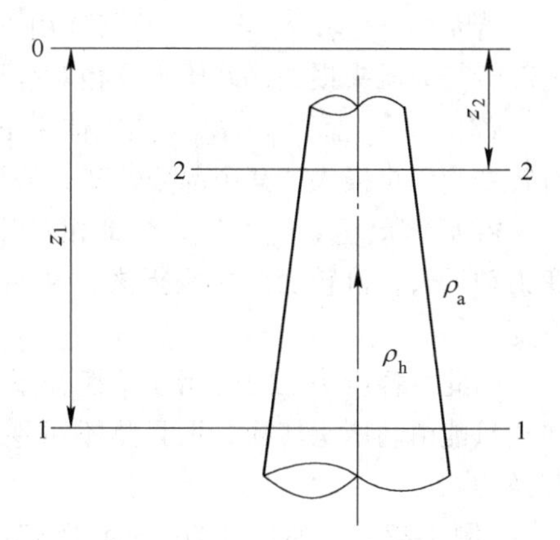

图 1-53 两气体伯努利方程式的推导

$$h_{s1} + h_{g1} + h_{k1} = h_{s2} + h_{g2} + h_{k2} + h_{w1\to2} \quad (1\text{-}139)$$

式中 h_s——相对静压头，Pa，$h_s = p' - p_a$，表示单位体积气体所具有的相对压力势能，在数值上等于容器内外同一高度的压强差；

h_g——相对几何压头，Pa，$h_g = zg(\rho_a - \rho_h)$，表示单位体积气体所具有的相对位能；

h_k——动压头，Pa，$h_k = \frac{\rho_h u^2}{2}$ 表示单位体积气体所具有的动能；

h_w——压头损失，Pa，表示单位体积的气体流动时的能量损失。

两气体伯努利方程式（1-138）、式（1-139）均表示了热气体在管内流动时相对压头之间的相互转换关系。当热气体在垂直管道中流动时，由于几何压头所起的作用不同，致使压头之间的相互转换关系也不同。

如图 1-54 所示，当热气体由上向下运动时，气体在管道内由 0-0 截面向 1-1 截面流动的伯努利方程式为

$$h_{s0} + h_{g0} + h_{k0} = h_{s1} + h_{g1} + h_{k1} + h_{w0\to1} \quad (1\text{-}140)$$

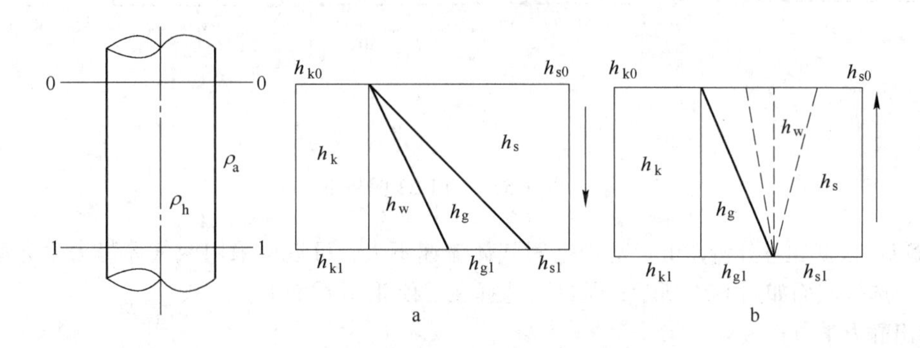

图 1-54 热气体在垂直管道中运动时压头间的相互转换

a—热气体由上向下运动；b—热气体由下向上运动

选 0-0 为基准面，$h_{g0} = 0$；又由于管道截面未发生变化，$h_{k0} = h_{k1}$，则

$$h_{s0} = h_{s1} + h_{g1} + h_{w1\to0} \quad (1\text{-}141)$$

因此，当热气体由上向下流动时，动压头转变为压头损失，部分静压头转变为动压头，使动压头保持不变。同时部分静压头又转变为几何压头，最后使 0-0 截面静压头减少。

当热气体由下向上运动时，气体在管道内由 0-0 截面向 1-1 截面流动的伯努利方程式为

$$h_{s1} + h_{g1} + h_{k1} = h_{s0} + h_{g0} + h_{k0} + h_{w1\to0} \quad (1\text{-}142)$$

选 0-0 为基准面，$h_{g0} = 0$，又 $h_{k0} = h_{k1}$，则

$$h_{s1} + h_{g1} = h_{s0} + h_{w1\to0} \quad (1\text{-}143)$$

若 $h_{g1}=h_{w1\to0}$，$h_{s0}=h_{s1}$，热气体由下向上流动时，相对几何压头先全部转变为动压头，再全部转变为压头损失，动压头及相对静压头均保持不变。

若 $h_{g1}>h_{w1\to0}$，$h_{s1}<h_{s0}$，热气体由下向上流动时，相对几何压头的一部分先转变为动压头再转变为压头损失，其余部分转变为静压头，从而使相对静压头增加，动压头保持不变。

若 $h_{g1}<h_{w1\to0}$，$h_{s1}>h_{s0}$，全部相对几何压头及一部分相对静压头先转变为动压头，再转变为压头损失，从而使相对静压头降低，动压头保持不变。

因此，各压头之间的相互转换关系可以用图 1-55 表示。其中，压头损失只能由动压头转换，而且是不可逆的，其他各压头之间是可以相互转换的。

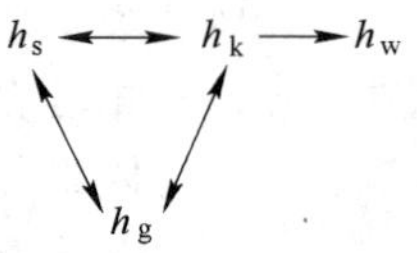

$h_s \longleftrightarrow h_k \longrightarrow h_w$，$h_s \longleftrightarrow h_g$，$h_k \longleftrightarrow h_g$

图 1-55 各压头之间的相互转换

【例 1-22】 如图 1-56 所示倒焰窑，高 3.2m，窑内烟气温度为 1200℃，烟气（标态）密度 $\rho_{h,0}=1.3\text{kg/m}^3$，外界空气温度 20℃，空气（标态）密度 $\rho_{a,0}=1.293\text{kg/m}^3$，当窑底平面的静压头为 0Pa，－17Pa，－30Pa 时，不计流体阻力损失，求三种情况下，窑顶以下空间静压头、几何压头分布状况。

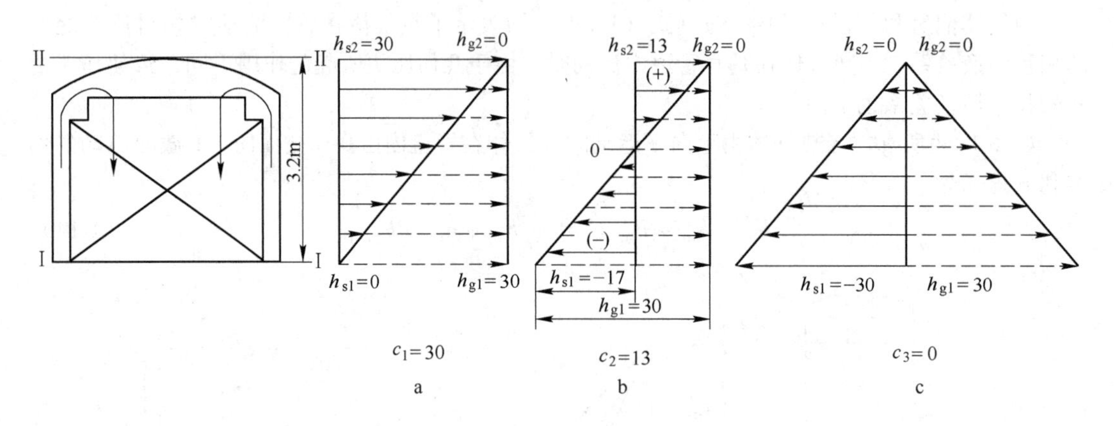

图 1-56 例 1-22 图

【解】 根据题意分析，由于窑炉空间气体流速不大，可近似采用两气体静力学方程式进行计算。选择截面如图 1-56 所示，基准面选择在窑顶Ⅱ-Ⅱ截面上。

列出静力学方程式

$$h_{s1}+h_{g1}=h_{s2}+h_{g2}$$

由于基准面取在截面Ⅱ上， $h_{g2}=0$

代入具体公式进行计算

$$h_{g1}=Hg(\rho_a-\rho_h)$$

$$\rho_a=\rho_{a,0}\cdot T_0/T=1.293\times273/293=1.20\text{kg/m}^3$$

$$\rho_h=\rho_{h,0}\cdot T_0/T=1.30\times273/1473=0.24\text{kg/m}^3$$

$$h_{g1}=3.2\times9.81\times(1.20-0.24)=30\text{Pa}$$

当 $h_{s1}=0$ 时， $h_{s2}=h_{g1}=30\text{Pa}$

$h_{s1}=-17$ 时， $h_{s2}=-17+30=13\text{Pa}$

当 $h_{s1} = -30$ 时，　　　$h_{s2} = -30 + 30 = 0\text{Pa}$

在第一种情况下，窑炉空间的静压头、几何压头分布如图 1-56a 所示。其能量总和为：

$$h_s + h_g = c_1 = 30\text{Pa}$$

在第二种情况下，窑炉空间的静压头、几何压头分布如图 1-56b 所示。其能量总和为：

$$h_s + h_g = c_2 = 13\text{Pa}$$

在第三种情况下，窑炉空间的静压头、几何压头分布如图 1-56c 所示。其能量总和为：

$$h_s + h_g = c_3 = 0$$

讨论分析：

（1）沿着窑炉高度，静压头、几何压头相互转换，但在每一种情况下各截面的能量总和 c 不变。

（2）当窑底为零压时，全窑为正压，而且距离窑底越高，正压越大；当窑炉空间某处为零压时，上部为正压，下部为负压；当窑炉顶部为零压时，全窑为负压。

【例 1-23】 热气体沿竖直管道流动，如图 1-57 所示，密度 $\rho_h = 0.75\text{kg/m}^3$，外界空气密度 1.2kg/m^3，Ⅰ-Ⅰ面动压头 12Pa，Ⅱ-Ⅱ面动压头 30Pa，沿程压头损失 15Pa，Ⅰ-Ⅰ面相对静压头 200Pa，求气体由上而下运动和气体由下而上运动Ⅱ-Ⅱ的相对静压头，绘出两种情况的能量分布图。

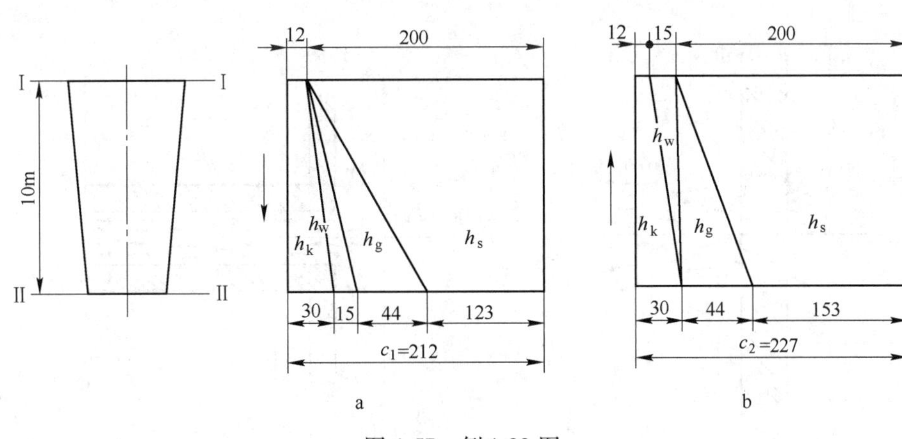

图 1-57　例 1-23 图

【解】 气体由上而下流动

$$h_{s1} + h_{g1} + h_{k1} = h_{s2} + h_{g2} + h_{k2} + h_{w1\text{-}2}$$

选Ⅰ-Ⅰ为基准面，　　　$h_{g1} = 0$

$$h_{s1} - h_{s2} = h_{g2} + (h_{k2} - h_{k1}) + h_{w1\text{-}2}$$

$$200 - h_{s2} = 10g(1.2 - 0.75) + (30 - 12) + 15$$

$$h_{s2} = 123\text{Pa}$$

其压头能量转换关系为

$$\begin{array}{l} h_s \rightarrow h_k \rightarrow h_w \\ \downarrow \\ h_g \end{array}$$

气体由下而上流动，有

$$h_{s2} + h_{g2} + h_{k2} = h_{s1} + h_{g1} + h_{k1} + h_{w2\text{-}1}$$

选Ⅰ-Ⅰ为基准面，$h_{g1}=0$，则

$$h_{s1} - h_{s2} = h_{g2} + (h_{k2} - h_{k1}) - h_{w2\text{-}1}$$

$$200 - h_{s2} = 10g(1.2 - 0.75) + (30 - 12) - 15$$

$$h_{s2} = 153\text{Pa}$$

其压头能量转换关系为：

$$\begin{matrix} h_k \rightarrow h_w \\ \searrow \\ h_g \rightarrow h_s \end{matrix}$$

1.6.1.2　气体通过小孔的流出和吸入

当窑炉系统的两侧存在压差时，气体就会通过小孔和窑门从压强高的一侧流向压强低的一侧。窑炉系统内为负压时外界气体会被吸入。

当气体由一个较大空间突然经过一个较小孔向外逸出时，如图1-58所示，由于惯性作用，气流流股会发生收缩，在流出界面Ⅱ处形成一个最小截面 A_{min}，这种现象称为缩流。气流最小截面积 A_{min} 与小孔截面积 A 的比值称为缩流系数 ε。

$$\varepsilon = \frac{A_{min}}{A} \tag{1-144}$$

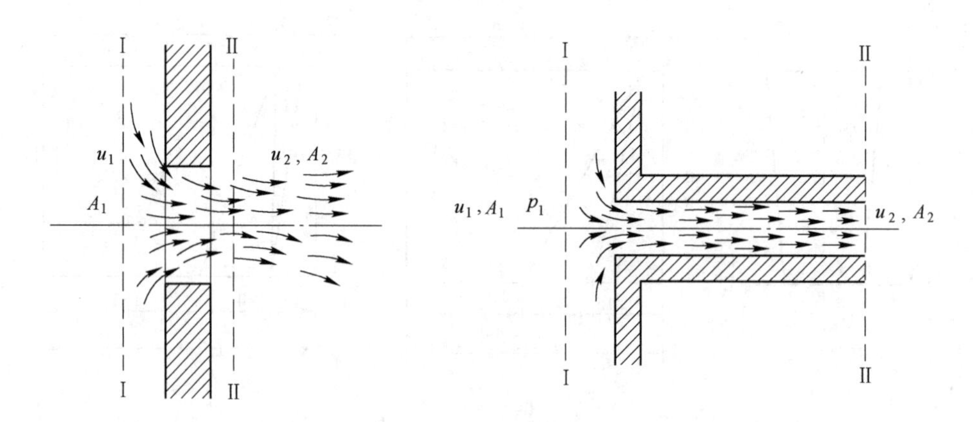

图1-58　气体通过小孔的流出

为研究气体通过小孔流出的流速和流量，在所研究的系统内取两个截面，Ⅰ-Ⅰ面取在窑内，Ⅱ-Ⅱ面取在气流最小截面处。因为是水平流动，两截面的几何压头没有变化，又假定气体流动时没有阻力损失，则

$$p_1 + \frac{\rho u_1^2}{2} = p_2 + \frac{\rho u_2^2}{2} \tag{1-145}$$

式中　p_1，p_2——分别表示Ⅰ、Ⅱ截面处的压强，Pa；

u_1，u_2——分别表示Ⅰ、Ⅱ截面气体的流速，m/s；

ρ——窑内气体的密度，kg/m³。

因为 $A_1 \gg A_2$，$u_1 \ll u_2$，u_1 可以忽略不计。且 p_2 为大气压，即 $p_2 = p_a$。则式（1-145）可整理成

$$u_2 = \sqrt{\frac{2(p_1 - p_a)}{\rho}} \tag{1-146}$$

式中 p_a——当地大气压强，Pa。

如考虑能量损失，实际流速应为式（1-145）流速乘以速度系数 φ，此时通过小孔的流量 q_V为

$$q_V = u_2A_2 = \varphi u_2A_2 = A_2\varphi\sqrt{\frac{2(p_1 - p_a)}{\rho}} \tag{1-147a}$$

由式（1-144）得 $A_{min} = A_2 = \varepsilon A$，将其代入式（1-147a），得

$$q_V = \varepsilon\varphi A\sqrt{\frac{2(p_1 - p_a)}{\rho}} \tag{1-147b}$$

令 $\mu = \varepsilon\varphi$，μ 称为流量系数，则

$$q_V = \mu A\sqrt{\frac{2(p_1 - p_a)}{\rho}} \tag{1-147c}$$

$p_1 - p_a$为距窑底高为 H 处的内外静压强之差。若窑底处相对静压强为零，且忽略沿窑高度动压头的变化时，则有 $p_1 - p_a = gH(\rho_a - \rho)$，代入式（1-146），得

$$q_V = \mu A\sqrt{\frac{2gH(\rho_a - \rho)}{\rho}} \tag{1-148}$$

式（1-147c）、式（1-148）对薄墙小孔及管嘴均适用，其中缩流系数 ε、速度系数 φ 和流量系数 μ 之值均由实验确定，可由表 1-8 查得。

表 1-8 气体通过孔嘴时的系数

孔 嘴 类 型	ε	φ	μ	孔 嘴 类 型	ε	φ	μ
薄壁孔口（圆形或正方形）	0.64	0.97	0.62	流线圆柱形外管嘴	1.00	0.71	0.71
厚壁孔口（圆形或正方形）	1.00	0.82	0.82	圆锥形收缩管嘴	1.00	0.97	0.97
棱角圆柱形外管嘴	0.82	1.00	0.82	圆锥形收缩管嘴（$\alpha = 13°$）	0.98	0.96	0.95
圆角圆柱形外管嘴	1.00	0.90	0.90	圆锥形扩散管嘴（$\alpha = 8°$）	1.00	0.98	0.98

这里所说的薄墙和厚墙，是根据气流最小截面的位置来区分的，气流最小截面在小孔外的墙称为薄墙，在小孔内的墙称为厚墙。经验证明，构成厚墙的条件是

$$\delta \geqslant 3.5d_e$$

式中 d_e——孔口当量直径，m；

δ——墙壁的厚度，m。

同理可证，当窑内处于负压时，通过孔口吸入的空气的体积流量为

$$q_V = \mu A\sqrt{\frac{2gH(\rho_a - \rho)}{\rho_a}} = \mu A\sqrt{\frac{2(p_a - p)}{\rho_a}} \tag{1-149}$$

1.6.1.3 炉门气体的流出和吸入

气体通过炉门流出和吸入量的计算原理与孔口相似，但由于孔口直径较小，可以不考虑高度方向静压头的变化，而炉门有一定的高度，计算时必须考虑沿炉门高度上静压头的变化对气体逸出和吸入量的影响。

对于矩形炉门，设炉门的宽度为 B，高度为 H，假定炉底为零压，在距炉底 z 处取一高度为 dz 的微小单元，如图 1-59 所示。

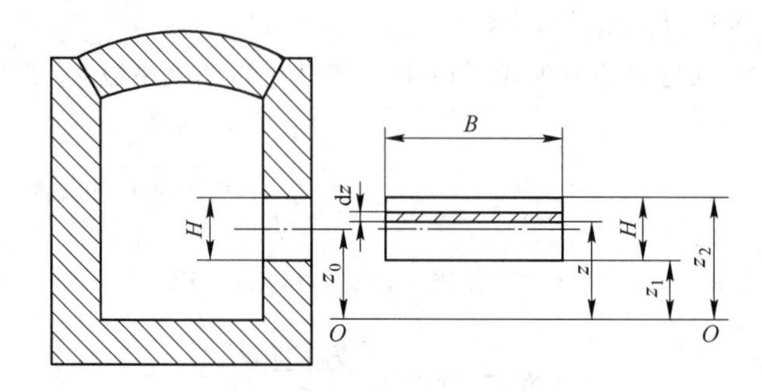

图 1-59　炉门逸气量计算

此微小单元的面积为：$dA = Bdz$。由式（1-148）得到通过该微小单元逸出的气体量为

$$dq_V = \mu_z dA\sqrt{\frac{2gz(\rho_a - \rho_h)}{\rho}}$$

通过炉门的总逸气量用积分求得

$$q_V = \int_{z_1}^{z_2}\mu_z B\sqrt{\frac{2gz(\rho_a - \rho_h)}{\rho_h}}dz$$

假定流量系数 μ_z 为常数，等于整个炉门上的平均流量系数 μ，则积分后得矩形炉门气体逸出量的计算公式如下

$$q_V = \frac{2}{3}\mu B\sqrt{\frac{2g(\rho_a - \rho_h)}{\rho_h}}(z_2^{3/2} - z_1^{3/2}) \tag{1-150}$$

式中　μ——炉门的流量系数，其值由实验确定，计算时可近似取 0.52 ~ 0.62；

z_1，z_2——分别为炉门下缘和上缘到零压面的距离，m。

【例 1-24】　有一矩形炉门，宽 $B = 0.5$m，高 $H = 0.5$m，窑内气体温度为 1600℃，密度（标态）$\rho_h = 1.315\text{kg/m}^3$，外界空气密度 $\rho_a = 1.2\text{kg/m}^3$，0 压面在炉门下缘以下，距炉门中心线 0.75m，流量系数 $\mu = 0.6$，求炉门开启时的气体逸出量。

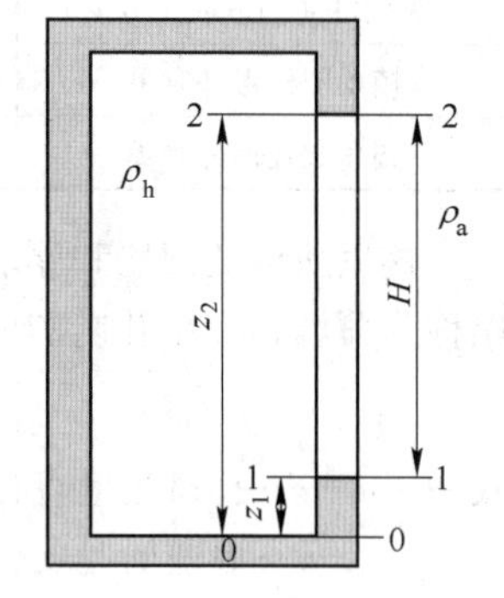

图 1-60　例 1-24 图

【解】　根据图 1-60 可知：

$$z_1 = z_0 - H/2 = 0.75 - 0.5/2 = 0.5\text{m}$$

$$z_2 = z_0 + H/2 = 0.75 + 0.5/2 = 1\text{m}$$

窑内气体的密度为：

$$\rho_h = 1.315 \times \frac{273}{273 + 1600} = 0.192\text{kg/m}^3$$

将已知数据代入式（1-150）得

$$q_V = \frac{2}{3}\mu B\sqrt{\frac{2g(\rho_a - \rho_h)}{\rho_h}}(z_2^{3/2} - z_1^{3/2})$$

$$= \frac{2}{3} \times 0.6 \times 0.5 \times \sqrt{\frac{2 \times 9.8(1.2 - 0.192)}{0.192}}(1 - 0.5^{3/2}) = 1.31\text{m}^3/\text{s}$$

1.6.1.4 分散垂直分流法则

在无机非金属材料工业窑炉内，当一股气流在垂直通道中被分割成多股平行小气流时，称为分散垂直气流。气体垂直流动的方向对水平方向的温度分布有很大影响。在设计倒焰窑和蓄热室时，总是使热气体由上向下流动，冷气体由下向上流动，使气体的流动遵循分散垂直分流法则，自动调节窑内的温度。下面用热气体的伯努利方程式说明此法则的工作原理。

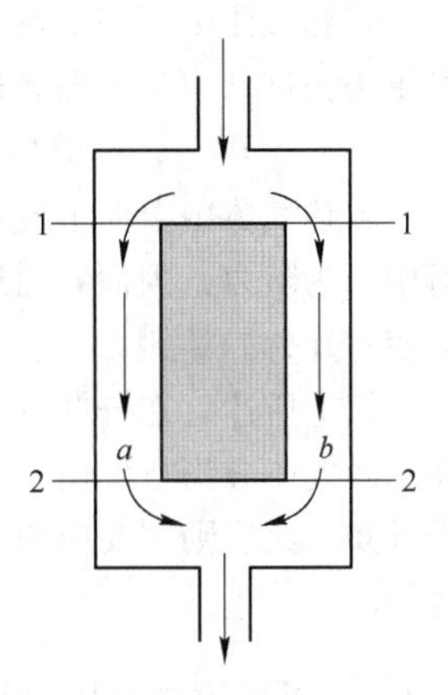

图 1-61 分散垂直分流法则

假定气体在垂直通道中自上而下流动，至截面 1 后分成两股气流，分别在 a、b 通道中流动，到达通道截面 2 后又汇合成一股气流流出通道，如图 1-61 所示。

设 a、b 为等截面通道，要保证 a、b 内温度均匀分布，应满足什么条件呢？下面通过对 a、b 通道在 1-1、2-2 两截面间列伯努利方程式进行分析。

当热气体由上向下流动时，在 1-1 和 2-2 两截面间对 a、b 通道列伯努利方程

$$h_{s1,a} + h_{g1,a} + h_{k1,a} = h_{s2,a} + h_{g2,a} + h_{k2,a} + \Sigma h_{w,a1\to2}$$

$$h_{s1,b} + h_{g1,b} + h_{k1,b} = h_{s2,b} + h_{g2,b} + h_{k2,b} + \Sigma h_{w,b1\to2}$$

选 1-1 为基准面，$h_{g1}=0$，对于等通道截面，$h_{k1}=h_{k2}$，则伯努利方程式可整理为

$$h_{s1,a} - h_{s2,a} = h_{g2,a} + \Sigma h_{w,a1\to2}$$

$$h_{s1,b} - h_{s2,b} = h_{g2,b} + \Sigma h_{w,b1\to2}$$

同理，当热气体由下向上流动时，1-1 和 2-2 两截面间 a、b 两通道的伯努利方程式为

$$h_{s1,a} - h_{s2,a} = h_{g2,a} - \Sigma h_{w,a1\to2}$$

$$h_{s1,b} - h_{s2,b} = h_{g2,b} - \Sigma h_{w,b1\to2}$$

要使 a、b 两通道温度均匀分布，必须使通道两端的静压差相等，即：

$$h_{s1,a} - h_{s2,a} = h_{s1,b} - h_{s2,b}$$

因此，a、b 两通道温度均匀分布的条件为：

（1）热气体由下向上流动时：

$$h_{g2,a} - \Sigma h_{w,a1\to2} = h_{g2,b} - \Sigma h_{w,b1\to2} \tag{1-151a}$$

（2）热气体由上向下流动时：

$$h_{g2,a} + \Sigma h_{w,a1\to2} = h_{g2,b} + \Sigma h_{w,b1\to2} \tag{1-151b}$$

式（1-151a）、式（1-151b）说明，要保证 a、b 通道温度相等，必须是两通道的几何压头和阻力损失相等。

当 $h_g \ll \Sigma h_w$ 时，h_g 对气流温度分布的影响可忽略不计，两通道内的温度分布与气流流动方向无关，主要决定于阻力损失。当 $\Sigma h_{w,a1\to2} = \Sigma h_{w,b1\to2}$，温度在 a、b 通道内就能均匀分布。

当 $h_g \gg \Sigma h_w$ 时，h_w 对气流温度分布的影响可忽略不计，两通道内的温度分布主要取决于几何压头。设 $H_a = H_b = H$，$h_{ga} = Hg(\rho_a - \rho_{h,a})$，$h_{gb} = Hg(\rho_a - \rho_{h,b})$。两通道的几何压头取决于它们的密度。

若热气体由下向上流动，当 $t_a < t_b$ 时，$\rho_{h,a} > \rho_{h,b}$，$h_{ga} < h_{gb}$。热气体由下向上流动时，其几何压头为推动力，因而 a 通道内的流量 q_{V_a} 减小，b 通道内的流量 q_{V_b} 增加。q_{V_a} 减小使 t_a 更低于 t_b，h_{ga} 更小于 h_{gb}，造成热气体在 a、b 通道内温度分布不均匀。

若热气体由上向下流动，当 $t_a < t_b$ 时，$\rho_{h,a} > \rho_{h,b}$，$h_{ga} < h_{gb}$。热气体由上向下流动时，其几何压头为阻力，因而 a 通道内的阻力减小，流量 q_{V_a} 增大，b 通道内的流量 q_{V_b} 减小。q_{V_a} 的增大会使 t_a 升高，直到 $t_a = t_b$，$\rho_{h,a} = \rho_{h,b}$，$h_{ga} = h_{gb}$，使热气体在 a、b 通道内温度均匀分布。

综上所述，在分散垂直通道内，热气体应当自上而下流动才能使气流温度均匀分布；同样，冷气体应当自下而上流动才能使气流温度均匀分布。这就是分散垂直气流法则。从分析过程可知，此法则主要应用于几何压头起主要作用的通道内，如果通道的阻力很大，此法则就不适用。

1.6.2　可压缩气体的流动

无机非金属材料工业窑炉系统中的高、中压煤气烧嘴，燃油雾化喷嘴等，都是气体在压强高达几个大气压下喷出的。气体从喷嘴中喷出时，压强、温度、密度等参数变化很大，速度可达到或超过声速，此时必须考虑气体的可压缩性。对于可压缩气体的流动，可近似按一元流动处理，即动力学参数和热力学参数除了随时间变化外，仅沿流动方向有显著变化，对于稳定流动，运动参数只是流动方向坐标的函数。

1.6.2.1　一维稳定流动的伯努利方程式

根据一维流动伯努利方程式（1-70）

$$g\mathrm{d}z + \frac{\mathrm{d}p}{\rho} + \mathrm{d}\left(\frac{u^2}{2}\right) = 0$$

式中，$g\mathrm{d}z$ 为气体几何压头的变化，在气体静压头和流速变化较大的情况下，该项可以忽略不计。对于单位质量的流体而言，上式可表示为

$$\frac{\mathrm{d}p}{\rho} + \mathrm{d}\left(\frac{u^2}{2}\right) = 0$$

积分得

$$\int \frac{\mathrm{d}p}{\rho} + \frac{u^2}{2} = C \tag{1-152}$$

式中　C——常数。

对于可压缩气体，可根据气体状态的变化过程来确定 p 与 ρ 之间的函数关系。在绝热过程中，p 与 ρ 之间的关系为

$$\frac{p}{\rho^{\gamma}} = C$$

式中　γ——绝热指数，单原子气体，$\gamma = 1.66$；双原子气体，$\gamma = 1.4$；多原子气体，$\gamma = 1.33$。

将 p 与 ρ 的关系代入式（1-152），并积分得

$$\frac{\gamma}{\gamma - 1} \cdot \frac{p}{\rho} + \frac{u^2}{2} = C \tag{1-152a}$$

对于任意的 1、2 两截面，绝热流动的伯努利方程式可表示为

$$\frac{\gamma}{\gamma - 1} \cdot \frac{p_1}{\rho_1} + \frac{u_1^2}{2} = \frac{\gamma}{\gamma - 1} \cdot \frac{p_2}{\rho_2} + \frac{u_2^2}{2} \tag{1-152b}$$

式（1-152a）和（1-152b）为绝热流动的伯努利方程式。该式与不计几何压头变化的不可压缩流体流动伯努利方程式 $\frac{p}{\rho}+\frac{u^2}{2}=C$ 相比较，由于绝热变化而使压力能增加了 $\frac{\gamma}{\gamma-1}$ 倍。

公式（1-152a）可进一步表示为

$$\frac{1}{\gamma-1}\cdot\frac{p}{\rho}+\frac{p}{\rho}+\frac{u^2}{2}=C \tag{1-153}$$

由此可知，可压缩气体绝热流动的能量比不可压缩流动的能量多出了一项 $\frac{1}{\gamma-1}\cdot\frac{p}{\rho}$，此项为绝热流动中单位质量气体所具有的内能 U，即

$$U=\frac{1}{\gamma-1}\cdot\frac{p}{\rho}$$

这是因为理想气体的内能 U 与定容比热容 c_V 和温度 T 之间的关系为

$$U=c_VT$$

又根据 $$\frac{p}{\rho}=R'T,\quad R'=c_p-c_V,\quad \frac{c_p}{c_V}=\gamma$$

则 $$U=c_VT=c_V\cdot\frac{p}{\rho R'}=\frac{c_V}{c_p-c_V}\cdot\frac{p}{\rho}=\frac{1}{\gamma-1}\cdot\frac{p}{\rho}$$

因此式（1-152a）、式（1-152b）和式（1-153）又称为全能方程。即在绝热流动中，任一截面上单位质量气体所具有的内能、压力能、动能之和为常数。

从热力学知识可知，压力能与内能之和为焓

$$i=\frac{\gamma}{\gamma-1}\cdot\frac{p}{\rho}=c_VT$$

用焓表示的全能方程为

$$i+\frac{u^2}{2}=C \tag{1-154a}$$

如果气体处于静止状态的参数用 i_0、T_0、$u_0=0$ 表示，则

$$i+\frac{u^2}{2}=i_0 \tag{1-154b}$$

或 $$c_VT+\frac{u^2}{2}=c_VT_0 \tag{1-154c}$$

【例 1-25】 为获得较高流速的气流，煤气与空气混合，采用高压气流经喷嘴（见图 1-62）喷出，在Ⅰ、Ⅱ截面测得高压参数 p_1 为 1176.8kPa，p_2 为 980.70kPa，u_1 为 100m/s，t_1 为 27℃，求喷嘴出口速度 u_2。

【解】 因为气流速度高、喷嘴短，来不及与外界进行热交换，故可视为绝热流动，可按式（1-152b）进行计算：

$$\frac{\gamma}{\gamma-1}\cdot\frac{p_1}{\rho_1}+\frac{u_1^2}{2}=\frac{\gamma}{\gamma-1}\cdot\frac{p_2}{\rho_2}+\frac{u_2^2}{2}$$

对于空气 $\gamma=1.4$，则

$$u_2=\sqrt{7\left(\frac{p_1}{\rho_1}-\frac{p_2}{\rho_2}\right)+u_1^2}$$

$$\rho_1 = \frac{Mp_1}{RT_1} = \frac{29 \times 1176800}{8314 \times 300} = 13.68\text{kg/m}^3$$

$$\rho_2 = \rho_1 \left(\frac{p_2}{p_1}\right)^{1/\gamma} = 13.68 \times \left(\frac{10}{12}\right)^{1/1.4} = 12.01\text{kg/m}^3$$

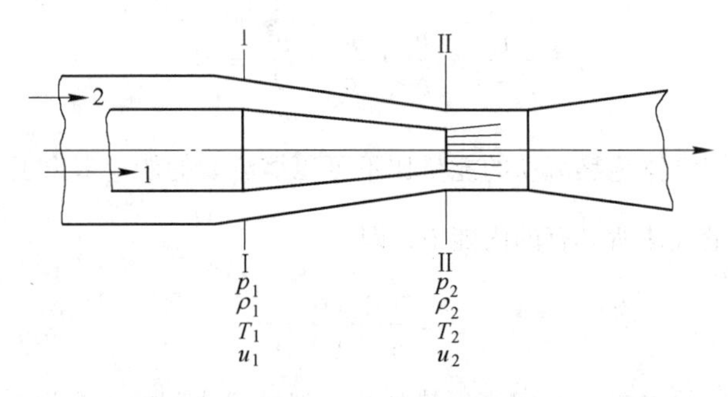

图 1-62　例 1-25 图

1—高压空气；2—煤气

所以

$$u_2 = \sqrt{7 \times \left(\frac{1176800}{13.68} - \frac{980700}{12.01}\right) + 100^2} = 201\text{m/s}$$

1.6.2.2　声速、滞止参数、马赫数

气体压缩性对流动性能的影响，是由气流速度接近声速的程度来决定的。

A　声速 c

物体在可压缩介质中振动时，会引起介质压强和密度的微弱变化，这种微弱振动在介质中依次传播下去就是声音的传播过程。声速指在可压缩介质中微弱扰动的传播速度，可由下式表示

$$c = \sqrt{\frac{\mathrm{d}p}{\mathrm{d}\rho}} \tag{1-155}$$

其物理含义是：单位密度改变所需要的压强改变。声速可作为一种表征流体压缩性的指标。

在绝热过程中，$p/\rho^\gamma = c$，$\mathrm{d}p/\mathrm{d}\rho = \gamma p/\rho = \gamma RT/M$，则绝热过程的声速为 $c = \sqrt{\frac{\gamma RT}{M}}$。对空气而言，其绝热指数 $\gamma = 1.4$，$R = 287\text{J/(kg·K)}$，于是空气中的声速为

$$c = \sqrt{1.4 \times 287T} = 20.04\sqrt{T}$$

声速只与气体的温度有关，它是气体状态的一个重要参数。不同地点、不同位置的气体温度不同，而因声速也不同。声速的大小反映出气体的可压缩程度，声速越大说明气体的可压缩程度越小。

B　滞止参数

介质处于静止或滞止时，其速度 $u = 0$ 时的参数称为滞止参数，如 p_0、ρ_0、T_0、u_0、c_0。容器所连接的管道上的任意截面参数以 p、ρ、T、u、c 表示，根据可压缩气体的伯努利方程式（1-152b）得

$$\frac{\gamma}{\gamma - 1} \cdot \frac{p_0}{\rho_0} = \frac{\gamma}{\gamma - 1} \cdot \frac{p}{\rho} + \frac{u^2}{2}$$

根据 $c = \sqrt{\frac{\gamma RT}{M}}$，得

$$\frac{c_0^2}{\gamma - 1} = \frac{c^2}{\gamma - 1} + \frac{u^2}{2} \tag{1-156}$$

式中 c_0——滞止声速，m/s；

c——流动介质声速，或当地声速，m/s。

C 马赫数 M

马赫将影响压缩效果的气流速度 u 和当地声速 c 联系起来，取 u 与 c 的比值，即

$$M = \frac{u}{c} \tag{1-157}$$

$M > 1$，$u > c$，超声速流动；

$M = 1$，$u = c$，等声速流动；

$M < 1$，$u < c$，亚声速流动。

1.6.2.3 流速与断面的关系

不可压缩性流体沿管道流动，其流速与断面成反比。而对于可压缩气体，其流速与断面关系可由式（1-158a）推导得出。

根据连续性方程式 $\rho uA = C$，取对数并微分，得

$$\frac{d\rho}{\rho} + \frac{du}{u} + \frac{dA}{A} = 0 \tag{1-158a}$$

根据 $a^2 = dp/d\rho$，$a^2 = u^2/M^2$，有 $d\rho = dp \cdot \frac{M^2}{u^2}$，代入式（1-158a），得

$$\frac{d\rho}{\rho} \cdot \frac{M^2}{u^2} + \frac{du}{u} + \frac{dA}{A} = 0 \tag{1-158b}$$

再根据伯努利方程式的微分式 $dp/\rho = -udu$，代入式（1-158b）并整理得

$$\frac{dA}{A} = (M^2 - 1)\frac{du}{u} \tag{1-158c}$$

由式（1-158）可以看出可压缩气体的流动速度与断面的关系为：

（1）当 $M < 1$ 时，$u < c$，$(M^2 - 1) < 0$，dA 与 du 符号相反。气体做亚声速流动，流速与断面成反比，与不可压缩流体运动规律一致。

（2）当 $M > 1$ 时，$u > c$，$(M^2 - 1) > 0$，dA 与 du 符号相同。流速与断面成正比，其原因是由于超声速流体密度变化大于速度变化。

（3）当 $M = 1$ 时，$u = c$，必有 $dA = 0$，此时断面 A 称为临界断面 A_e，A_e 为最小断面。在临界断面上，气流速度等于当地声速 c_e，还可称为临界速度 u_e。

由以上分析可知，在初始断面为亚声速的气流经过收缩管嘴，如图 1-63a，收缩管嘴难以获得超声速气流。而拉伐尔管

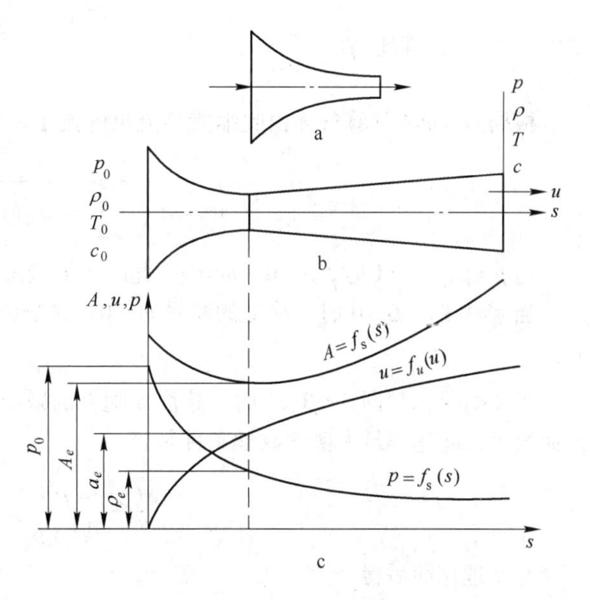

图 1-63 收缩管嘴与拉伐尔管

a—收缩管嘴；b—拉伐尔管；c—拉伐尔管 p、u、A 变化特征

可以达到超声速，其结构与特性如图1-63b、图1-63c所示，亚声速气流在收缩管嘴的最小断面处达到声速，然后再进入扩张管，满足气流的进一步膨胀，获得超声速气流。

1.6.2.4　可压缩气体经收缩管嘴的流动

气体由容器中经收缩管嘴流出的情况如图1-64所示。容器尺寸比管嘴出口大得多，故可认为速度 $u_0=0$，容器中其他参数为 p_0、ρ_0、T_0、c_0，高压气体经截面为 A 的管嘴流出，外部介质参数为 p、ρ、T、c。

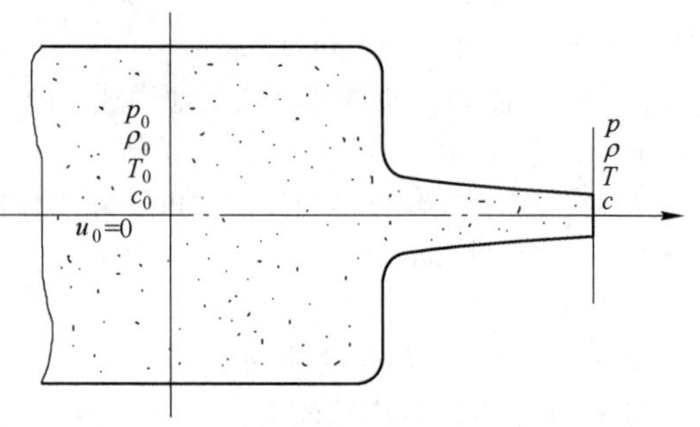

图1-64　气体经收缩管嘴的流出

列容器中与出口两截面之间的绝热流动伯努利方程式

$$\frac{\gamma}{\gamma-1}\cdot\frac{p_0}{\rho_0}=\frac{\gamma}{\gamma-1}\cdot\frac{p}{\rho}+\frac{u^2}{2}$$

$$u=\sqrt{\frac{2\gamma}{\gamma-1}\cdot\frac{p_0}{\rho_0}\left(1-\frac{\rho_0}{\rho}\cdot\frac{p}{p_0}\right)}$$

根据
$$\frac{p}{\rho^{\lambda}}=C,\ \frac{\rho_0}{\rho}=\left(\frac{p_0}{p}\right)^{1/\gamma}$$

$$u=\sqrt{\frac{2\gamma}{\gamma-1}\cdot\frac{p_0}{\rho_0}\left(1-\left(\frac{p}{p_0}\right)^{\frac{\gamma-1}{\gamma}}\right)}\tag{1-159}$$

或
$$u=\sqrt{\frac{2\gamma}{\gamma-1}\cdot\frac{p_0}{\rho_0}(1-\beta^{\frac{\gamma-1}{\gamma}})}\tag{1-160}$$

式中　β——压强比，$\beta=\dfrac{p}{p_0}$。

根据 $m=\rho uA$ 计算气体由收缩管嘴流出的流量，将式（1-159）和 $\rho=\rho_0\left(\dfrac{p}{p_0}\right)^{1/\gamma}$ 代入得

$$m=A\sqrt{\frac{2\gamma}{\gamma-1}p_0\rho_0(\beta^{\frac{2}{\gamma}}-\beta^{\frac{\gamma+1}{\gamma}})}\tag{1-161}$$

当 $p=p_0$，$\beta=1$ 时，$u=0$，$m=0$，此时容器内外压强相等，不能产生流动；

当 $p=0$ 时，$\beta=0$ 时，喷嘴的流量 $m=0$，这是因为气体密度在绝对真空环境中趋于零的缘故。

当 $0<p<p_0$，即 $0<\beta<1$ 时，速度 u 随 β 的减小而增大，质量流量 m 随（$\beta^{\frac{2}{\gamma}}-\beta^{\frac{\gamma+1}{\gamma}}$）的增大而增大，$m$ 达到最大值的数学条件是

$$\frac{\mathrm{d}(\beta^{\frac{2}{\gamma}}-\beta^{\frac{\gamma+1}{\gamma}})}{\mathrm{d}\beta}=0$$

经整理化简后得

$$\beta=\left(\frac{2}{\gamma+1}\right)^{\frac{\gamma}{\gamma-1}}=\beta_e\tag{1-162}$$

式中 β_e——临界压强比，它是质量流量达到最大值时出口压强 p_e 和容器内部压强 p_0 之比，即 $\beta_e=\frac{p_e}{p_0}$。

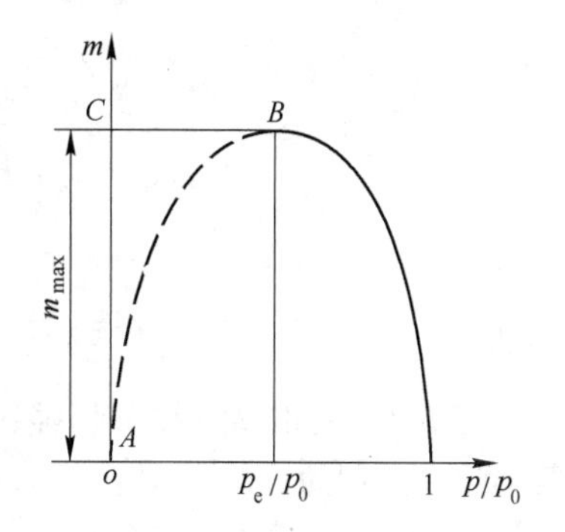

图 1-65 质量流量与压强比的关系

此时所对应的状态为临界状态，相应的气体参数称为临界参数，用下标 e 表示。

对于双原子气体，$\gamma=1.4$，$\beta_e=0.528$；

对于过热蒸气，$\gamma=1.3$，$\beta_e=0.546$。

质量流量与压强比的关系如图 1-65 所示。由图可知，当压强比小于临界压强比，即 $\beta<\beta_e$ 时，其质量流量下降。只有当压强比为临界压强比时，才能获得最大质量流量。此时气体由收缩管的流出为当地声速，将 $\beta_e=\left(\frac{2}{\gamma+1}\right)^{\frac{\gamma}{\gamma-1}}$ 及 $\frac{p_0}{\rho_0}=\frac{R}{M}T_0$ 代入式（1-160）可得

$$u_e=\sqrt{\frac{2\gamma}{\gamma-1}\cdot\frac{R}{M}T_0\left(1-\left(\frac{2}{\gamma+1}\right)^{\frac{\gamma}{\gamma-1}\cdot\frac{\gamma-1}{\gamma}}\right)}=\sqrt{\frac{2\gamma}{\gamma+1}\frac{R}{M}T_0}$$

因为 $\frac{p_0}{p}=\left(\frac{T_0}{T}\right)^{\frac{\gamma}{\gamma-1}}$，在临界条件下，$\left(\frac{T_0}{T}\right)^{\frac{\gamma}{\gamma-1}}=\frac{1}{\beta_e}=\left(\frac{2}{\gamma+1}\right)^{\frac{\gamma}{\gamma-1}}$，则

$$T_0=\frac{\gamma+1}{2}T$$

所以

$$u_e=\sqrt{\frac{2\gamma}{\gamma+1}\frac{R}{M}\frac{\gamma+1}{2}T}=\sqrt{\gamma\frac{R}{M}T}=c_e \tag{1-163}$$

实验证明，当环境压强从 $p_a=p_0$ 逐渐减小时，渐缩喷嘴喷出的气体速度 u 沿着图 1-64 中的 AB 曲线连续增大，喷嘴的背压 p 等于环境压强 p_a，到达 B 点时流速达到临界值，相应的背压为临界压强 $p_e=\beta_e p_0$，此后，当环境压强 p_a 继续减小时，喷嘴背压仍保持为 p_e，并高于环境压强，而气体速度也保持为 p_e，如图中 BC 水平线。因此，对于收缩管嘴，其出口速度只能达到当地的声速，无论怎样降低外界压强 p 或增大容器内压强 p_0，都不能获得超声速气流。

【例 1-26】 已知压缩空气的压强 p_0 为 490.35kPa，反压室压强 p 为 274.6kPa，压缩空气的温度 T_0 为 288K，如采用圆形断面喷管，计算出口流速为若干？当质量流量为 0.065kg/s，计算出口面积为多少？

【解】 确定压力比 $\beta=p/p_0=274.6/490.35=0.56>0.528$，可知属于亚声速气流。

计算
$$\rho_0=\frac{Mp_0}{RT_0}=\frac{29\times490.35}{8.314\times288}=5.94\text{kg/m}^3$$

则
$$u=\sqrt{\frac{2\gamma}{\gamma-1}\cdot\frac{p_0}{\rho_0}\left(1-\left(\frac{p}{p_0}\right)^{\frac{\gamma-1}{\gamma}}\right)}$$

$$=\sqrt{\frac{2\times1.4}{1.4-1}\times\frac{490.35\times1000}{5.94}\times\left(1-(0.56)^{\frac{1.4-1}{1.4}}\right)}$$

$$=294\text{m/s}$$

此时，当地声速 $c=\sqrt{\gamma\frac{p}{\rho}}$

$$\rho=\rho_0\left(\frac{p}{p_0}\right)^{1/\gamma}=5.94\times0.56^{1/4}=3.93\text{kg/m}^3$$

$$c=\sqrt{1.4\times\frac{274.6\times1000}{3.93}}=313\text{m/s}$$

可见当压强比大于临界压强比时，气流出口速度 u 小于当地声速 c，为亚声速气流。收缩管嘴出口面积为

$$A=\frac{m}{\sqrt{\frac{2\gamma}{\gamma-1}p_0\rho_0\left(\beta^{\frac{2}{\gamma}}-\beta^{\frac{\gamma+1}{\gamma}}\right)}}$$

$$=\frac{0.065}{\sqrt{\frac{2\times1.4}{1.4-1}\times490.35\times1000\times5.94\left(0.56^{\frac{2}{1.4}}-0.56^{\frac{1.4+1}{1.4}}\right)}}$$

$$=5.56\times10^{-5}\text{m}^2=55.6\text{mm}^2$$

1.6.2.5　气体通过拉伐尔管流出

当高压气体由收缩管嘴流出，最大流速只能达到声速，要想得到超声速气流，必须将喷管做成先渐缩后渐扩的形状，即拉伐尔管嘴。同时，在选择原始压强 p_0 与周围介质压强 p 时，应使 $\frac{p}{p_0}<\beta_e$，又使 $p_e>p$，这样气流达到拉法尔管喉部（临界断面）达到声速之后，得以在扩张管继续膨胀，以获得超声速气流。

在拉伐尔管喉部，即临界断面处，压强比为临界压强比，流速为当地声速，质量流量为最大质量流量，其临界断面积

$$A_e=\frac{m_{max}}{\sqrt{\frac{2\gamma}{\gamma-1}p_0\rho_0\left(\beta_e^{\frac{2}{\gamma}}-\beta_e^{\frac{\gamma+1}{\gamma}}\right)}}\tag{1-164}$$

式中　A_e——临界断面积，m^2。

在拉伐尔管出口处，其质量流量仍为最大流量，其流速可由容器内及出口处两截面列绝热流动伯努利方程式求得，其出口断面积为

$$A=\frac{m_{max}}{\sqrt{\frac{2\gamma}{\gamma-1}p_0\rho_0\left(\left(\frac{p}{p_0}\right)^{\frac{2}{\gamma}}-\left(\frac{p}{p_0}\right)^{\frac{\gamma+1}{\gamma}}\right)}}$$

式中　A——出口断面积，m^2。

【例 1-27】　过热蒸气温度 250℃，压强为 10 × 98070Pa（10at），由拉伐尔管流出，出口处压强为 98070Pa（1at），过热蒸气质量流量为 0.0875kg/s，计算拉伐尔管临界断面及出口断面直径及其他尺寸，如图 1-66 所示。

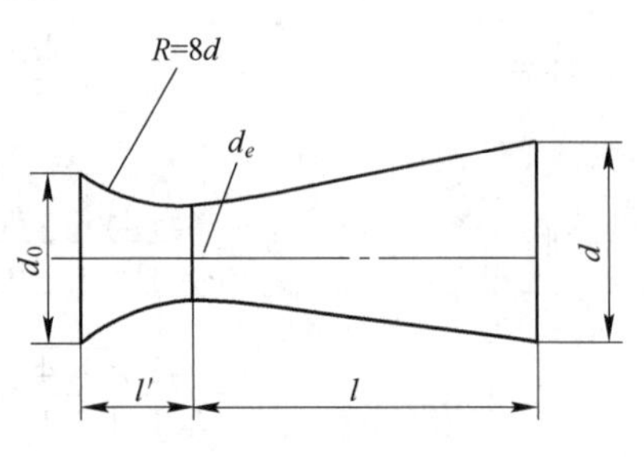

图 1-66　例 1-27 图

【解】　对于过热蒸气，已知其临界压强比 $\beta_e=p_e/p_0=0.546$。

临界断面压强 $p_e = \beta_e \cdot p_0 = 10 \times 0.546 = 5.46\text{at} = 5354.62\text{kPa}$，大于外界压强，因此在拉伐尔管喉部可获得声速，在扩张部位可获超声速。

（1）拉伐尔管临界断面 A_e 可按式（1-164）进行计算：

$$A_e = \frac{m_{max}}{\sqrt{\frac{2\gamma}{\gamma-1} p_0 \rho_0 \left(\beta_e^{\frac{2}{\gamma}} - \beta_e^{\frac{\gamma+1}{\gamma}}\right)}}$$

过热蒸气：$\gamma = 1.33$，$T_0 = 523\text{K}$，

$$\rho_0 = \frac{Mp_0}{RT_0} = \frac{18 \times 10 \times 98070}{8314 \times 523} = 4.06\text{kg/m}^3$$

$$A_e = \frac{m_{max}}{\sqrt{\frac{2\gamma}{\gamma-1} p_0 \rho_0 (\beta_e^{\frac{2}{\gamma}} - \beta_e^{\frac{\gamma+1}{\gamma}})}}$$

$$= \frac{0.0875}{\sqrt{\frac{2 \times 1.33}{1.33-1} \times 10 \times 98070 \times 4.06 \left(0.546^{\frac{2}{1.33}} - 0.546^{\frac{1.33+1}{1.33}}\right)}}$$

$$= 6.52 \times 10^{-5}\text{m}^2$$

喉部断面直径：　$d_e = \sqrt{\frac{4A_e}{\pi}} = \sqrt{\frac{4 \times 6.52 \times 10^{-5}}{3.14}} = 9.11\text{mm}$

（2）出口断面积：

$$A = \frac{m_{max}}{\sqrt{\frac{2\gamma}{\gamma-1} p_0 \rho_0 \left(\left(\frac{p}{p_0}\right)^{\frac{2}{\gamma}} - \left(\frac{p}{p_0}\right)^{\frac{\gamma+1}{\gamma}}\right)}}$$

$$= \frac{0.0875}{\sqrt{\frac{2 \times 1.33}{1.33-1} \times 10 \times 98070 \times 4.06 \times \left[\left(\frac{98070}{10 \times 98070}\right)^{\frac{2}{1.33}} - \left(\frac{98070}{10 \times 98070}\right)^{\frac{1.33+1}{1.33}}\right]}}$$

$$= 132\text{mm}^2$$

出口断面直径　$d = \sqrt{\frac{4A}{\pi}} = \sqrt{\frac{4 \times 132}{3.14}} = 12.97\text{mm}$

（3）扩张管的长度：

由实验测得扩张角 $\alpha = 7° \sim 8°$

$$l = \frac{d - d_e}{2\tan(\alpha/2)} = \frac{12.97 - 9.11}{2\tan(8°/2)} = 27.6\text{mm}$$

（4）收缩管的长度：

由收缩角 $\beta = 30° \sim 45°$，

$$l' = \frac{d_0 - d_e}{2\tan(\beta/2)} = \frac{16 - 9.11}{2\tan(30°/2)} = 12.86\text{mm}$$

1.6.3　流股及流股作用下窑内气体运动

在使用烧嘴的窑炉中，窑内气体运动在很大程度上取决于烧嘴所喷出的流股，这种情况和

自然流动完全不同。

1.6.3.1　自由流股

气体由管内向自由空间喷出后形成自由流股。它需满足两个条件：四周静止气体的物理性质与喷出气体完全相同；它在整个流动过程中不受任何表面限制。

自由流股在流出管口时，流股横截面上各点速度相同，但由于流股中气体质点的不规则运动，使流出气体的质点与周围静止气体的质点发生碰撞，进行动量交换。喷出的气体把自己的一部分动量传递给相邻的静止气体，带动它们运动，被带动的气体在流动过程中逐渐向流股中心扩散，流股截面逐渐扩大，被带动的气体量逐渐增多，速度逐渐衰减。所以，自由流股实际上就是喷出气体与周围静止气体进行动量和质量的交换过程，即喷出气体与周围气体的混合过程。

喷出的气体由于碰撞造成了能量损失，而静止气体的质点被碰撞后获得了动量开始运动，所以喷出气体与被带动气体二者的动量之和不变，即沿流股进程总动量不变，mu = 常数。由于动量不变，沿流股进程压强也将保持不变，这是自由流股的主要特点。

1.6.3.2　相交的自由流股

中心线在同一平面上的两个流股相遇后，由于相互作用，引起流股形状的改变，合并成为一个统一的流股。相交的自由流股可分为三段，即开始段、过渡段和主段。

流股汇合后的流动方向，决定于两流股原有的方向和它们的动量。如果用两流股的动量向量作为平行四边形的两邻边，其对角线便代表汇合后流股的方向。但是，实验证明，平行四边形原理只能用于喷出口相同的两流股。若两流股喷出口大小不同，则情况比较复杂，其中一个流股的一部分气体并不会遇到另一流股的冲击。

两个平行流股往同一方向流动时，它们张开以后也能相遇，混合成一个流股。该流股边缘并不弯曲而是直的。因为它并不受什么使它变形的作用力。汇合后的流股张角比自由流股小些（为 14°～15°），这是因为汇合后流股界面相对减少，周围气体吸入量也随之变小的缘故。

1.6.3.3　限制流股

喷入有限空间的流股称作限制流股。如果流股开始截面比有限空间截面小很多，则这个流股仍可看成自由流股。随着两截面的接近，限制流股的特点逐渐明显起来。在两者十分接近的情况下，便像气体通过微小张角的扩张管一样，又没有限制流股的特点了。

在限制空间里，气流喷出后只能从喷嘴附近的有限空间里吸入气体并带着向前运动。经过一段距离后，一部分气体又从流股分离出来沿相反方向流回至喷嘴附近，形成一个循环区。除此之外，在限制空间局部变形处存在着漩涡区。限制流股简图如图 1-67 所示。

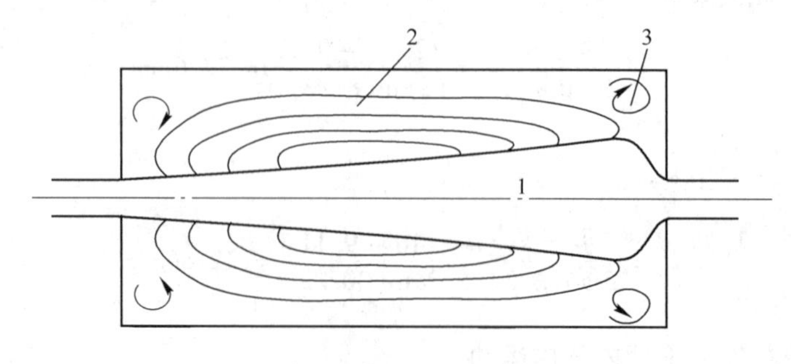

图 1-67　限制流股简图

1—流股本身；2—循环区；3—漩涡区

在气流从喷口流出不远的一段内，流股由循环区带入气体，流量增加，周边速度降低，速度沿长度方向趋于不均匀化，与自由流股相似。此后，由于从周围带入的气体受到限制，特别是在流股的后半段，流股还要向循环区分出一部分气体，使本身的流量减少，速度分布趋于均匀化。当流股开始进入限制空间时，其动量保持不变，后来则由于流量减小，速度减慢且趋于均匀化，使动量显著降低。随流股动量的降低，沿流股进程压强增加。

1.6.3.4　限制空间内的气体循环

在窑炉空间内的气体循环是保证炉内温度均匀的一个重要措施。同时对保证炉内的热交换程度，温度分布及压强分布也具有重要意义。

窑内气体循环程度用循环倍数 B 来表示。设单位时间内由烧嘴喷出的气体量为 m_1（即新鲜的燃烧产物量），废气循环返回量为 m_2，则

$$B = \frac{m_1 + m_2}{m_1} \tag{1-165}$$

设新鲜燃烧产物温度为 t_1，比热容为 c_1，所带入热量 Q_1 为：

$$Q_1 = m_1 c_1 t_1$$

循环废气温度为 t_2，比热容为 c_2，所带入热量 Q_2 为：

$$Q_2 = m_2 c_2 t_2$$

如混合后气体的温度为 t_m，比热容为 c_m，则有：

$$(m_1 + m_2) c_m t_m = m_1 c_1 t_1 + m_2 c_2 t_2$$

当 $c_1 = c_2 = c_m$ 时，

$$t_m = \frac{m_1 t_1 + m_2 t_2}{m_1 + m_2}$$

则温度差

$$\Delta t = t_m - t_2 = \frac{m_1 t_1 + m_2 t_2}{m_1 + m_2} - t_2$$

即

$$\Delta t = \frac{t_1 - t_2}{B} \tag{1-166}$$

可见循环倍数 B 越大，温差越小，窑内温度分布越均匀。

限制空间内气流循环的影响因素有：

（1）限制空间的大小，主要是炉膛截面与喷口面积之比。只有当两者有适当比值时，才能造成最大的气流循环。

（2）流股喷入口与气流口的相对位置。喷入口与出口处于同一侧时，将使气流循环加剧。如图 1-68a 所示，在空间中心部位形成了较大而强烈的循环区。这种循环气流有利于炉内的高温、低温气流相互混合，使炉温均匀。

当流股喷入口与出口位置在限制空间两侧时，循环气流发生在流股主段两边，循环区较小，循环减弱，如图 1-68b 所示。

（3）流股的喷出动能和流股与壁面交角。动能越大，可以带动的回流区气体越多，引起的气体循环就越强烈。流股与壁面交角越大，流股与壁面碰撞后易较早脱离壁面而改变方向，形成倒流，使循环区向前移动，循环区也就缩小了。

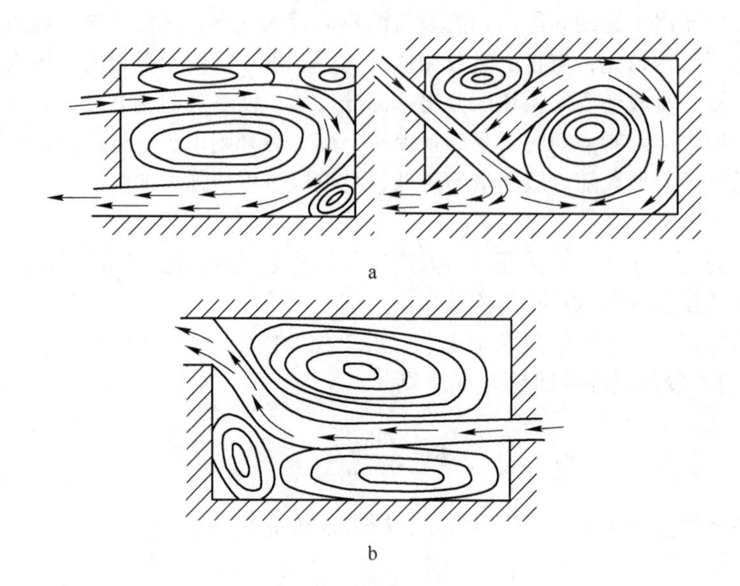

图 1-68 异侧排气限制空间流股流动的情况
a—同侧排气；b—异侧排气

1.7 相似理论

实际工程中的流体力学问题往往非常复杂，不能完全靠理论分析方法来解决，必须借助于流体力学试验。而直接实验法往往受到实际问题（如恶劣环境与实验测试手段）的限制有很大的局限性。因此通常需要进行模型实验。而进行模型实验首先必须解决两类问题：

（1）如何正确的设计和布置模型实验，如模型形状与尺寸的确定，介质的选取等；

（2）如何整理模型实验所得结果，例如实验数据的处理归纳以及模型实验结果（经验公式）如何推广到与之相似的实际流动现象中去等。

而相似原理即是解决上述问题的基础。本节首先介绍相似的基本概念、基本定理，在此基础上介绍模型实验的基本思路及步骤，最后介绍用因次分析法对实验数据的处理及实验结果向实型计算的推广。

1.7.1 力学相似条件

流体力学中的模型试验指的是根据实际流动的具体特点，在实验室内将实际流场的尺寸进行放大（或缩小），设计一个比实际流动的规模大（或小）很多的流动，这个流动称为模型流动，而实际流动称为原型流动。为了能用模型试验结果推广到实际问题中去，必须满足力学相似条件。力学相似包括几何相似、运动相似、动力相似以及单值条件相似。

1.7.1.1 几何相似

几何相似是指模型流动和原型流动空间相似。即两个流动的流场中各对应的线段长度成一定的比例，各对应的角度相等。

如图 1-69 所示的两管流中，模型管流与原型管流几何相似，要求两渐扩管空间几何相似，相应线段夹角必须相同，即

$$\theta_n = \theta_m \tag{1-167}$$

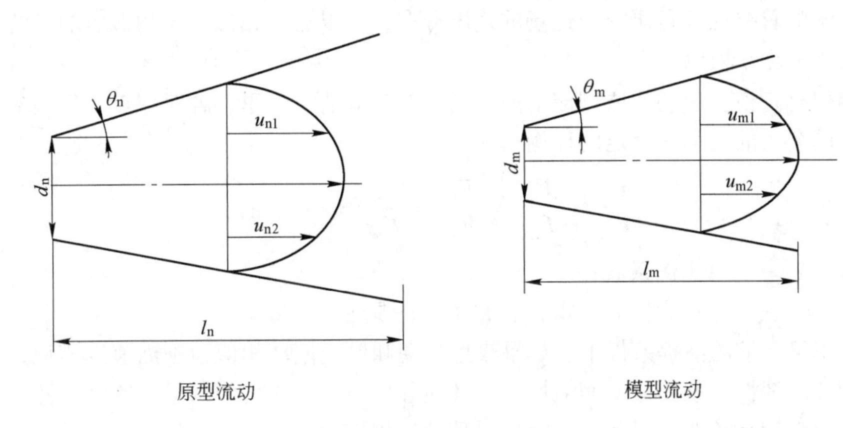

图 1-69 模型与原型管流

相应的线性长度保持一定的比例，即

$$\frac{d_n}{d_m} = \frac{l_n}{l_m} = \lambda_l \tag{1-168}$$

式中 λ_1——长度比例系数，相应的原型与模型的面积之比应为长度比的平方。

$$\frac{A_n}{A_m} = \lambda_A = \lambda_l^2$$

相应的体积比为长度比的三次方。

$$\frac{V_n}{V_m} = \lambda_V = \lambda_l^3$$

几何相似是力学相似的前提，有了几何相似才有可能在模型与原型流动间存在着相应点、相应线段、相应断面和相应体积这一系列相互对应的几何要素，才有可能在两流动间存在着相应流速、相应加速度、相应作用力等一系列相互对应的力学量，才有可能通过模型流动的相应点、相应断面的力学量测量，来预测原型流动的流体力学状态。

1.7.1.2 运动相似

运动相似是指模型流动和原型流动的速度场相似，即模型流动和原型流动流场中，所有对应点在对应的时刻，其速度的方向相同，速度的大小成一定的比例，即流场中对应的流线相似，如图 1-69 所示，有下面的关系

$$\frac{u_{n1}}{u_{m1}} = \frac{u_{n2}}{u_{m2}} = \frac{v_n}{v_m} = \lambda_v \tag{1-169}$$

式中 λ_v——速度比例系数。

速度场相似意味着对应流体质点通过对应距离的时间也一定成比例，即

$$\frac{t_n}{t_m} = \frac{l_n/u_n}{l_m/u_m} = \frac{l_n/l_m}{u_n/u_m} = \frac{\lambda_l}{\lambda_v} = \lambda_t \tag{1-170}$$

式中 λ_t——时间比例系数。

同理，速度相似也意味着对应流体质点的加速度成一定的比例，即

$$\frac{a_n}{a_m} = \frac{u_n/t_n}{u_m/t_m} = \frac{u_n/u_m}{t_n/t_m} = \frac{\lambda_v}{\lambda_t} = \lambda_v^2/\lambda_l \tag{1-171}$$

流体力学的首要任务是研究流速场的速度分布，所以运动相似是模型试验的目的。

1.7.1.3　动力相似

动力相似是指模型流动和原型流动的流场，在对应的时刻里，各对应点所作用的同名力的方向相同，同名力的大小成一定的比例，即

$$\frac{F_{np}}{F_{mp}} = \frac{F_{nG}}{F_{mG}} = \frac{F_{n\mu}}{F_{m\mu}} = \frac{F_{nl}}{F_{ml}} = \cdots = \lambda_F \tag{1-172}$$

式中　λ_F——力比例系数；

F_p，F_G，F_μ，F_l——分别为压力、重力、黏滞力、惯性力，N。

在流体不可压缩的前提条件下，如果模型流动和原型流动相似，则加速度相似，从而与加速度密切相关的惯性力就相似。而惯性力是其他各种力综合作用的结果，所以惯性力相似就意味着其他各力都满足相似。因此，动力相似是运动相似的保证。

1.7.1.4　初始和边界条件相似

初始和边界条件的相似是保证两个流动相似的充分条件，正如初始条件和边界条件是微分方程的定解条件一样。

对于非恒定流动，初始条件是必须的；对于恒定流动，初始条件则失去了实际意义。

边界条件相似是指两个流动相应边界性质相同，如固体边界上的法线流速都为零等。

1.7.2　相似准则

两个流动要实现动力相似，作用在相应质点上的各种作用力的比例要保持一定的约束关系，我们把这种约束关系称为相似准则，通常用一无因次的数来描述，这个无因次数称为相似准数。

作用在流体质点上的力可分为两类：一类是维持原有运动状态的力，如惯性力；另一类是改变其运动状态的力，如重力、黏性力、压力。流动的变化是这两类力相互作用的结果。因此各种力之间的比例关系应与惯性力一方相互比较，在两个相似的流动中，这种比例关系保持不变。

惯性力

$$I = ma = \rho l^3 a = \rho l^2 \boldsymbol{u}^2 \tag{1-173}$$

式中　a——惯性力加速度，m/s^2；

其他意义同前。

则模型流动与原型流动中惯性力比的系数为

$$\lambda_I = \frac{I_n}{I_m} = \lambda_\rho \lambda_l^2 \lambda_u^2 \tag{1-174}$$

若某一企图改变运动状态的力为 F，则两个流动相似，F 力之比为

$$\lambda_F = \frac{F_n}{F_m} \tag{1-175}$$

根据动力相似，有

$$\lambda_I = \lambda_F \tag{1-176}$$

将式（1-173）、式（1-174）、式（1-175）代入式（1-176），可得

$$\frac{\rho_n l_n^2 \boldsymbol{u}_n^2}{\rho_m l_m^2 \boldsymbol{u}_m^2} = \frac{F_n}{F_m}$$

或

$$\frac{\boldsymbol{F}_{\mathrm{n}}}{\rho_{\mathrm{n}} l_{\mathrm{n}}^{2} u_{\mathrm{n}}^{2}}=\frac{\boldsymbol{F}_{\mathrm{m}}}{\rho_{\mathrm{m}} l_{\mathrm{m}}^{2} u_{\mathrm{m}}^{2}}$$

式中，$\frac{\boldsymbol{F}}{\rho l^{2} \boldsymbol{u}^{2}}$ 为一无量纲量，称为牛顿准数，以 Ne 表示，则

$$(Ne)_{p}=(Ne)_{\mathrm{m}} \tag{1-177}$$

上式表明，两个流动相似，牛顿准数应相等。这个准则称为牛顿相似准则。

根据牛顿相似准则，在相似流动中，要求两个流动的牛顿准数应相等，也就是要求两个流动作用在相应点上各种企图改变其流动状态的力和惯性力之间都具有同样的比例系数，但这在模型试验中很难做到。在某一具体流动中起主导作用的力往往只有一种，因此在模型试验中只要让这种力满足相似即可。

当黏性力起作用的时候，根据牛顿内摩擦定律，可以得出雷诺准数 Re

$$Re=\frac{ul}{\nu}$$

雷诺准数 Re 说明两个流动的惯性力与黏性力的比为一常数。

同理，当重力起作用的时候，可以推导出弗劳德准数 Fr

$$Fr=\frac{u^{2}}{gl} \tag{1-178}$$

弗劳德准数说明两个流动的惯性力与重力的比为一常数。

当压力起主要作用时，可以推导出欧拉准数 Eu

$$Eu=\frac{p}{\rho u^{2}} \tag{1-179}$$

欧拉准数表明两个流动的压力与惯性力的比为一常数。

有了这些相似准数，不仅可以反映模型与原型的动力相似，也可以反映一系列相似流动之间的动力相似。如，假定1，2，…，n 代表一系列流动，则这些流动之间保持黏性力相似的条件是各流动的雷诺准数相等，即

$$Re_{1}=Re_{2}=\cdots=Re_{n}$$

上述相似准数中包含有物理常数 ρ、ν、g 和流速 u 和长度 l。在相似准数的计算时，流速和长度需要采用对整个流动有代表性的流速和代表性的长度。如，在管道中流动时，断面平均流速是有代表性的速度，管道的内径是代表性的长度。这个能反映整个流动的代表性流速称为定性流速，能反映整个流动的代表性长度称为定性长度。

1.7.3 相似定理

前面我们已经介绍了有关两现象相似的一些基本知识，同时引入了相似准数等一些重要的物理概念，但到底怎样判断两个现象是相似的，两个彼此相似的现象又有什么性质，我们以相似三定律的形式给出。相似三定理是相似理论的主要内容，也是模型实验研究的主要理论基础。

A 相似第一定理

彼此相似的现象必定具有数值相同的同名相似准数。

相似的现象都属于同一类现象，即他们都可以用同一微分方程组来描述；现象的几何条件、物理条件、边界条件，对于非恒定流还有初始条件都必定是相似的，这些条件称为单值条

件。相似现象的一切物理量在对应的空间和对应的瞬时各自成一定的比例，而这些物理量又必须满足同一微分方程组，因而各量的比值，即相似比例系数不是任意的，而是彼此约束的。这种约束关系用相似准数来表示。则相似第一定理可描述为：彼此相似的现象必定具有数值相同的同名相似准数。

B 相似第二定理

凡同一种类现象，如果定解条件相似，同时由定解条件的物理量所组成的相似准数在数值上相等，那么这些现象必定相似。这一定理是判断两现象相似的充分必要条件。

从物理上来看，定解问题相似对应着：(1) 这两个现象必为同类现象，必须服从自然界中同一基本规律；(2) 这两个现象必须发生在几何相似的空间，并且具有相似的边值条件；(3) 描述这两个现象的物性参量应具有相似的变化规律。

由于单值条件能从无数个服从同一自然规律的现象中单一地划分出某一具体现象，因此单值条件中的各物理量称为定性量，如前边所述的定性长度等。由定性量组成的相似准数称为定性准数或定型准数；包含被决定量的相似准数称为非定性准数或非定型准数。如在黏性不可压缩流体的恒定流动中，Re 和 Fr 都是由 ρ、μ、l、u、g 等定性量组成，因此为定性准数；Eu 准数除包含定性量外，还包含被决定量 $p(\Delta p)$，则它是非定性准数。

相似第二定律指出，实验时，为了保证模型与实物现象相似，必须使单值条件相似，而且，由单值条件组成的决定性准数在数值上要相等。

C 相似第三定理

描述某现象的各种量之间的关系式可以表示成相似准数 π_1，π_2，…，π_n 之间的函数关系式。即

$$f(\pi_1, \pi_2, \cdots, \pi_n) = 0 \tag{1-180}$$

这种关系式称为准数方程式，也称 π 定理。

在相似准数 π_1，π_2，…，π_n 中，设定性准数用 π_{d1}，π_{d2}，…，π_{dm} 表示，非定性准数用 $\pi_{F(m+1)}$，…，π_{Fn}。由于定性准数是决定现象的准数，当它们确定之后，现象即被确定，非定性准数也随之被确定。则准数方程可表示为

$$\pi_{Fi} = f_i(\pi_{d1}, \pi_{d2}, \cdots, \pi_{dm}) \tag{1-181}$$

即任一非定性准数均可表示成定性准数的函数。

相似第三定理指明，必须把实验结果整理成准数方程式。它是在实验条件下得到描述该现象的基本微分方程组的一个特解，并且可以推广应用到与模型现象相似的一切现象中去。

1.7.4 模型试验

对于不可压缩流体，两个流动的相似，将要求模型和原型的雷诺数、弗劳德准数和欧拉准数分别相等。由于欧拉准数是被决定的准数，因此只要两个流动的雷诺准数和弗劳德准数分别相等就可以做到动力相似。

但雷诺准数和弗劳德准数中都出现了定型长度和定性速度。雷诺准数和弗劳德准数相等就要求原型和模型在长度和速度的比例上保持一定的关系。

如要满足雷诺准数相等， $Re_n = Re_m$

即 $$\frac{u_n l_n}{\nu_n} = \frac{u_m l_m}{\nu_m}$$

则原型和模型的速度比为

$$\frac{u_n}{u_m} = \frac{l_m \nu_n}{l_n \nu_m}$$

即 $$\lambda_u = \frac{\lambda_\nu}{\lambda_l} \tag{1-182}$$

而要满足弗劳德准数相等， $$Fr_n = Fr_m$$

即 $$\frac{u_n^2}{l_n g} = \frac{u_m^2}{l_m g}$$

则原型和模型的速度比为

$$\frac{u_n}{u_m} = \sqrt{\frac{l_n}{l_m}}$$

即 $$\lambda_u = \sqrt{\lambda_l} \tag{1-183}$$

要同时满足雷诺准数和弗劳德准数相等，即要求流速比例系数与长度比例系数既是倒数关系，又是平方根关系，这显然不可能。若调整运动黏滞比例系数 λ_ν，使同时满足式（1-182）、式（1-183），则

$$\lambda_\nu = \lambda_l^{3/2}$$

要求在模型流动中采用一定黏度的流体，这在实际上是很不容易实现的。

但是在实际模型实验中，可以根据流动的特点，抓住主要矛盾。只满足雷诺准数相等或只满足弗劳德准数相等，或者两者都不相等而只满足几何相似，即可在主要方面满足实验的要求。因此，模型试验一般只能做到近似相似，也就是说只能保证对流动起主要作用的力相似。

如管道流动可以分为以下两种情况分别进行研究：

（1）在雷诺准数较小的情况下，管道处于层流区、临界过渡区、紊流光滑区和紊流过渡区，流动阻力都与雷诺准数有关（紊流过渡区还与相对粗糙度有关，严格来说还应要求模型与原型相对粗糙度相似）。以上几种情况的断面流速分布、沿程压头损失都决定于管壁摩擦阻力的大小，在同一压头作用下，与管道是否倾斜、倾斜角大小无关，这说明重力不起作用，影响流速分布的主要因素是黏性力，因此采用雷诺准则进行模型设计。

（2）在雷诺准数较大的情况下，流动进入了紊流粗糙区（即阻力平方区）以后，流动阻力与雷诺准数无关，只与相对粗糙度有关，所以只要保证两个流动几何相似（包括管壁粗糙度相似），流动就达到了动力相似，即流动进入了自模区。

在模型设计中，一般是先根据原型要求的试验范围、现有试验场地的大小、模型制作和测量条件，选择长度比例系数 λ_l，然后根据对流动受力情况的分析，满足对流动起主要作用力相似，选择模型率，并按选用的相似准则，根据原型的最大流量，计算模型所需的流量，检查实验室是否满足模型试验的流量要求，如不能满足，需要调整长度比例系数或加大流量的供应能力。再由选定的长度比例系数和原型的试验范围，确定模型的边界。根据以上步骤即可实现原型和模型流动在一定条件下的流动相似。

【例1-28】 以1∶15的模型在风洞中测定气球的阻力，原型风速为36km/h，问风洞中的速度应为多大，若在风洞中测得阻力为687N，问原型中的阻力为多少？

【解】 由于模型是在风洞中用空气进行试验，黏滞阻力为主要作用力，应按雷诺准则进行模型设计

$$Re_n = Re_m$$

根据式（1-182）知 $$\frac{\lambda_u \lambda_l}{\lambda_\nu} = 1$$

（1）因原型与模型中的流体都是空气，假设空气的温度也一样，可以认为 $\lambda_\nu = 1$，所以

$$\lambda_u = \frac{1}{\lambda_l} = \frac{1}{15}$$

即模型中的速度是原型中风速的15倍。

已知原型风速 $u_n = 36\text{km/h} = 10\text{m/s}$，可求得风洞中的速度为

$$u_m = \frac{1}{\lambda_u} u_n = 15 \times 10 = 150\text{m/s}$$

（2）根据 $$\lambda_F = \lambda_m \lambda_a = \lambda_\rho \lambda_l^3 \lambda_a = \lambda_\rho \lambda_l^2 \lambda_u^2$$

由已知条件，$\lambda_\rho = 1$；根据上边推导可知

$$\lambda_u = \frac{1}{\lambda_l}$$

所以 $$\lambda_F = 1 \times \lambda_l^2 \times \frac{1}{\lambda_l^2} = 1$$

又根据 $$\lambda_F = \frac{F_n}{F_m}$$

则 $$F_n = F_m$$

已知模型阻力 $F_m = 687\text{N}$，则原型中气球阻力为：$F_n = 687\text{N}$。

1.7.5 因次分析法

对于实际工程中的复杂问题，工程技术中经常采用的解决途径是通过实验建立经验关系式。进行实验时，每次只能改变一个变量，而将其他变量固定，若牵涉的变量很多，工作量必然很大，而且将实验结果关联成形式简单且便于应用的公式也很困难。利用因次分析法可以减轻上述困难。通过因次分析法将变量组合成无因次数群，然后通过实验归纳整理出算图或准数关系式，从而大大减少实验工作量，同时也容易将实验结果应用到工程计算和设计中。

因次分析法所依据的基本理论是因次一致性原则和白金汉（Buckingham）的 π 定理。因次一致性原则是：凡是根据基本的物理规律导出的物理量方程，其中各项的因次必然相同。白金汉的 π 定理是：用因次分析所得到的独立的因次数群个数，等于变量数与基本因次数之差。

1.7.5.1 基本因次与导出因次

使用因次分析法时应明确因次与单位是不同的，因次又称量纲，是指物理量的种类，如L表示长度的因次，M表示质量的因次，θ表示时间的因次。而单位是度量各种数值大小的标准，比如：力可以用牛顿、公斤、磅等不同的单位来表示，所选单位不同，数值也不同，但它们的量纲都是一样的。单位和因次都是关于量度的概念，单位决定量度的数量，而因次则表示量度的性质。

因次可分为基本因次和导出因次。基本因次是彼此独立的因次，即一个因次不能由其他因次推导出来，也就是不依赖于其他因次。如L、M和θ都是相互独立的。例如在力学领域内基本因次通常取三个，长度［L］、时间［θ］和质量［M］，对于可压缩型流体，常取［L］、［M］和时间［θ］为基本因次。其他力学的物理量的因次都可以由这三个因次导出并可写成幂指数乘积的形式。导出因次是根据物理量的定义或基本定律由基本因次推导出来的。力学中的

任何一个物理量都可以用三个基本因次的指数乘积形式表示。

现设某个物理量的导出因次为 x:$[X]=[M^aL^b\theta^c]$式中 a、b、c 为常数。物理量 x 的性质由因次的指数 a、b、c 所决定。

当 $a\neq0$，$b=0$，$c=0$，x 为一几何学的量；

当 $a\neq0$，$b\neq0$，$c=0$，x 为一运动学的量；

当 $a\neq0$，$b\neq0$，$c\neq0$，x 为一动力学的量。

例如面积 F 的量纲$[F]=L^2$所以面积为一几何学的量。流速 u 按其定义，其量纲为$[U]=L/\theta$，所以速度为一运动学的量。由牛顿第二定律 $\boldsymbol{F}=m\boldsymbol{a}$，可得力的量纲为$[F]=M^1L^1\theta^{-2}$。

如果基本因次的指数 a、b、c 均为零，这个物理量称为无因次数（或无因次数群），如反映流体流动状态的雷诺准数就是无因次数群。

1.7.5.2 因次分析法的具体步骤

（1）找出影响过程的独立变量；

（2）确定独立变量所涉及的基本因次；

（3）构造因变量和自变量的函数式，通常以指数方程的形式表示；

（4）用基本因次表示所有独立变量的因次，并写出各独立变量的因次式；

（5）依据物理方程的因次一致性原则和 π 定理得到准数方程；

（6）通过实验归纳总结准数方程的具体函数式。

1.7.5.3 因次分析法举例说明

以获得流体在管内流动的阻力和摩擦系数 λ 的关系式为例。根据摩擦阻力的性质和有关实验研究，得知由于流体内摩擦而出现的压强降 Δp 与 6 个因素有关，写成函数关系式为

$$\Delta p=f(d,\ l,\ u,\ \rho,\ \mu,\ \varepsilon) \tag{1-184}$$

这个隐函数是什么形式并不知道，但从数学上讲，任何非周期性函数，用幂函数的形式逼近是可取的，所以一般将其改为下列幂函数的形式：

$$\Delta p=Kd^al^bu^c\rho^d\mu^e\varepsilon^f \tag{1-185}$$

尽管上式中各物理量上的幂指数是未知的，但根据因次一致性原则可知，方程式等号右侧的因次必须与 Δp 的因次相同；那么组合成几个无因次数群才能满足要求呢？由式（1-184）分析，变量数 $n=7$（包括 Δp），表示这些物理量的基本因次 $m=3$（质量［M］、长度［L］、时间［θ］），因此根据白金汉的 π 定理可知，组成的无因次数群的数目为 $N=n-m=4$。

通过因次分析，将变量无因次化。式（1-185）中各物理量的因次分别是：

$$\Delta p=[ML^{-1}\theta^2];\quad d=l=[L];\quad u=[L\theta^{-1}];$$

$$\rho=[ML^{-3}];\quad \mu=[ML^{-1}\theta^{-1}];\quad \varepsilon=[L]$$

将各物理量的因次代入式（1-185），则两端因次为

$$ML^{-1}\theta^{-2}=KL^aL^b(L\theta^{-1})^c(ML^{-3})^d(ML^{-1}\theta^{-1})^eL^f$$

根据因次一致性原则，上式等号两边各基本量的因次的指数必然相等，可得方程组

对基本因次[M] $\qquad d+e=1$

对基本因次[L] $\qquad a+b+c-3d-e+f=-1$

对基本因次[θ] $\qquad -c-e=-2$

此方程组包括 3 个方程，却有 6 个未知数，设用其中三个未知数 b、e、f 来表示 a、d、c，

解此方程组，可得

$$\begin{cases} a = -b - c + 3d + e - f - 1 \\ d = 1 - e \\ c = 2 - e \end{cases}$$

$$\begin{cases} a = -b - e - f \\ d = 1 - e \\ c = 2 - e \end{cases}$$

将求得的 a、d、c 代入方程式（1-185），即得

$$\Delta p = Kd^{-b-e-f} l^b u^{2-e} \rho^{1-e} \mu^e \varepsilon^f \tag{1-186}$$

将指数相同的各物理量归并在一起得

$$\frac{\Delta p}{u^2 \rho} = K\left(\frac{l}{d}\right)^b \left(\frac{du\rho}{\mu}\right)^{-e} \left(\frac{\varepsilon}{d}\right)^f \tag{1-187}$$

$$\Delta p = 2K\left(\frac{l}{d}\right)^b \left(\frac{du\rho}{\mu}\right)^{-e} \left(\frac{\varepsilon}{d}\right)^f \left(\frac{u^2 \rho}{2}\right) \tag{1-188}$$

将此式与计算流体在管内摩擦阻力的公式

$$\Delta p = \lambda \frac{l}{d}\left(\frac{u^2 \rho}{2}\right) \tag{1-189}$$

相比较，整理得到研究摩擦系数 λ 的关系式，即

$$\lambda = 2K\left(\frac{du\rho}{\mu}\right)^{-e} \left(\frac{\varepsilon}{d}\right)^f \tag{1-190}$$

或

$$\lambda = \Phi\left(Re \frac{\varepsilon}{d}\right) \tag{1-191}$$

由以上分析可以看出：在因次分析法的指导下，将一个复杂的多变量的管内流体阻力的计算问题，简化为摩擦系数 λ 的研究和确定。它是建立在正确判断过程影响因素的基础上，进行了逻辑加工而归纳出的数群。上面的例子只能告诉我们：λ 是 Re 与 ε/d 的函数，至于它们之间的具体形式，归根到底还得靠实验来实现。通过实验变成一种算图或经验公式用以指导工程计算和工程设计。著名的莫狄（Moody）摩擦系数图即“摩擦系数 λ 与 Re、ε/d 的关系曲线”就是这种实验的结果。许多实验研究了各种具体条件下的摩擦系数 λ 的计算公式，其中较著名的，如适用于光滑管的柏拉修斯（Blasius）公式

$$\lambda = \frac{0.3164}{Re^{0.25}}$$

其他研究结果可以参看有关教科书及手册。

因次分析法有两点值得注意：

（1）最终所得数群的形式与求解联立方程组的方法有关。在前例中如果不以 b、e、f 来表示 a、d、c 而改为以 d、e、f 表示 a、b、c，整理得到的数群形式也就不同。不过，这些形式不同的数群可以通过互相乘除，仍然可以变换成前例中所求得的四个数群。

（2）必须对所研究过程的问题有本质的了解，如果有一个重要的变量被遗漏或者引进一个无关的变量，就会得出不正确的结果，甚至导致谬误的结论。所以应用因次分析法必须持谨慎的态度。

1.8　流体输送设备

在工业生产过程中，因工艺的需要，常需要将流体由低处送至高处，由低压设备送到高压设备，为了达到这些目的，必须对流体做功，以提高流体的能量，完成输送任务。用于输送流体和提高流体压头的机械设备通称为流体输送设备。在生产中如何选用既符合生产需要，又比较经济合理的输送设备，同时在操作中做到安全可靠、高效率运行，除了熟知被输送流体的性质、工作条件外，还必须了解各类输送设备的工作原理、结构和特性，以便进行正确地选择及合理使用。

按照被输送流体的性质可以分为气体输送设备与液体输送设备。其中，输送气体的设备称为气体输送设备，如风机、喷射器、烟囱；输送液体并用于提高液体能量的设备称为液体输送设备，如泵。其中，风机、泵、喷射器需要消耗机械能而使被输送流体的能量升高，因此又称为人工机械设备；烟囱是靠热烟气的浮力而输送气体的自然通风设备。

1.8.1　风机与泵

风机与泵的应用范围很广，是一般的通用机械。根据风机与泵的工作原理，通常可分为如下类型：

（1）叶片式。叶片式风机与泵是由装在主轴上的叶轮产生旋转作用对流体做功，从而使流体获得能量。根据流体的流动情况又可分为离心式、轴流式和混流式。

（2）容积式。容积式风机与泵是在机械运转时，内部的工作容积不断发生变化对流体做功，从而使流体获得能量。根据机械的结构不同，又可分为往复式和回转式。往复式借助活塞在汽缸内的往复作用使缸内容积反复变化，以吸入和排出流体，如蒸汽活塞泵等。回转式是由于机壳内的转子或转动部件旋转时，转子与机壳之间的工作容积发生变化，从而吸入和排出流体，如齿轮泵、罗茨鼓风机、滑板泵等。

（3）其他类型。如引射器、漩涡泵、真空泵等。

本书主要对常用的叶片式中的离心式风机与泵的理论基础、性能参数、运行调节和选用原则等知识进行介绍。由于用的泵是以不可压缩性流体为输送介质，而常用风机的增压程度不高（通常只有9810Pa以下），所以本节内容以不可压缩性流体进行论述。

1.8.1.1　离心式风机与泵的工作原理与基本结构

离心式风机的主要部件是叶轮和机壳。机壳内的叶轮安装于由原动机驱动的转轴上，当原动机通过转轴带动叶轮做旋转运动时，处在叶轮叶片间的气体也随叶轮高速旋转而获得离心力，经叶片间出口被甩出叶轮。被甩出的气体挤入机壳后，机壳内流体压强增高，最后被导向风机的出口排出。与此同时，叶轮中心由于流体被甩出而压力降低，外界的流体在大气压的作用下，沿风机的进口吸入叶轮，如此源源不断地输送气体。

离心通风机按出口气体压强的不同，又分为低压（1000Pa以下）风机、中压（1000~3000Pa）风机与高压（3000~15000Pa）风机。低压和中压风机多用于通风换气、排尘系统和空气调节系统，高压风机一般用于强制通风。根据用途不同，风机各部件的具体构造有许多差别。

离心式通风机主要由进气室、叶轮、螺旋外壳、主轴、出气口和出口扩散器等组成，如图1-70所示。

叶轮是离心式风机的心脏部分，它的尺寸和几何形状对风机的特性有着重大的影响。离心

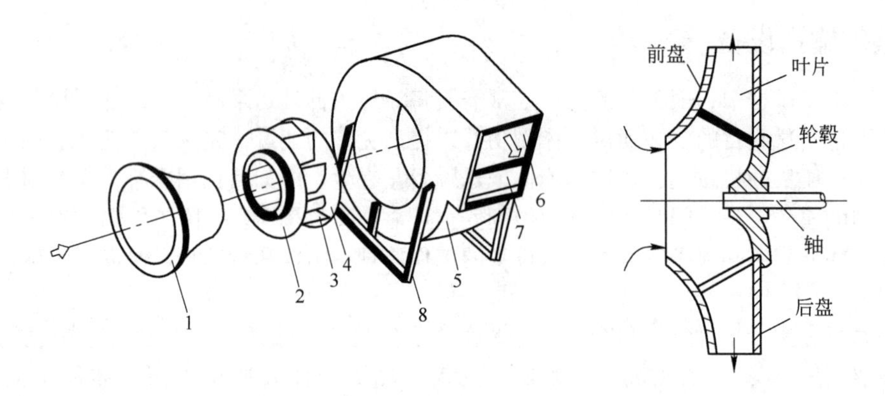

图 1-70　离心式通风机

1—吸入口；2—叶轮前盘；3—叶轮；4—叶轮后盘；
5—机壳；6—出口；7—截流板；8—支架

式风机的叶轮一般由前盘、后盘、叶片和轮毂组成。

叶轮上的主要零件是叶片，其基本形状有弧形、直线形和机翼形三种，如图 1-71 所示。叶片的形状、数量及出口安装角度对通风机的工作有很大影响。根据叶片出口安装角度的不同，可将叶轮的形式分为前向叶片叶轮（$\beta > 90°$）、径向叶轮（$\beta = 90°$）和后向叶轮（$\beta < 90°$），如图 1-72 所示 。

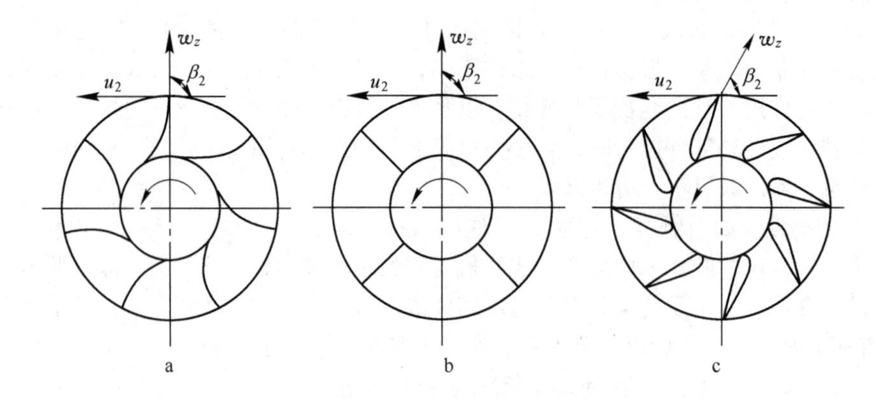

图 1-71　叶片的基本形状

a—弧形；b—直线形；c—机翼形

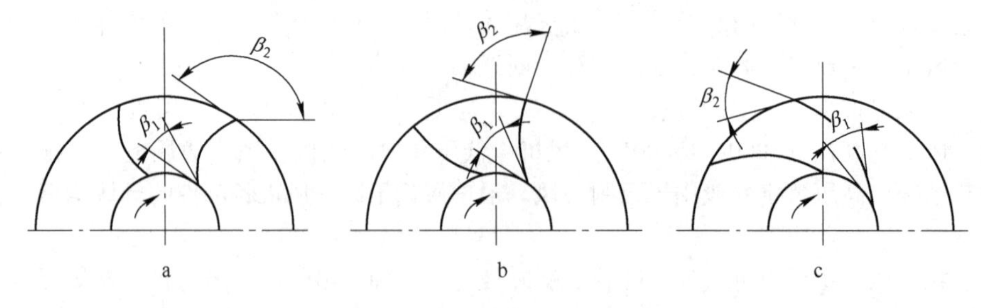

图 1-72　离心式风机叶轮形式

a—前向叶轮；b—径向叶轮；c—后向叶轮

机壳由蜗壳、进风口等零部件组成。蜗壳是由蜗板和左右两块侧板焊接咬合而成。蜗壳的蜗板是一条对数螺旋线。蜗壳的作用是汇集叶轮中出来的气体，并引到蜗壳的出口，经过出风口把气体排出。进风口又称集风器，它保证气流能均匀地充满叶轮进口，使气流的流动损失最小。

风机的支承包括机轴、轴承和机座。我国离心式风机的支承与传动方式共分为A、B、C、D、E、F六种形式。如图1-73所示。A型风机的叶轮直接固装在风机的轴上；B、C与E型均为带传动；D、F为联轴器传动；E型和F型的轴承分设于叶轮的两侧，运转比较平稳，多用于大型风机。

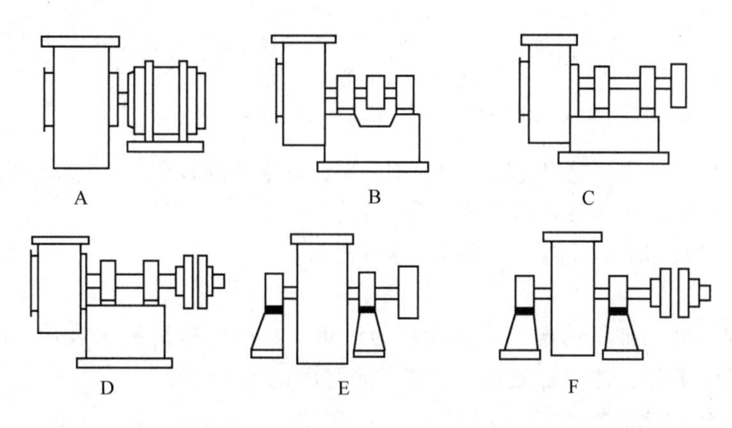

图1-73　离心式风机的支承与传动方式

进风箱一般只使用在大型或双吸离心式风机上。其主要作用可使轴承装于风机的机壳外边，便于安装与检修。

一般在大型离心式风机或要求性能调节的风机进风口或出风口的流道内装置前导器，用来改变前导器叶片的角度，扩大风机性能、使用范围和提高调节经济性。

扩散器装于风机机壳出口处，其作用是降低出口流体速度，使部分动压转变为静压。

离心式风机可以做成右旋转或左旋转两种形式。从电动机一端正视，叶轮旋转为顺时针方向的称为右旋转，用“右”表示；叶轮旋转为逆时针方向的称为左旋转，用“左”表示。但是必须注意，叶轮只能顺着蜗壳螺旋线的展开方向旋转。

离心式泵的工作原理和离心式风机相同，只是前者输送的是液体，后者输送的是气体。离心泵开动前需要在泵壳和吸入管内灌液，否则便没有抽吸液体的能力，这是因为空气密度比液体小得多，叶轮带动空气旋转所产生的离心力不足以造成上吸液体所需要的真空度。为了防止灌液时液体从吸入管底部流出，以及在临时停车时候防止泵壳和吸入管内液体回流导致重新灌液的麻烦，一般在吸入管底部装有止回阀。

由于泵产生的压头比风机大得多，所以其构造要比风机复杂。离心泵主要由叶轮、泵壳、泵轴、泵座、密封环和轴封装置等构成，如图1-74所示。

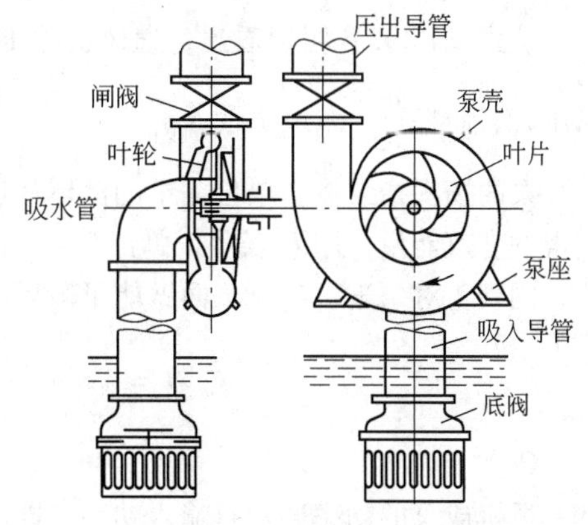

图1-74　单级单吸离心泵的结构简图

叶轮是离心泵的心脏部件。普通离心泵的叶轮如图 1-75 所示，它分为闭式、开式与半开式三种。

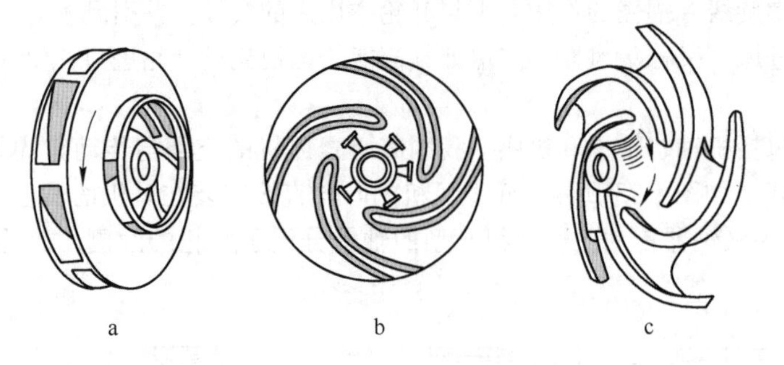

图 1-75　离心泵叶轮
a—闭式叶轮；b—半开式叶轮；c—开式叶轮

泵壳就是泵体的外壳。它将旋转叶轮包围，并设有液体的垂直入口与切线出口。

1.8.1.2　离心式风机与泵的基本性能参数

离心式风机与泵的基本性能可以用以下参数表示。

A　流量

单位时间内风机或泵所输送的流体量称为流量。常用体积流量 q_V 表示，单位是 m^3/s 或 m^3/h，若采用质量流量，常用 q_m 表示，单位通常用 t/h。

B　风机的全压或泵的扬程

单位体积的气体从风机进口至出口的能量之差称为风机的全压，即单位体积的流体通过风机所获得的有效能量，用 p 表示，单位为 Pa 或 kPa。

通风机的风压与气体密度成正比。如取 $1m^3$ 气体为基准，对通风机进、出口截面（分别以下标 1、2 表示）做能量衡算，可得通风机的全压：

$$p = H\rho g = (z_2 - z_1)\rho g + (p_2 - p_1) + \frac{\rho(u_2^2 - u_1^2)}{2} \tag{1-192}$$

因式中 $(z_2 - z_1)\rho g$ 可以忽略，当空气直接由大气进入通风机时，u_1 也可以忽略，则式(1-192)简化为：

$$p = (p_2 - p_1) + \frac{u_2^2\rho}{2} = p_s + p_k \tag{1-193}$$

从式（1-193）可以看出，通风机的压头由两部分组成：其中压差 $(p_2 - p_1)$ 习惯上称为静风压 p_s，而将 $\frac{u_2^2\rho}{2}$ 称为动风压 p_k。

泵的扬程指泵输送单位重量的流体从进口至出口的能量增值，即单位重量的流体通过泵所获得的有效能量，用 H 表示，单位为 m。

同理，对泵进、出口截面做能量衡算，可得扬程表达式为：

$$H = (z_2 - z_1) + \frac{(p_2 - p_1)}{\gamma} + \frac{u_2^2 - u_1^2}{2g} \tag{1-194}$$

C　功率

风机或泵的功率通常指输入功率，即原动机传到轴上的功率，故称为轴功率，用 N 表示，单位为 W 或 kW。

风机或泵的输出功率，又称为有效功率，它表示单位时间内流体从风机或泵中所得到的实际能量，它等于重量流量和扬程的乘积，用 N_e表示。

$$N_e = \gamma q_V H = q_V p \tag{1-195}$$

式中　γ——被输送流体的重度，kN/m^3。

D　效率

为表示输入的轴功率 N 被流体的利用程度，用风机或泵的效率 η 来计量，于是

$$\eta = N_e/N \tag{1-196}$$

将式（1-195）代入式（1-196），可得轴功率的计算式

$$N = \frac{q_V p}{1000\eta} \tag{1-197}$$

式中　N——轴功率，kW；

q_V——风量，m^3/s；

p——全风压，Pa；

η——效率。

E　转速

转速是指风机或泵每分钟的转数，即 r/min，常用字母 n 表示。

此外风机与泵的性能参数还有比转速 n_s以及泵的其他一些重要的性能参数。

1.8.1.3　离心式风机与泵的基本方程

A　流体在叶轮中的运动

风机和泵是利用原动机提供的动力使流体获得能量以输送流体。下边将从理论上阐述外加动力与流体能量变化之间的关系。即以研究风机或泵的压头和加在轴上的轴功率之间的关系入手，进一步得出流体能量增量和流体运动之间关系的理论根据。这一关系就是离心式风机或泵的基本方程，它是1754 年首先由欧拉提出的，所以又称为欧拉方程。

流体在叶轮流道中流动示意图如图 1-76 所示。图中 D_0为叶轮进口直径，D_1为叶片入口直

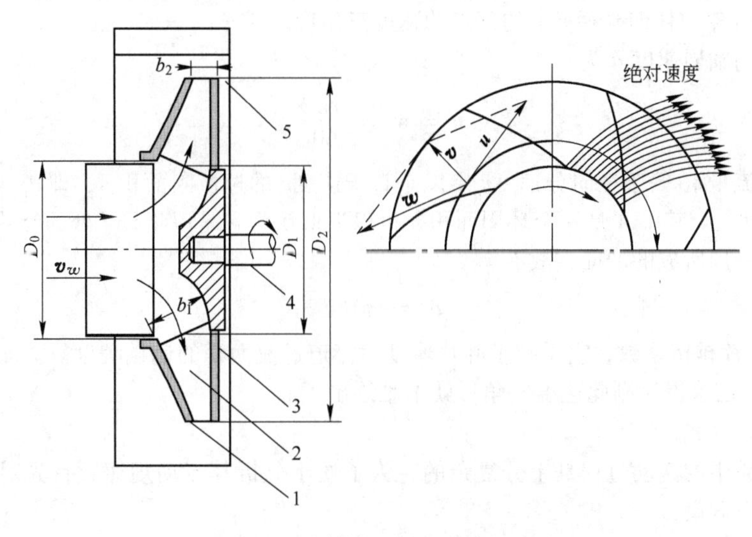

图 1-76　流体在叶轮流道中的流动

1—叶轮前盘；2—叶片；3—后盘；4—轴；5—机壳

径，D_2为叶轮外径，即叶片出口直径，叶片入口宽度为 b_1，出口宽度为 b_2。

当叶轮旋转时，流体以速度v_0轴向地进入叶轮，随即转为径向并以速度v_1进入叶片间的流道。流体在流道中获得能量后以速度v_2离开叶轮进入机壳。最后流向出口，排出机外，如图1-77所示。

流体在流道中一方面随叶轮的旋转做圆周运动，速度为 $\boldsymbol{u}$，其方向与叶轮半径垂直；另一方面沿叶片方向作相对于叶片的相对运动，其速度为 $\boldsymbol{w}$。两种速度的合成速度，即质点的绝对速度v 。三者之间的关系为：

$$v = \boldsymbol{u} + \boldsymbol{w} \tag{1-198}$$

该矢量关系式可以形象地用速度三角形来表示，如图 1-78 所示。图中相对速度 $\boldsymbol{w}$ 与圆周速度 $\boldsymbol{u}$ 反方向之间的夹角 β 表明了叶片的弯曲方向，称为叶片安装角，它是影响风机或泵性能的重要几何参数。绝对速度v 与圆周速度 $\boldsymbol{u}$ 之间的夹角 α 称为叶片的工作角。

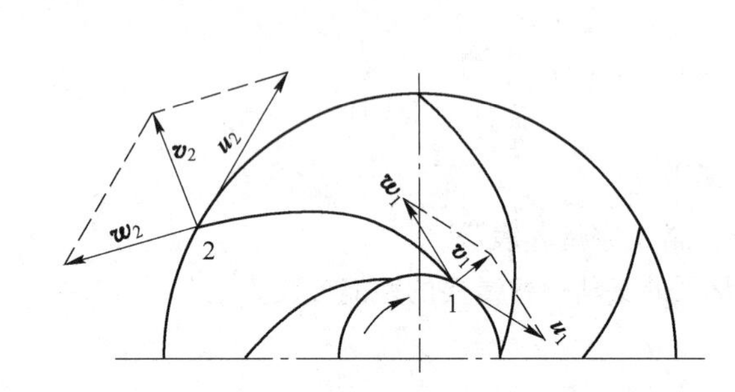

图 1-77　叶片进口和出口处的流体速度

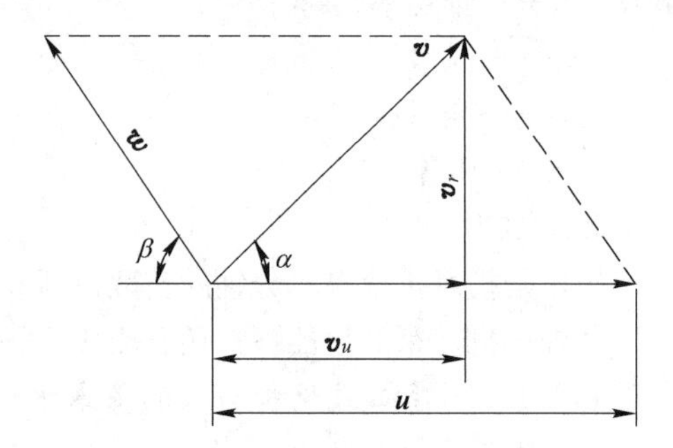

图 1-78　流体在叶轮中的速度三角形

为了便于分析，常将绝对速度v 分解为与流量有关的径向分速度v_r和与压力有关的切向分速度v_u。前者的方向与半径方向相同，后者与叶轮的圆周运动方向相同。

速度三角形不仅清楚地表达了流体在叶轮流道中的流动情况，它还是研究风机与泵的一个重要手段。当叶轮流道几何形状（安装角度β已定）及尺寸确定后，如已知叶轮转速 n 和流量 q_{VT}，即可求得叶轮内任何半径 r 上的某点的速度三角形。

这里流体的圆周速度 $\boldsymbol{u}$ 为

$$\boldsymbol{u} = \boldsymbol{w}r = \frac{n\pi d}{60} \tag{1-199}$$

由于叶轮流量 q_{VT}等于径向分速度v_r乘以垂直于速度v_r的过流断面积A，即 $q_{VT} = v_r A$，由此可求出径向分速度v_r。其中 A 是一个环周面积，可以近似认为它是以半径 r 处的叶轮宽度作母线，绕轴心线旋转一周所成的曲面，故有

$$A = 2\pi rb\varepsilon$$

式中　ε——叶片排挤系数，它反映了叶片厚度对流道过流面积的遮挡程度。

既然 $\boldsymbol{u}$ 和v_r已求得，则此速度三角形就不难绘出了。

B　欧拉方程式

流体在叶轮中的流动过程是十分复杂的，为了便于分析其流动规律，首先对叶轮的构造、流动性质做以下假设：

（1）叶轮中的流动是恒定流。

（2）叶轮的叶片数目为无限多，叶片厚度为无限薄。因此可以认为流体在流道间作相对运

动时，其流线与叶片形状一致，叶轮同半径圆周上各质点流速相等。

（3）流过叶轮的流体是理想流体，不计流动中的能量损失。

根据上述假设，欧拉方程可以根据动量矩定理导出。力学中的动量矩定理指出，质点系对某一转轴的动量矩对时间的变化率，等于作用于该点系的外力对该轴的力矩 M。

在上述理想条件下，用角标“T”表示理想流动过程，“∞”表示叶片为无穷多，“1”表示叶轮进口参数，“2”表示叶轮出口参数，则 $q_{VT\infty}$ 表示流体在一个理想流动过程中流经叶片为无限多的叶轮时的体积流量，在单位时间内流经叶轮进出口流体动量矩的变化则为：

$$\rho q_{VT\infty}(r_2 v_{u2T\infty} - r_1 v_{u1T\infty})$$

根据动量矩定理，它应等于作用于流体的合外力矩 M，同时又等于外力施加于叶轮上的力矩。故有

$$M = \rho q_{VT\infty}(r_2 v_{u2T\infty} - r_1 v_{u1T\infty}) \tag{1-200a}$$

由于外力矩 M 乘以叶轮角速度 w 就等于转轴上的外加功率 $N = Mw$；而在单位时间内叶轮对流体所做的功 N，在理想条件下又全部转化为流体的能量，即 $N = q_{VT\infty}H_{T\infty}$，$H_{T\infty}$ 为流体所获得的理论扬程。再将 $\boldsymbol{u} = \boldsymbol{w}\boldsymbol{r}$ 代入式（1-200a），便得

$$N = Mw = \rho q_{VT\infty}(\boldsymbol{u}_{2T\infty} v_{u2T\infty} - \boldsymbol{u}_{1T\infty} v_{u1T\infty}) = \gamma q_{VT\infty} H_{T\infty} \tag{1-200b}$$

整理式（1-200b）可得到理想条件下流体的能量增量与流体在叶轮中的运动的关系，即欧拉方程

$$H_{T\infty} = \frac{1}{g}(\boldsymbol{u}_{2T\infty} v_{u2T\infty} - \boldsymbol{u}_{1T\infty} v_{u1T\infty}) \tag{1-200c}$$

从欧拉方程可以看出：

（1）用动量矩定理推导基本方程时，并未分析流体在叶轮流道中的运动过程。可见流体所获得的理论扬程 $H_{T\infty}$ 仅与流体在叶片进、出口处的运动速度有关，而与流动过程无关。

（2）流体所获得的理论扬程 $H_{T\infty}$，与被输送流体的种类无关。对于不同密度的流体，只要叶片进出口处的速度三角形相同，都可以得到相同的 $H_{T\infty}$。

C　欧拉方程的修正

欧拉方程是在叶片无限多和不计损失等条件下得出的，此时，流道中任何点的相对流速 w 均沿着叶片的切线方向，且大小相等，如图1-79a 所示。然而实际上叶片数目只有几片或几十片，于是由于叶片间流道的加宽而减小了叶片对流束的约束。在叶轮旋转时，由于流体的惯性作用不可能完全受叶片的约束而保持与叶片一致的方向运动，却趋向于保持原来的流动惯性，相对流道产生了一种反旋轴向涡流现象，如图1-79b所示。因此在有限叶片时，流体经叶道除了相对流动之外，还存在轴向涡流。此涡流运动与原来的相对均匀流混合之后，在顺叶轮转动方向的前部，相对涡流助长了原有的相对速度；而在后部，则抑制原有的相对流速，如图1-79c 所示。它一方面使叶片两面形成压力差，成为作用于轮轴上的阻力矩，需原动机克服此力矩而耗能；另一方面，在叶轮出口处，相对速度将朝旋转方向偏离切线，如图1-80a 中由 $\boldsymbol{w}_{2T\infty}$ 变为 $\boldsymbol{w}_{2T}$。这种影响还可在图1-80b 中所示速度三角形中看出。原来的切向分速度 $\boldsymbol{u}_{2T\infty}$ 将减少为 $\boldsymbol{u}_{2T}$。根据同样分析，叶轮进口处的相对速度将朝叶轮转动方向偏移，从而使进口切向分速度由原来$v_{u1T\infty}$

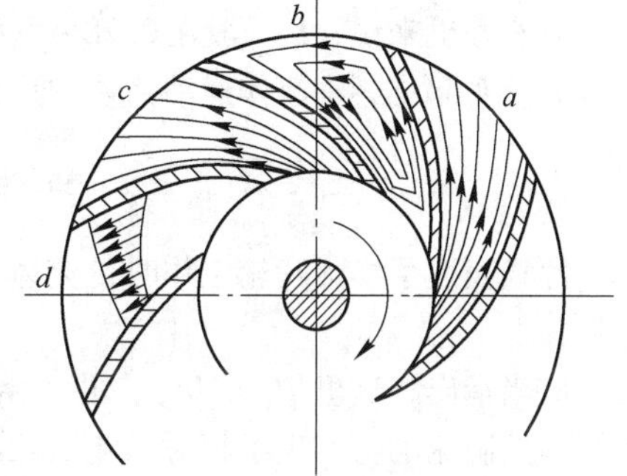

图 1-79　流道内的相对漩涡运动

增加到v_{u1T}。

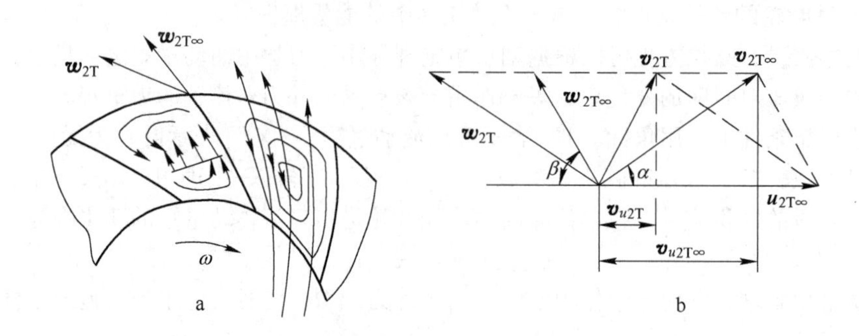

图 1-80　流体在叶轮中的相对涡流与出口速度的偏移

a—相对涡流；b—出口速度的偏移

由于以上影响，按式（1-201）计算的叶片无限多的扬程 $H_{T\infty}$ 要降低到叶片有限多的 H_T值。无限多叶片数时风机与泵的理论扬程为

$$H_{T\infty} = \frac{1}{g}(\boldsymbol{u}_{2T\infty} v_{u2T\infty} - \boldsymbol{u}_{1T\infty} v_{u1T\infty}) \tag{1-201}$$

同理可得有限多叶片数时风机与泵的理论扬程为

$$H_T = \frac{1}{g}(\boldsymbol{u}_{2T} v_{u2T} - \boldsymbol{u}_{1T} v_{u1T}) \tag{1-202}$$

目前无限多的欧拉方程表达的 $H_{T\infty}$ 与有限多叶片实际叶轮的欧拉方程式得出的 H_T之间的关系还只能以经验公式来表示，而这些经验公式的适用范围极其有限。这里用小于 1 的涡流系数 K 来联系，即

$$H_T = KH_{T\infty} \tag{1-203}$$

对离心机来说，K 一般在 0.78～0.85 之间，是离心式叶轮设计的重要系数。

为简明起见，将流体运动诸量中用来表示理想条件的下角标“T”去掉，可得

$$H = \frac{1}{g}(\boldsymbol{u}_2 v_{u2} - \boldsymbol{u}_1 v_{u1}) \tag{1-204}$$

此式表达了实际叶轮工作时，流体从外加能量所获得的理论扬程。这个公式也叫理论扬程方程式。

应当指出，这里 $H_T < H_{T\infty}$，并非由于任何流动损失所引起，仅仅是由于叶片有限，不能很好地控制流动，产生了相对涡流所致。

当进口切向分速度 $v_{u1} = v_1\cos\alpha_1 = 0$ 时，根据式（1-204）计算的理论扬程 H 将达到最大值。因此，在设计风机或泵时，总是使进口绝对速度 v_1 与圆周速度 $\boldsymbol{u}_1$ 间的工作角 $\alpha_1 = 90°$。这时流体按径向进入叶片的通道，理论扬程方程式就简化为

$$H_T = \frac{1}{g}\boldsymbol{u}_2 v_{u2} \tag{1-205}$$

由叶片出口速度三角形可知

$$v_{u2} = \boldsymbol{u}_2 - v_{r2}\cos\beta_2$$

带入式(1-204) 得

$$H_T = \frac{1}{g}(\boldsymbol{u}_2^2 - \boldsymbol{u}_2 v_{r2}\cos\beta_2) \tag{1-206}$$

式（1-206）表示出了理论扬程 H_T 与出口安装角 β_2 之间的关系。

如图 1-71 所示，在叶轮直径固定不变，且转速相同的条件下，对于 $\beta_2<90°$ 的后向型的叶轮，$\cot\beta_2>0$，则 $H_T<\frac{u_2^2}{g}$；对于 $\beta_2=90°$ 的后向型的叶轮，$\cot\beta_2=0$，则 $H_T=\frac{u_2^2}{g}$；对于 $\beta_2>90°$ 的后向型的叶轮，$\cot\beta_2<0$，则 $H_T>\frac{u_2^2}{g}$。

显然具有前向叶型的叶轮所获得的理论扬程最大，其次为径向叶型，而后向叶型的叶轮所获得的理论扬程最小。

前向叶型的风机和泵虽能提供较大的理论扬程，但由于流体在前向叶型的叶轮中流动时流速较大，在扩压器中流体进行的动、静压转换的损失也比较大，因而总效率比较低。因此，离心式泵全都采用后向式叶轮。在大型风机中，为了增加效率和降低噪声水平，也几乎都采用后向型。但就中小型风机而论，效率不是考虑的主要因素，也有采用前向叶型的，这是因为在相同的压头之下，前向型叶轮的轮径和外形可以做得较小。故在微型风机中，大都采用前向叶型的多叶叶轮。至于径向叶轮的风机或泵的性能，显然介于两者之间。

1.8.1.4 离心式风机与泵的性能曲线

由于风机与泵的扬程、流量以及所需的功率性能是相互影响的，所以通常用以下三种函数关系式来表示这些性能之间的关系：

（1）风机与泵所提供的流量和扬程之间的关系，用 $H=f_1(q_V)$ 来表示；

（2）风机与泵所提供的流量与所需外加轴功率之间的关系，用 $N=f_2(q_V)$ 来表示；

（3）风机与泵所提供的流量与本身效率之间的关系，用 $\eta=f_2(q_V)$ 来表示。

由于通风机或泵在工作时会产生阻力损失，其实际压头（或扬程）、流量、轴功率并不等于理论值，前者的大小要通过试验测出。为了便于掌握风机或泵的性能，特将某一台风机或泵在某一转速下试验时得出的流量、压头（或扬程）、功率以及根据这些数据算出的效率等关系绘成曲线，这些曲线称作风机或泵的性能曲线，如图 1-81 所示。

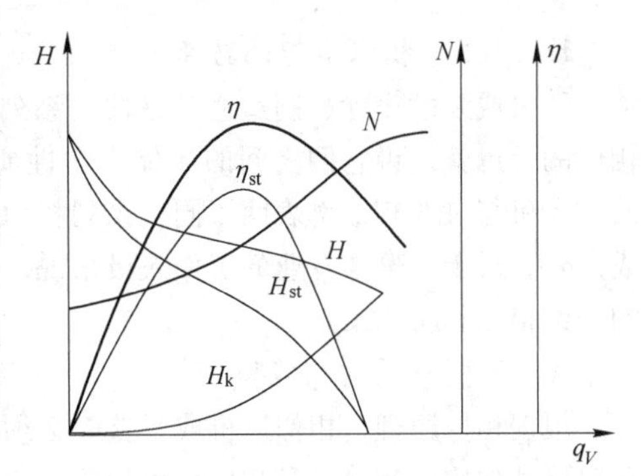

图 1-81 离心通风机的性能曲线

在性能曲线图中，用 5 根曲线表示风机（或泵）的性能，他们是：全压 P（或扬程 H）—流量 q_V、静压 P_{st}（或 H_{st}）—流量 q_V、效率 η—流量 q_V、静压效率 η_{st}—流量 q_V 的曲线。

从性能曲线图可以看出：（1）相应于某一流量，效率达到一极大值。在选用风机或泵时，应使其工作压头（或扬程）、流量接近于其极大效率对应的值；（2）功率随流量的减小而减小，在流量为零时，功率消耗为最小。故风机启动时，应将进风口上的闸板关闭，以便于启动。

需要注意的是，通风机的试验状况是指一标准大气压（101325Pa）、大气温度为 20℃（锅炉引风机为 200℃），相对湿度为 50% 时的气体状态。此时，空气的密度为 1.2kg/m³。

图 1-82 绘出了型号为 $1\frac{1}{2}$BA-6 型离心式泵的性能曲线。此图是在 $n=2900$r/min 的条件下，通过性能实验数据绘制的。该泵的标准叶轮直径为 128mm。制造厂还提供了两种经过切削的较小叶轮直径的性能曲线，其直径分别为 115mm 及 105mm。

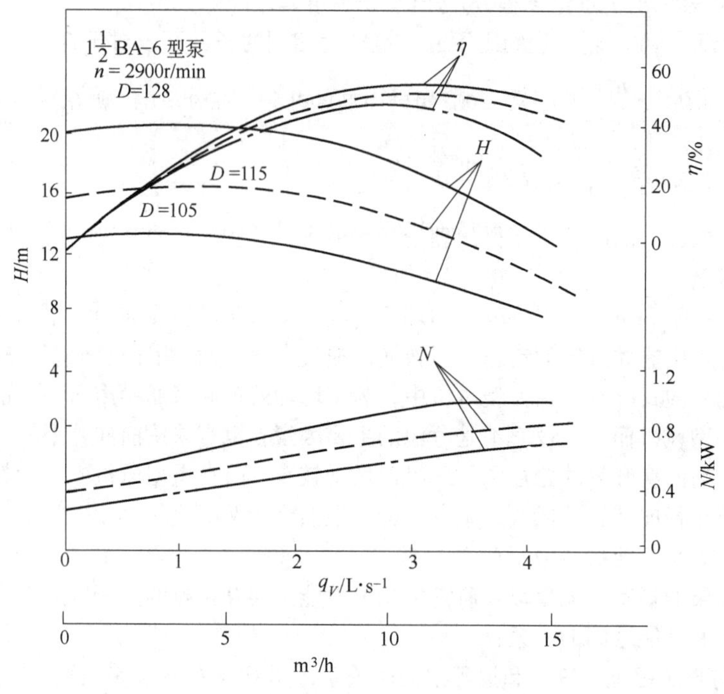

图 1-82 1$\frac{1}{2}$BA-6 型离心式泵的性能曲线

1.8.1.5 相似率与比转速

风机或泵的设计、制造通常是按“系列”进行的。同一系列中，大小不等的风机或泵都是相似的，也就是说它们之间的流体力学性质遵循力学相似原理。相似率是根据相似原理导出的。风机与泵的相似率表明了同一系列相似机器的相似工况之间的相似关系，除用于设计风机或泵外，对于从事本专业的工作人员来说，更重要的还在于用来作为运行、调节和选用型号等的理论根据和实用工具。

A 风机与泵的相似率

根据相似原理，相似风机或泵首先必须满足几何相似。因此同一系列的风机或泵，其相应几何尺寸的比值相等，且相应角也相等。若用下角 m 表示模型机参数，n 表示实型机参数，则几何相似可以由下列方程式表示：

$$\frac{D_{1n}}{D_{1m}} = \frac{D_{2n}}{D_{2m}} = \frac{b_{1n}}{b_{1m}} = \frac{b_{2n}}{b_{2m}} = \cdots = \lambda_l \tag{1-207}$$

$$\beta_{1n} = \beta_{1m} \quad \beta_{2n} = \beta_{2m}$$

式中 λ_l——几何相似比。

在所有线尺寸中，通常选取叶轮外径 D_2 作为定性线尺寸。

相似机还要求运动相似，即两机在相似工况点的速度三角形相似，也就是相应点的同名速度方向相同，大小比值等于常数，即

$$\frac{\boldsymbol{v}_{1n}}{\boldsymbol{v}_{1m}} = \frac{\boldsymbol{v}_{2n}}{\boldsymbol{v}_{2m}} = \frac{\boldsymbol{u}_{1n}}{\boldsymbol{u}_{1m}} = \frac{\boldsymbol{u}_{2n}}{\boldsymbol{u}_{2m}} = \cdots = \lambda_v \tag{1-208}$$

$$\alpha_{1n} = \alpha_{1m} \quad \alpha_{2n} = \alpha_{2m}$$

式中 λ_v——相似工况点的速度相似比。

凡是满足几何相似和运动相似条件的两台风机或泵称工况相似的风机或泵。根据相似理论可知，要满足流体流动过程中的力学相似，除满足几何相似、运动相似外，还必须同时满足动力相似，即作用于流体的同名力之比值相等。对于不可压缩性流体，其动力相似应使重力、黏性力、惯性力成比例，即要求模型与原型的弗劳德准数 *Fr* 及雷诺准数 *Re* 相等。

在相似工况下，原型与模型之间的流量、扬程和功率之间存在着如下的关系，此关系称为相似率。

（1）流量关系：

$$\frac{q_{V_n}}{q_{V_m}}=\frac{\boldsymbol{v}_{2rn}\pi D_{2n}b_{2n}\eta_{vn}}{\boldsymbol{v}_{2rm}\pi D_{2m}b_{2m}\eta_{vm}}=\frac{\boldsymbol{u}_{2n}}{\boldsymbol{u}_{2m}}\left(\frac{D_{2n}}{D_{2m}}\right)^2\frac{\eta_{vn}}{\eta_{vm}}$$

把 $\boldsymbol{u}=\frac{\pi Dn}{60}$ 代入上式整理可得

$$\frac{q_{V_n}}{q_{V_m}}=\frac{n_n}{n_m}\left(\frac{D_{2n}}{D_{2m}}\right)^3\frac{\eta_{vn}}{\eta_{vm}}=\lambda_n\lambda_l^3\lambda_{v\eta} \tag{1-209}$$

（2）扬程关系：

$$\frac{H_n}{H_m}=\frac{g_n\boldsymbol{u}_{2n}\boldsymbol{v}_{2n}\cos\alpha_{2n}\eta_{hn}}{g_m\boldsymbol{u}_{2m}\boldsymbol{v}_{2m}\cos\alpha_{2m}\eta_{hm}}=\left(\frac{n_n}{n_m}\right)^2\left(\frac{D_{2n}}{D_{2m}}\right)^2\frac{\eta_{hn}}{\eta_{hm}}=\lambda_n^2\lambda_l^2\lambda_{h\eta} \tag{1-210}$$

对于风机，$p=\gamma H$ 代入式（1-210）可得压头之间的关系式

$$\frac{p_n}{p_m}=\lambda_\rho\lambda_n^2\lambda_l^2\lambda_{h\eta} \tag{1-211}$$

（3）功率关系：

$$\frac{N_n}{N_m}=\frac{\gamma_n q_{V_n}H_n\eta_{mn}}{\gamma_m q_{V_m}H_m\eta_{mm}}=\lambda_\rho\lambda_n^3\lambda_l^5\lambda_{m\eta} \tag{1-212}$$

实际应用中，如果两个工况相似的风机或泵的尺寸相差不大，转速也相差不大时，可近似认为两台相似风机或泵的容积效率、水力效率、机械效率均相等，即 $\lambda_{v\eta}=\lambda_{h\eta}=\lambda_{m\eta}=1$ 这时相似律可写成

$$\frac{q_{V_n}}{q_{V_m}}=\lambda_n\lambda_l^3 \tag{1-213}$$

$$\frac{H_n}{H_m}=\lambda_n^2\lambda_l^2 \tag{1-214}$$

$$\frac{p_n}{p_m}=\lambda_\rho\lambda_n^2\lambda_l^2 \tag{1-215}$$

$$\frac{N_n}{N_m}=\lambda_\rho\lambda_n^3\lambda_l^5 \tag{1-216}$$

在特殊情况下，如同一台风机或泵（即 $D_n=D_m$）当转速或流体密度发生变化时，或者同系列中不同机号（$D_n\neq D_m$）输送同一流体（$\rho_n=\rho_m$）时，上述换算公式就可以简化。表1-9是相似风机与泵在各种情况下的性能换算公式。

表 1-9　风机与泵的性能换算综合表

换算条件	$D_{2n} \neq D_{2m}$ $n_n \neq n_m$ $\rho_n \neq \rho_m$	$D_{2n} = D_{2m}$ $n_n = n_m$ $\rho_n \neq \rho_m$	$D_{2n} = D_{2m}$ $n_n \neq n_m$ $\rho_n = \rho_m$	$D_{2n} \neq D_{2m}$ $n_n = n_m$ $\rho_n = \rho_m$
扬程换算	$\frac{H_n}{H_m} = \lambda_n^2\lambda_l^2$	$H_n = H_m$	$\frac{H_n}{H_m} = \lambda_n^2$	$\frac{H_n}{H_m} = \lambda_l^2$
全压换算	$\frac{p_n}{p_m} = \lambda_\rho\lambda_n^2\lambda_l^2$	$\frac{p_n}{p_m} = \lambda_\rho$	$\frac{p_n}{p_m} = \lambda_n^2$	$\frac{p_n}{p_m} = \lambda_l^2$
流量换算	$\frac{q_{Vn}}{q_{Vm}} = \lambda_n\lambda_l^3$	$q_{Vn} = q_{Vm}$	$\frac{q_{Vn}}{q_{Vm}} = \lambda_n$	$\frac{q_{Vn}}{q_{Vm}} = \lambda_l^3$
功率换算	$\frac{N_n}{N_m} = \lambda_\rho\lambda_n^3\lambda_l^5$	$\frac{N_n}{N_m} = \lambda_\rho$	$\frac{N_n}{N_m} = \lambda_n^3$	$\frac{N_n}{N_m} = \lambda_l^5$
效　率	$\eta_n = \eta_m$			

【例 1-29】　已知 4-72-11No6C 型离心式风机铭牌上表示的性能参数为：$n_0 = 1250\text{r/min}$，$p_0 = 774.5\text{Pa}$，$q_{V_0} = 8300\text{m}^3/\text{h}$，$\eta_0 = 91.4\%$，轴功率 $N_0 = 22\text{kW}$。如果该风机改在 $n = 1450\text{r/min}$ 情况下运行，试问相应的流量 q_V、全压 p 及轴功率 N 应为多少。

【解】　由相似定律知

$$q_V = q_{V_0}\frac{n}{n_0} = 8300 \times \frac{1450}{1250}\text{m}^3/\text{h} = 9628\text{m}^3/\text{h}$$

$$H = H_0\left(\frac{n}{n_0}\right)^2 = 774.5 \times \left(\frac{1450}{1250}\right)^2\text{Pa} = 1042\text{Pa} = 1.042\text{kPa}$$

$$N = N_0\left(\frac{n}{n_0}\right)^3 = 22 \times \left(\frac{1450}{1250}\right)^3\text{kW} = 34.34\text{kW}$$

B　风机的无因次性能曲线

由于同类型风机具有几何相似、运动相似和动力相似的特性，所以每台风机的流量、压力、功率与输送气体的密度、风机叶轮外径以及风机转速三者之间所组成的同因次量之比是一个常数，这些常数分别以 $\bar{q}_V$、$\bar{p}$、$\bar{N}$ 来表示。它们是没有因次的量，所以分别称为流量系数、压力系数、功率系数。根据相似率可得它们的表达式如下：

$$\bar{q}_V = \frac{q_V}{\frac{\pi}{4}D_2^2u_2} = \frac{q_V}{0.04112D_2^3n} \tag{1-217}$$

$$\bar{p} = \frac{p}{\rho u_2^2} = \frac{p}{2.74 \times 10^{-3}\rho D_2^2n^2} \tag{1-218}$$

$$\bar{N} = \frac{1000N}{\frac{\pi}{4}D_2^2\rho u_2^3} = \frac{N}{1.127 \times 10^{-7}\rho D_2^5n^3} \tag{1-219}$$

式中　q_V——风机实验中某测点（某工况）的流量，m^3/s；

p——相应工况下风机的全风压，Pa；

N——相应工况下风机的轴功率，kW；

n——相应测点下风机叶轮的转速，r/min；

D_2——叶轮直径，m；

u_2——叶轮圆周速度，m/s，$u_2 = \dfrac{\pi D_2 n}{60}$；

ρ——输送气体的密度，kg/m^3。

风机的全压效率可由 $\bar{q}_V$、$\bar{p}$、$\bar{N}$ 求出

$$\eta = \frac{\bar{q}_V \bar{p}}{\bar{N}}$$

式中，$\bar{q}_V$,$\bar{p}$,$\bar{N}$ 是无因次比例常数，是取决于相似工况点的函数，不同的相似工况点所对应的 $\bar{q}_V$,$\bar{p}$,$\bar{N}$ 值不同。

为了绘制无因次性能曲线，在某一系列中选用一台风机作为模型机，令其在不同的流量 q_{V_1}，q_{V_2}，q_{V_3}，…条件下以固定转速 n 运行，测出相应的 p_1，p_2，p_3，…和 N_1，N_2，N_3，…，同时取输送流体的密度 ρ，就可以算出 u_2 值和对应的 $\bar{p}_1$，$\bar{p}_2$，$\bar{p}_3$，…$\bar{q}_{V_1}$，$\bar{q}_{V_2}$，$\bar{q}_{V_3}$…和 $\bar{N}_1$，$\bar{N}_2$，$\bar{N}_3$，…η_1，η_2，η_3…，用圆滑曲线连接这些点，就可以绘出一组无因次曲线，其中包括 $\bar{q}_V-\bar{p}$、$\bar{q}_V$-$\bar{N}$ 及 $\bar{q}_V$-η 三条曲线，如图 1-83 所示。

图 1-83 中实线是以№5 机为模型机，它代表№5、№5. 5、№6 及№8 号四种大小不同的系列风机的性能曲线。虚线是以№10 号机为模型机，代表该系列№10、№12、№16 及№20 号风机性能曲线。

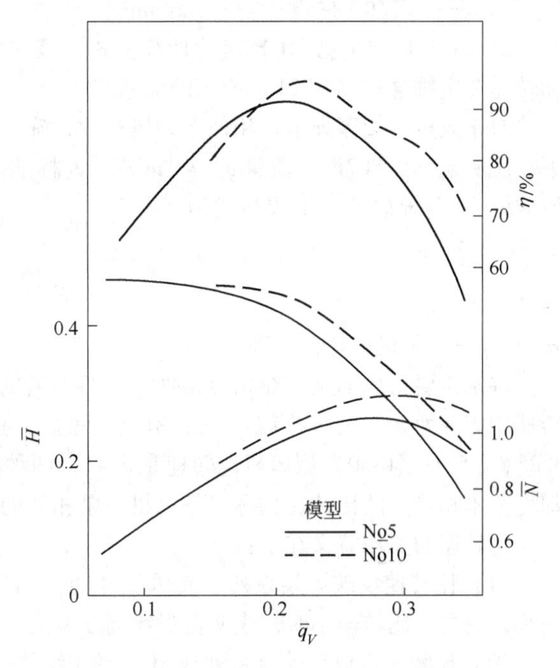

图 1-83 4-72-11 型离心式风机无因次性能曲线

显然，根据无因次性能曲线查得的无因次量是不能直接使用的，应将查得的值再用式（1-217）、式（1-218）、式（1-219）进行反运算以求出实际的性能曲线。

C 风机的选择性能曲线

为了便于选择通风机，将一个产品系列内各个机号的工作范围内（效率不低于最大效率的 90% 范围）的流量—全压曲线绘在一张图上，并把转速和功率绘出。这种曲线称为通风机的选择性曲线。

D 比转速

一个"系列"的诸多相似风机或泵可以用一条无因次性能曲线表述，那么在曲线上所取的工况点不同，就会有许多组（$\bar{q}_{V_1}-\bar{p}_1$）、（$\bar{q}_{V_2}-\bar{p}_2$）、（$\bar{q}_{V_3}-\bar{p}_3$）…值。因此，人们规定风机或泵效率最高点（即最佳工况点）的一组（$\bar{q}_V-\bar{p}$）值，作为这个系列的代表值，这样就把表征"系列"的手段由一条无因次曲线简化成两个参数（$\bar{q}_V-\bar{p}$）值了。

根据相似率可知，对于某一类型的风机或泵，在最高效率工况时，有确定不变的（$\bar{q}_V-\bar{p}$）

值。我们把流量比$\bar{q}_V$与风压比$\bar{p}$（或扬程比$\bar{H}$）两式合并以消去D，求出不依赖于风机或泵的尺寸，而反映其流量和风压（或扬程）关系的一个综合参数——比转速，用n_s表示，单位为r/min。

我国规定，在相似系列泵中，确定一台标准模型泵。该泵在最高效率下，当有效功率N_m = 735.499W，扬程H_m = 1m，流量q_{V_m} = 0.075m³/s时，该标准模型泵的转速，就称作与它相似的系列泵的比转速n_s。

根据相似率公式可得

$$\frac{q_V}{q_{V_m}} = \left(\frac{n_s}{n}\right)^2 \left(\frac{H}{H_m}\right)^{\frac{3}{2}}$$

即

$$n_s = n\left(\frac{q_V}{q_{V_m}}\right)^{1/2} \left(\frac{H_m}{H}\right)^{\frac{3}{4}} \tag{1-220}$$

将H_m = 1m，q_{V_m} = 0.075m³/s代入式（1-220）得

$$n_s = 3.65n\frac{\sqrt{q_V}}{H^{3/4}} \tag{1-221}$$

式中　q_V——实际泵的设计流量，m³/s，对于单机双吸式离心式泵，以$q_V/2$代入；

H——实际泵的设计扬程，m，对于多级泵以H/X代入，X为级数；

n——实际泵的设计转速，r/min。

式（1-221）即为泵比转速的计算公式，该式表明，凡工况相似的泵，它们的流量、扬程和转速一定符合式（1-221）所示的关系。

对于风机，我国规定，相似系列风机中，确定一台标准模型风机，该风机在最高效率情况下，压头p_m = 9.807Pa，流量q_{V_m} = 1m³/s。此标准模型风机的p_m和q_{V_m}代入式（1-221），并将H换成p，可得比转速n_s的表达式为

$$n_s = 0.102n\frac{\sqrt{q_V}}{p^{3/4}} \tag{1-222}$$

式中　p——风机的全压，Pa。

特别需要指出的是，在相似条件下，两个风机与泵的比转速是相等的。但是，反过来，比转速相等的两台泵与风机就不一定相似。例如，我国生产的7-5.25（7-29）型风机比转速是5.25，6-5.41（6-30）型风机比转速是5.41，两种风机的比转速近似相等，但它们的几何形状却完全不相符。故比转速相等仅是风机与泵相似的必要条件。

比转速的实用意义在于：

（1）比转速反映了某系列泵或风机性能上的特点。可以看出比转速大表明其流量大而压头小；反之，比转速小时，表明流量小而压头大。

（2）比转速可以反映该系列风机或泵在结构上的特点。因为比转速大的机器流量大而压头小，故其进出口叶轮面积必然较大，即进口直径D_0与出口宽度b_2较大，而轮径D_2则较小，因此叶轮厚而小。反之，比转速小的机器流量小而压头大，叶轮的D_0与b_2小而轮径D_2较大，故叶轮相对地扁而大。图1-84反映了各种泵的几何形状与比转速的关系。

（3）比转速可以反映性能曲线的变化趋势。比转速越小，则q_V-H曲线越平坦，q_V-N曲线上升较快，q_V-η曲线变化越小；比转速越大，则q_V-H曲线下降较快，q_V-N曲线变化较缓慢，q_V-η曲线变化越大，如图1-84所示。

泵的类型	离心泵			混流泵	轴流泵
	低比转速	中比转速	高比转速		
比转速	30～80	80～150	150～300	300～500	500～1000
叶轮形状	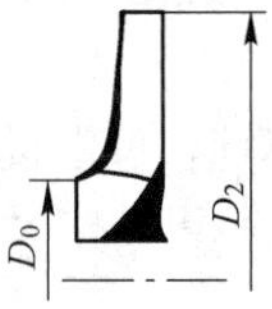 D_0　D_2	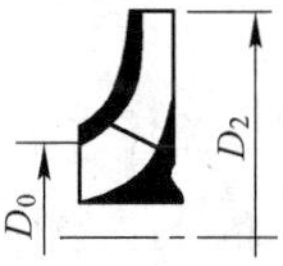 D_0　D_2	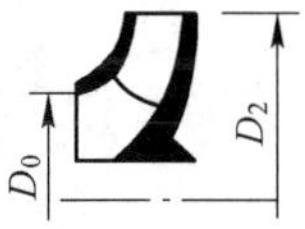 D_0　D_2	 D_0　D_2	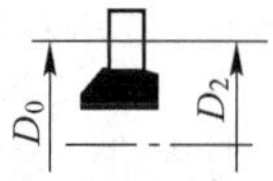 D_0　D_2
D_2/D_0	≈3	≈2.3	≈1.8～1.4	≈1.2～1.1	≈1
叶片形状	圆柱形	入口处扭曲 出口处圆柱形	扭　曲	扭　曲	机翼形
性能曲线大致的形状	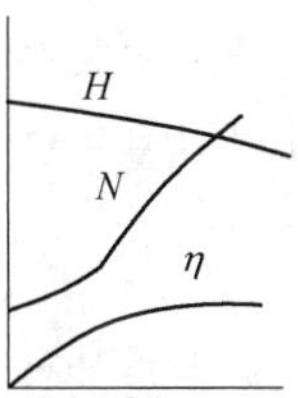 H　N　η	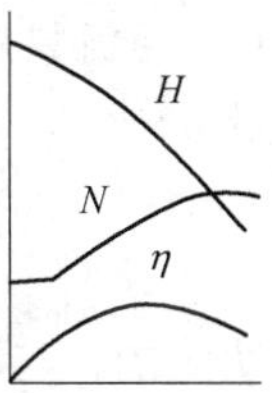 H　N　η	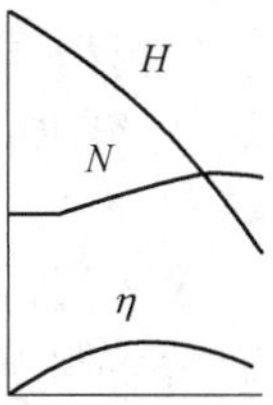 H　N　η	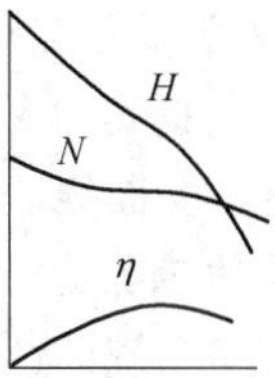 H　N　η	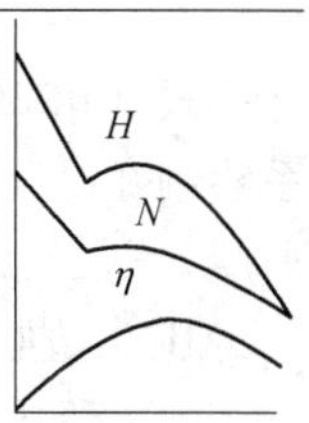 H　N　η

图 1-84　泵的比转速、叶轮形状和性能曲线形状

（4）比转速在泵与风机的设计选型中起着极其重要的作用。对于编制系列和安排型谱上有重大影响。

根据上述分析，可以按照比转速的大小，大体上了解风机或泵的性能和结构状况。比转速既反映了泵和风机的性能、结构形式和使用上的一系列特点，因而常用来作为风机和泵的分类依据。这一点通常在机器的型号上有所反映。如 4-79 型风机的比转速为 79（只取整数值）。在选用风机和泵时，也可以利用比转速。当知道所要求的流量、压头以后，可以组合原动机（如电机）的转速先计算出所需要的比转速，从而初步确定出可以采用的风机或泵的型号。

1.8.1.6　管路性能曲线与工作点

风机与泵是与一定的管路相连接而工作的。风机与泵的性能曲线表明，某一台风机与泵在某一转速下，所提供的流量和扬程是密切相关，并有无数组对应值（q_{V_1}，H_1），（q_{V_2}，H_2），（q_{V_3}，H_3），…。一台风机或泵究竟能给出哪一组值，即在哪一点工作，并不取决于人的想像，而是取决于所连接的管路性能。当风机或泵提供的压头得到平衡时，由此也就确定了风机或泵所提供的流量，这就是风机或泵的“自动平衡性”。

A　管路性能曲线

所谓管路性能曲线是指离心式风机或泵在管路系统中工作时，其实际压头（或扬程）与实际流量之间的关系曲线。

一般情况下，流体在管路系统中流动时所消耗的能量，用来克服下述压差和阻力：

（1）用来克服管路系统两端的压差，其中包括高液面流体（或高压容器）的压强 p_2 与低压液面流体（或低压容器）的压强 p_1 之间的压强差，以及两流体面间的高差 H_z，即

$$H_{st} = \frac{p_2 - p_1}{\gamma} + H_z \tag{1-223}$$

当 $p_1 = p_2 = p_a$，即两流体面上的压强均为大气压时，$H_{st} = H_z$，这是常见的情况。对于风机，由于被输送的介质为气体，当气柱产生的压头可以忽略时，$H_z = 0$。总之，H_{st} 是一个不变的常量。

（2）用来克服流体在管路系统中的流动阻力。根据流体力学基本原理，可以将阻力损失表达为流量的函数关系式，即

$$h_w = Sq_V^2$$

式中　S——阻抗，与管路系统的沿程阻力与局部阻力以及几何形状有关，s^2/m^5。

于是流体在管路系统中的流动特性可以表达成如下形式：

$$H = \frac{p_1 - p_2}{\gamma} + H_z + h_w = H_{st} + Sq_V^2 \tag{1-224}$$

式（1-224）表明实际工程条件决定扬程（或压头）与流量之间应满足的关系，将这一关系绘制在以流量 q_V 与扬程 H（或压头 p）组成的直角坐标图上，可以得到如图 1-85 所示的二次曲线，称之为管路性能曲线。

B　风机或泵的工作点

如上所述，管路系统的性能是由工程实际要求所决定的，与风机或泵本身的性能无关。但是工程所需的流量及其相应的扬程必须由风机或泵来满足，这是一对供求矛盾。利用图解的方法可以方便地解决。

将风机或泵的性能曲线和管路系统的性能曲线按同一比例绘制在同一坐标图上，如图 1-86 所示。两条曲线的交点 M 就是泵或风机的工作点。显然，M 点表明所选定的风机或泵可以在流量为 q_{V_M} 的条件下，向该装置提供的扬程为 H_M。如果 M 点所表明的参数能满足工程要求，而又处在泵或风机的高效率区域范围内，这样的安排是恰当的，经济的。否则应重新选择泵或风机。

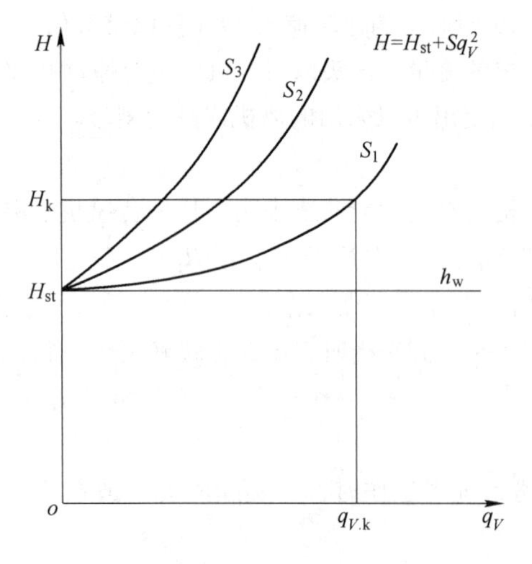

图 1-85　系统管路性能曲线

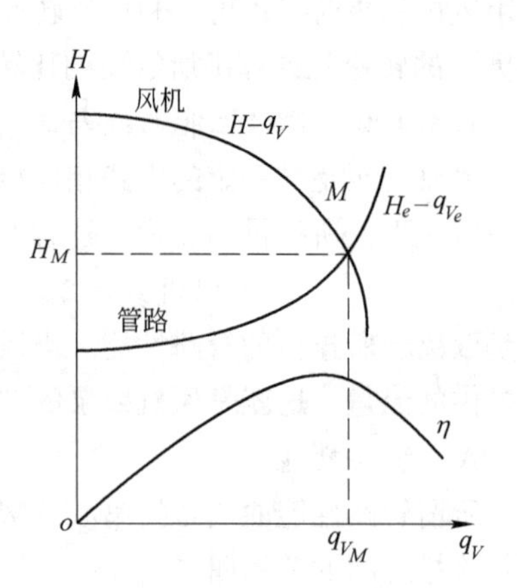

图 1-86　泵或风机的工作点

C　运行工况的稳定性

泵或风机能够在 M 点稳定运转，是因为 M 点表示的机器输出流量刚好等于管路系统所需要的流量，而且机器所提供的压头或扬程恰好满足管路系统在该流量下之所需，因而泵或风机能够在 M 点稳定运转。一旦工作点受机械振动或电压波动所引起流速干扰而发生偏离时，那么干扰过后，工作点就会立即恢复到原工作点 M 运行，所以称 M 点为稳定的工作点。

泵或风机的 q_V-H 性能曲线大致可分为如图 1-87 所示的三种类型：平坦形、陡降形、驼峰形。有些低比转速的泵或风机的性能曲线呈驼峰形，其与管路系统的性能曲线有可能出现两个交点 M 和 N，如图 1-88 所示。这种情况下，只有 M 点是稳定工作点，在 N 点工作将是不稳定的。

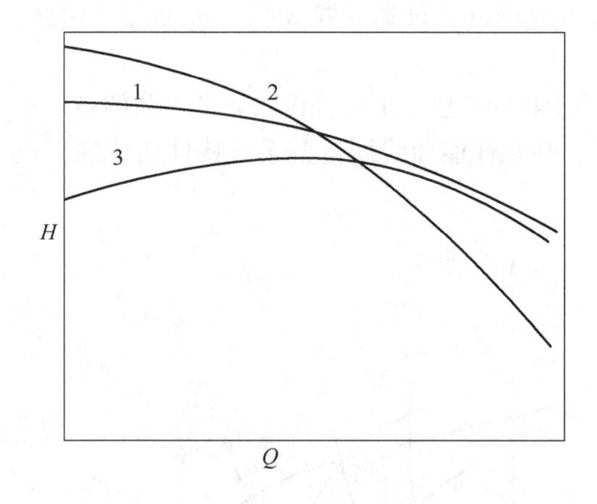

图 1-87　三种不同的 q_V-H 性能曲线

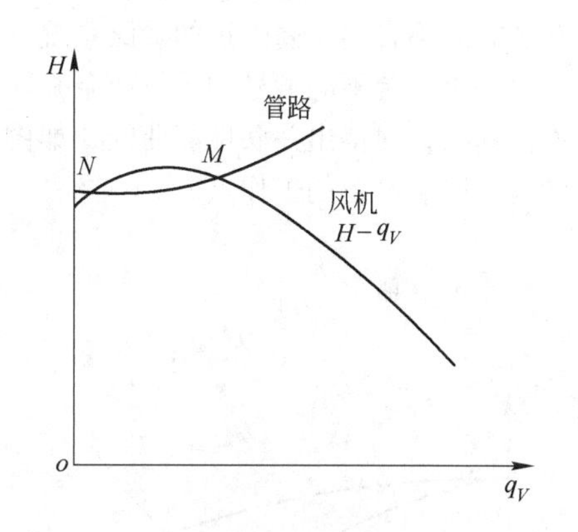

图 1-88　性能曲线呈驼峰形的运行工况

当泵或风机的工况（指流量、扬程等）受机器振动和电压波动而引起转速变化的干扰时，就会离开 N 点。此时，N 点如果向流量增大方向偏离，则机器所提供的扬程就大于管路系统所消耗的水头，于是管路中流速加大，流量增加，则工况点沿机器性能曲线继续向流量增大的方向移动，直至 M 点为止。当 N 点向流量减小的方向偏离时，N 点就继续向流量减小的方向移动，直至流量等于零为止。此刻，如吸水管上未装底阀或止回阀时，流体将发生倒流。由此可见，工况点在 N 处是暂时平衡，一旦离开 N 点，便难以再返回到原点 N 了，故称 N 点为不稳定工作点。

工况稳定与否可通过比较两曲线在交点的斜率进行判断。如运行工况点满足 $\frac{\mathrm{d}H_{管}}{\mathrm{d}q_V} > \frac{\mathrm{d}H_{机}}{\mathrm{d}q_V}$，则该点为稳定工况点，反之为不稳定工况点。

大多数泵或风机的特性曲线都具有平缓下降的曲线，少数曲线有驼峰时，希望选用曲线的下降段，故通常的运行工况是稳定的。

1.8.1.7　风机与泵的联合运行

两台或两台以上的泵或风机在同一管路系统中工作，称为联合运行。联合运行的方式分为并联和串联两种情况，其目的在于增加系统的流量或提高压头。

A　并联运行

当系统需要增加系统的流量时，宜采用并联方式运行，图 1-89 是两台风机 F_1、F_2 并联安装的示意图。

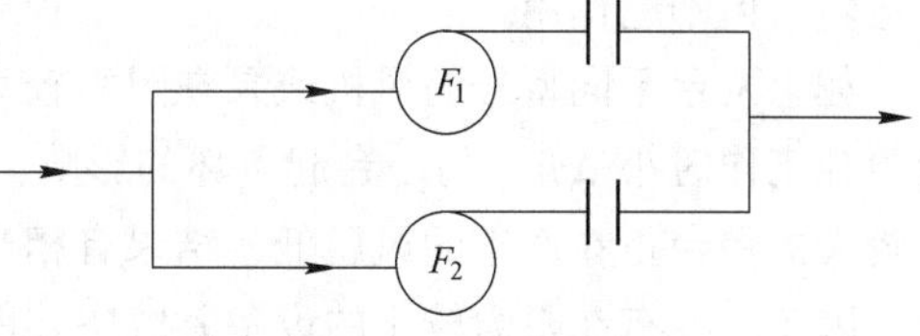

图 1-89　两台风机并联运行安装示意图

两台型号相同的离心通风机或泵并联工作时，如果通风机的全压仍与单独工作时的一样，则总共排放的气体将为单独工作时的两倍。将这种全压与流量关系绘成曲线，就得到两台风机并联时的性能曲线，如图 1-90 中的曲线 2。曲线 2 与管路性能曲线 3 的交点 A 就是并联风机的工作点。管路性能曲线 3 与一台风机单独工作时的性能曲线 1 的交点 B 是只开一台设备时的工作点。由图可知，只开一台设备时的流量大于并联机组中一台设备的流量。这是因为并联后，管路内总流量加大，压头损失增加，所需压头加大，而多数情况下，风机与泵的性能是压头加大流量减小，所以并联运行时单台设备的流量减小了。由此得出，并联运行时的流量增加量小于一台设备时的流量，也就是说流量没有增加 1 倍，即 $q_{V_A} < 2q_{V_B}$。

并联机组增加的流量 Δq_V 与管路性能曲线和风机或泵的性能曲线有关。管路性能曲线越平坦（阻抗 S 越小），Δq_V 越大；风机或泵的性能曲线越陡（比转速 n_s 越大），Δq_V 越小。因此，并联方式不宜用于高阻抗的管路系统中。

如果两台不同型号的风机或泵并联工作，把表示相同风压之下两台设备流量之和的各个点连接起来，便得出并联性能曲线，如图 1-91 所示。并联性能曲线同设备系统特性曲线的交点就是并联后设备的工作点。

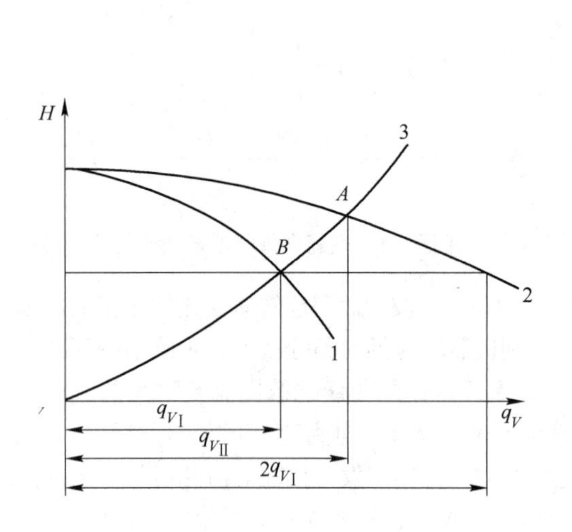

图 1-90　两台相同型号风机或泵并联运行工况分析图

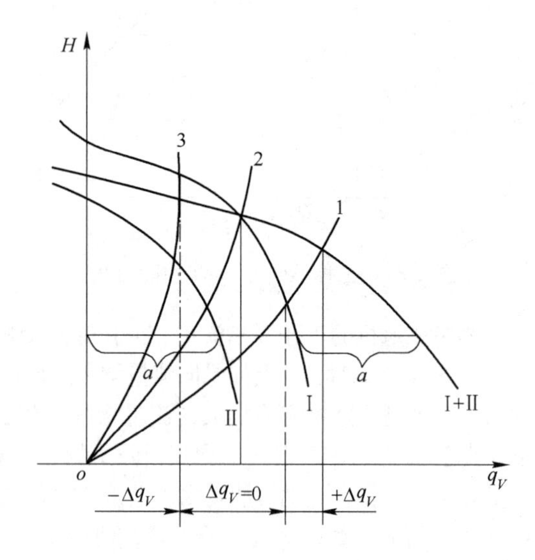

图 1-91　不同型号风机或泵的并联

如果设备系统特性曲线比较平缓（设备 1），则并联后总流量将比较大的一台风机或泵单独工作时的流量大 Δq_V，可以起到并联的效果。

如果设备系统特性曲线比较陡峭（设备 2），工作点正落在并联性能曲线与较大的一台风机或泵性能曲线的交点上，则总流量仍同较大的一台单独工作时的一样，$\Delta q_V = 0$，另一台虽然在运转，但不起作用。

如果两台不同型号的风机或泵在阻力较大的设备系统中并联工作，则总流量反而比大的一台单独工作时小 Δq_V，另一台起了坏的影响。因为这时较小的一台风机或泵能产生的最大风压比较大的一台正在产生的风压低，结果有相当于 Δq_V 的流量经较小的一台风机或泵倒流到大气中。因此，唯有在阻力较小的设备系统中才能收到并联的效果。生成实践中，应选用能满足生产要求的风机，并联只是备用。

B　串联运行

当管路系统的性能曲线较陡，单机不能提供所需的扬程时，就应当按串联方式联合运行，图1-92为其安装示意图。通常将一台风机或泵安装在设备系统的前面，另一台安装在设备系统的后面。

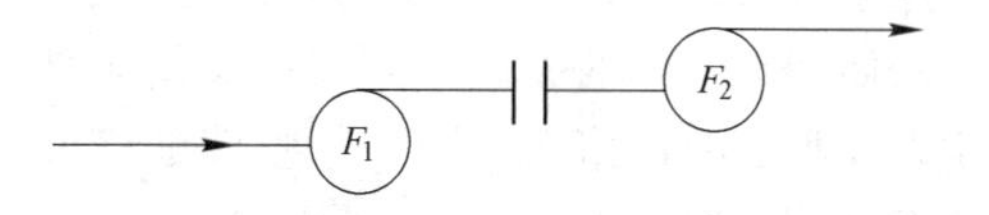

图1-92　两台风机串联运行安装示意图

两台风机或泵串联运行，工况图解分析如图1-93所示。

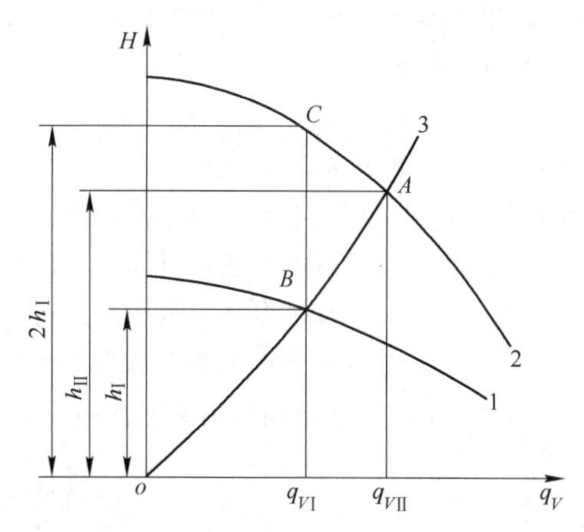

图1-93　两台型号相同的风机或泵串联运行工况分析

当两台型号相同的风机或泵串联工作时，如果流量仍同每台机器单独工作时的一样，则总共产生的全压或扬程将为单独工作时的两倍。将这种全压与流量关系绘出，即可得两台型号相同的风机或泵串联工作时的性能曲线，如图1-93中的曲线2。串联风机或泵同设备系统特性曲线3的交点A就是串联风机或泵的工作点。这时，由于全压提高，有充裕的能力把更多的流体排送入管道，故每台机器的流量较单独使用时大，因而每台风机产生的全压必定比单独工作时的低。于是，两台型号相同的风机或泵串联工作时，全压虽大于每台机器单独工作时的全压，但又小于单独工作时全压的两倍。

同理，当两台型号不同的风机或泵串联工作时，如果两台流量相差较大，流量小的一台也会成为另一台的障碍。通常风机或泵的串联宜在阻力较大的设备系统中工作。生产实践中应尽可能选用适合要求的高压风机（或泵），尽可能不串联使用。

1.8.1.8　离心泵的气蚀与安装高度

A　泵的气蚀现象

根据物理学知识，当液面压强降低时，相应的汽化温度也降低。例如，水在101.325kPa下的汽化温度为100℃，当水面压强降至2.43kPa，水在20℃时就开始汽化。开始汽化时的液面压强称作汽化压强，用p_V表示。

泵工作时，当叶轮入口某处的压强低于水在工作温度下的汽化压强时，水就发生汽化，产生大量气泡；与此同时，由于压强降低，原来溶解于液体的某些活泼气体，如水中的氧也会溢出而成为气泡。这些气泡随液流进入泵内高压区，由于该处压强较高，气泡迅速破灭。于是在局部地区产生高频率、高冲击力的水击，不断打击泵内部件，特别是工作叶轮。因此，泵出现振动和噪声，在叶轮表面形成麻点和斑痕。此外，在凝热的助长下，活泼气体还对金属发生化学腐蚀，以致金属表面发生块状脱落。这种现象就是气蚀。

当气蚀不严重时，对泵的运行和性能还不致产生明显的影响。如果气蚀持续发生，气泡大量产生，使水泵过流断面减小以致流量降低；同时泵的能量损失增大，扬程降低，效率下降，严重时，会停止出水，泵空转。因此，泵在运行中应严格防止气蚀产生。

产生气蚀的原因主要有以下几种：泵的安装位置高出液面高度太大；泵安装地点的大气压强较低；泵所输送的液体温度过高等。

B　泵的安装高度

泵轴线距取水点最低水位的高度，称为泵的安装高度，如图1-94所示。如上所述，正确决定泵吸入口的真空度 H_S，是控制泵运行时不发生气蚀而正常工作的关键，而它的数值与泵的安装高度以及吸入侧管路系统阻力，吸液池液面压强、液体温度等密切相关。

用能量方程式即可建立泵吸入口压强的计算公式。这里列出图 1-94 中吸液池液面 O-O 和泵入口断面 S-S 的能量方程

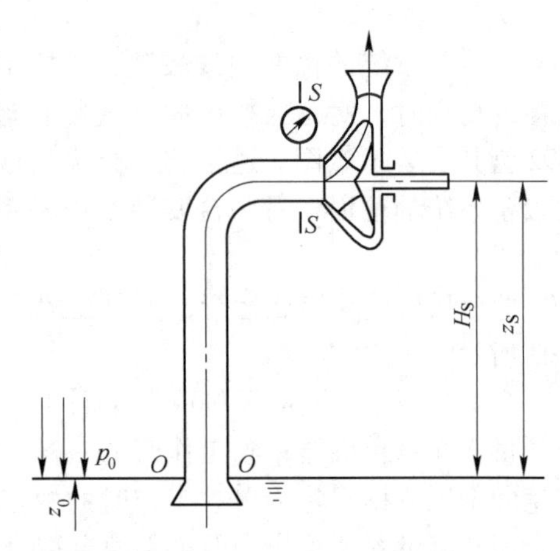

图 1-94　离心式泵的几何安装高度

$$z_0 + \frac{p_0}{\gamma} + \frac{u_0^2}{2g} = z_S + \frac{p_S}{\gamma} + \frac{u_S^2}{2g} + h_w$$

式中　z_0，z_S——液面和泵入口中心标高，m；

p_0，p_S——液面和泵入口处压强，Pa；

u_0，u_S——液面和泵入口处平均流速，m/s；

h_w——吸液管路的水头损失，m。

通常认为，吸液液面处的流速甚小，$u_0 = 0$。由此可得

$$\frac{p_0}{\gamma} - \frac{p_S}{\gamma} = H_g + \frac{u_S^2}{2g} + h_w \tag{1-225}$$

式（1-225）说明，吸液液面与泵入口断面之间泵所提供的压强水头差，用来克服吸入管的水头损失 h_w，提供流速水头 $\frac{u_S^2}{2g}$，并将液体吸升到某一高度 H_g。

如果吸液池液面受大气压 p_a 作用，即 $p_0 = p_a$，则泵吸入口的压强水头 $\frac{p_S}{\gamma}$ 就低于大气压的水头 $\frac{p_a}{\gamma}$，这恰是泵吸入口处真空压力表所指示的吸入口压强水头 H_S（又称吸入口真空高度），单位为 m。于是，式（1-225）可改写成

$$H_S = \frac{p_a - p_S}{\gamma} = H_g + \frac{u_S^2}{2g} + h_w \tag{1-226}$$

通常泵是在一定流量下运行的，则 $\frac{u_S^2}{2g}$ 和 h_w 均是定值，所以泵的吸入口真空度（压头）H_S 将随泵的几何安装高度 H_g 的增加而增加。如果吸入口真空度增加至某一最大值 H_{Smax} 时，即泵的入口处压强接近于液体的汽化压强 p_V 时，则泵内就会开始发生气蚀。通常，开始气蚀的极限吸入口真空度 H_{Smax} 值是由制造厂通过实验确定的。

显然，为了避免发生气蚀，由式（1-226）确定的实际 H_S 值应小于 H_{Smax} 值。为确保泵的正常运行，制造厂又在此基础上规定了一个“允许”的吸入口真空度，用 $[H_S]$ 表示。即

$$H_S \leqslant [H_S] = H_{Smax} - 0.3 \tag{1-227}$$

在已知泵的允许吸入口真空度的条件下，可用式（1-226）计算出“允许的”水泵安装高度 $[H_g]$，而实际的安装高度应遵守

$$H_g < [H_g] = [H_S] - \left(\frac{u_S^2}{2g} + h_w\right) \tag{1-228}$$

允许吸入口真空度 [H_S] 的修正：

（1）由于泵的流量增加时，自真空计安装点到叶轮进口附近，流体流动损失和速度头都增加，结果使叶轮进口附近的压头更低了，所以 [H_S] 应随流量增加而有所降低。

（2）[H_S] 值是由制造厂在大气压强为 1atm（101.325kPa）和 20℃ 的清水条件下试验得出的。当泵的使用条件与上述条件不符时，应对样本上规定的 [H_S] 值按下式进行修正

$$[H'_S] = [H_S] - (10.33 - h_A) + (0.24 - h_v) \tag{1-229}$$

式中　$10.33 - h_A$——因大气压强不同的修正值，其中 h_A 是当地的大气压强水头，它的值随海拔高度而变化，如图 1-95 所示。

$0.24 - h_v$——因水温不同所做的修正值，其中 h_v 是与实际工作水温相对应的汽化压强水头，见表 1-10。

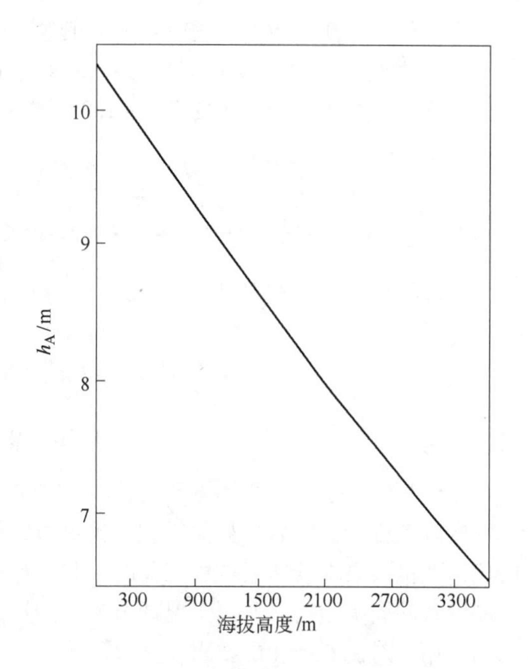

图 1-95　海拔高度与大气压的关系

表 1-10　不同水温下的汽化压强

水温/℃	5	10	20	30	40	50	60	70	80	90	100
汽化压强 h_v/kPa	0.7	1.2	2.4	4.3	7.5	12.5	20.2	31.7	48.2	71.4	103.3

【例 1-30】 有一台吸入口径为 600mm 的双吸单级泵，输送常温清水，其工作参数 q_V = 880L/s，允许吸上真空高度为 3.5m，吸入管段的阻力估计为 0.4m。求：

（1）如几何安装高度为 3.0m 时，该泵能否正常工作？

（2）如该泵安装在海拔为 1000m 的地区，抽送 40℃ 的清水，允许的几何安装高度为多少？

【解】（1）先求泵的入口流速

$$u_S = \frac{q_V}{A} = \frac{880/1000}{\frac{\pi}{4} \times 0.6^2} = 3.1\text{m/s}$$

相应的速度水头为：

$$\frac{u_S^2}{2g} = \frac{3.1^2}{2 \times 9.8} = 0.49\text{m}$$

根据式（1-226）计算允许几何高度 [H_g] 为：

$$H_g = H_S - \frac{u_S^2}{2g} - h_w$$

$$= 3.5 - 0.49 - 0.4 = 2.61\text{m}$$

由于 $H_g = 3.0 > [H_g]$，故该泵不能正常工作。

（2）由图 1-97 查得海拔 1000m 处的大气压强水头为 9.2m，根据表 1-10 查得水温 40℃时的汽化压强水头为 0.75m，按式（1-223）求出修正后的允许吸上真空高度为

$$[H'_S] = [H_S] - (10.33 - h_A) + (0.24 - h_v)$$

$$= 3.5 - (10.33 - 9.2) + (0.24 - 0.75) = 1.86\text{m}$$

将求得的 1.86m 代替式（1-226）中的 H_S，计算出允许的几何安装高度为

$$[H_g] = [H_S] - \frac{u_S^2}{2g} - h_w$$

$$= 1.86 - 0.49 - 0.4 = 0.97\text{m}$$

1.8.1.9　离心式风机与泵的工况调节

实际工程中，随着外界的需求，风机与泵都要经常进行流量调节，即进行工况调节。如前所述，风机或泵在管路系统中工作时，其工作点的参数是由风机或泵的性能参数与管路系统的性能参数共同决定的。所以工况调节就是用一定方法改变风机与泵性能曲线或管路性能曲线，来满足用户对流量变化的要求。

A　改变管路性能曲线的调节法

改变管路性能曲线最常用的方法就是节流法，即通过改变管路中的阀门开启程度，从而改变管路的阻抗 S，使管路性能曲线变陡或变缓，达到调节流量的目的。图 1-96 中用 CE 表示管路初始状态时的性能曲线。当管路中节流阀门的开启度关小时，流动阻力增加，曲线变陡，如图中 CE' 所示。此时，泵或风机的性能曲线（如曲线 DA）虽未发生改变，但整个装置的工作点由 A 点变为 D 点，相应的流量由 q_{V_A} 变为 q_{V_D}，压头由 H_A 变为 H_D。显然变化后所增加的压头值（$H_D - H_A$）是因为关小节流阀的开启度引起的额外能量损失。原则上来说，这种调节方法是不经济的，但由于简单易行，又不需要增加其他附属设备，所以在中小型风机或泵中被广泛应用。有时也在大型设备中用来作为临时性的调节。

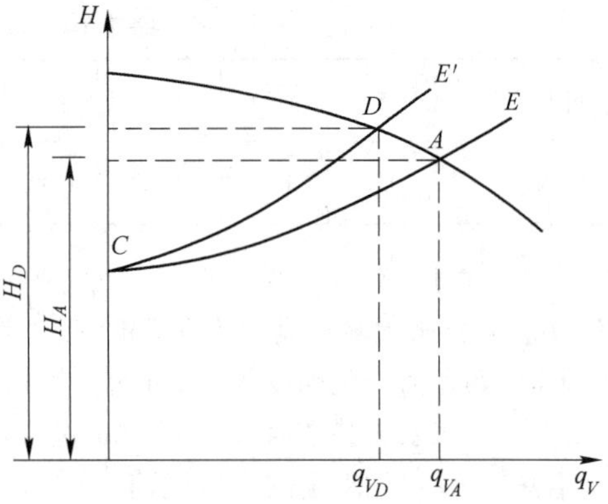

图 1-96　改变管路系统性能调节的工况分析示意图

需要注意的是泵装置的节流阀位置，通常只能设在泵的压出管段上。这是由于吸入管段上设置节流阀时可能增加泵吸入口的真空度而引起气蚀的缘故。

B　改变风机或泵性能的调节方法

风机与泵性能调节方式可分为变速调节和非变速调节两大类。变速调节方式主要有电气调速、机械调速、机电联合调速等。非变速调节主要有入口节流调节、离心式和轴流式风机的前导叶调节、切削叶轮调节等。下面介绍几种主要的调节方式。

（1）变速调节。由相似率可知，当改变风机或泵的转速时，其效率基本不变，但流量、压头及功率都按下式改变

$$\frac{q_V}{q_{V_m}} = \sqrt{\frac{H}{H_m}} = \sqrt[3]{\frac{N}{N_m}} = \frac{n}{n_m}$$

式中，下标 m 表示模型机的性能参数。

因此，改变转速后，风机或泵的性能曲线发生了变化，从而使工况点移动，流量随之改变。

变速调节的工况分析如图 1-97 所示。图中曲线Ⅰ为转速为 n 时风机或泵的性能曲线，曲线 CE 为管路系统性能曲线；当转速变为 n_m后，风机或泵的性能曲线变为曲线Ⅱ。因此，泵或风机的工作点由 D 点变至 A 点，相应的流量由 q_{V_D} 变为 q_{V_A}。

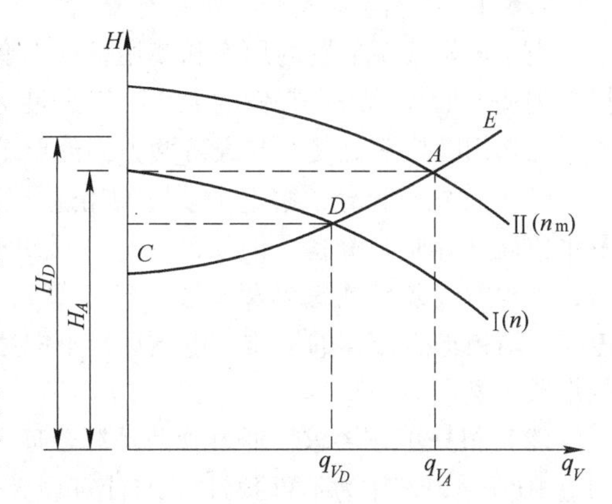

图 1-97　改变风机或泵性能调节方法的工况分析

应该注意的是，采用变速法时，应验算风机或泵是否超过最高运行转速和电机是否过载。

改变风机或泵转速的方法主要有以下几种：

1）采用可变磁极对（数）的双速电机。这种电机有两种磁极数，通过变速电气开关，可方便地进行改变级数运行。

2）变频调速。它是通过均匀改变电机定子供电频率达到平滑地改变电机同步转速的。只要在电机的供电线路上跨接变频调速器即可按用户需要参量（如流量、压力或温度等）的变化自动地调整频率及定子供电电压，实现电机无级调速。

3）其他变速调节方法：有齿带轮调速、齿轮箱变速、水力联轴器变速、液力耦合器变速等方法。

（2）进口导流器调节。离心式风机常采用进口导流器进行调节。常用的导流器有轴向导流器和径向导流器。当改变导流叶片角度时，能使风机本身的性能曲线改变。这是由于导流片使气流进入叶轮之前产生预旋改变了进入叶轮的气流方向，使风压降低。导流器叶片转动角度越大，产生预旋越强烈，风压 p 越低。

采用导流器的调节方法，增加了进口的撞击损失，从节能角度看不如变速调节，但比节流调节功耗小，而且导流器结构简单，使用方便，操作调节灵活，是风机常用的调节方法。目前导流器已有标准图，有些风机出厂时就附有此阀，有时则由设计者按风机入口直径选装。

（3）切削水泵叶轮调节其性能曲线。切削叶轮直径是离心泵的一种独特的调节方法。叶轮直径切小后，泵的性能参数按照切削率改变。切削率是在大量实验资料基础上统计而得的经验公式，可用下式表示：

$$\frac{q_{V_m}}{q_V} = \frac{D_{2m}}{D_2},\quad \frac{H_m}{H} = \left(\frac{D_{2m}}{D_2}\right)^2,\quad \frac{N_m}{N} = \left(\frac{D_{2m}}{D_2}\right)^3 \tag{1-230}$$

式中　q_{V_m}，H_m，N_m——分别为叶轮切削后的流量、扬程、功率。

实践证明，切削量不大时，泵的效率可认为不变，具有相似工况条件，所允许的切削量与比转速 n_S有关。

C　风机与泵的启动

风机或泵的启动，对原动机而言属于轻载荷启动。因此，在中小型装置中，机组启动并无问题，但对大型机组的启动，则因机组惯性大，阻力矩大，就会引起很大的冲击电流，影响电网的正常运行，必须对启动予以足够的重视。

前已述及，当转速不变时，离心式风机或泵的轴功率 N 随流量的增加而增加；对轴流风机或泵，轴功率 N 随流量 q_V 的增加而减小；而混流泵则介于二者之间。所以离心风机或泵在 $q_V=0$ 时 N 最小，故应关阀启动；轴流风机或泵 $q_V=0$ 时 N 最大，应开阀启动。

1.8.1.10 离心式风机与泵的选择

由于风机或泵装置的用途和使用条件千变万化，而风机或泵的种类又十分繁多，故合理选择其类型或形式及决定它们的大小，以满足实际工程所需的工况是很重要的。

在选用时应满足使用与经济两方面的要求，具体方法步骤如下：

(1) 首先应充分了解整个装置的用途、管路布置、地形条件、被输送流体的种类、性质以及水位高度等原始资料。例如，在选择风机时，应弄清被输送气体的性质（如清洁空气、烟气、含尘空气或易燃易爆及腐蚀性气体等），以便选择不同用途的风机。同理，在选择泵时，也应弄清被输送液体的性质，以便选择不同用途的水泵（如清水泵、污水泵、锅炉给水泵、冷凝水泵、氨水泵等）。

(2) 根据工作要求，通过管路计算合理确定工况最大流量 $q_{V\max}$ 和最高扬程 $H_{\max}$，然后分别加上 10% ~20% 作为不可预计（如计算误差、耗损等）的安全量作为选用风机或泵的依据，即

$$q_V=(1.1\sim1.2)q_{V_{\max}}$$

$$H=(1.1\sim1.2)H_{\max} \quad 或 \quad P=(1.1\sim1.2)p_{\max}$$

(3) 风机或泵类型确定以后，要根据已知的流量、扬程（或压头）及管路计算选定其型号、大小及台数。

现行的样本上有几种不同的表达风机或泵的图表。一般可以先用综合的“选择性能曲线图”进行初选。这种选择性能曲线将同一类型的各种大小设备的性能绘在同一张图上，只需在该图上绘出管路性能曲线，根据管路性能曲线与 q_V-H 性能曲线的相交情况，确定所需风机或泵的型号和台数。然后再查单台设备的性能曲线图或表，确定该选定设备的转速、功率、效率以及配套电机的功率和型号。

需要注意的是，选择风机或泵时，应使工作点处在高效率区域。所谓高效率区域，一般是指最高效率点的10% 的区间。还要注意风机和泵的工作稳定性，也就是应使工作点位于 $q_{V_{\max}}$-H 曲线的最高点的右侧下降段。样本中以表格形式提供的数据的性能表上的数据点，都是处在上述高效率区域而又稳定工作的工况点，可以直接选用。

若采用性能曲线图选择，图上只有轴功率曲线，需另选电动机型号及传动配件。配套电动机的功率可根据下式计算。

$$N_m=K\frac{N}{\eta_i}=K\frac{\gamma q_V H}{\eta_i\eta}$$

式中 N_m——电动机功率，kW；

K——备用系数，取 1.15 ~1.50；

η——泵或风机的全效率；

η_i——传动效率。对于电动机直接传动，$\eta_i=1.0$；对于联轴器直接传动，$\eta_i=0.95$ ~

0.98；对于 V 带传动 η_i =0.9 ~0.95。

（4）当流量较大时，应考虑多台风机并联运行，但台数不宜过多，且尽可能采用同型号的设备，互为备用。

（5）选择泵时，还应查明设备的允许吸上真空度和允许气蚀余量，以便确定泵的安装高度。在选用允许吸上真空度 H_S 时，应考虑使用介质温度及当地大气压值进行修正。

（6）选择风机时，应根据管路布置及连接要求确定风机叶轮的旋转方向及出风口位置，并写出所选风机的名称与型号。

在满足使用条件的情况下，应尽可能选用转速低、噪声小的风机。

应当指出的是样本提供的数据是在规定条件下得出的。例如，对于风机来说，一般是空气温度为20℃、1 标准大气压（101.325kPa）下进行试验得出的资料。而锅炉引风机的样本数据是按气体温度为200℃，1 标准大气压下得出的。因此，当使用条件与样本规定不同时，按照相似率进行修正。

1.8.1.11 离心式风机的命名

对离心通风机的命名，国外无统一标准，我国以通风机的型号进行命名。离心式通风机的全称包括：名称、型号、设计序号、机号、传动方式、旋转方向和出风口位置共七个部分，一般书写顺序如下：

（1）名称：描述离心通风机的用途，冠以首字母描述，分为排尘通风（C）、防腐蚀（F）、工业炉吹风（L）、耐高温（W）、防爆炸（B）、冷却塔通风（LF），一般通风换气（T）等。

（2）型号：离心式通风机的型号由以下三部分组成。

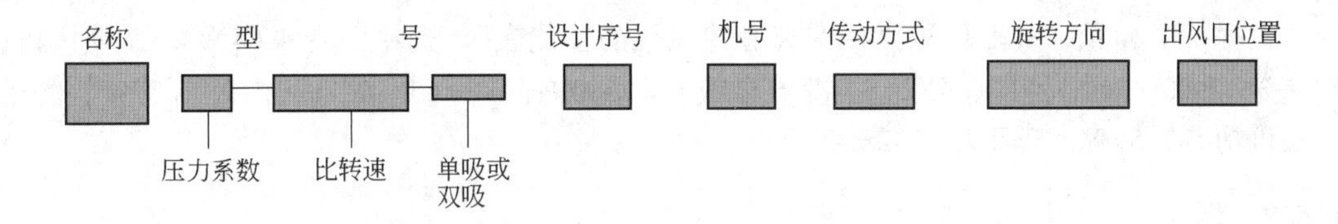

压力系数：压力系数乘 10 后再按四舍五入进位，取一位数；

比转速：通风机比转速化整后的整数；

进口吸入形式：0—双侧吸入；1—单侧吸入；2—二级串联吸入。

（3）设计序号：第几次设计。

（4）机号：用通风机叶轮直径的分米数表示，尾数四舍五入，在前加 No. 号。

（5）传动方式：指图 1-73 所示的 A、B、C、D、E、F 六种传动方式。

（6）旋转方向：指从原动机（传动机或电机）位置看叶轮的旋转方向，顺时针为“右”，逆时针为“左”。

（7）出风口位置：按叶轮旋转方向区别，写法：右（左）=出风口角度/进风口角度，如图 1-98 所示。

例如 T4-72-11No.10C 右 90°，表示一般离心通风机；全压系数 0.43 乘 10 后再按四舍五入进位，取一位数为 4；，通风机比转速 n_s = 72；单侧吸气；第一次设计；风机叶轮直径为 10dm；传动方式 C 表示悬臂支承，皮带轮在轴承外侧；叶轮旋转方向为顺时针，风机出风口位置 90°。

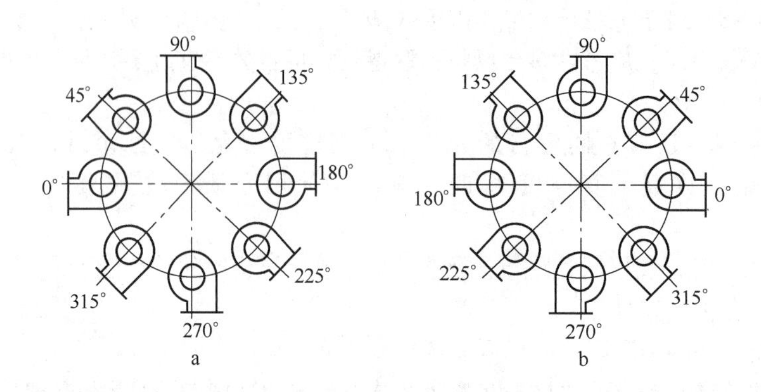

图 1-98　离心式通风机出风口位置

【例 1-31】　某地大气压为 98.07kPa，输送温度为 50℃的空气，风量为 5900m^3/h，管道阻力为 2000Pa，试选用风机、应配用的电动机及其配件。

【解】　因为用途和使用条件无特殊要求，因而可选用新型节能型 4-68 型离心式风机。根据工况要求的风量和风压，考虑增加 10% 的附加预见量作为选用时的依据

$$q_V = 1.1 q_{V_{max}} = 1.1 \times 5900 = 6490 m^3/h$$

$$p = 1.1 p_{max} = 1.1 \times 2000 = 2200 Pa$$

由于使用地点大气压及输送气体温度与样本数据采用的标准不同，应予换算

$$p_0 = p \times \frac{101.325}{98.07} \times \frac{273 + 50}{273 + 20} = 2200 \times 1.033 \times \frac{323}{293} = 2505.3 Pa$$

$$q_{V_0} = q_V = 6490 m^3/h$$

根据 p 和 q_V 值，查附录Ⅴ“4-68 离心式风机的性能表”，选用一台 4-68№4.5A 型风机，转速 $n = 2900 r/min$，性能序号 2，工况点参数 $p = 2680 Pa$，$q_V = 6573 m^3/h$，内效率 87%，配用电动机功率 7.5kW，型号为 Y132S_2-2。

1.8.2　烟囱

要使窑炉能正常工作，不仅要源源不断地向窑内输入足够的燃料及助燃空气，还必须不断地将燃料燃烧生成的烟气排出。为引导窑内气体运动，常用的装置有烟囱、喷射器及风机等。对于自然通风的窑炉，烟囱的作用是引导窑内气体运动并将废气排出。

1.8.2.1　烟囱工作原理

烟囱能够自然排烟的原理是由于烟囱中的热烟气受到大气浮力的作用，使之由下而上自然流动，在烟囱底部形成负压，而使窑内热烟气源源不断地流入烟囱底部。图 1-99 为某窑炉排烟系统示意图。

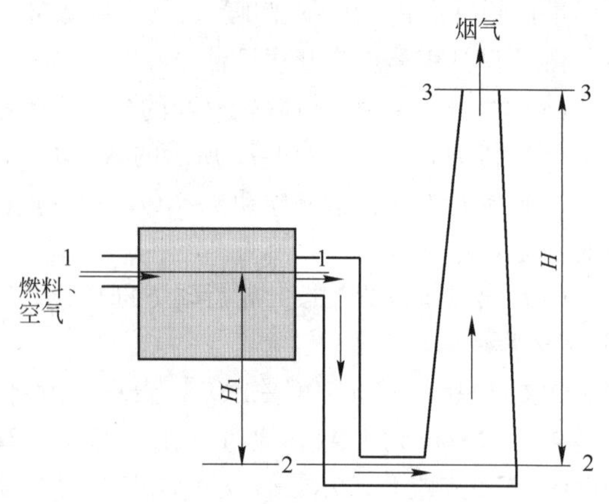

图 1-99　窑炉排烟系统示意图

烟囱底部的静压头可以通过对窑炉系统列伯努利方程式求得。而在窑炉的不同部位，窑底温度是变化的，应当分段列伯努利方程。在每一段都取平均温度进行计算，并以某一

段的上部截面为基准面，同时由于窑内气体流速不大，忽略了动压头随温度的变化。根据图1-99，在窑内截面1-1和烟囱底部2-2间列伯努利方程：

$$h_{s1} + h_{g1} + h_{k1} = h_{s2} + h_{g2} + h_{k2} + \Sigma h_{w1\to2}$$

选1-1为基准面，$h_{g1}=0$，$h_{g2}=gH_1(\rho_a-\rho_h)$

$$h_{s1} - h_{s2} = h_{g2} + (h_{k2} - h_{k1}) + \Sigma h_{w1\to2}$$

（$h_{s1}-h_{s2}$）为窑内至烟囱底部静压头的差值，用来克服烟气流动的阻力损失，并转化为动压头的增量以及几何压头。

又：1-1与大气相通，$h_{s1}=0$，则

$$-h_{s2} = gH_1(\rho_a - \rho_h) + (h_{k2} - h_{k1}) + \Sigma h_{w1\to2} \tag{1-231}$$

式（1-231）左边为负值，即：当窑前为1个大气压，烟囱底部为负压。烟囱底部负压的绝对值称作烟囱的抽力，用s表示。

在此抽力作用下，烟气得以克服窑炉系统阻力，并以一定速度由窑内向烟囱底部流动。对窑炉系统来说，式（1-231）可表示为

$$\Sigma h = gH_1(\rho_a - \rho_h) + (h_{k2} - h_{k1}) + \Sigma h_{w1\to2} \tag{1-232}$$

Σh表示单位体积烟气在窑炉系统中的总能量损失或称总阻力，包括摩擦阻力、局部阻力、气体动压头及几何压头增量等。

烟囱底部的抽力是靠烟囱的高度和内外气体的密度差提供的。这可以通过对烟囱底部2-2和顶部3-3截面之间列伯努利方程求得。

$$h_{s2} + h_{g2} + h_{k2} = h_{s3} + h_{g3} + h_{k3} + \Sigma h_{w2\to3}$$

选3-3为基准面，$h_{g3}=0$，$h_{g2}=gH_2$（$\rho_a-\rho_h$）

又因为3-3与大气相通，$h_{s3}=0$，则：

$$\begin{aligned} -h_{s2} &= gH(\rho_a - \rho_{hm}) - (h_{k3} - h_{k2}) - \Sigma h_{w2\to3} \\ &= gH(\rho_a - \rho_{hm}) - \frac{1}{2}\rho_{hm}(u_3^2 - u_2^2) - \lambda\frac{H}{d_m}\frac{\rho_{hm}u_m^2}{2} \end{aligned}$$

即

$$s = gH(\rho_a - \rho_{hm}) - \frac{1}{2}\rho_{hm}(u_3^2 - u_2^2) - \lambda\frac{H}{d_m}\frac{\rho_{hm}u_m^2}{2} \tag{1-233}$$

式中　ρ_{hm}——烟囱内烟气的平均密度，kg/m^3，根据烟气的温度t_m求出，$t_m=(t_2+t_3)/2$；

d_m——烟囱平均直径，m，$d_m=(d_2+d_3)/2$；

u_m——烟气平均流速，m/s，$u_m=(u_2+u_3)/2$；

λ——烟囱的摩擦系数，砖砌烟囱和混凝土烟囱，取0.05，钢板烟囱取0.02。

由式（1-233）可知，烟囱底部的几何压头除克服沿烟囱高度的动压头增量和阻力损失外，其余的转变为烟囱底部的负压，以引导窑内气体运动，这就是烟囱工作的基本原理。

根据式（1-233）可以讨论影响烟囱抽力的大小的因素。当动压头及压头损失都较小时，烟囱抽力主要取决于烟囱底部的几何压头$gH(\rho_a-\rho_{hm})$。烟囱越高，产生的抽力越大。随烟囱底部烟气温度的升高，烟囱抽力随之加大，这就是间歇式窑炉在点火初期烟囱抽力不如旺火期大的原因。随着大气温度降低，空气密度增大，烟囱抽力随之加大，所以夜间烟囱抽力较白天大，冬季烟囱抽力较夏季大。除此之外，大气压强、空气湿度、风速的改变等也都会在一定程

度上影响烟囱的抽力。

1.8.2.2　烟囱热工计算

烟囱的热工计算主要包括烟囱高度及烟囱直径的计算。

A　烟囱直径的计算

（1）烟囱顶部直径。烟囱出口直径根据废气的排出量和烟气的出口速度求得

$$d_{\mathrm{T}} = \sqrt{\frac{4q_V}{\pi u_{\mathrm{T}}}} \tag{1-234}$$

式中　q_V——烟气的（标态）流量，m^3/s；

u_{T}——规定的烟气出口（标态）流速，m/s。

对于自然通风的窑炉，烟囱适宜的出口（标态）速度可取 $u_{\mathrm{T}}=2\sim4m/s$，机械通风取 $u_{\mathrm{T}}=8\sim15m/s$。

u_{T}过小，d_{T}过大，易产生倒吸现象；u_{T}过大，d_{T}过小，增加气体流动中的阻力损失。一般砖砌烟囱最小出口直径 0.7m，通常为 0.8～1.8m。烟囱顶部的厚度不小于 1 块标准建筑砖（24cm）。

（2）烟囱底部直径。对于金属烟囱，一般底部直径与顶部直径相等，即：$d_{\mathrm{B}}=d_{\mathrm{T}}$。

砖和混凝土烟囱通常是顶部小底部大的锥体形，其斜率一般为1%～2%，故底部直径为

$$d_{\mathrm{B}} = d_{\mathrm{T}} + 2\times(0.01 \sim 0.02)H \tag{1-235}$$

式中　H——烟囱高度，m。

B　烟囱高度的计算

根据式（1-232）、式（1-233），烟囱高度可按下式计算

$$H = \frac{\Sigma h + \rho_{\mathrm{hm}}(u_3^2 - u_2^2)/2}{g(\rho_{\mathrm{a}} - \rho_{\mathrm{hm}}) - \lambda \dfrac{1}{d_{\mathrm{m}}}\dfrac{\rho_{\mathrm{hm}} u_{\mathrm{m}}^2}{2}} \tag{1-236}$$

式中　Σh——窑炉系统的总阻力，根据式（1-232）进行计算。

在确定烟囱高度时应考虑到窑炉后期的阻力增大以及窑炉生产能力的扩大，故需要对上述计算值加大15%～20%，作为储备能力。

因烟囱本身的摩擦阻力及动压头增量比窑炉系统的总阻力小得多，故烟囱高度也可用近似式计算：

$$H = K\frac{\Sigma h}{g(\rho_{\mathrm{a}} - \rho_{\mathrm{hm}})} \tag{1-237}$$

式中　K——储备系数，$K=1.2\sim1.3$。

在进行烟囱计算时，为求出烟气密度 ρ_{hm}，必须知道烟囱内的平均温度。通常情况下，烟囱底部的温度是已知的，烟囱顶部的烟气温度需根据烟气沿烟囱高度的温降率求出，从而可求得平均烟气温度 t_{m}。表 1-11 给出了烟囱每米高度上的烟气温降值。

表 1-11　烟囱每米高度上的烟气温降值

烟囱类别		不同烟气温度下的每米温降/℃·m^{-1}			
		300～400℃	400～500℃	500～600℃	600～700℃
砖、混凝土烟囱		1.5～2.5	2.5～3.5	3.5～4.5	4.5～6.5
钢板烟囱	带耐火砖衬	2～3	3～4	4～5	5～7
	不带耐火砖衬	4～6	6～8	8～10	10～14

按式（1-236）计算烟囱高度时，可先按烟囱底部烟气温度求出烟气的密度及烟囱高度H'，然后按表1-11中的数据求出烟囱顶部烟气温度及平均烟气温度t_m，从而求出烟气平均密度及烟囱高度H。当H'与H的相对误差小于5%时，即可认为所需烟囱高度。

在进行烟囱计算时，应注意如下几个问题：

（1）几座窑合用一个烟囱时，各窑的烟道应并联，并要防止相互干扰，以保护各窑的独立作业。烟囱抽力应按几个窑中阻力最大者进行计算，而不是各窑阻力之和。烟囱直径则按几个窑的总烟气量进行计算。

（2）燃料消耗量有变化的窑，应按最大燃耗时产生的烟气量进行计算。

（3）为保证在任何季节都有足够的抽力，空气密度应按该地区全年最高气温时的密度进行计算。

（4）在进行烟囱高度计算时，应根据烟囱所在地的海拔高度进行气压校正。

（5）烟囱高度的确定，还应考虑环境卫生的要求，应将烟气排至高空，以减轻对环境的污染。

（6）附近有飞机场，不能妨碍飞机的升降，此时烟囱高度一般不超过20m。

【例1-32】 一座隧道窑产生的烟气量（标态）为1530m³/h，料垛阻力$h_1=31.1\text{Pa}$，从隧道窑进排烟口至烟囱底部总的阻力损失为$h_m=25\text{Pa}$，烟气在窑内的摩擦阻力损失为$h_f=3.03\text{Pa}$，由排烟口下降至水平支烟道的几何压头$h_{g1}=8.83\text{Pa}$。（略去窑内至烟道底部的动压头增量），烟气在烟囱底部的温度300℃，烟气密度（标态）1.3kg/m³。计算烟囱的高度和直径。

【解】 （1）烟囱直径的计算。

选择烟气（标态）出口处的流速：$u_T=3.0\text{m/s}$，则

$$d_T = \sqrt{\frac{4q_V}{u_T}} = \sqrt{\frac{4\times1530}{3600\times\pi u_T}} = 0.424\text{m}$$

设烟囱底部内径d_B为顶部直径的1.3倍，则

$$d_B = 1.3d_T = 1.3\times0.424 = 0.522\text{m}$$

烟囱的平均直径： $d_m = (d_B + d_T)/2 = (0.424 + 0.522)/2 = 0.473\ \text{m}$

$$u_B = \frac{4q_V}{\pi d_B^2} = \frac{4\times1530}{\pi\times3600\times0.522^2} = 2.0\text{m/s}$$

烟气（标态）的速度：

$$u_m = \frac{4q_V}{\pi d_m^2} = \frac{4\times1530}{\pi\times3600\times0.473^2} = 2.4\text{m/s}$$

（2）烟囱高度的计算。

1）烟囱的抽力：

$$s = (h_{k2} - h_{k1}) + \Sigma h_{w1\to2} + h_{g2} = 0 + (31.3 + 25 + 3.03) + 8.83 = 68.2\text{Pa}$$

2）底部烟气的实际流速：

$$u'_B = u_B\frac{273 + t_B}{273} = 2.0\times\frac{273+300}{273} = 4.15\text{m/s}$$

设外界空气温度为30℃，则

$$\rho_a = 1.293\times\frac{273}{273+30} = 1.16\text{kg/m}^3$$

假定烟囱高度 $H'=25$m，取沿烟囱高度的温度降低为2.5℃/m，则烟气出口温度：

$$t_T = 300 - 25 \times 2.5 = 237℃$$

$$t_m = (t_T + t_B)/2 = (237 + 300)/2 = 268℃$$

$$\rho_m = 1.3 \times \frac{273}{273 + 268} = 0.655\text{kg/m}^3$$

3）烟气出口的实际流速：

$$u'_T = u_T \frac{273 + 237}{273} = 3.0 \times \frac{273 + 237}{273} = 5.6\text{m/s}$$

4）烟气的实际平均流速：

$$u'_m = u_m \frac{273 + 268}{273} = 2.4 \times \frac{273 + 268}{273} = 4.74\text{m/s}$$

取烟囱中烟气的摩擦阻力系数 $\lambda = 0.06$，由

$$s = gH(\rho_a - \rho_{hm}) - \frac{1}{2}\rho_{hm}(u_3^2 - u_2^2) - \lambda \frac{H}{d_m}\frac{\rho_{hm}u_m^2}{2}$$

把已知参数代入上式，求得：$H=18.6$m。

取烟囱的安全系数 $k=1.3$，则烟囱的实际高度：

$$H_T = 18.6 \times 1.3 = 24.2\text{m}$$

$$\frac{25 - 24.2}{25} \times 100\% = 3.2\% < 5\%$$

即：烟囱的高度为24.2m。

1.8.3　喷射器

喷射器是利用高速气流由小管流入两端开口的大管中，在大管入口处形成负压，带动气体流动，使后者增加能量，以克服气体流动的阻力，并随高速气体一起向前运动。

喷射器是一种间接抽风装置，具有结构简单、设备低廉的优点，缺点是能量损失较大，工作时消耗的能量比排烟机高，效率低。当窑内气体温度很高，不能用风机来输送时，可以用喷射器运输窑内废气或混合两种气体。例如可以由喷射器由隧道窑冷却带抽出热风并送至烧成带各烧嘴；利用喷射器喷射排烟来输送窑内废气等。

喷射器按其结构分为带扩张管的喷射器和不带扩张管的喷射器。带扩张管的喷射器有四个组成部分：喷嘴、吸气管、混合管（亦称喉部）和扩张管，如图1-100所示。

喷嘴的作用是将喷射气体的压力能转变成动能。吸气管是被喷射气体的入口处，其作用是减少被喷射气体进入时的阻力，它可以做成流线形或锥形，实验证明两者的阻力损失相差不大，故为制造方便一般将其做成锥形收缩管。混合管是喷射器的主要部分，其作用是使喷射气体与被喷射气体之速度趋于均匀，因而使动量降低，在混合管内产生压强差，以提高喷射效率。混合管有圆柱形、收缩形或二者结合的形式，实验证明，把混合管做成收缩形有利于管内速度场的均匀分布，但不利于浓度场和温度场的均匀分布；而圆柱形混合管，则能使速度场、浓度场和温度场都达到一定程度的均匀分布。扩张管的作用是为了增加喷射器出口与吸气管之间的压强差，便于吸入被喷射气体，提高喷射效率。

喷射器按喷射气体的压强大小分为低压、中压和高压三种。当喷射气体的压强 p_1 低于20000Pa时，其压强的影响可忽略不计，称为低压喷射器；当喷射气体的压气 p_1 与喷出后的压

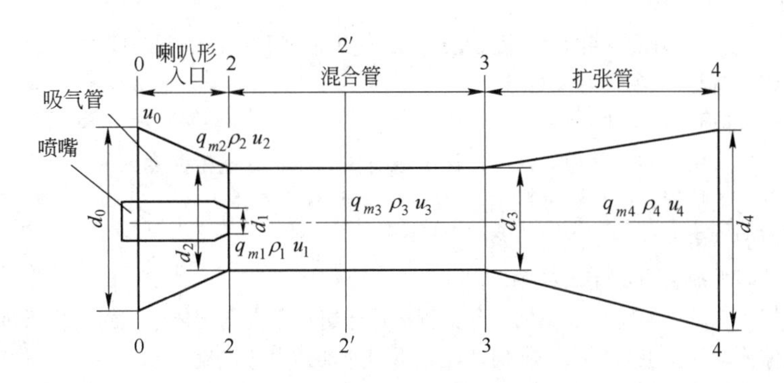

图 1-100　喷射器结构

q_{m1}，q_{m2}，q_{m3}—分别为喷射气体、被喷射气体、混合气体的质量流量，kg/s；u_1—喷射气体流速，m/s；
u_0，u_2—分别为被喷射气体在0、2 截面处的流速，m/s；u_3，u_4—分别为混合气体在3、4 截面处的流速，m/s；
ρ_1，ρ_2，ρ_3—分别为喷射气体、被喷射气体、混合气体的密度，kg/m^3；d_0—吸气管入口直径；
d_1，d_2，d_3，d_4—分别为喷射气体、被喷射气体、混合管、扩张管管道直径，m

强 p_2'的比值 $\dfrac{p_2'}{p_1} > \left(\dfrac{2}{\gamma+1}\right)^{\gamma/(\gamma-1)}$ 时（亚临界状态），称为中压喷射器；当 $\dfrac{p_2'}{p_1} < \left(\dfrac{2}{\gamma+1}\right)^{\gamma/(\gamma-1)}$ 时（超临界状态），称为高压喷射器。高中压喷射器的计算要考虑气体的可压缩性，而低压喷射器则不必考虑，因此高、中压与低压喷射器的计算是有区别的。

喷射器按被喷射气体的吸入速度不同可分为常压吸气式及负压吸气式。如果喷射器的吸气管较大，吸入的气体在吸入管内的流速很小，几乎可忽略不计，这种喷射器叫常压吸气喷射器（亦称第二类喷射器）。常压吸气喷射器由于吸气管比较大，不会破坏喷射气体的自由射流结构，因此可以按自由射流的运动规律进行计算，在吸气管内视为等压流动。如果喷射器的吸气管比较小，这时被吸入的气体在吸气管内的流速较大，气流在吸气管内发生扰动，空气的流速不能忽略，这种喷射器称为负压喷射器（亦称第一类喷射器）。设计这种喷射器时要求吸气管的形状合理，否则将增加吸入气体的阻力，降低喷射效率。低压喷射器一般为常压吸气式的；高、中压喷射器一般为负压吸气式的。

安装喷射器时，喷射管与喷射器的中心线一定要重合，否则将影响喷射效果。

习题与思考题

1-1　为什么流体的黏滞性只有在流体质点或流层产生相对运动时才能体现出来？

1-2　为什么绝对压强不可能出现负值，相对压强可能出现的最大负值或最大真空压强是多少？

1-3　为什么重力场中等压面是水平面，什么情况下自由液面不是水平面，为什么？

1-4　一封闭容器盛有 γ_1（水银）> γ_2（水）的两种不同液体，如题图 1-1 所示。试问同一水平线上的 1、2、3、4、5 各点的压强哪点最大，哪点最小，哪些点相等？

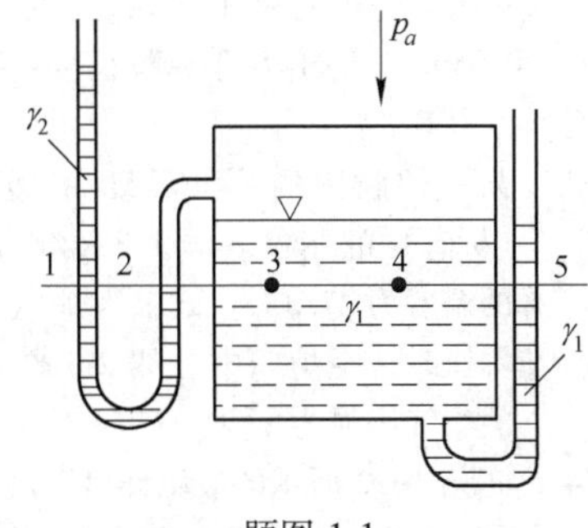

题图 1-1

1-5　什么是流线与迹线，流线具有什么性质，在什么情况下流线与迹线重合？

1-6　“均匀流一定是恒定流；非均匀流一定是非恒定流”，这种说法是否正确，为什么？

1-7　伯努利方程各项的物理意义和几何意义是什么，应用伯努利方程解题时应注意哪些问题？

1-8　两气体伯努利方程式的物理意义是什么？

1-9　沿程损失与局部损失各有哪些特点？

1-10　简要说明为什么层流的沿程损失仅与雷诺准数有关，而与管壁粗糙度无关？

1-11　水流经过一个渐扩管，如小断面的直径为 d_1，大断面的直径为 d_2，试问哪个断面的雷诺准数大，这两个断面的雷诺准数的比值 Re_1/Re_2 是多少？

1-12　并联管路的阻力损失满足什么规律，为什么？

1-13　窑炉系统气体流动有何特点，将伯努利方程应用于窑炉系统的气体应注意哪些条件？

1-14　可压缩气体流动的特点是什么，如何才能获得声速和超声速气流？

1-15　为什么亚声速气流无论在多长的收缩管道中流动都不能获得超声速气流？

1-16　亚声速气流在缩—扩喷嘴中流动获得超声速的条件是什么？

1-17　自由流股与限制流股分别具有哪些特点，如何促进限制空间内的气体循环，这些对窑炉作业具有什么意义？

1-18　力学相似包括哪几个方面，他们的含义及之间的关系是什么？

1-19　什么是相似准则，模型实验中如何选择相似准则？

1-20　什么是物理量的因次，因次和单位有何不同？

1-21　什么是因次分析法，因次分析法的作用是什么？

1-22　欧拉方程指出：风机或泵所产生的理论扬程 H_T 与流体的种类无关。这个结论应如何理解，在工程实际中，泵在启动前必须预先向泵内充水，排除空气，否则泵就打不上水来，这与上述结论是否矛盾，如何解释？

1-23　离心式泵的安装高度与哪些因素有关，为什么高海拔地区泵的安装高度要低些？

1-24　同一系列的风机或泵遵守相似率，那么同一台风机或泵在同一个转速下运转，其各工况（即一条性能曲线上的许多点）当然更要遵守相似率，这种说法是否正确？

1-25　为什么离心式风机与泵性能曲线中的 q_V-η 曲线有一最高效率点？

1-26　风机或泵运行时，工况点如何确定？

1-27　两台风机并联运行时，其总流量为什么不能等于单机运行所提供的流量 q_{V_1} 和 q_{V_2} 之和？

1-28　选择风机与泵的主要依据是什么？

1-29　烟囱的“抽力”与哪些因素有关，若烟气的温度相同，同一座烟囱的抽力是夏季大还是冬季大；若烟气与环境气温都不变，烟囱的抽力是晴天大还是雨天大，为什么？

1-30　为什么同样规模的烟囱在沿海地区能正常工作而在内地高原地区却达不到原有的排烟能力？

1-31　有一个体积为 $2m^3$ 的储气罐，内储 $P = 1.621MPa$ 的空气。放气使用后压强降低到 $0.608MPa$，温度不变。问放出的空气（标态）有多少？

1-32　温度为20℃的空气，在直径为2.5cm的管中流动，距管壁上1mm处的空气流速为0.03m/s，求作用于单位长度管壁上的黏滞力为多少？

1-33　某一炉膛内的炉气温度为1638℃，炉气（标态）的密度 $\rho_0 = 1.3kg/m^3$，炉外大气的温度为27.3℃。试求当炉门中心线处为零压时，距炉门中心线2m高的炉顶下面的炉气压强为多少？

1-34　如题图1-2所示的液压计可以用来测量较大的压强差。试按照图中的数字计算容器A、

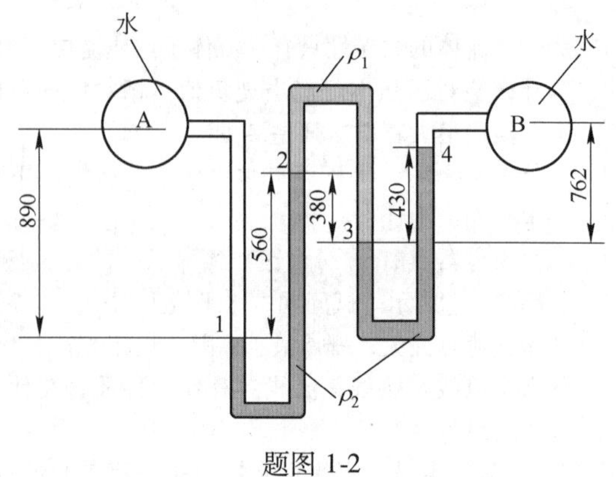

题图 1-2

B 的压强差。其中：ρ_1（松节油）$=873\text{kg/m}^3$；ρ_2（水银）$=13600\text{kg/m}^3$。

1-35 如题图 1-3 所示，水从内径 75mm 的管道流往内径 200mm 的管道，在小管中的流速为 3.2m/s，装在其上的 U 形管压力计的读数 $R_1=40\text{mmHg}$，已知两个 U 形管压力计之间的流动阻力损失是 $0.8\text{mH}_2\text{O}$，求装在大管上的 U 形管压力计中汞柱的读数。

1-36 如题图 1-4 所示，水从水箱经直径为 $d_1=40\text{cm}$，$d_2=20\text{cm}$，$d_3=10\text{cm}$ 的管道流入大气中。当出口流速为 10m/s 时，求：

（1）体积流量及质量流量；（2）d_1 及 d_2 管段的流速。

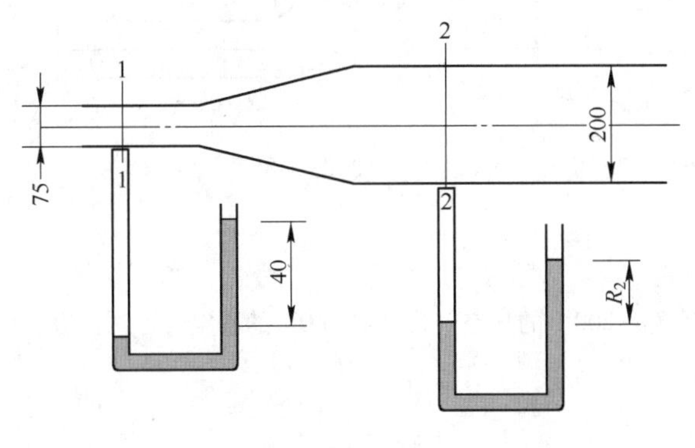

题图 1-3

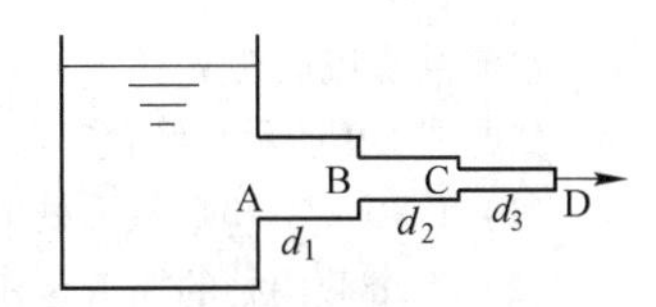

题图 1-4

1-37 在水管某个断面上，已知水的流速 $u=10\text{m/s}$，压强 $p=147\text{kPa}$，断面距基准面的高度 $z=5.0\text{m}$，试求该断面的位能、压力势能、动能及总能量。

1-38 如题图 1-5 所示，有一虹吸管，管径 $d=15\text{cm}$，高度 $h_1=2\text{m}$，$h_2=4\text{m}$，若不考虑能量损失，试求虹吸管出口的流速、流量及最高处的压强。

1-39 如题图 1-6 所示，两异径水管相连，A 点处直径 $d_A=0.25\text{m}$，压强 $p_A=78.5\text{kPa}$，B 点处直径 $d_B=0.75\text{m}$，压强 $p_B=78.5\text{kPa}$，断面 B 的流速 $u_B=1.2\text{m/s}$，A、B 两断面中心的间距 $z_0=1\text{m}$。试求 A、B 两断面之间的能量损失和水流方向。

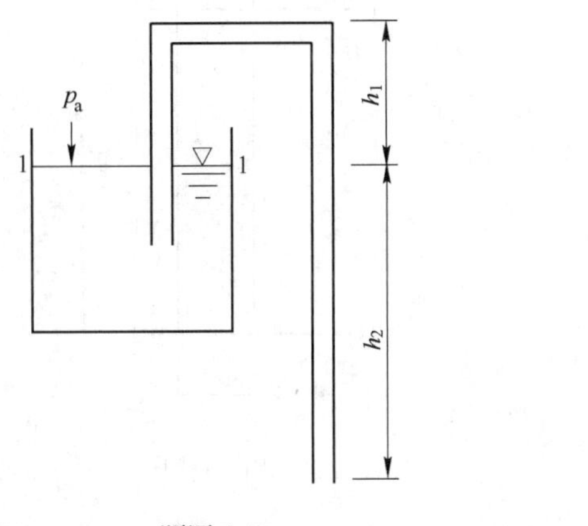

题图 1-5

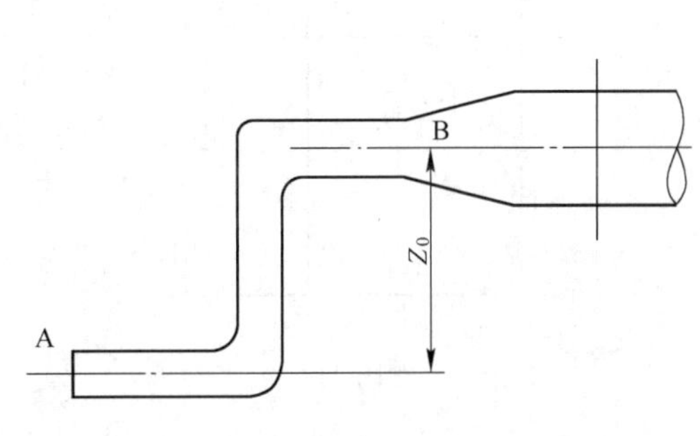

题图 1-6

1-40 如题图 1-7 所示，若水泵流量为 30L/s，吸水管直径 $d=150\text{mm}$，吸入口真空表读数 $h_v=66708\text{Pa}$，吸入管能量头损失 $h_l=1.0\text{m}$，试求水泵最大安装高度 H_g。

1-41 如题图 1-8 所示，水从 $d_1=60\text{cm}$ 水管进入一水力机械，其入口压强 $p_1=147.1\text{Pa}$，出水力机械后流入一 $d_2=90\text{cm}$ 的水管，此处 $p_2=34.32\text{Pa}$，$q_V=0.45\text{m}^3/\text{s}$，设其间能量损失 $h_{w1\text{-}2}=0.14\times\dfrac{u_1^2}{2g}$，求

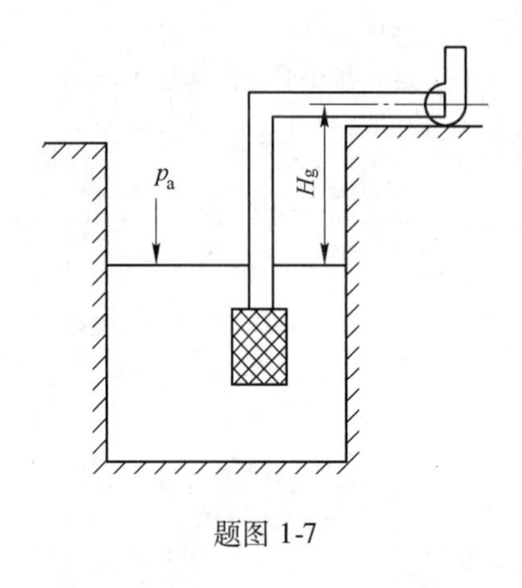

题图 1-7

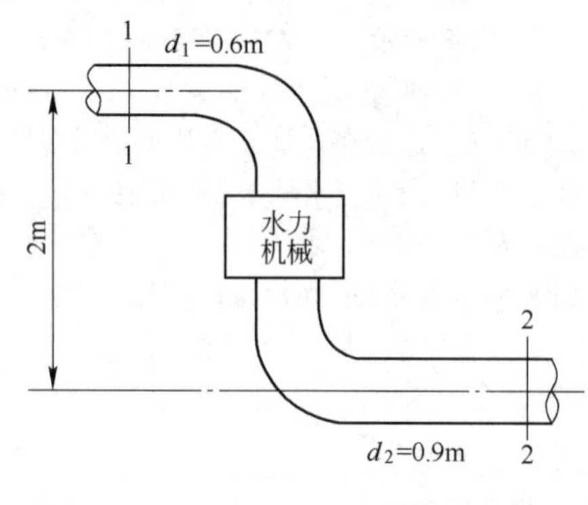

题图 1-8

水流供给机械功率。

1-42 如题图 1-9 所示，倒置容器高 1.6m，内部充满 200℃的热空气，外界为 0℃的冷空气，试计算：

(1) 1-1、2-2、3-3 截面处的几何压头值。

(2) 三个截面处的能量总和各为多少?

(3) 将三个截面处的能量图示并加以讨论。

1-43 如题图 1-10 所示，热空气在 10m 高的竖直管道内运动，温度为 200℃，外界空气温度为 20℃，气体运动过程的摩擦阻力为 12Pa，试计算：

(1) 当管内气体由下向上运动时，在 2-2 截面测得静压头为 85Pa，1-1 截面静压头为多少，并将两截面间的能量转换关系绘制成图。

(2) 当管内气体由上向下运动时，在 1-1 截面测得静压头为 120Pa，2-2 截面静压头为多少，并将两截面间的能量转换关系绘制成图。

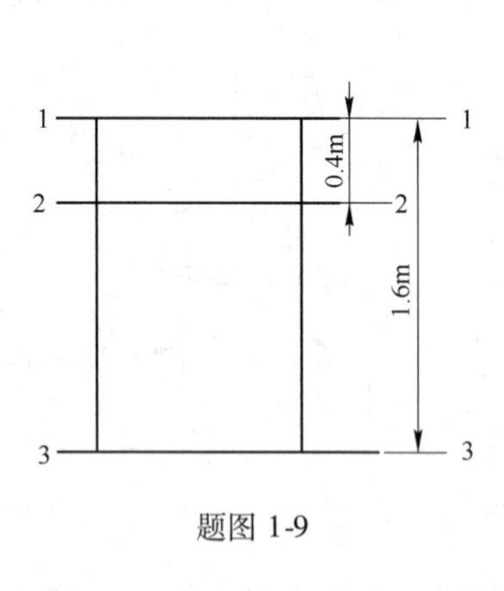

题图 1-9

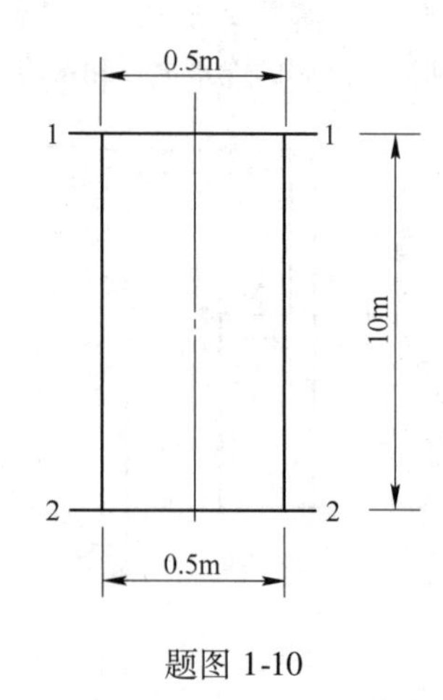

题图 1-10

1-44 某直径 $d = 10$cm 的管道，用来输送 20℃的水时，流量 $q_V = 4$L/s。试判断管内水的流态。当用来输送运动黏度 $\nu = 0.442$cm^2/s 的润滑油时，油是处于何种流态?

1-45 由薄板制作的通风管道，直径 $d = 400$mm，空气流量 $q_V = 700$m^3/h，长度 $l = 20$m，沿程阻力系数 $\lambda = 0.0219$，空气的密度 $\rho = 1.2$kg/m^3，试求风道的沿程压头损失。又问当其他条件相同时，将上面的风道改为矩形风道，断面尺寸为：高 $h = 300$mm，宽 $b = 500$mm，其沿程压头损失为多少?

1-46 有一段砖砌的矩形风道，壁面的绝对粗糙度 $\varepsilon = 6$mm，断面尺寸为 550mm × 300mm，长度 $l = 50$m，通

过的空气的温度 $t=20℃$，容重 $\gamma=11.77\text{N/m}^3$，运动黏度 $\nu=0.157\text{cm}^2/\text{s}$，试求该风道的沿程压头损失。

1-47　如题图 1-11 所示，有一直径不同的管路，其中流量 $q_V=15\text{L/s}$，若管径 $d_1=100\text{mm}$，$d_2=75\text{mm}$，$d_3=50\text{mm}$；管长 $L_1=25\text{m}$，$L_2=10\text{m}$；沿程阻力系数 $\lambda_1=0.037$，$\lambda_2=0.039$；局部阻力系数：进口 $\zeta=0.5$，渐缩管 $\zeta=0.15$，阀门 $\zeta=2.0$，管嘴 $\zeta=0.1$（以上值均按局部管件以后的流速考虑）。试求整个管路的总压头损失及水流需要的总水头 H。

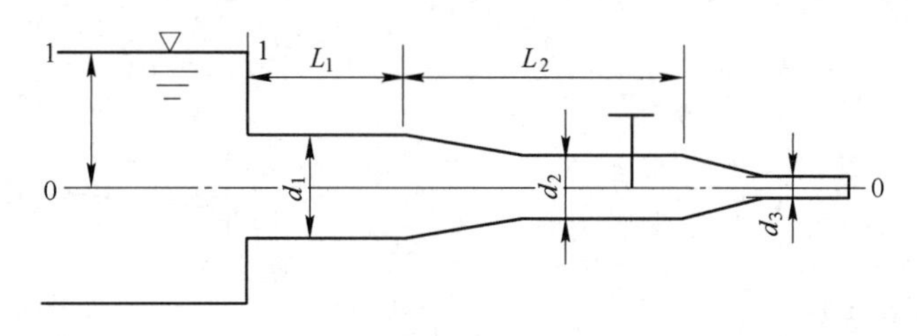

题图 1-11

1-48　某锅炉给水系统如题图 1-12 所示，水泵从水池中抽水，经吸水管、压水管送入锅炉。已知水池水面和锅炉水面之间的高差 $z=13\text{m}$，锅炉液面蒸汽压强为 784.8kPa，供水温度为 40℃，管路的全部水头损失为 5m。试求泵应提供的扬程为多少？

1-49　如题图 1-13 所示，使用油泵将重油经过管道送入炉中。重油的密度是 960kg/m^3，油在管道中的流速为 0.3m/s，流动阻力损失是 10132.5Pa。如果要求重油在 202650Pa（表压）下喷出，喷出速度为 1m/s。求油泵出口处的压强应有多大？

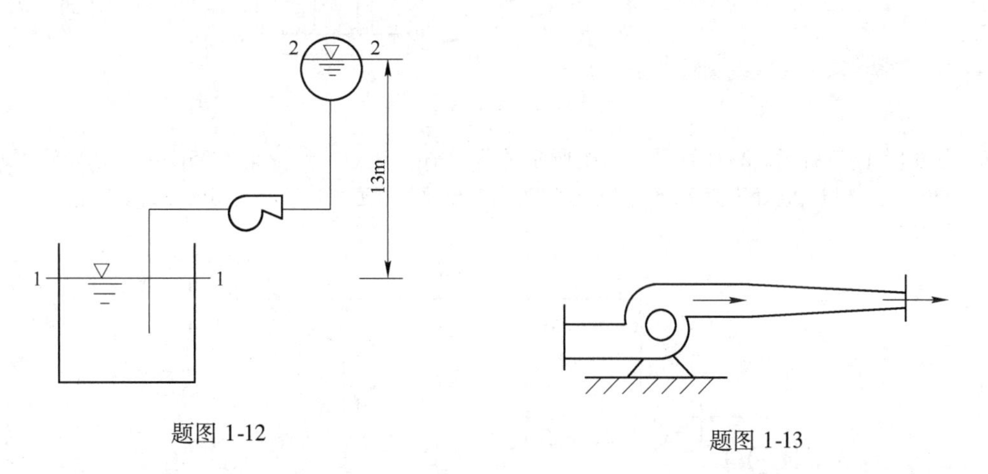

题图 1-12　　题图 1-13

1-50　如题图 1-14 所示，离心泵安装在高出井内水面 5.5m 处，送水量 $20\text{m}^3/\text{h}$。汲水管道直径 60mm × 3.5mm，管道总压头损失 0.25m 水柱（包括入口损失）。求：汲水管顶端与泵入口相连处的真空度。

1-51　异径弯管内流动着水，如题图 1-15 所示。进口处的压强 2758kPa，流量为 $5.663\text{m}^3/\text{s}$。进口及出口截面面积分别为 0.1858m^2、0.0929m^2。弯管周围压强为 101325Pa。忽略内摩擦力及重力。求：（1）进出口流速、出口处压强；（2）弯管对流体的作用力；（3）流体对弯管的作用力；（4）使弯管固定不动的约束力。

1-52　如题图 1-16 所示，厂房地面的标高为 ±0m，水塔地面的标高为 +5m。水塔至厂房的输水管为 4in 管，最大流量是 $40\text{m}^3/\text{h}$。从水塔至点 A 处，装有闸阀 2 个，90°标准弯头 3 个，管线共长 310m。从点 A 处至厂房顶部装设输水支管，用 2in 管。支管长度为 22m，装有闸阀 2 个，90°标准弯头 4 个。支管末端用水处距地面的高度为 15m，要求供水量不少于 $8\text{m}^3/\text{h}$，并要求用水时水压不低于 0.25 × 101325Pa（表压强）。问水塔多高才能正常供水？

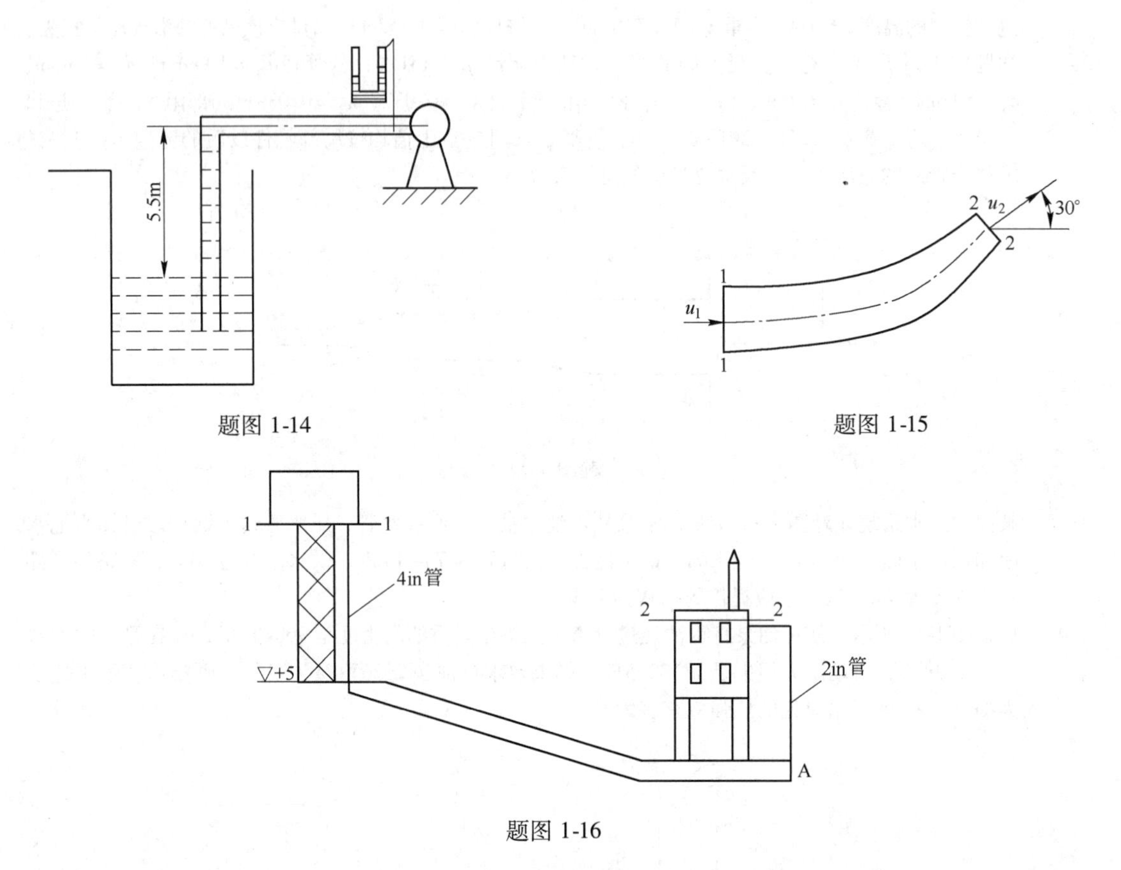

题图 1-14

题图 1-15

题图 1-16

1-53　如题图 1-17 所示，20℃ 的空气从图所示的焊接管中流过，流量是 5335m^3/h，总风管直径为 435mm，支风管直径为 250mm。试求在风机出口截面与管道出口截面之间的压头损失。

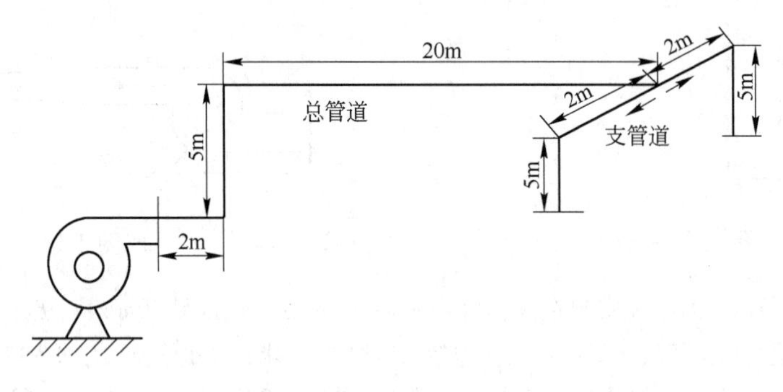

题图 1-17

1-54　如题图 1-18 所示，水池 A、B、C 水面距水平基准面的垂直高度分别为 60m、45m、55m。连接各水池的管道的直径分别为 400mm、240mm、320mm，长度分别为 600m、912m、1120m。求：流量 q_{V_a}、q_{V_b} 及 q_{V_c} 以及在 J 处的压头。

1-55　水平环形管道如题图 1-19 所示。从 B、C 处向外排出的水均为 57L/s。管段 AB、AC、BC 的长度均为 600m，管段 AB 内径为 203mm（8 铸铁管），管段 AC 的内径为 155mm（6 铸铁管），管段 BC 的内径为 254mm（10 铸铁管）。求：各支管的流量。

1-56　如题图 1-20 所示，某窑炉炉底以上 1.5m 处炉墙有一小孔，直径为 100mm，炉内气体温度为

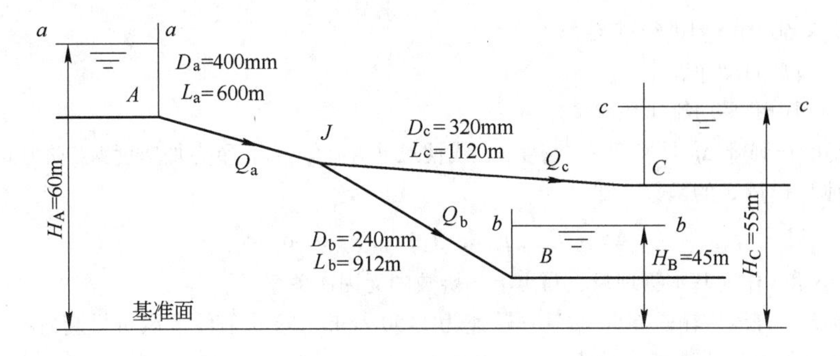

题图 1-18

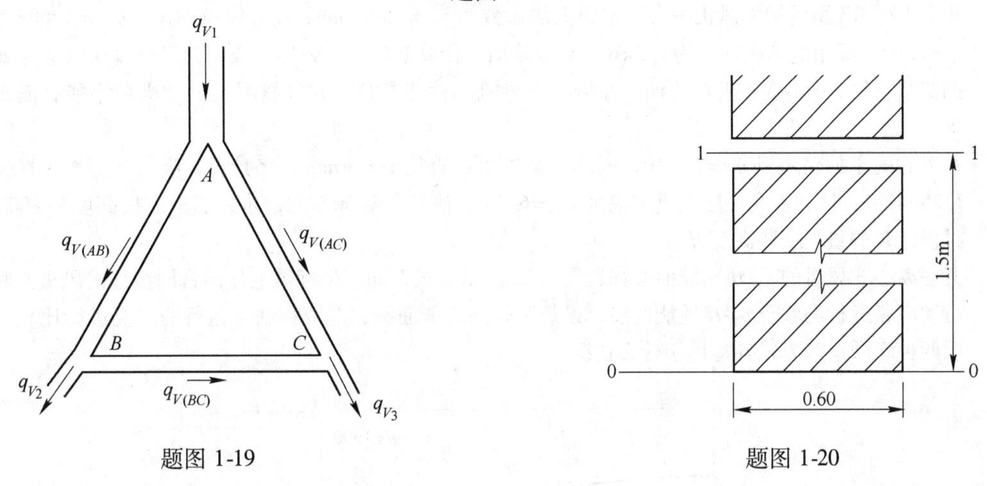

题图 1-19　　题图 1-20

1200℃，车间温度为20℃，炉底处相对压力为0，烟气密度（标态）为1.32kg/m³，求通过此小孔每小时损失的气体量。

1-57　炉门宽0.9m，高0.8m，炉气温度1400℃，周围空气温度0℃，烟气密度（标态）为1.32kg/m³，试计算：

（1）当炉门下缘相对压力为0时，求开启炉门逸气量。

（2）当炉门中心处相对压力为0时，求炉门逸气量及吸入空气量。

1-58　空气在6.6×98070Pa、70℃的气罐内通过一管嘴做绝热膨胀至3.8×98070 Pa，计算空气最终温度T_2及空气流速u_2？

1-59　已知某双原子气体压强p_0 = 118kPa，密度ρ = 1.12kg/m³，经收缩管嘴流入压强为p = 101kPa的空气中，喷嘴出口面积为5×10^{-4}m²，当按绝热过程处理，管嘴流量系数μ = 0.6时，计算压力比、经喷嘴流出的速度及此时的声速及质量流量？

1-60　氧气在拉伐尔管的原始参数p_0 = 11×98070Pa，T_0 = 313K，外界压力为98070Pa，质量流量q_m = 2.74kg/s，计算该拉伐尔管的临界压力、临界流速与临界断面，计算出口流速、出口断面及拉伐尔管的其他尺寸？

1-61　如题图1-21所示，试用相似定理推求出圆形孔口恒定流出口流速表达式。已知影响孔口出口流速的因素有水头H、孔口直径D、流体密度ρ、动力黏度ν、重力加速度g及表面张力σ。

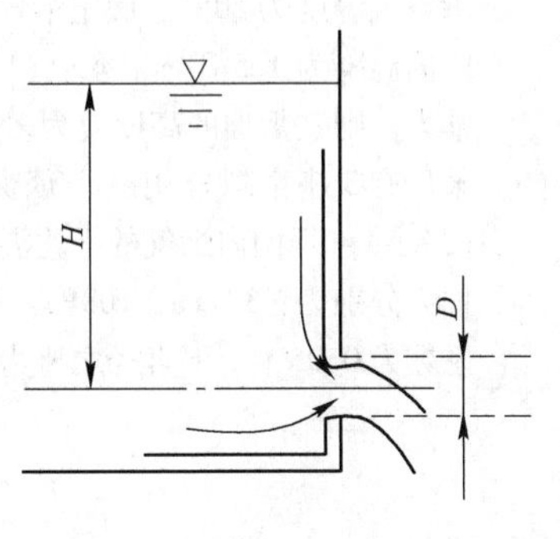

题图 1-21

1-62　设一桥墩长度l_p = 24m，桥墩宽b_p = 4.3m，两桥墩距离B_p = 90m，水深H_p = 8.2m，水的速度u_p = 2.3m/s。采用长度比

力系数 $\lambda_l=50$ 的模型进行试验。

（1）确定模型的尺寸。

（2）求模型中的平均流速和流量。

1-63　流体流动的压强降 Δp 是速度 u、密度 ρ、线性尺寸 l_1、l_2、l_3、重力加速度 g、动力黏度 ν、表面张力 σ 和体积模量 E 的函数，即

$$\Delta p=f(u,\rho,l_1,l_2,l_3,g,\nu,\sigma,E)$$

现将 u、ρ 和 l 作为基本物理量，写出上述函数的无因次关系式。

1-64　利用4-68№5号风机输送60℃空气，转速为1450r/min。求此条件下风机最高效率点上的性能参数，并计算该机的比转速 n_s 的值。

1-65　现有KZG-13型锅炉引风机一台，铭牌上的参数为 $n_0=960\text{r/min}$，$p_0=14\text{mmH}_2\text{O}$，$q_{V_0}=1200\text{m}^3/\text{h}$，$\eta=65\%$，配用电动机功率为1.5kW，V带传动，传动效率 $\eta_t=98\%$。今用此风机输送温度为20℃的清洁空气，n 不变，求在这种实际情况下风机的性能参数，并校核配用电动机功率能否满足要求。

1-66　某离心式泵的输水量 $q_V=5\times10^{-3}\text{m}^3/\text{s}$，泵进水口直径 $D=40\text{mm}$，经计算，吸水管的水头损失为 $1.25\text{mH}_2\text{O}$，铭牌上允许吸上真空高度 $H_g=6.7\text{m}$，输送水温50℃的清水，当地海拔高度为1000m，试确定泵的最大安装高度 H_g。

1-67　某一离心式风机的 q_V-H 性能曲线如题图1-22所示。试在同一坐标图上作两台同型号的风机并联运行和串联运行的联合 q_V-H 性能曲线。设想某管路性能曲线，对两种联合运行的工况进行比较，说明两种联合运行方式各适用于什么情况。

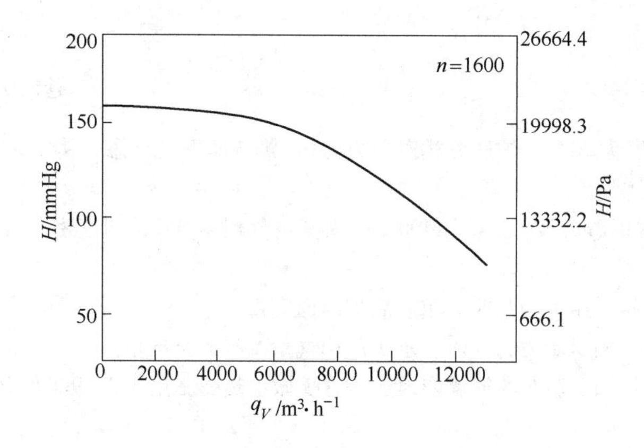

题图1-22

1-68　某厂建造一座砖烟囱与一铁烟囱，两烟囱的高度均为40m，测得烟囱底部的烟气温度为300℃，周围空气温度为20℃。假定烟气密度（标态）为 1.32kg/m^3，铁烟囱内的温降值为4℃/m，砖烟囱内的温降为1.5℃/m。求：（1）砖烟囱和铁烟囱所造成的抽力；（2）如果要得到砖烟囱所造成的抽力，则铁烟囱的高度应为多高？

1-69　某厂有3座窑拟合用一个烟囱，已知烟气总流量（标态）为 $36000\text{m}^3/\text{h}$（最大）和 $25000\text{m}^3/\text{h}$（最小），烟囱内烟气的平均温度350℃，烟气密度（标态）为 1.32kg/m^3。各座窑要求烟囱底部的抽力分别为：147Pa，108Pa，118Pa。外界空气的温度：冬季0℃，夏季35℃，烟囱内的摩擦阻力系数为0.05，上下直径之比为1.4，离开烟囱时烟气流速（标态）为4m/s。试求该烟囱的尺寸。

2 传 热 学

传热学是研究不同温度的物体或同一物体具有不同温度部分之间热量传递规律的学科。传热不仅是常见的自然现象，而且广泛存在于工程技术领域。在材料生产中存在着许多的传热现象，因此，掌握工业生产中的传热过程，熟悉传热的基本原理，最大限度地将热量传递给被加热的物体，减少热损失，提高窑炉热效率，具有十分重要的意义。

传热的基本方式有热传导、对流传热和热辐射三种。

热传导是在不涉及物质转移的情况下，热量从物体中温度较高的部位传递给相邻的温度较低的部位，或从高温物体传递给相接触的低温物体的过程，简称导热。例如，把铁棒的一端放入炉中加热时，由于铁棒具有良好的导热性能，热很快从加热端传递到未加热端，使该端温度升高。导热可以在固体、液体和气体中发生，但在地球引力场作用的范围内，单纯的导热只发生在密实的固体中。

从微观角度来看，导热是物质的分子、原子和自由电子等微观粒子的热运动而产生的热传递现象。气体、液体、金属固体和非金属固体的导热机理是有所不同的。在气体中，导热是气体分子不规则热运动时相互碰撞的结果。高温区气体分子的平均动能大于低温区气体分子的平均动能，不同能量水平的分子相互碰撞的结果，就使热量由高温区传至低温区。在非金属晶体（介电体）内，热量是依靠晶格的热振动波来传递，即依靠原子、分子在其平衡位置附近的振动所形成的弹性波来传递。在金属固体中，这种晶格振动波对热量传递只起很小的作用，主要是依靠自由电子的迁移来实现。近年来的研究结果表明，液体的导热机理类似于非金属晶体，即主要依靠晶格结构振动来传递热量。

依靠流体不同部分的相对位移，把热量由一处传递到另一处的现象，称为热对流。例如，冬季，房间内采暖器供热后，暖气片附近的空气因受热膨胀而向上浮升，周围的冷空气就移过来补充，从而形成空气的循环流动，流动着的空气将热量带到房间各处。由此可见，热对流仅能发生在流体中，热量的传递与流体的流动密切相关。由于流体中存在着温度差，故流体中的导热也必然同时存在。

工程上遇到的对流问题，往往不是单纯的热对流方式，而是流体流过物体表面时，依靠导热和热对流联合作用的热量传递过程，称为对流传热过程。

热辐射是指物体因自身具有温度向外发射电磁波或光子来传递热量的方式。因此，热辐射是消耗物体内能的电磁辐射，它与 X 射线、紫外线和无线电波等的本质是相同的，区别仅在于波长和发射源不同。它是波长为 0.1 ~ 100μm 的电磁辐射，因此与其他传热方式不同，热量可以在没有中间介质的真空传播。热辐射区别于导热和对流传热的另一点是，它在传播能量的过程中，伴随有能量形式的转换，即由内能转换为辐射能，再转换为内能。

实际传热过程一般都不是单一的传热方式，而不同的传热方式则遵循不同的传热规律。为了分析方便，人们在传热研究中把三种传热方式分解开来，然后再加以综合。

2.1　热传导（导热）

2.1.1　基本概念

热量的传递与温度分布密切相关，因此在介绍传热基本规律之前，必须先了解传热的基本概念。

2.1.1.1　温度场

温度场是指某一瞬间，空间（或物体内）所有各点温度分布的总称，又称为温度分布。温度场是个数量场，一般来说，可表示成空间坐标和时间的函数，即

$$t = f(x, y, z, \tau) \tag{2-1}$$

式中　x，y，z——空间直角坐标；

τ——时间。

由式（2-1）可知，温度场可按随时间或随空间坐标变化进行分类。如果温度场随时间变化，则为非稳态温度场。式（2-1）是非稳态温度场的一般表达式。如果温度场内各点的温度不随时间变化，则属于稳态温度场，它只是空间坐标的函数，即

$$t = f(x, y, z) \tag{2-2}$$

式（2-2）表示的是随 x、y、z 三个坐标变化的三维稳态温度场。如果稳态温度场仅和两个或一个坐标有关，则称为二维或一维稳态温度场，可分别表示为

$$t = f(x, y) \tag{2-3}$$

$$t = f(x) \tag{2-4}$$

温度场除了可用如上所述的数量函数表示外，还可用等温面（线）直观地表示出来。所谓等温面，就是在同一时刻，温度场中所有温度相同的点相连接所构成的面。不同的等温面与同一平面相交的交线，称为等温线，它是一簇曲线。图 2-1a 所示为内燃机活塞在某一工况下的温度分布，图 2-1b 所示为某热力管道横截面管壁内的温度分布。

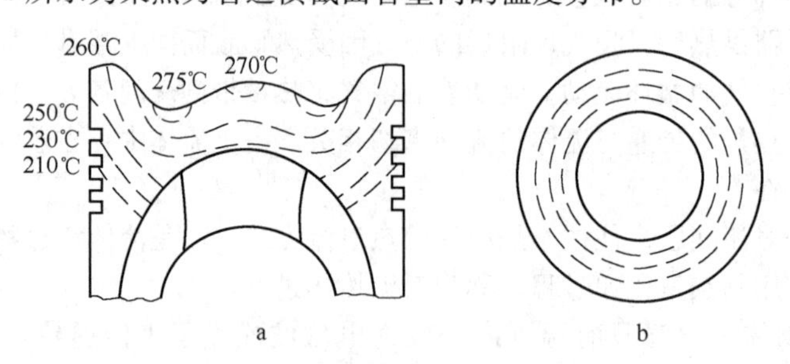

图 2-1　用等温线表示的温度场

图 2-1 中虚线代表不同温度的等温线，由图可见，用等温面（线）表示温度场形象、直观，因此工程上常用等温面（线）表示物体内的温度分布。

两个不同温度的等温面（线）不可能相交，它们或者是物体内的封闭曲面（线），或者终止于物体的边界上（图 2-1a、b）。这是由于同一时刻，物体内任意一点的温度不可能具有一个以上的不同值。

2.1.1.2　稳态传热与非稳态传热

发生在稳定温度场内的传热过程称为稳态传热，发生在非稳定温度场内的传热过程则称为

非稳态传热。这两种传热过程具有截然不同的性质。当隧道窑最高烧成温度维持不变时，烧成带窑墙或窑顶的传热过程属于稳态传热；而对于窑内的制品，由入口到出口的传热过程依次经过升温、保温及降温三个阶段，属于非稳态传热过程。

2.1.1.3 温度梯度

根据等温面的定义，在等温面上不存在温度差，只有穿越等温面才有温度变化。图 2-2 表示出某温度场内相邻的三个等温面（线），它们彼此间的温度差为 Δt。自等温面上某一点（O 点）出发，沿不同方向的温度变化率（单位距离的温度变化）是不相同的，而以在穿过等温面法线方向上的温度变化率为最大。所以，温度梯度表示温度场内某一点等温面法线方向的温度变化率。它是一个矢量，其方向与给定点等温面的法线方向一致（朝着温度升高的方向），其模等于该点等温面法线方向的温度变化率，记作 **grad*t***。

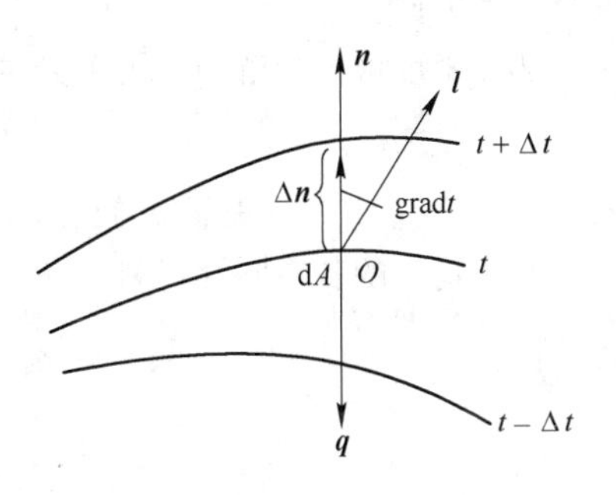

图 2-2 等温线和温度梯度

$$\mathbf{grad}t = \frac{\partial t}{\partial n}\boldsymbol{n} \tag{2-5}$$

式中 $\boldsymbol{n}$——通过该点的等温线法向单位矢量，指向温度升高的方向；

$\frac{\partial t}{\partial n}$——该点等温面法线方向的温度变化率。

温度梯度在直角坐标系中可表示为在三个坐标轴方向的分量之和，即

$$\mathbf{grad}t = \frac{\partial t}{\partial x}\boldsymbol{i} + \frac{\partial t}{\partial y}\boldsymbol{j} + \frac{\partial t}{\partial z}\boldsymbol{k} \tag{2-6}$$

式中 $\boldsymbol{i}$，$\boldsymbol{j}$，$\boldsymbol{k}$——三个坐标轴方向的单位矢量；

$\frac{\partial t}{\partial x}$，$\frac{\partial t}{\partial y}$，$\frac{\partial t}{\partial z}$——温度梯度在坐标轴上的投影。

2.1.1.4 热流密度与热流量

温度差的存在是导热的必要条件。由于等温面上没有温度差，故导热只发生在不同的等温面之间，即从高温等温面沿着其法线向低温等温面传递。单位时间内通过单位面积上传递的热量，称为热流密度，用符号 q 表示，单位为 W/m^2。

单位时间内通过某一给定面积上传递的热量称为热流量，用符号 Φ 表示，单位为 W。

2.1.2 导热基本定律

热流密度与温度梯度有关。法国数学物理学家傅里叶（J. Fourier）在对各向同性连续介质（均匀物质）导热过程实验研究的基础上，于 1882 年提出：在任何时刻，均匀连续介质内各点所传递的热流密度正比例于当地的温度梯度，即

$$\boldsymbol{q} = -\lambda\mathbf{grad}t = -\lambda\frac{\partial t}{\partial n}\boldsymbol{n} \tag{2-7}$$

式中 λ——热导率，W/(m · K)；

grad*t*——介质内某点的温度梯度。

式（2-7）就是导热基本定律——傅里叶定律的数学表达式，它确定了热流密度与温度梯度之间的关系。

式（2-7）表明，热流密度是一个矢量（热流矢量），它与温度梯度的方向相反，即沿着温

度降低的方向。

热流密度可以分解为若干个分量，在直角坐标系中可表示为

$$\boldsymbol{q} = q_x\boldsymbol{i} + q_y\boldsymbol{j} + q_z\boldsymbol{k} \tag{2-8}$$

式中　q_x，q_y，q_z——矢量 $\boldsymbol{q}$ 在三个坐标轴上的投影。

对于均匀的各向同性材料，在直角坐标系中傅里叶定律表达式（2-8）可改写为

$$\boldsymbol{q} = -\lambda\left(\frac{\partial t}{\partial x}\boldsymbol{i} + \frac{\partial t}{\partial y}\boldsymbol{j} + \frac{\partial t}{\partial z}\boldsymbol{k}\right)$$

或

$$\boldsymbol{q} = -\lambda\frac{\partial t}{\partial x}\boldsymbol{i} - \lambda\frac{\partial t}{\partial y}\boldsymbol{j} - \lambda\frac{\partial t}{\partial z}\boldsymbol{k} \tag{2-9}$$

由式（2-8）和式（2-9）可知，通过一个表面的热流密度的大小，与该表面法线方向的温度变化率成正比。

单位时间通过给定面积 A 的热流量为

$$\Phi = \int_A \boldsymbol{q}\mathrm{d}A = -\int_A \lambda\frac{\partial t}{\partial n}\mathrm{d}A \tag{2-10}$$

如果截面 A 上各点的温度梯度相同，则式 2-10 改写为

$$\Phi = -A\lambda\frac{\partial t}{\partial n} \tag{2-11}$$

由上述可知，为了计算通过固体任一表面的热流量，必须知道物体内的温度场，故求解温度场是导热分析的首要任务。

2.1.3　热导率

由傅里叶导热基本定律的数学表达式（2-7）可得到热导率 λ 的定义式为

$$\lambda = \frac{\boldsymbol{q}}{-\mathbf{grad}\boldsymbol{t}} \tag{2-12}$$

可见，在数值上，热导率等于在单位温度梯度作用下物体内热流密度矢量的模。热导率的单位为 W/(m·K)，其大小表征物质的导热能力，是物质的一个重要热物性参数。

各种物质的热导率，一般都是用不同的实验方法测定的。测定热导率的方法分为稳态法和非稳态法两大类，傅里叶导热定律是稳态法测定的基础。有关测试方法可参阅文献［26］。常用金属材料、建筑材料和隔热保温材料的热导率列表于附录Ⅵ和附录Ⅶ中。

热导率的大小主要决定于物质的种类和温度，此外，还与物质的湿度、密度及压力等因素有关。一般情况下，纯金属的热导率大，气体和蒸气的热导率小，隔热保温材料和无机液体的热导率介于它们之间。

2.1.3.1　气体的热导率

在大气压强下，气体的热导率约为 0.006~0.6W/(m·K)。气体中，氢的热导率最大。

图 2-3 给出了几种气体的热导率随温度变化的实测数据。由图可知，气体的热导率随温度升高而增大。值得注意，混合气体的热导率不能按相加性规律计算，只能用实验方法测定。

2.1.3.2　液体的热导率

液体的热导率一般低于固体的热导率，大约在 0.07~0.7W/(m·K)之间。液体中，水的热导率最大，大气压力下饱和水的 λ 值为 0.68W/(m·K)。油类的热导率值较小，一般为 0.01~0.15W/(m·K)。

图 2-4 给出了一些液体的热导率随温度的变化曲线。实验表明，除水和甘油外，大多数液

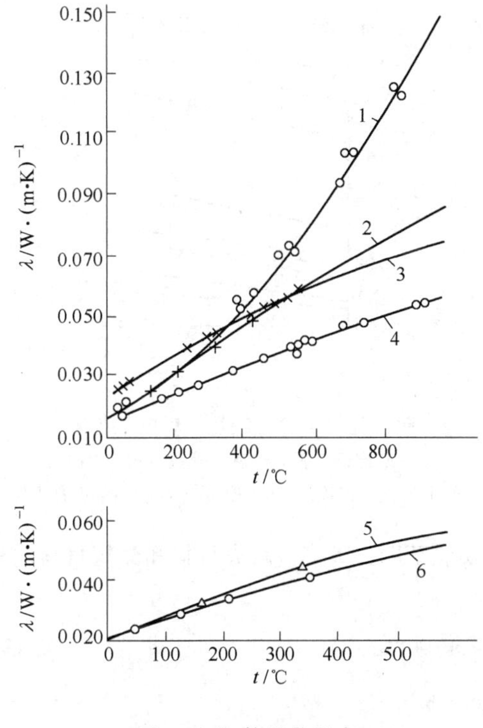

图 2-3 气体的热导率

1—水蒸气；2—二氧化碳；3—空气；
4—氩气；5—氧气；6—氮气

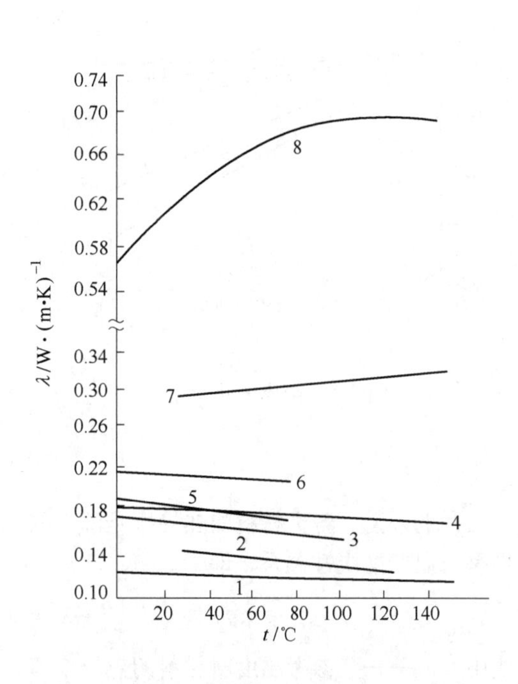

图 2-4 各种液体的热导率

1—凡士林油；2—苯；3—丙酮；4—蓖麻油；
5—乙醇；6—甲醇；7—甘油；8—水

体的热导率随温度升高而下降。

2.1.3.3 固体的热导率

各种纯金属的热导率一般在 12 ~ 419W/(m·K)范围内变化，其中以银的热导率为最大，在常温下其值达 419W/(m·K)；然后，依次为紫铜、黄金和铝等。纯金属达到熔融状态时，λ 值变小。例如，铝在常温固态时 λ 为 228W/(m·K)，但在 700℃的熔融状态又为 92W/(m·K)。这个性质对非金属也适用。以水为例，冰的 λ 值是 2.2W/(m·K)，水的 λ 值为 0.6W/(m·K)，而水蒸气的 λ 值降到 0. 025W/(m·K)。合金的热导率低于相关的纯金属的热导率，其变化范围是 12 ~ 130W/(m·K)。

通常把热导率小于 0.2W/(m·K)的材料称为隔热材料或热绝缘材料、保温材料。石棉、矿渣棉和硅藻土等都属于这类材料。隔热材料的热导率大致范围为 0.03 ~ 0.17W/(m·K)。

温度对于材料热导率的影响很大。大多数纯金属的热导率随温度升高而减小，如图 2-5 所示。这是因为金属的导热主要是依靠其自由电子的迁移来实现的。当温度升高时，金属原子晶格的振动加剧，干扰了自由电子的运动，使热导率下降。非导电固体材料，例如隔热材料和建筑材料，它们的热导率会随温度的升高而明显增大。图 2-6 所示为一部分建筑材料和隔热材料的热导率随温度变化曲线。这类材料具有多孔结构，由于有孔隙存在，不能把这类材料看作是连续介质，其热导率实为当量热导率。当温度升高时，不但孔隙中空气的热导率增大，而且材料本身的热导率也增大。此外，材料孔隙中或多或少会产生对流换热和辐射换热，这些过程又会随温度升高而增强。以上原因的综合结果，就使这类材料的热导率随温度升高而急剧增大。

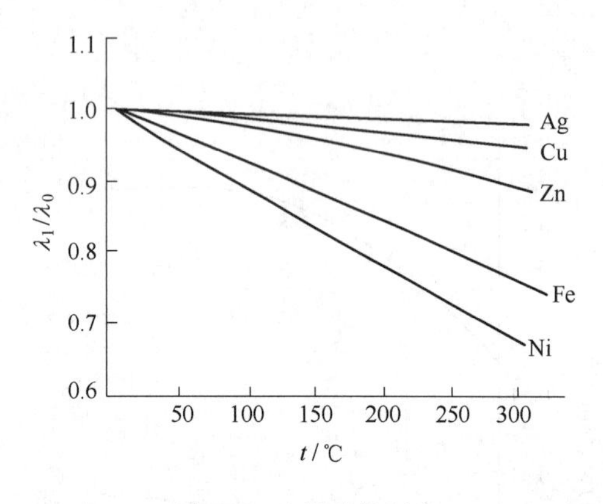

图 2-5 金属的热导率

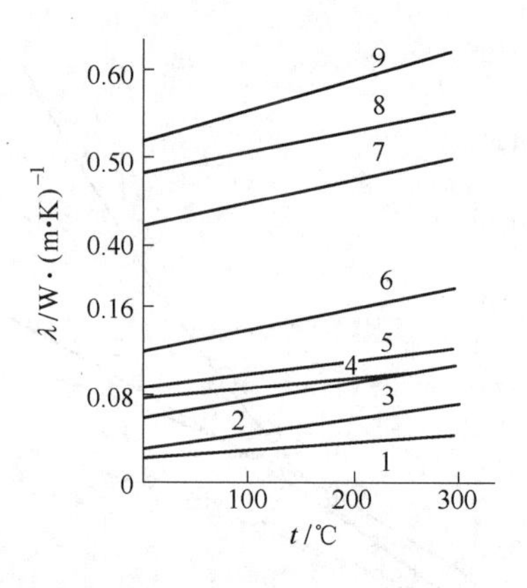

图 2-6 建筑材料与隔热材料的热导率

1—空气；2—矿棉；3—矿渣棉；4—镁粉；5—石棉白云石；6—硅藻土砖；7—红砖；8—炉渣混凝土砖；9—耐火黏土砖

一般来说，各类材料的热导率是温度的函数。实验证明，大多数耐火材料和建筑材料的热导率与温度呈线性关系，即

$$\lambda = \lambda_0(1 + bt) \tag{2-13}$$

式中 λ_0——某参考温度时材料的热导率值，W/(m · K)；

b——温度系数，单位是1/K，由实验确定。

工程计算中所用材料的热导率，常取该材料所处温度范围内的算术平均值 λ_m，即

$$\begin{aligned}\lambda_m &= \int_{t_1}^{t_2} \lambda(t)\,dt/(t_2 - t_1)\\ &= \int_{t_1}^{t_2} \lambda_0(1 + bt)\,dt/(t_2 - t_1)\\ &= \frac{1}{2}(\lambda_1 + \lambda_2)\end{aligned}$$

或

$$\lambda_m = \lambda_0\left[1 + \frac{b}{2}(t_1 + t_2)\right] \tag{2-14}$$

在分析材料的导热性能时，除分析温度、压力等影响因素外，还应区分各向同性体与各向异性体。不同方向上的热导率相同的材料称为各向同性材料；反之，称为各向异性材料。例如，木材、石墨及多层抽真空结构的超级隔热材料等，它们的各向结构不同，因此，不同方向上的热导率差别很大，这些材料是各向异性材料。

2.1.4 导热微分方程

傅里叶导热定律揭示了热流密度与温度梯度的关系，但是要确定热流密度的大小，还要进一步知道物体内的温度场，这就必须建立起温度场的通用方程，即导热微分方程。下面根据能量守恒和傅里叶定律推导导热微分方程的数学表达式。

假设所研究的物体是各向同性的连续介质，其内部存在着温度梯度和均匀分布的内热源。温度分布用直角坐标系表示为 $t = f(x, y, z, \tau)$；用单位体积在单位时间内释放出的热来表示均匀内热源的发热率，用符号 q_V表示，单位为 W/m^3。在导热物体内任取一边长分别为 dx、dy、 dz 的微元平行六面体作为控制体，如图 2-7 所示。

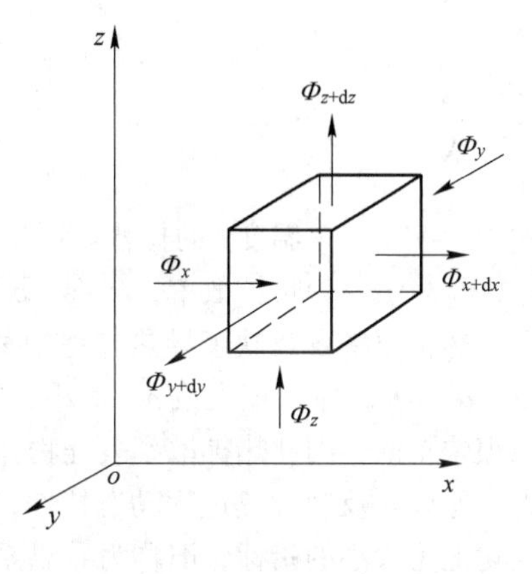

图 2-7　微元体的导热分析

根据能量守恒定律，单位时间净导入微元体的热量 $\Delta\Phi_d$ 加上微元体内热源生成的热量 $\Delta\Phi_V$ 应等于微元体焓的增加量 ΔH，即

$$\Delta\Phi_d + \Delta\Phi_V = \Delta H \tag{2-15}$$

导入与导出微元体的净热量：

$d\tau$ 时间内、沿 x 轴方向、经 x 表面导入的热量

$$d\Phi_x = q_x dydzd\tau$$

$d\tau$ 时间内、沿 x 轴方向、经 $x+dx$ 表面导出的热量

$$d\Phi_{x+dx} = q_{x+dx} dydzd\tau = \left(q_x + \frac{\partial q_x}{\partial x}dx\right)dydzd\tau$$

$d\tau$ 时间内、沿 x 轴方向导入与导出微元体净热量

$$d\Phi_x - d\Phi_{x+dx} = -\frac{\partial q_x}{\partial x}dxdydzd\tau$$

同理，$d\tau$ 时间内、沿 y 轴方向、z 轴方向导入与导出微元体净热量分别为

$$d\Phi_y - d\Phi_{y+dy} = -\frac{\partial q_y}{\partial y}dxdydzd\tau$$

$$d\Phi_z - d\Phi_{z+dz} = -\frac{\partial q_z}{\partial z}dxdydzd\tau$$

则对于该微元体来说，导入与导出净热量为

$$d\Phi_d = -\left(\frac{\partial q_x}{\partial x} + \frac{\partial q_y}{\partial y} + \frac{\partial q_z}{\partial z}\right)dxdydzd\tau$$

根据傅里叶定律，上式可写成

$$\Delta\Phi_d = \left[\frac{\partial}{\partial x}\left(\lambda\frac{\partial t}{\partial x}\right) + \frac{\partial}{\partial y}\left(\lambda\frac{\partial t}{\partial y}\right) + \frac{\partial}{\partial z}\left(\lambda\frac{\partial t}{\partial z}\right)\right]dxdydzd\tau \tag{2-16}$$

$d\tau$ 时间微元体内热源的发热量为

$$\Delta\Phi_V = q_V dxdydzd\tau \tag{2-17}$$

微元体在 $d\tau$ 时间内焓的增加量

$$\Delta H = \rho c_p \frac{\partial t}{\partial \tau}dxdydzd\tau \tag{2-18}$$

将式(2-16)～式(2-18)代入能量守恒方程式（2-15）中，经整理得

$$\rho c\frac{\partial t}{\partial \tau} = \frac{\partial}{\partial x}\left(\lambda\frac{\partial t}{\partial x}\right) + \frac{\partial}{\partial y}\left(\lambda\frac{\partial t}{\partial y}\right) + \frac{\partial}{\partial z}\left(\lambda\frac{\partial t}{\partial z}\right) + q_V \tag{2-19a}$$

或

$$\rho c_p\frac{\partial t}{\partial \tau} = -\left(\frac{\partial q_x}{\partial x} + \frac{\partial q_y}{\partial y} + \frac{\partial q_z}{\partial z}\right) + q_V \tag{2-19b}$$

式(2-19a)和式(2-19b)是直角坐标系中导热微分方程的一般形式，表达了物体内的温度随空间和时间的变化规律。

当物体的热物性参数 ρ、c_p 和 λ 为常量时，式（2-19a）可以简化为

$$\frac{\partial t}{\partial \tau} = \alpha\left(\frac{\partial^2 t}{\partial x^2} + \frac{\partial^2 t}{\partial y^2} + \frac{\partial^2 t}{\partial z^2}\right) + \frac{q_V}{\rho c_p} \tag{2-20a}$$

或写成

$$\frac{\partial t}{\partial \tau} = \alpha \nabla^2 t + \frac{q_V}{\rho c_p} \tag{2-20b}$$

式中 $\nabla^2 t$——温度 t 的拉普拉斯运算符；

α——热扩散率，m^2/s，$\alpha = \lambda/\rho c_p$。

热扩散率 α 反映了导热过程中材料的热导率（λ）与沿途物质储热能力（ρc_p）之间的关系。α 值大，即 λ 值大或 ρc_p 值小，说明物体的某一部分一旦获得热量，该热量能在整个物体中很快扩散，因此热扩散率表征物体被加热或冷却时，物体内各部分温度趋向于均匀一致的能力，所以 α 反映导热过程动态特性，是研究不稳态导热的重要物理量。由于 α 是材料传播温度变化能力大小的指标，旧称为导温系数。

当物体的热物性参数为常量且无内热源时，式（2-20b）还可进一步简化为

$$\frac{\partial t}{\partial \tau} = \alpha \nabla^2 t \tag{2-21}$$

对于稳态温度场，$\frac{\partial t}{\partial \tau} = 0$，式（2-20b）可简化为

$$\nabla^2 t + \frac{q_V}{\lambda} = 0 \tag{2-22}$$

对于无内热源的稳态温度场，则有

$$\nabla^2 t = \frac{\partial^2 t}{\partial x^2} + \frac{\partial^2 t}{\partial y^2} + \frac{\partial^2 t}{\partial z^2} = 0 \tag{2-23}$$

计算导热问题时，对于轴对称物体（圆柱、圆筒或球体）采用圆柱坐标系或球坐标系更为方便。通过坐标变换，可得出圆柱坐标系及球坐标系中导热微分方程式的一般形式。

圆柱坐标系（见图 2-8）：

$$\frac{1}{\alpha}\frac{\partial t}{\partial \tau} = \frac{1}{r}\frac{\partial}{\partial r}\left(r\frac{\partial t}{\partial r}\right) + \frac{1}{r^2}\frac{\partial^2 t}{\partial \varphi^2} + \frac{\partial^2 t}{\partial z^2} + \frac{q_V}{\lambda} \tag{2-24}$$

球坐标系（见图 2-9）：

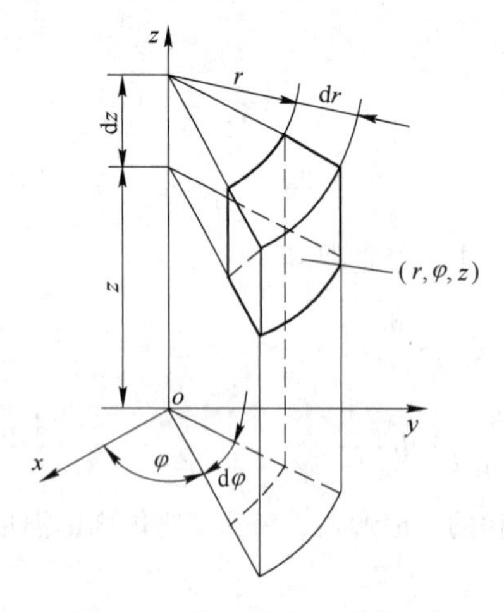

图 2-8 圆柱坐标系中的微元体

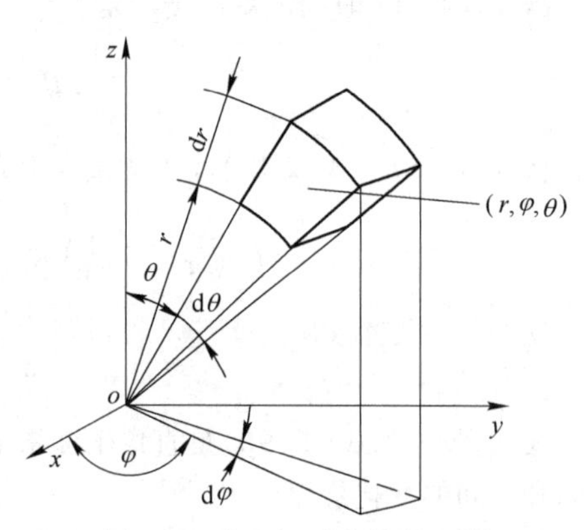

图 2-9 球坐标系中的微元体

$$\frac{1}{\alpha}\frac{\partial t}{\partial \tau} = \frac{1}{r^2}\frac{\partial}{\partial r}\left(r^2\frac{\partial t}{\partial r}\right) + \frac{1}{r^2\sin\theta}\frac{\partial}{\partial \theta}\left(\sin\theta\frac{\partial t}{\partial \theta}\right) + \frac{1}{r^2\sin^2\theta}\frac{\partial^2 t}{\partial \varphi^2} + \frac{q_V}{\lambda} \tag{2-25}$$

2.1.5 导热过程的单值性条件

导热微分方程是描述导热过程共性的通用表达式，适用于任何导热过程。然而，每一个具体的导热过程总是在特定条件下进行的，具有区别于其他导热过程的特点。因此，对于某一特定的导热过程，除了用表征导热过程共性的导热微分方程来描述外，还需要有表达该过程特点的补充说明条件。这些补充说明条件总称为单值性条件。从数学角度来看求解导热微分方程式可获得方程式的通解。然而就特定的导热过程而言，不仅要得到这种通解，而且要得到既满足导热微分方程式，又满足该过程补充说明条件的特解，即唯一解。这种确定唯一解的补充说明条件就是上述的单值性条件，数学上称为定解条件。所以，对于一个具体的导热过程，完整的数学描述应包括两部分：导热微分方程和单值性条件。

一般地说，单值性条件包括几何条件、物理条件、时间条件和边界条件。

（1）几何条件。说明参与导热过程的物体的几何形状和大小。

（2）物理条件。说明参与导热过程的物体的物理特征。例如，物体的热物性参数 λ、ρ、c 等的值，它们是否随温度变化；物体内是否有内热源，它的大小及分布情况。

（3）时间条件。给出过程开始时刻物体内温度分布规律，可以表示为

$$\tau = 0,\quad t = f(x, y, z)$$

因此，时间条件又称初始条件。最简单的初始条件是物体内初始温度均匀分布，即

$$\tau = 0,\quad t = f(x, y, z) = t_0 = \text{常量}$$

稳态导热时，初始条件无意义，只有非稳态导热才有初始条件。

（4）边界条件。给出导热物体边界上的温度或换热情况。导热问题的常见边界条件可归纳为三类。

1）第一类边界条件：给出任何时刻物体边界上的温度分布，可表示为

$$\tau > 0,\quad t_w = f(x, y, z, \tau) \tag{2-26}$$

式中 t_w——物体边界面上的温度；

x, y, z——物体边界面上点的坐标。

最简单的第一类边界条件是物体表面上的温度均匀分布，并保持为定值，即 t_w = 常量。

2）第二类边界条件：给出任何时刻物体边界上的热流密度分布，即

$$q_w = f(x, y, z, \tau) \tag{2-27}$$

式中 q_w——物体边界面上法向的热流密度值。

最简单的第二类边界条件是物体边界面上的热流密度均匀分布，并保持定值，即 q_w = 常量。

3）第三类边界条件：给出与物体边界面直接接触的流体温度 t_f 及边界面与流体之间的对流换热表面传热系数 h。由牛顿冷却公式，物体边界面上单位面积与周围流体间的对流换热量可表达为

$$q = h(t_w - t_f)$$

根据能量守恒定律，单位时间由于对流换热，从物体单位表面积上带走的热量，应等于单位时间内由于导热从物体内部传导给单位表面积的热量，即

$$h(t_w - t_f) = -\lambda \left.\frac{\partial t}{\partial n}\right|_w$$

于是，第三类边界条件可表示为

$$\left.\frac{\partial t}{\partial n}\right|_w = -\frac{h}{\lambda}(t_w - t_f) \tag{2-28}$$

式（2-28）实质上是能量守恒定律在物体表面上的特殊表达式。式中 $\left.\frac{\partial t}{\partial n}\right|_w$ 为物体边界面上法向的温度梯度。表面传热系数 h 和流体温度 t_f 在稳态导热时为定值，在非稳态导热时可为时间的函数。

应注意，以上三类边界条件之间有一定的联系。在一定条件下，第三类边界条件可以转化为第一、二类边界条件。由式（2-28）可见，当 h/λ 趋于无穷大时，由于边界面上的温度梯度 $\left.\frac{\partial t}{\partial n}\right|_w$ 总是一有限值，因此得 $t_w - t_f = 0$，即 $t_w = t_f$。这是第一类边界条件的表达式。若式（2-28）中 h 趋于零，则得 $\left.\frac{\partial t}{\partial n}\right|_w = 0$，故 $q_w = -\lambda\left.\frac{\partial t}{\partial n}\right|_w = 0$。这是第二类边界条件中的一种特殊情况。

还应注意，在上述边界条件中，第二、三类边界条件涉及到导热物体的热物性参数 λ。

【例 2-1】 一块处在无内热源稳态导热下的平壁，热导率为常量，平壁的宽度与高度远大于其厚度。如果在平壁两侧表面上为第二类边界条件，试画出平壁内的温度分布曲线。

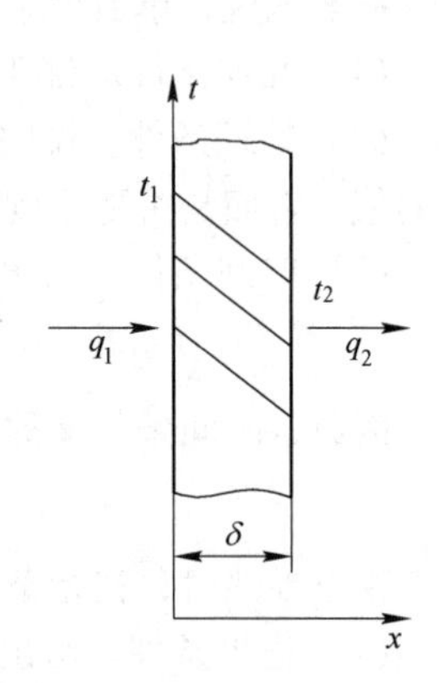

图 2-10　例 2-1 图

【解】 因平壁的宽度和高度尺寸远大于其厚度尺寸，故可以认为沿高度与宽度方向温度变化很小，可以忽略不计，而只沿厚度方向变化，即一维导热。因此，本问题为一维稳态导热。

若按图 2-10 所示的坐标系，则第二类边界条件表示为

$$x = 0, \quad q_1 = C_1;$$

$$x = \delta, \quad q_2 = C_2$$

式中，$C_1 = C_2$，它们为确定的值。

在平壁稳态导热时，根据能量守恒的要求，则有

$$q_1 = q_2 = q$$

根据傅里叶定律可以写出

$$q_1 = -\lambda\left.\frac{dt}{dx}\right|_{x=0}, \quad q_2 = -\lambda\left.\frac{dt}{dx}\right|_{x=\delta}$$

则
$$\left.\frac{dt}{dx}\right|_{x=0} = \left.\frac{dt}{dx}\right|_{x=\delta} = C$$

又由 $q = -\lambda\frac{dt}{dx}$，其中 q 与 λ 均为与坐标 x 无关的常量，因此，$\frac{dt}{dx}$ 亦为常量，即平壁内温度 t 随 x 按线性关系变化。

综上可知，平壁内的温度分布曲线为已知斜度 c 的一簇平行直线，如图 2-10 所示。

说明：对于一维稳态导热，必须具有两个独立的边界条件才能有确定的解（唯一解）。而

本问题给出的是两个第二类边界条件，实质上是一个独立的边界条件，故问题的解为不定解。

2.1.6 稳态导热

稳态导热是指温度场不随时间变化的导热过程，在连续生产的热工设备中，当运行工况不变时，其中的导热过程均可看作稳态导热过程。

当物体的物性参数为常数时，稳态导热的导热微分方程式（2-22）在没有内热源时，可简化为式（2-23）。

下面将针对不同边界条件，分别研究无内热源（$q_V=0$）和有内热源（$q_V\neq0$）这两种情况下，通过平壁和圆筒壁一维稳态导热。

2.1.6.1 通过平壁的导热

所谓无限大平壁通常是指其宽度和高度远大于厚度的平壁。对于这种平壁，平壁边缘散热的影响（边壁效应）可以忽略不计，即忽略沿平壁高度与宽度方向的温度变化，而只考虑沿厚度方向的温度变化，亦即一维导热。实践证明，当平壁的高度和宽度是厚度的 8 ~ 10 倍时，可视作无限大平壁，简称大平壁。

生产过程中所涉及的导热问题很多可以简化为一维稳态导热问题，如窑炉的炉壁、蒸汽管的管壁、列管或套管换热器的管壁以及球形容器等。而且，一维稳态导热也是研究多维导热、非稳态导热的基础。

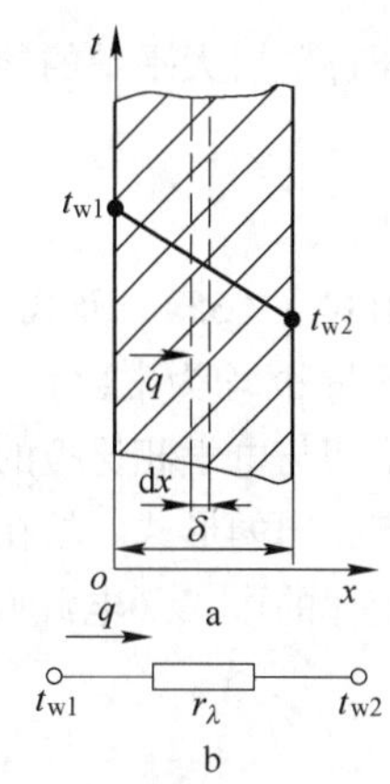

图 2-11 单层大平壁的导热
a—单层大平壁；b—单层平壁导热热路图

A 通过单层平壁无内热源的导热

图 2-11a 所示为单层大平壁，无内热源，材料的热导率 λ 为常量，平壁的厚度为 δ、侧表面积为 A。平壁两侧表面分别维持均匀稳定的温度 t_{w1} 与 t_{w2}，而且 $t_{w1} > t_{w2}$。

对于上述问题，根据其边界面上的温度均匀分布和稳定不变，可看作是无内热源的一维稳态导热问题，导热微分方程由式（2-23）可得

$$\frac{d^2t}{dx^2} = 0 \tag{2-29}$$

两个边界面上给出的均为第一类边界条件，即

$$\left.\begin{aligned} x = 0, t = t_{w1} \\ x = \delta, t = t_{w2} \end{aligned}\right\} \tag{2-30}$$

对方程式（2-29）进行积分，得

$$t = c_1 x + c_2 \tag{2-31}$$

将边界条件代入式（2-31），得到

$$c_2 = t_{w1}, \quad c_1 = \frac{t_{w2} - t_{w1}}{\delta} \tag{2-32}$$

于是得到单层平壁内的温度分布式为

$$t = t_{w1} - \frac{t_{w1} - t_{w2}}{\delta}x \tag{2-33}$$

可见，在所研究的单层平壁中的温度成线性分布，如图 2-11a 所示。

根据傅里叶定律表达式，可求得通过单层大平壁的热流密度的值为

$$q = -\lambda \frac{dt}{dx} \tag{2-34}$$

根据式（2-33）得

$$\frac{dt}{dx} = -\frac{t_{w1} - t_{w2}}{\delta}$$

则有

$$q = -\lambda \frac{dt}{dx} = \lambda \frac{t_{w1} - t_{w2}}{\delta} \tag{2-35a}$$

通过单层大平壁的导热热流量为

$$\Phi = Aq = \lambda A \frac{t_{w1} - t_{w2}}{\delta} \tag{2-35b}$$

由式（2-35a）及式（2-35b）可见，在稳态导热过程中，通过单层大平壁的热流密度值 q 和热流量 Φ 均为常数。

采用与电学相比拟的方法，式（2-35a）与直流电路欧姆定律表达式 $I=U/R$ 相比较，发现他们有相同的形式。故在传热学中，常把热量传递过程中热量与温度差的关系，写成电工学中欧姆定律的形式（电流 $I=$ 电位差 $\Delta E/$ 电阻 R），即

$$热流量\ \Phi = \frac{温度差\ \Delta t}{热阻\ R_t} \tag{2-36}$$

式中，热流量 Φ 可比作电流；温度差 Δt 可比作电位差，而 R_t 可比作电阻，称为热阻。于是，通过平壁的传热过程的热流量计算式（2-35a）可改写成

$$q = \lambda \frac{t_{w1} - t_{w2}}{\delta} = \frac{t_{w1} - t_{w2}}{\delta/\lambda} = \frac{\Delta t}{r_\lambda} \tag{2-37a}$$

$$\Phi = \lambda A \frac{t_{w1} - t_{w2}}{\delta} = \frac{t_{w1} - t_{w2}}{\dfrac{\delta}{\lambda A}} = \frac{\Delta t}{R_\lambda} \tag{2-37b}$$

式中　r_λ——平壁单位面积导热热阻，简称平壁的单位导热热阻，$m^2 \cdot K/W$。$r_\lambda = \dfrac{\delta}{\lambda}$ 它的倒数为单位热导；

R_λ——平壁导热热阻，K/W，$R_\lambda = \dfrac{\delta}{\lambda A}$，它的倒数称为热导。

因此，第一类边界条件下通过单层平壁的一维稳态导热，可以用热路图直观地表示出来，如图 2-11b 所示。

应当指出，上述采用直接积分法求解导热微分方程式是求解导热问题的一般方法。实际上，对于无内热源的一维稳态导热问题，常采用傅里叶定律式的积分形式来求解。例如，对于上述单层大平壁的一维稳态导热，在距离平壁左侧表面 x 处，分割出一垂直于 x 坐标轴的微元薄壁，其厚度为 dx，如图 2-11a 所示。对于这层薄壁的导热，傅里叶定律的表达式为

$$q = -\lambda \frac{dt}{dx}$$

因为大平壁稳态导热时 q 为常量，故可将上式分离变量，并按相应的边界条件积分，即

$$q\int_0^{\delta}\mathrm{d}x = -\lambda\int_{t_{w1}}^{t_{w2}}\mathrm{d}t$$

得到

$$q = \lambda\frac{t_{w1} - t_{w2}}{\delta}$$

上式与式（2-35a）完全一样。

平壁内温度分布表达式的推导方法，是将式中的 t_{w2} 用平壁内任一等温面上的温度 t_x 代替，即

$$q = \lambda\frac{t_{w1} - t_{w2}}{\delta}$$

得

$$t_x = t_{w1} - q\frac{x}{\lambda} = t_{w1} - \frac{t_{w1} - t_x}{\delta}x$$

此式与式（2-33）相比较可见，这种推导方法，比直接对导热微分方程式积分求解的方法更为简便。但值得注意，这个方法仅适用于无内热源的一维稳态导热。

以上所讨论的是材料的热导率 λ 为常数的情况，下面考察热导率 λ 随温度变化对平壁导热的影响。

许多材料，特别是隔热材料（保温材料）的 λ 值随温度变化比较显著。对于这类材料，热导率 λ 与温度 t 的关系一般可按线性关系处理，如式（2-13）所示。

$$\lambda = \lambda_0(1 + bt)$$

将式（2-13）代入式（2-34），分离变量，并按式（2-30）给出的边界条件积分，经整理后可得

$$\left(t + \frac{1}{b}\right)^2 = \left(t_{w1} + \frac{1}{b}\right)\lambda - \frac{2qx}{b\lambda_0} \qquad (2\text{-}38)$$

式（2-38）是关于温度 t 的二次方程，可见，当材料的热导率随温度变化时，平壁内的温度分布是二次曲线方程。温度曲线的性质，由温度系数 b 的正负符号及其数值决定，如图 2-12 所示。

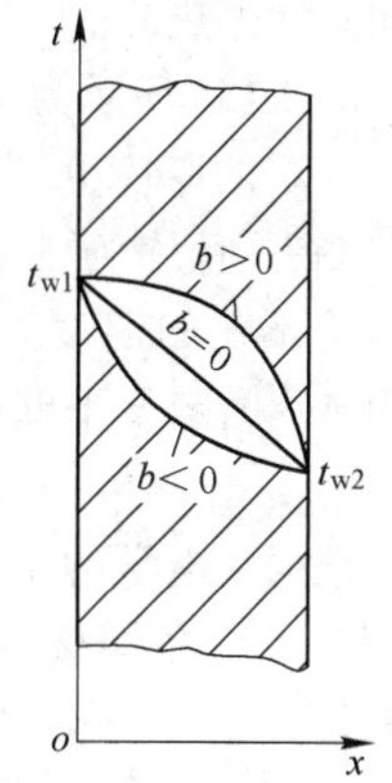

图 2-12 变热导率时平壁内温度分布

在变热导率情况下，平壁一维稳态导热（无内热源）的热流密度计算式，可以采用前已述及的方法。由傅里叶定律式的积分形式导出，即

$$q = -\lambda\frac{\mathrm{d}t}{\mathrm{d}x} = -\lambda_0(1 + bt)\frac{\mathrm{d}t}{\mathrm{d}x}$$

分离变量，并按给出的第一类边界条件积分

$$q\int_0^{\delta}\mathrm{d}x = -\lambda_0\int_{t_{w1}}^{t_{w2}}(1 + bt)\mathrm{d}t$$

$$q = \frac{\lambda_0(t_{w1} - t_{w2})}{\delta}\left[1 + \frac{b}{2}(t_{w1} + t_{w2})\right]$$

式中

$$\lambda_0\left[1 + \frac{b}{2}(t_{w1} + t_{w2})\right] = \frac{\lambda_1 + \lambda_2}{2} = \lambda_m$$

所以

$$q = \frac{\lambda_m}{\delta}(t_{w1} - t_{w2}) \qquad (2\text{-}39)$$

将式（2-39）与式（2-35a）比较，可以得出结论：当式（2-13）适用时，平壁导热量的

计算仍可用热导率为常数时的计算公式，只要把公式中的热导率改用平壁平均温度下的热导率 λ_m 即可。

【例 2-2】 有一砖砌墙壁，厚为 0.25m。已知内外壁面的温度分别为 25℃和 30℃。试计算墙壁内的温度分布和通过的热流密度。

【解】 由平壁导热的温度分布，得

$$\frac{t - t_{w1}}{t_{w2} - t_{w1}} = \frac{x}{\delta}$$

代入已知数据 $t_{w1} = 25℃$，$t_{w2} = 30℃$，$\delta = 0.25m$ 可以得出墙壁内的温度分布表达式

$$t = 25 + 20x$$

从附录Ⅶ查得红砖的热导率 $\lambda = 0.87W/(m \cdot ℃)$，于是可以计算出通过墙壁的热流密度

$$q = \frac{\lambda}{\delta}(t_{w1} - t_{w2}) = \frac{0.87}{0.25} \times (25 - 30) = -17.4W/m^2$$

B　通过多层平壁无内热源的导热

下面讨论由 n 层均质材料组成的多层平壁的稳态导热。假定各层材料之间接触良好，亦即接触面上各点温度相同，无内热源。

图 2-13a 所示为一个由三层不同材料组成的大平壁。各层的厚度分别为 δ_1、δ_2 和 δ_3，热导率分别为 λ_1、λ_2 和 λ_3，且均为常数。平壁最外两侧表面分别维持均匀稳定不变的温度 t_{w1} 和 t_{w4}，且 $t_{w1} > t_{w4}$。平壁的导热面积为 A。确定该平壁中的温度分布和通过平壁的导热热流量。

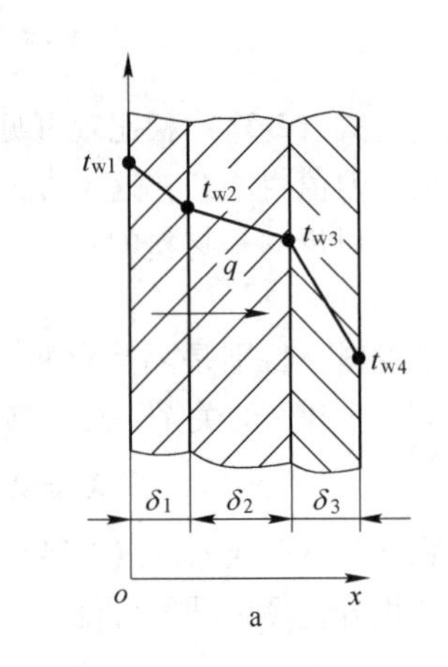

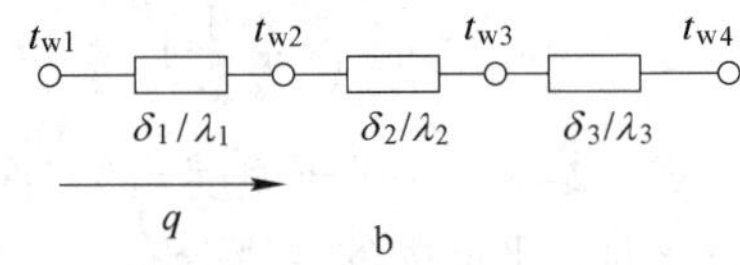

图 2-13　多层平壁稳态导热
a—多层大平壁；b—串联热路

根据与电学的比拟，可绘出其导热过程的热路图如图 2-13b所示。各层材料的热阻为

$$r_\lambda = \frac{\delta_i}{\lambda_i} = \frac{t_{wi} - t_{wi+1}}{q} \quad (i = 1,2,3) \qquad (2\text{-}40)$$

根据给出的条件，可以判定该问题是三层平壁一维稳态导热（无内热源）。对于每层可按单层平壁的计算公式写出

$$q = \frac{t_{w1} - t_{w2}}{\dfrac{\delta_1}{\lambda_1}} = \frac{t_{w2} - t_{w3}}{\dfrac{\delta_2}{\lambda_2}} = \frac{t_{w3} - t_{w4}}{\dfrac{\delta_3}{\lambda_3}}$$

由和分比关系得

$$q = \frac{t_{w1} - t_{w4}}{\dfrac{\delta_1}{\lambda_1} + \dfrac{\delta_2}{\lambda_2} + \dfrac{\delta_3}{\lambda_3}}$$

式（2-40）代入上式，得

$$q = \frac{t_{w1} - t_{w4}}{r_{\lambda1} + r_{\lambda2} + r_{\lambda3}}$$

依此类推，对于 n 层大平壁的稳态导热，可以直接写出

$$q = \frac{t_{w1} - t_{wn+1}}{\sum_{i=1}^{n} r_{\lambda i}} \tag{2-41}$$

式中 $t_{w1} - t_{wn+1}$——n 层平壁的总温差,℃；

$\sum_{i=1}^{n} r_{\lambda i}$——$n$ 层平壁的单位总热阻总和，$m^2 \cdot ℃/W$。

因为每层平壁中的温度分布分别为一条直线，所以，多层平壁中的温度分布将是一条折线。图 2-13a 表示出了三层大平壁稳态导热时的温度分布曲线。各层之间的温度

$$t_{w2} = t_{w1} - qr_{\lambda 1} = t_{w1} - q\frac{\delta_1}{\lambda_1}$$

$$t_{w3} = t_{w2} - qr_{\lambda 2} = t_{w1} - q(r_{\lambda 1} + r_{\lambda 2}) \tag{2-42}$$

$$t_{wn} = t_{w1} - q(r_{\lambda 1} + r_{\lambda 2} + \cdots + r_{\lambda n-1})$$

对于多层平壁，当 λ 不为常数时，取平均温度下的热导率。一般用尝试误差法进行求解。假设交界面温度 t_{w2}，则，$t_{1m} = (t_{w1} + t_{w2})/2$

$$\lambda_{1m} = \lambda_0(1 + bt_{1m})$$

$$q_1 = \frac{t_{w1} - t_{w2}}{r_{\lambda 1}} = \frac{t_{w1} - t_{w2}}{\delta_1/\lambda_{1m}}$$

同理，假设 t_{w3}，得

$$q_2 = \frac{t_{w2} - t_{w3}}{r_{\lambda 2}} = \frac{t_{w2} - t_{w3}}{\delta_2/\lambda_{2m}}$$

$$q_3 = \frac{t_{w3} - t_{w4}}{r_{\lambda 3}} = \frac{t_{w3} - t_{w4}}{\delta_3/\lambda_{3m}}$$

$\frac{q_{max} - q_{min}}{q_{min}} < 4\%$ 时，认为假设合理。否则重新假设计算。

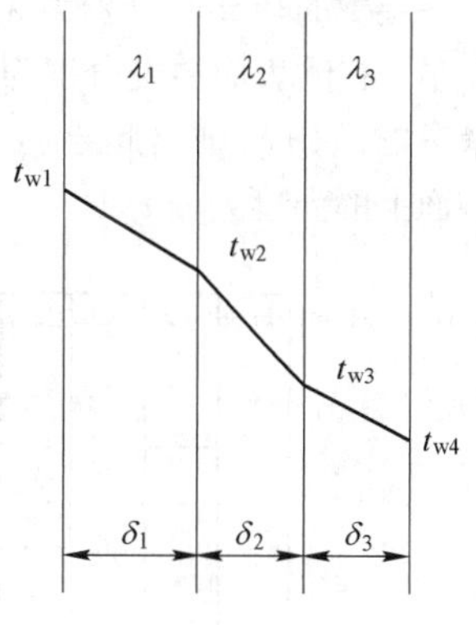

a

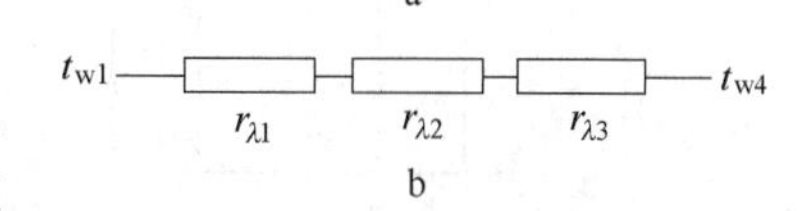

b

图 2-14 例 2-3 图

【例 2-3】 由三层材料组成的加热炉炉墙（图2-14a）。第一层为耐火砖。第二层为硅藻土绝热层，第三层为红砖，各层的厚度及热导率分别为 $\delta_1 = 240mm$，$\lambda_1 = 1.04W/(m \cdot ℃)$，$\delta_2 = 50mm$，$\lambda_2 = 0.15W/(m \cdot ℃)$，$\delta_3 = 115mm$，$\lambda_3 = 0.63W/(m \cdot ℃)$。炉墙内侧耐火砖的表面温度为 1000℃。炉墙外侧红砖的表面温度为 60℃。试计算硅藻土层的平均温度及通过炉墙的导热热流密度。

【解】 根据已知条件知该问题为通过多层平壁的一维稳态导热问题，边界条件为第一类边界条件，$t_{w1} = 1000℃$，$t_{w4} = 60℃$。可画出导热过程热路图如图 2-14b 所示。

根据式（2-41）得

$$q = \frac{t_{w1} - t_{w4}}{\frac{\delta_1}{\lambda_1} + \frac{\delta_2}{\lambda_2} + \frac{\delta_3}{\lambda_3}} = \frac{1000 - 60}{\frac{0.24}{1.04} + \frac{0.05}{0.15} + \frac{0.115}{0.63}} = 1259W/m^2$$

则界面温度 $t_{w2} = t_{w1} - q\frac{\delta_1}{\lambda_1} = 709.5℃$，$t_{w3} = t_{w2} - q\frac{\delta_2}{\lambda_2} = 290℃$

所以，硅藻土层的平均温度为　$\frac{t_{w2}+t_{w3}}{2}=499.75℃$

C　通过复合平壁的导热

在工程实际中，经常遇到一种在高度和宽度方向上由几种不同类型的材料砌成的平壁，如图 2-15a 所示。

显然，由于不同材料的热阻不同，热流沿垂直于壁面方向上的分布是不均匀的。纵向将产生温度差而导致产生纵向热流，严格地说属于二维（或者三维导热），不能使用简单的热路分析方法。然而，在温差不大的情况下，利用一维热路分析方法简化计算，在工程上有足够的精度。图 2-15b 为复合平壁对应的热路图，复合平壁的导热可看作如图所示的热阻的并联与串联，则通过复合平壁的热流密度可表示为

$$q=\frac{t_{w1}-t_{w5}}{r_{\lambda1}+r_{\lambda2}+r_{\lambda3}+r_{\lambda4}}$$

并联热阻的求解方法与并联电阻相同。

【例 2-4】　有一高为 3m 的复合壁，由 A，B，C，D 四种不同材料组成，其排列方式如图 2-16a 所示。各层壁的厚度分别是 $\delta_1=\delta_3=0.05\text{m}$，$\delta_2=0.1\text{m}$。第二层壁的上下两部分的高度各为 1.5m，各层壁的热导率分别为 $\lambda_A=\lambda_D=50\text{W}/(\text{m}\cdot\text{K})$，$\lambda_B=10\text{W}/(\text{m}\cdot\text{K})$，$\lambda_C=5\text{W}/(\text{m}\cdot\text{K})$。复合壁左、右侧表面温度分别为 $t_{w1}=174℃$，$t_{w4}=154℃$。复合壁的上下两端面绝热。按每米长复合壁考虑，（1）画出此导热系统的热路图；（2）求通过每米长复合壁的导热热流量；（3）求接触面上的温度 t_{w2}，t_{w3}。

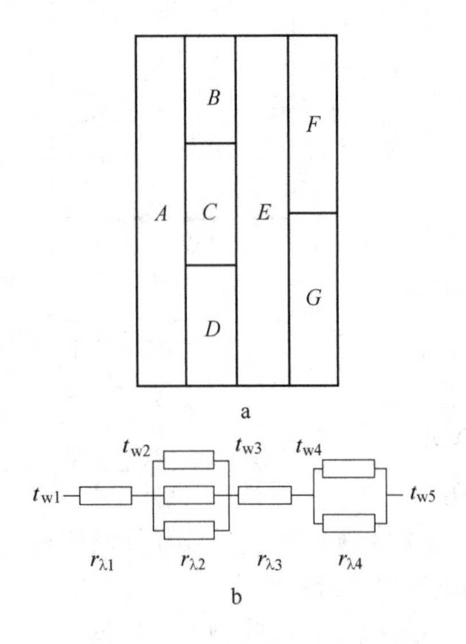

图 2-15　通过复合平壁的导热

a—复合平壁；b—热路图

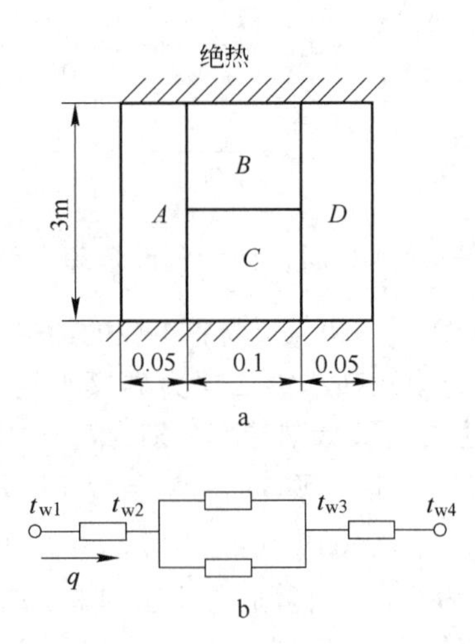

图 2-16　例 2-4 图

【解】　根据给出的条件：复合壁上下两端面绝热；复合壁高度等于 15 倍厚度；t_{w1}、t_{w4} 均匀分布并稳定不变。因此，可判定本问题为无内热源一维稳态导热，并为第一类边界条件。

（1）系统的热路是由串、并联分热路组成的混合热路，如图 2-16b 所示。

（2）按每米长复合壁计算导热面积，则

$$A_D=A_A=3\times1=3\text{m}^2,\quad A_B=A_C=1.5\text{m}^2$$

$$\Sigma R_{\lambda}=\frac{\delta_1}{\lambda_A A_A}+\left(\frac{\lambda_B\cdot A_B}{\delta_2}+\frac{\lambda_C\cdot A_C}{\delta_3}\right)^{-1}+\frac{\delta_3}{\lambda_D A_D}$$

$$=\frac{0.005}{50\times3}+\left(\frac{10\times1.5}{0.1}+\frac{5\times1.5}{0.1}\right)^{-1}+\frac{0.05}{50\times3}$$

$$=5.11\times10^{-3}(\mathrm{m\cdot K})/\mathrm{W}$$

$$\Phi=\frac{t_{w1}-t_{w4}}{\Sigma R_{\lambda}}=\frac{174-154}{5.111\times10^{-3}}=3913\mathrm{W/m}$$

（3）根据热路图（图 2-16b）可以得到

$$t_{w2}=t_{w1}-\frac{\Phi\delta_1}{\lambda A}=174-\frac{3913\times0.05}{50\times3}=172.7℃$$

$$t_{w3}=t_{w1}-\Phi\left[\frac{0.05}{50\times3}+\left(\frac{10\times1.5}{0.1}+\frac{5\times1.5}{0.1}\right)^{-1}\right]=155.3℃$$

说明：（1）由此例可见，采用热路分析法求解无内热源、一维稳态导热问题比较简捷；（2）在本例中，若材料 B 和 C 的热导率相差较大，则可能出现二维热流，不能用热路分析法求解。

D 通过单层平壁有内热源的导热

图 2-17 所示为厚度为 δ 的单层平壁，平壁内有均匀的内热源 q_V，且平壁的热导率 λ 为常数。平壁两侧表面分别维持均匀稳定的温度 t_{w1} 与 t_{w2}，而且 $t_{w1}>t_{w2}$。

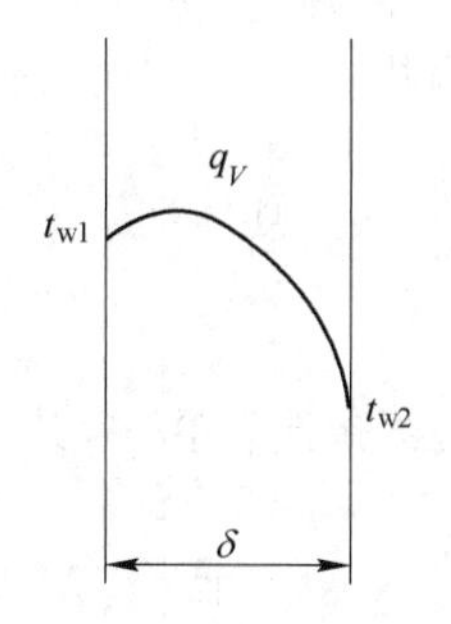

图 2-17 具有内热源单层平壁的稳态导热

根据其边界面上的温度均匀分布和稳定不变，则上述问题可看作是具有内热源的一维稳态导热问题，导热微分方程由式（2-19a）可得

$$\frac{d^2t}{dx^2}+\frac{q_V}{\lambda}=0 \tag{2-43}$$

两个边界面上给出的均为第一类边界条件，即

$$\left.\begin{array}{l}x=0,t=t_{w1}\\x=\delta,t=t_{w2}\end{array}\right\}$$

对式（2-43）积分得

$$t=-\frac{q_V}{2\lambda}x^2+c_1x+c_2 \tag{2-44}$$

将边界条件代入，求得

$$c_2=t_{w1},\quad c_1=\frac{q_V\delta}{2\lambda}+\frac{t_{w2}-t_{w1}}{\delta}$$

将 c_1、c_2 代入式（2-44）得平壁内温度分布为

$$t=\frac{q_V}{2\lambda}(\delta x-x^2)+\frac{t_{w2}-t_{w1}}{\delta}x+t_{w1} \tag{2-45}$$

可以看出，当 $q_V=0$ 时，式（2-45）与式（2-33）完全一致。

2.1.6.2　通过圆筒壁的导热

在热力设备中，许多导热体是圆筒形的。如内燃机的汽缸、锅炉管和换热器中的管道等。当圆筒壁的外半径小于圆筒壁长度的1/10时，则圆筒壁两端散热的影响可以忽略不计，可以认为壁内温度仅沿半径方向变化，即 $t = f(r)$。这种圆筒壁通常称为无限长圆筒壁或长圆筒壁。

A　单层圆筒壁

图2-18所示为一个内、外半径分别为 r_1 和 r_2，长度为 l 的圆筒壁，无内热源，内外两侧表面分别维持均匀稳定的温度 t_{w1} 和 t_{w2}，且 $t_{w1} > t_{w2}$。圆筒壁材料的热导率为常数。要求确定圆筒壁内的温度分布和通过圆筒壁的导热热流量。

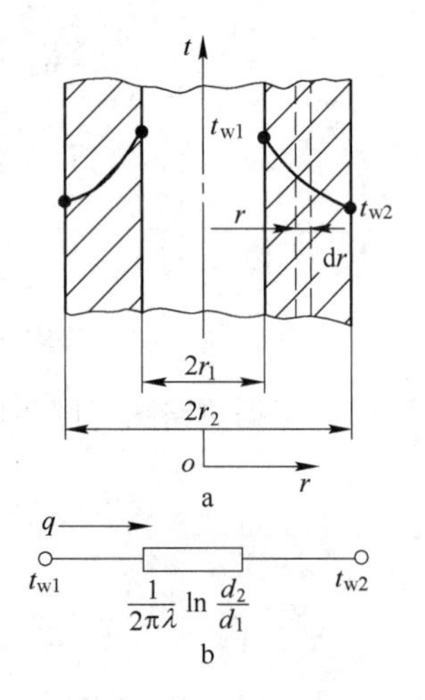

图2-18　单层圆筒壁
a—单层圆筒壁；b—热路图

根据给出的条件，圆筒壁的内、外侧表面保持均匀稳定的温度，亦即温度场是轴对称的，如果采用圆柱坐标系，则问题为无内热源、一维稳态导热。其导热微分方程根据式（2-24）可以表示为

$$\frac{d}{dr}\left(r\frac{dt}{dr}\right) = 0 \tag{2-46}$$

边界条件为第一类边界条件，即

$$\left.\begin{aligned} r = r_1, t = t_{w1} \\ r = r_2, t = t_{w2} \end{aligned}\right\}$$

对式（2-46）进行积分，得其通解为

$$t = c_1 \ln r + c_2 \tag{2-47}$$

式中，积分常数 c_1 和 c_2 由边界条件确定。将边界条件代入式（2-47），联立解得

$$c_1 = -\frac{t_{w1} - t_{w2}}{\ln(r_2/r_1)},\quad c_2 = t_{w1} + \frac{t_{w1} - t_{w2}}{\ln(r_2/r_1)}\ln r_1$$

于是得到圆筒壁内的温度分布为

$$t = t_{w1} - (t_{w1} - t_{w2})\frac{\ln(r/r_1)}{\ln(r_2/r_1)} \tag{2-48}$$

或

$$t = t_{w1} - (t_{w1} - t_{w2})\frac{\ln(d/d_1)}{\ln(d_2/d_1)} \tag{2-49}$$

因此

$$\frac{dt}{dr} = -\frac{t_{w1} - t_{w2}}{\ln(r_2/r_1)} \cdot \frac{1}{r} \tag{2-50}$$

由式（2-48）可知，与平壁中的线性温度分布不同，圆筒壁内的温度分布是一对数曲线如图2-18a所示。

解得温度分布后，可根据傅里叶定律，求得通过圆筒壁的导热热流量，它可以表示为

$$\Phi = -\lambda\frac{dt}{dr}2\pi rl \tag{2-51a}$$

将式（2-50）代入式（2-51a），得热流量计算式为

$$\Phi = \frac{2\pi\lambda l(t_{w1} - t_{w2})}{\ln(r_2/r_1)} \quad 或 \quad \Phi = \frac{2\pi\lambda l(t_{w1} - t_{w2})}{\ln(d_2/d_1)} \tag{2-51b}$$

将式（2-51b）写成欧姆定律解析式的形式，则为

$$\Phi = \frac{t_{w1} - t_{w2}}{\frac{1}{2\pi\lambda l}\ln\frac{d_2}{d_1}} = \frac{\Delta t}{R_{\lambda l}} \tag{2-51c}$$

式中　$R_{\lambda l}$——长度为 l 的单层圆筒壁导热热阻，K/W 或℃/W，$R_{\lambda l} = \frac{1}{2\pi\lambda l}\ln\frac{d_2}{d_1}$。

值得注意的是，在稳态下，尽管通过圆筒壁的导热热流量 Φ 与坐标 r 无关，但热流密度值却随坐标 r 变化。因此，为了工程计算方便，按单位管长计算热流量，记为 q_l，则

$$q_l = \frac{\Phi}{l} = \frac{t_{w1} - t_{w2}}{\frac{1}{2\pi\lambda}\ln\frac{d_2}{d_1}} \tag{2-52}$$

可见，当比值 d_2/d_1 不变时，单位管长热流量 q_l 与坐标 r 无关。q_l 的单位是 W/m。式(2-52)中的 $\frac{1}{2\pi\lambda}\ln\frac{d_2}{d_1}$，即为单位长度圆筒壁的导热热阻，记为 $r_{\lambda l}$，单位为 m · K/W。图 2-19b 所示为单位长度多层圆筒壁一维稳态导热的热路。

上述传热分析是从导热微分方程式出发，求解单层圆筒壁的一维稳态导热。与大平壁稳态导热一样，还可以采用傅里叶定律表达式的积分形式，求解单层圆筒壁一维稳态导热，得到与式(2-49)、式(2-51)和式（2-52）相同的结果。

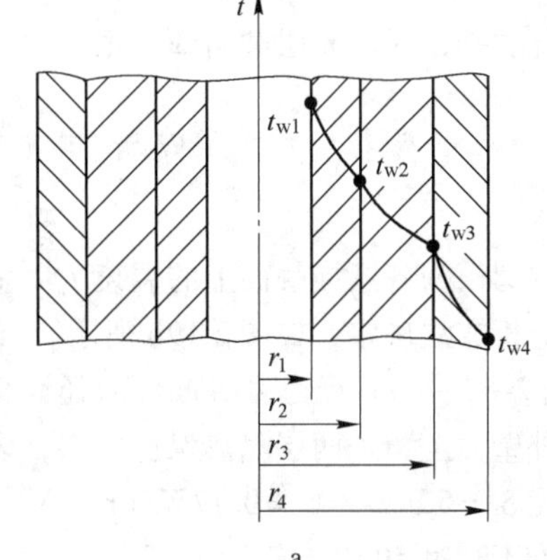

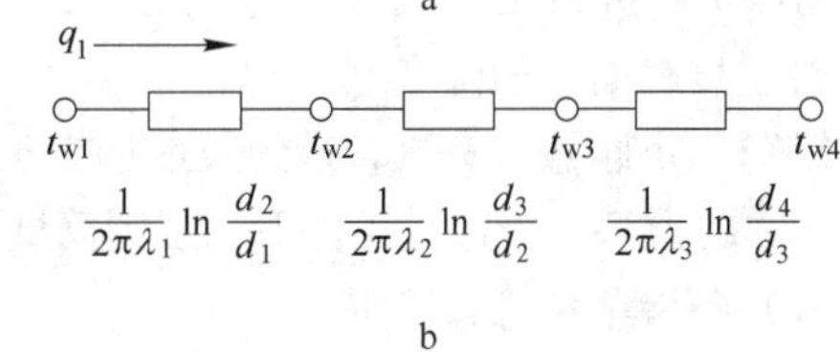

图 2-19　多层圆筒壁导热（第一类边界条件）
a—多层圆筒壁；b—单位长度圆筒壁导热热路

【例 2-5】 有一圆管外径为 50mm，内径为 30mm，其热导率为 25W/(m · ℃)，内外壁面温度分别为 40℃和 20℃。试求：通过壁面的单位管长的热流量和管壁内温度分布的表达式。

【解】 由通过圆筒壁的热流量计算公式得

$$q_l = \frac{t_{w1} - t_{w2}}{\frac{1}{2\pi\lambda}\ln\frac{r_2}{r_1}} = \frac{40 - 20}{\frac{1}{50\pi}\ln\frac{25}{15}} = 6150\text{W/m}$$

再由圆筒壁的温度分布

$$\frac{t - t_{w2}}{t_{w1} - t_{w2}} = \frac{\ln\frac{r}{r_1}}{\ln\frac{r_2}{r_1}}$$

代入数据，整理得温度表达式为

$$t = 39.152\ln r - 124.3$$

B　通过多层圆筒壁的导热

与分析多层平壁稳态导热一样，对于由不同材料组成的多层圆筒壁的一维稳态导热（无内

热源)，运用串联热阻叠加的原则，可以得到通过多层圆筒壁的导热热流量计算式。

图 2-19a 表示一个三层圆筒壁，各层相应的半径分别为 r_1、r_2、r_3 和 r_4，各层的热导率 λ_1、λ_2 和 λ_3 均为常数，圆筒壁的最内和最外两侧表面维持均匀的稳定温度 t_{w1} 和 t_{w4}，且 $t_{w1} > t_{w4}$。显然，这是一个三层圆筒壁一维稳态导热问题。根据式（2-52），可以写出其单位管长热流量计算式，即

$$q_l = \frac{t_{w1} - t_{w4}}{r_{\lambda l,1} + r_{\lambda l,2} + r_{\lambda l,3}} = \frac{t_{w1} - t_{w4}}{\frac{1}{2\pi\lambda_1}\ln\frac{d_2}{d_1} + \frac{1}{2\pi\lambda_2}\ln\frac{d_3}{d_2} + \frac{1}{2\pi\lambda_3}\ln\frac{d_4}{d_3}}$$

依此类推，对于 n 层圆筒壁，则为

$$q_l = \frac{t_{w1} - t_{w,n+1}}{\sum_i^n r_{\lambda l,i}} = \frac{t_{w1} - t_{w,n+1}}{\sum_i^n \frac{1}{2\pi\lambda_i}\ln\frac{d_{i+1}}{d_i}} \tag{2-53}$$

多层圆筒壁各层接触面上的温度 t_{w2}，t_{w3}，…，t_{wn}，与多层平壁稳态导热分析一样，可采用热路分析方法确定，如图 2-19b 所示。

【例 2-6】 一外径为 100mm，内径为 90mm 的蒸汽管道，管壁热导率 $\lambda_1 = 58\text{W}/(\text{m} \cdot \text{K})$。在管道外壁面上覆盖两层隔热保温材料，内层厚度 $\delta_2 = 30\text{mm}$，热导率 $\lambda_2 = 0.058\text{W}/(\text{m} \cdot \text{K})$；外层厚度 $\delta_3 = 50\text{mm}$，$\lambda_3 = 0.17\text{W}/(\text{m} \cdot \text{K})$。蒸汽管道的内侧表面温度 $t_{w1} = 300℃$，保温材料外表面温度不超过 50℃（安全温度）。试求：（1）各层的热阻；（2）每米蒸汽管道的热损失 q_l；（3）各层接触面上的温度 t_{w2}、t_{w3}。

【解】 由题意，蒸汽管道的长度远大于其外径；t_{w1} 和 t_{w4} 维持均匀、稳定不变的温度分布。因此，本题为第一类边界条件下三层圆筒壁一维稳态导热（无内热源）。

（1）各层单位管长热阻。

管壁　$$r_{\lambda l,1} = \frac{1}{2\pi\lambda_1}\ln\frac{d_2}{d_1} = \frac{1}{2\pi \times 58}\ln\frac{100}{90} = 2.891 \times 10^{-4}\text{m} \cdot \text{K/W}$$

内保温层　$$r_{\lambda l,2} = \frac{1}{2\pi\lambda_2}\ln\frac{d_3}{d_2} = \frac{1}{2\pi \times 0.058}\ln\frac{160}{100} = 1.2897\text{m} \cdot \text{K/W}$$

外保温层　$$r_{\lambda l,3} = \frac{1}{2\pi\lambda_3}\ln\frac{d_4}{d_3} = \frac{1}{2\pi \times 0.17}\ln\frac{260}{160} = 0.4545\text{m} \cdot \text{K/W}$$

（2）单位管长热损失 q_l。

由式（2-52）可得

$$q_l = \frac{t_{w1} - t_{w4}}{r_{\lambda l,1} + r_{\lambda l,2} + r_{\lambda l,3}} = \frac{300 - 50}{2.891 \times 10^{-4} + 1.2897 + 0.4545} = 143.3\text{W/m}$$

（3）求 t_{w2}、t_{w3}。

$$q_l = \frac{t_{w1} - t_{w2}}{r_{\lambda l,1}}, \quad t_{w2} = t_{w1} - q_l r_{\lambda l,1}$$

$$t_{w2} = 300 - 143.3 \times 2.891 \times 10^{-4} = 299.96℃$$

$$t_{w3} = t_{w1} - q_l(r_{\lambda l,1} + r_{\lambda l,2})$$

$$= 300 - 143.3 \times (2.891 \times 10^{-4} + 1.2897) = 115.14℃$$

说明：如果忽略不计金属管壁导热热阻 $r_{\lambda l,1}$，则 q_l 为 143.33 W/m，与不忽略管壁热阻时几乎相等。所以，在工程计算中常常忽略不计金属管壁导热热阻。

2.1.6.3 通过球壁的导热

图 2-20 所示为球壁的导热，图中球壁的内外半径分别为 r_1、r_2，内外表面的温度分别保持 t_{w1}、t_{w2} 不变，球壁的热导率 λ 为常数。考虑到温度仅依 r 而变，在球坐标系中属一维稳定温度场，可将导热微分方程在球坐标系的表达式（2-25）简化成如下形式

$$\frac{d^2t}{dr^2} + \frac{2}{r}\frac{dt}{dr} = 0 \qquad (2\text{-}54)$$

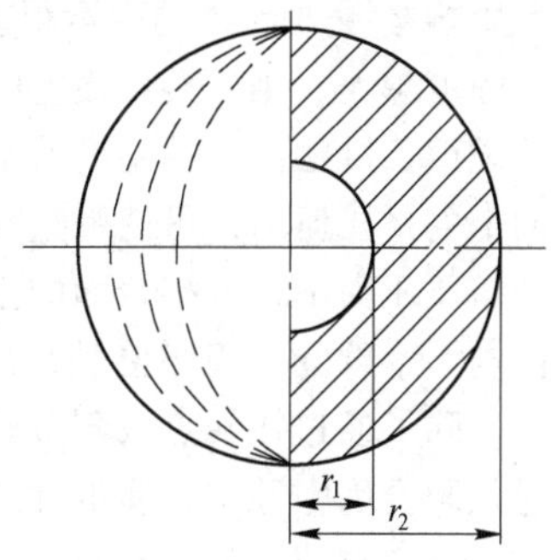

图 2-20 球壁的导热

边界条件为第一类边界条件，即

$$\left.\begin{aligned} r = r_1,\ t = t_{w1} \\ r = r_2,\ t = t_{w2} \end{aligned}\right\} \qquad (2\text{-}55)$$

对微分方程（2-54）进行积分，并将边界条件代入，可得球壁内温度分布的方程为

$$t = t_{w1} - \frac{(t_{w1} - t_{w2})(1/r_1 - 1/r)}{1/r_1 - 1/r_2} \qquad (2\text{-}56)$$

应用傅里叶定律，可得传热量的计算式为

$$\Phi = -\lambda A \frac{dt}{dr} = \frac{4\pi\lambda(t_{w1} - t_{w2})}{1/r_1 - 1/r_2} \qquad (2\text{-}57a)$$

或写成普通形式

$$\Phi = -\frac{\pi\lambda(t_{w1} - t_{w2})d_1 d_2}{\delta} \qquad (2\text{-}57b)$$

式中 δ——球壁厚度，m；

d_1，d_2——分别为球壁内外直径，m。

以上讨论的导热计算过程均是给定第一类边界条件的情况，对于给定第二类、第三类边界条件的情况请参考有关文献。

2.1.7 接触热阻

前面讨论直接接触的两个固体之间导热时，曾假定接合面完全贴合，具有相同的温度。但实际上，固体表面不是理想平整的，两表面之间往往是点接触，或者只是部分的面接触，如图 2-21所示。这就会给导热过程带来额外的热阻，称之为接触热阻，使得在接触面上将产生一定的温度降 Δt_c。按照热阻的定义，接合面上接触热阻 R_c 可以表示为

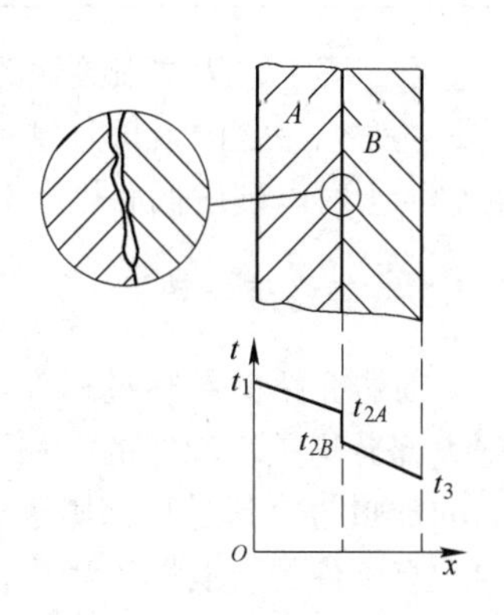

图 2-21 接触热阻效应

$$R_c = \frac{t_{2A} - t_{2B}}{\Phi} = \frac{\Delta t_c}{\Phi} \tag{2-58}$$

式中　Φ——导热热流量，W。

从式（2-58）可以看出，在热流量不变的条件下，接触热阻 R_c越大，则接合面上产生的温降 Δt_c 就越大。

影响接触热阻 R_c的因素很多，接触表面的粗糙度是产生并影响接触热阻的主要因素。表面粗糙度越大，则两接合面上的接触热阻越大。此外，接触热阻还与接合面上的挤压压力、材料的硬度、接触部位的温度及空隙中介质的性质等因素有关。对于一定粗糙度的表面，增加接触面上的挤压压力，可使弹塑性材料表面的点接触变形，接触面积增大，接触热阻减小。在同样的挤压压力下，两接合面的接触情形又因材料的硬度而异。例如，在相同条件下，一个硬的表面与一个软的表面相接触，其接触热阻要比两个硬的表面接触时小。由于固体间接触面上的导热，除了通过接触点或部分接触面传导之外，还有通过接触面间空隙中介质的导热。因此，接触热阻会因空隙中介质的性质不同而有所不同。例如，在接触面上涂一层很薄的名为导热姆的油，填充空隙，代替空隙中的气体，有可能减小接触热阻约75%。当接触面空隙两侧的温差增大时，空隙里的辐射换热增强，相当于减小了接触热阻。

综上所述，接触热阻的情况是很复杂的，至今还不能从理论上阐明它的规律，也未能得出可靠的计算公式。在工程设计中，当缺乏具体资料时，可参考表 2-1，估计其单位面积接触热阻。

表 2-1　几种接触表面的接触热阻

接触表面状况	表面粗糙度 /mm	温度/℃	压力/MPa	单位面积接触热阻 /$m^2 \cdot ℃ \cdot W^{-1}$
304 不锈钢，磨光，空气	1.14	20	4.0~7.0	5.28×10^{-4}
416 不锈钢，磨光，空气	2.54	90~200	0.3~0.25	2.64×10^{-4}
416 不锈钢，磨光，中间夹 0.025mm 厚黄铜片	2.54	30~200	0.7	3.52×10^{-4}
铝，磨光，空气	2.54	150	1.2~2.5	0.88×10^{-4}
铝，磨光，真空	0.25	150	1.2~2.5	0.18×10^{-4}
铝，磨光，中间夹 0.025mm 厚黄铜片	2.54	150	1.2~20.0	1.23×10^{-4}
铜，磨光，空气	1.27	20	1.2~20.0	0.07×10^{-4}
铜，磨光，真空	0.25	30	0.7~7.0	0.88×10^{-4}

在工程上，为增强接触部位的导热，需要采取措施减小接触热阻。例如，对于管壁上的肋片，通常以一定的预紧力缠绕或镶嵌在管壁上，也可以采取钎焊的办法。对于硬金属材料，在接触面上衬以硬度低而热导率大的铝箔或铜箔，可起到明显降低接触热阻的效果。

2.1.8　非稳态导热

前边介绍的导热过程都是在稳定温度场中的导热问题，而实际工程中所发生的导热过程绝大部分均是不稳定的，如无机非金属材料中间歇式操作的窑炉炉体的传热、任何窑炉中制品的加热与冷却过程都属于非稳态过程。因此非稳态是绝对的、普遍的，而稳定过程是相对的、有条件的。实际工程中，有时为了简化复杂过程，把不稳定过程近似当做稳定过程来处理。

2.1.8.1 非稳态导热过程的特点及类型

物体的温度随时间而变化的导热过程称为非稳态导热过程，根据物体温度随时间的推移而变化的特点，非稳态导热可分为两类：一类是物体的温度随时间的推移逐渐趋近于恒定值；另一类是物体的温度随时间而周期性变化。在周期性的非稳态导热过程中，物体中各点的温度及热流密度都随时间周期性变化。

在非稳态导热中，物体的温度随时间变化，其温度分布及传热量同稳态导热过程都有很大的区别。下面以通过平壁的非稳态导热过程为例，定性说明其温度分布与热量变化的趋势。图2-22所示为一单层平壁，平壁的密度、热导率及比热容均为常数，初始温度为 t_0，令其左侧表面的温度突然升高到 t_1，右侧仍与温度为 t_0 的空气接触。在这种条件下，平壁内的温度经历了以下变化过程：首先，物体紧挨高温表面的部分温度上升很快，而其余部分仍保持原来的温度 t_0，温度分布如图2-22a中的 *H-A* 所示。随着时间的推移，温度上升所波及的范围不断扩大，平壁内温度分布逐渐升高，如图2-22a中的曲线 *H-B*、*H-C*、*H-E* 所示。最终整体温度分布保持恒定，温度分布如图2-22a中的 *H-G* 所示，呈稳定状态。

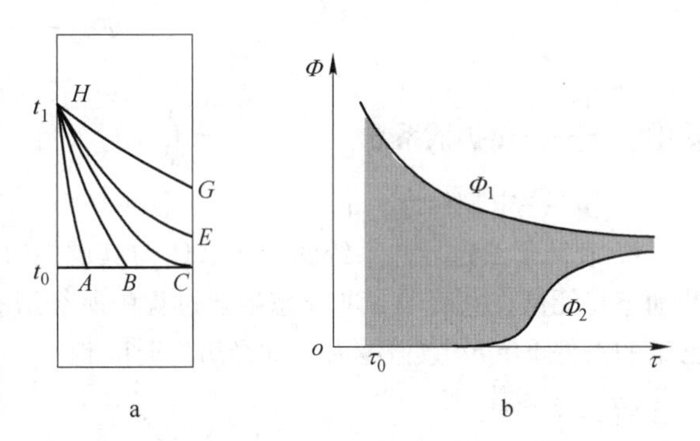

图2-22 非稳态导热过程中温度、传热量随时间变化特点

a—温度变化特点；b—传热量变化特点

进一步分析图2-22中所示的温度变化曲线可以看出，物体中温度分布可以区分为两种类型：在初始阶段，物体中温度分布受初始分布影响大，如图中的 *H-C* 之前，这一阶段中温度分布主要受初始温度分布的控制，称为非正规状况阶段。当过程进行到一定深度时，物体初始温度分布的影响逐渐消失，此后不同时刻温度分布主要受边界条件的影响，如图中的曲线 *H-E* 所示，这个阶段的非稳态导热称为正规状况阶段。

非稳态导热过程中，传热量随时间的变化如图2-22b所示。图中 Φ_1 为从左侧导入的热流量，Φ_2 为从右侧导出的热流量。在整个非稳态导热过程中这两个热流量是不相等的，其差值，即图中的阴影部分表示平壁所积蓄的热量。随着过程的进行，当物体蓄热饱和后，左侧导入的热量与右侧导出的热量趋于相等，达到稳定传热过程。

2.1.8.2 非稳态导热的求解

非稳态导热过程的求解实质上就是在规定的初始及边界条件下求解导热微分方程。对于简单的非稳态导热问题，可以采用分析求精确解；对于复杂问题常用数值求解法求近似解。用分析法求解时，通常将分析解的结果整理成准数方程的形式，并把准数之间的关系以图表的形式表示出来。

A 与非稳态导热相关的相似准数

对非稳态导热方程进行相似转换，可求得下列相似准数。

（1）过余温度准数。

$$\Theta = \frac{\theta}{\theta_i} = \frac{t - t_\infty}{t_i - t_\infty} \tag{2-59}$$

式中 t——任意瞬间物体的温度，K；

t_i——物体初始时的温度，K；

t_∞——与边界接触的介质温度，K；

θ——过余温度，K，指物体在任意瞬间的温度 t 与介质温度 t_∞ 之差，即

$$\theta = t - t_\infty \tag{2-60}$$

（2）傅里叶准数。

$$Fo = \frac{a\tau}{l^2} \tag{2-61}$$

式中　a——热扩散系数，m^2/s，$a = \dfrac{\lambda}{\rho c_p}$；

l——定型尺寸，m。

Fo 表征了给定导热系统的导热性能与其储热（储存热能）性能的对比关系，是给定系统的动态特征量，它表明了非稳态导热过程中所经历时间的长短。在物体的几何尺寸及物性参数已定的条件下，Fo 数值越大，则经历的时间越短。

（3）毕渥数。

$$Bi = \frac{hl}{\lambda} = \frac{l/\lambda}{1/h} = \frac{\text{物体内部导热热阻}}{\text{外部对流换热热阻}} \tag{2-62}$$

毕渥数是物体内部导热热阻与物体表面对流换热热阻的比值。当 $1/h \ll l/\lambda$，$Bi \to \infty$ 时，这时传热阻力主要是内部导热过程，即一开始，物体表面温度就等于介质温度，如煮鸡蛋的传热过程。当 $l/\lambda \ll 1/h$，$Bi \to 0$ 时，这时传热阻力主要在边界上，此时物体内的温度分别趋于一致，如铜块在空气中冷却过程。

（4）几何相似准数 L。

$$L = l/l_0$$

式中　l_0——原型定型尺寸，m。

非稳态导热的准数方程可表示为

$$f(\Theta, Fo, Bi, L) = 0 \tag{2-63a}$$

或

$$\Theta = f(Fo, Bi, L) \tag{2-63b}$$

下面讨论三种边界条件下非稳态导热。

B　第一类边界条件下非稳态导热

第一类边界条件给出了物体表面温度随时间的变化规律，最简单的情况为物体表面温度为常数。以厚度为 2δ 的无限大平壁对称加热（见图 2-23）为例说明这类问题的解法。

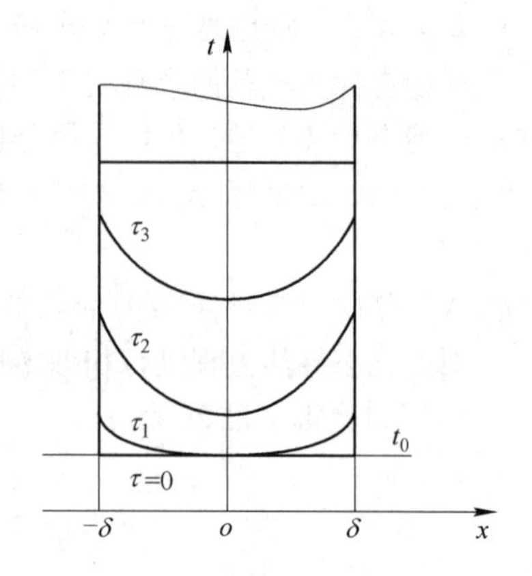

图 2-23　无限大平壁的加热

微分方程为

$$\frac{\partial t}{\partial \tau} = \alpha \frac{\partial^2 t}{\partial x^2} \tag{2-64}$$

初始条件　　$\tau = 0$，$t = t_0 =$ 常数

边界条件　　$x = \pm\delta$，$t = t_w =$ 常数

式（2-64）经过拉氏变换可转换成常微分方程，代入

边界条件可求得

$$\frac{t-t_0}{t_w-t_0}=1-\mathrm{erf}\left(\frac{x}{\sqrt{4\alpha\tau}}\right)=1-\mathrm{erf}(\eta) \tag{2-65}$$

式中 x——离内壁面的垂直距离；

$\mathrm{erf}(\eta)$——高斯误差函数，$\eta=\frac{x}{\sqrt{4\alpha\tau}}$。$\mathrm{erf}(\eta)=\frac{2}{\sqrt{\pi}}\int_0^{\eta}\mathrm{e}^{-\eta^2}\mathrm{d}\eta$，其值可从一般的传热学[20,24,25]中查得。

C 第二类边界条件下非稳态导热

给定物体表面的热流密度随时间变化的情况，当表面热流密度一定，即 q_w = 常数时，对于厚度为 2δ 的无限大平壁对称加热时，其导热微分方程的解写成函数形式为

$$t-t_0=f\left(Fo,\frac{x}{\delta}\right) \tag{2-66}$$

式中，函数 $f\left(Fo,\frac{x}{\delta}\right)$ 的值可从有关资料中查出。

D 第三类边界条件下非稳态导热

在工程中经常遇到的非稳态导热问题多属于第三类边界条件，最常见的是一维温度场在第三类边界条件下的非稳态导热过程。厚度为 2δ 的无限大平壁对称加热，当介质物性参数为常数时，导热微分方程同式（2-63）。初始条件同上述第一类边界条件相同，边界条件为

$$x=0,\quad \frac{\partial t}{\partial x}=0,\quad x=\delta,\quad -\lambda\frac{\partial t}{\partial x}=h(t|_{\delta}-t_{\infty})$$

其导热微分方程的解写成函数形式为

$$\Theta=\frac{\theta(x,\tau)}{\theta_0}=f\left(Bi,Fo,\frac{x}{\delta}\right) \tag{2-67}$$

在实际工程中，通常需要了解的是表面温度或中心温度随时间的变化关系。将 $x=\pm\delta$ 及 $x=0$分别代入上式，可得壁面处及平壁中心处温度分布函数如下

$$\Theta_w=f_w(Bi,Fo),\quad \Theta_0=f_0(Bi,Fo) \tag{2-68}$$

式中 Θ_w——物体表面过余温度准数，$\Theta_w=\frac{\theta_w}{\theta_i}=\frac{t_w-t_{\infty}}{t_{w,i}-t_{\infty}}$；

Θ_0——物体中心过余温度准数，$\Theta_0=\frac{\theta_0}{\theta_i}=\frac{t_0-t_{\infty}}{t_{0i}-t_{\infty}}$。

图2-24为中心对称的无限大平壁 $\Theta=f\left(Bi,Fo,\frac{x}{\delta}\right)$ 的函数关系。

【例2-7】 厚度为50mm，初始温度为200℃的铝板，突然置于温度为70℃的水中，表面传热系数为525W/(m^2·℃)的环境中，计算1min后板中心的温度。已知铝板的热扩散系数 $a=8.4\times10^{-5}m^2/s$，热导率为215W/(m·℃)。

【解】 根据题意可知 $l=0.05/2=0.025$m；

$\tau=0$ 时，$\theta_i=t_i-t_{\infty}=200-70=130$℃；则

$$Fo=\frac{a\tau}{l^2}=\frac{8.4\times10^{-5}\times60}{0.025^2}=8.064$$

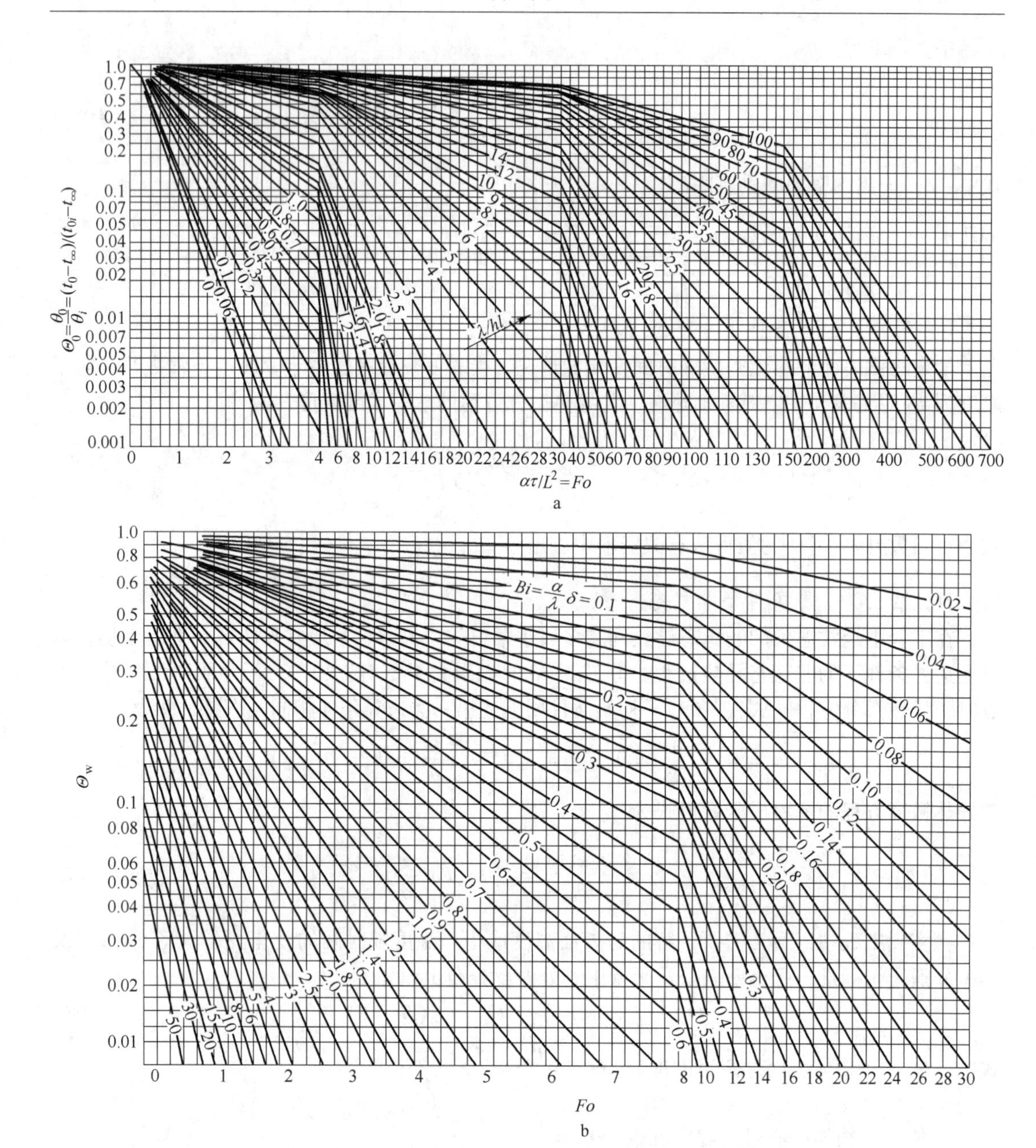

图 2-24　中心对称无限大平壁 $\Theta = f\left(Bi, Fo, \frac{x}{\delta}\right)$ 的函数关系

a—$\Theta_0 = f_0(Bi, Fo)$ 的函数关系；b—$\Theta_w = f_w(Fo, Bi)$ 的函数关系

$$Bi = \frac{hl}{\lambda} = \frac{525 \times 0.025}{215} = 0.061, \quad \frac{\lambda}{hl} = 16.38$$

查图 2-24 得，$\theta_0/\theta_i = 0.61$，则

$$\theta_0 = 0.61\theta_i = 0.61 \times 130 = 79.3$$

根据 $\theta_0 = t_0 - t_\infty$，解得铝板中心温度

$$t_0 = 79.3 + 70 = 149.3℃$$

2.1.9 导热问题的数值计算

上述导热问题的求解均是对几何形状及边界条件比较简单的问题进行的，但对工程技术中遇到的许多几何形状及边界条件比较复杂的导热问题，由于数学上的困难，目前还无法得到其分析解。此时，解决问题最有效的方法是数值计算法，这种方法有许多优越性，特别是计算机的迅速发展，使得人们能够对以前认为不能求解的许多问题得到数值解。

导热问题的数值计算方法包括有限差分法、有限元法、边界元法等。本节只对相对比较简单的有限差分法进行介绍，并以无内热源的二维稳态导热为例，说明数值计算法的应用。

2.1.9.1 导热问题数值求解的基本思想

对导热问题进行数值求解指的是把原来在时间、空间坐标系中连续的温度场，用有限个离散点上的温度的集合来代替，通过求解有限个离散点上温度来获得温度场的近似解。图 2-25 所示为导热问题的数值求解过程。

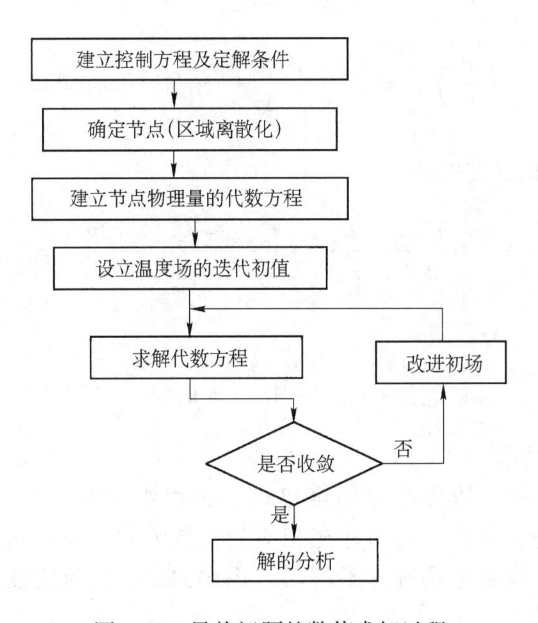

图 2-25 导热问题的数值求解过程

无内热源常物性的二维稳态导热方程在直角坐标系中可表示为

$$\frac{\partial^2 t}{\partial x^2} + \frac{\partial^2 t}{\partial y^2} = 0 \qquad (2\text{-}69)$$

其四个边界分别为第一类、第二类及第三类边界条件。

2.1.9.2 区域离散化

如图 2-26 所示，用一系列与坐标轴平行的网格线将求解区域分成许多子区域，网格线的交点称为节点（node）。相邻两节点间的距离称为步长，即 Δx、Δy。根据实际问题的需要，网格线的划分往往是不均匀的。节点代表的区域称为控制容积，其边界位于两点之间。控制容积的边界称为界面。

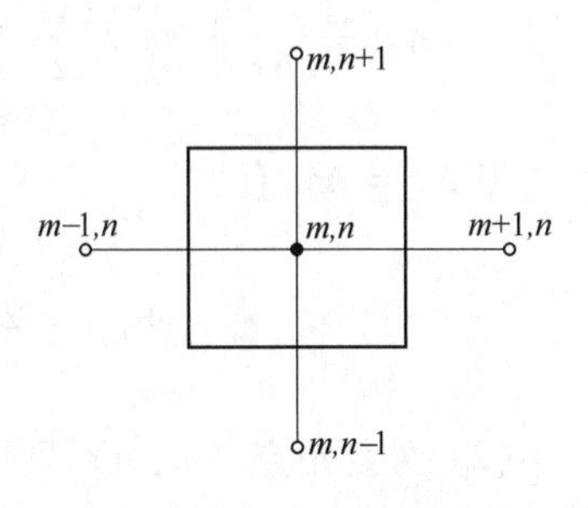

图 2-26 温度场内的节点

2.1.9.3　节点方程代数方程的建立

A　内节点

用泰勒（Taylor）级数展开法建立内节点离散方程，对图中的内节点（m，n）作泰勒展开

$$t_{m+1,n}=t_{m,n}+\left(\frac{\partial t}{\partial x}\right)_{m,n}\Delta x+\frac{1}{2!}\left(\frac{\partial^2 t}{\partial x^2}\right)_{m,n}\Delta x^2+\frac{1}{3!}\left(\frac{\partial^3 t}{\partial x^3}\right)_{m,n}\Delta x^3+o(\Delta x^4)$$

$$t_{m-1,n}=t_{m,n}-\left(\frac{\partial t}{\partial x}\right)_{m,n}\Delta x+\frac{1}{2!}\left(\frac{\partial^2 t}{\partial x^2}\right)_{m,n}\Delta x^2-\frac{1}{3!}\left(\frac{\partial^3 t}{\partial x^3}\right)_{m,n}\Delta x^3+o(\Delta x^4)$$

两式相加得 $$t_{m+1,n}+t_{m-1,n}=2t_{m,n}+\left(\frac{\partial^2 t}{\partial x^2}\right)_{m,n}\Delta x^2+o(\Delta x^4)$$

即 $$\left(\frac{\partial^2 t}{\partial x^2}\right)_{m,n}=\frac{t_{m+1,n}+t_{m-1,n}-2t_{m,n}}{\Delta x^2}-o(\Delta x^4)$$

同理可得 $$\left(\frac{\partial^2 t}{\partial y^2}\right)_{m,n}=\frac{t_{m,n+1}+t_{m,n-1}-2t_{m,n}}{\Delta y^2}-o(\Delta y^4)$$

代入二维稳态导热微分方程得

$$\frac{t_{m+1,n}+t_{m-1,n}-2t_{m,n}}{\Delta x^2}+\frac{t_{m,n+1}+t_{m,n-1}-2t_{m,n}}{\Delta y^2}=0 \qquad (2\text{-}70a)$$

对于正方形网格 $\Delta x=\Delta y$，则有

$$t_{m+1,n}+t_{m-1,n}+t_{m,n+1}+t_{m,n-1}-4t_{m,n}=0 \qquad (2\text{-}70b)$$

B　边界节点温度方程

对于第一类边界条件，边界节点温度已知，方程组是封闭的。对于第二类及第三类边界条件，必须补充相应的代数方程，这时用热平衡方法比较方便，设物体具有（不均匀）内热源 Φ，热流密度 q_w。

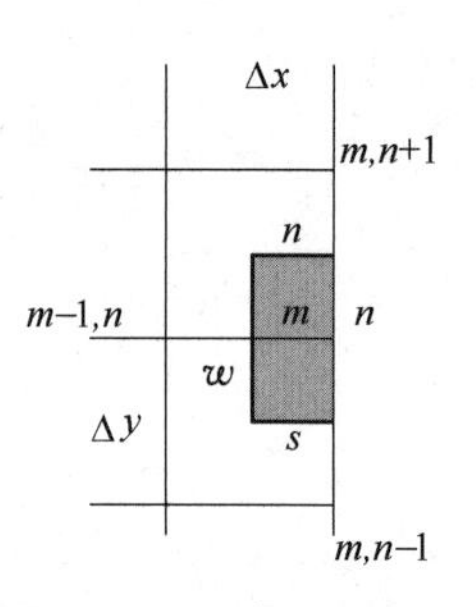

图 2-27　平直边界节点

（1）平直边界上的节点（m，n）代表半个单元体（cell），如图2-27所示。设边界上有向该单元体传递的热流密度 q_w。该单元体的能量守恒方程为

$$\lambda\Delta y\frac{t_{m-1,n}-t_{m,n}}{\Delta x}+\lambda\frac{\Delta x}{2}\frac{t_{m,n+1}-t_{m,n}}{\Delta y}+\lambda\frac{\Delta x}{2}\frac{t_{m,n-1}-t_{m,n}}{\Delta y}+\Delta y q_w+\Phi_{m,n}\frac{\Delta x}{2}\Delta y=0 \qquad (2\text{-}71a)$$

当 $\Delta x=\Delta y$，有

$$4t_{m,n}=2t_{m-1,n}+\frac{2\Delta x}{\lambda}q_w+t_{m,n+1}+t_{m,n-1}+\Phi_{m,n}\frac{\Delta x^2}{\lambda} \qquad (2\text{-}71b)$$

（2）外部角点（m，n）只代表1/4个单元体，如图2-28所示。设边界上有向该单元体传递的热流密度 q_w。该单元体的能量守恒方程为

$$\lambda \frac{t_{m-1,n} - t_{m,n}}{\Delta x}\frac{\Delta y}{2} + \lambda \frac{\Delta x}{2}\frac{t_{m,n-1} - t_{m,n}}{\Delta y} + \frac{\Delta x \Delta y \Phi_{m,n}}{4} + \frac{\Delta x + \Delta y}{2}q_w = 0 \tag{2-72a}$$

当 $\Delta x = \Delta y$，有

$$t_{m,n} = \frac{1}{2}\left(t_{m-1,n} + t_{m,n-1} + \frac{\Delta x^2 \Phi_{m,n}}{2\lambda} + \frac{2\Delta x}{\lambda}q_w\right) \tag{2-72b}$$

（3）内部角点（m，n）只代表3/4个单元体，如图2-29所示。设边界上有向该单元体传递的热流密度 q_w。该单元体的能量守恒方程为

$$\lambda \frac{t_{m-1,n} - t_{m,n}}{\Delta x}\Delta y + \lambda \frac{t_{m,n+1} - t_{m,n}}{\Delta y}\Delta x + \lambda \frac{t_{m,n-1} - t_{m,n}}{\Delta y}\frac{\Delta x}{2} +$$

$$\lambda \frac{t_{m+1,n} - t_{m,n}}{\Delta x}\frac{\Delta y}{2} + \frac{3\Delta x \Delta y \Phi_{m,n}}{4} + \frac{\Delta x + \Delta y}{2}q_w = 0 \tag{2-73}$$

当 $\Delta x = \Delta y$，有

$$t_{m,n} = \frac{1}{6}\left(2t_{m-1,n} + 2t_{m,n+1} + t_{m,n-1} + t_{m+1,n} + \frac{3\Delta x^2 \Phi_{m,n}}{2\lambda} + \frac{2\Delta x}{\lambda}q_w\right) \tag{2-74}$$

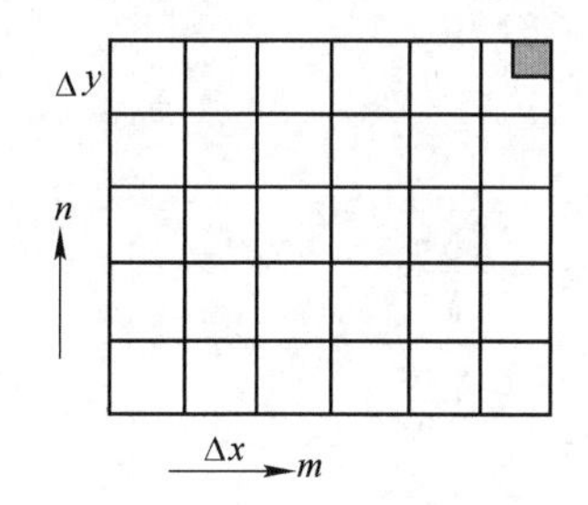

图2-28 外部角点

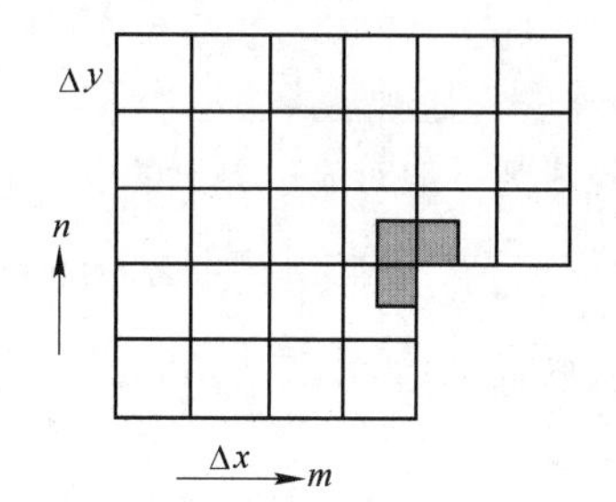

图2-29 内部角点

热流密度 q_w 有以下三种情况：

（1）绝热边界，将 $q_w = 0$ 代入边界节点即可；

（2）q_w 值不为0，以给定的 q_w 值代入上述方程，传入计算区域的热量为正；

（3）对流边界，将 $q_w = h(t_f - t_{m,n})$ 代入边界节点，将 $t_{m,n}$ 项合并即可。

2.1.9.4 节点代数方程组的求解

上述各内节点及边界节点可组成如下格式的节点温度方程组

$$\left.\begin{aligned} a_{11}t_1 + a_{12}t_2 + \cdots + a_{1n}t_n &= b_1 \\ a_{21}t_1 + a_{22}t_2 + \cdots + a_{2n}t_n &= b_2 \\ \vdots \qquad\qquad\qquad \vdots \quad &\quad \vdots \\ a_{n1}t_1 + a_{n2}t_2 + \cdots + a_{nn}t_n &= b_n \end{aligned}\right\} \tag{2-75}$$

式中　$a_{i,j}, b_i (i, j = 1, 2, \cdots, n)$ ——分别为常数；

$t_i (i = 1, 2, \cdots, n)$ ——未知温度。

式（2-74）为线性方程组，共有 n 个方程，未知温度亦为 n 个，求解此方程组即可解出 t_1，t_2，…，t_n的数值，于是整个温度场即可解出。

求解上述结点温度方程组可采用求逆矩阵法、迭代法和高斯消去法等。

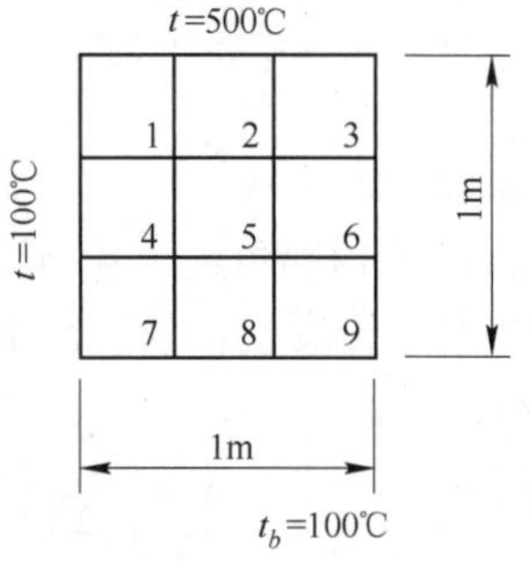

【例 2-8】 如图 2-30 所示，某一边长为 1m 的正方形物体，左侧面恒温为 100℃，顶面恒温为 500℃，其余两侧面暴露在对流环境中，环境温度为 100℃。已知物体热导率为 10W/(m·℃)，物体与环境的对流传热系数为 10W/(m²·℃)，试建立 1 ~ 9 各节点的温度方程组并求出各点的温度值。

图 2-30　例 2-8 图

【解】 已知 $\Delta x = \frac{1}{3}\text{m}$，$t_b = 100℃$，$\lambda = 10\text{W/(m·℃)}$，$h = 10\text{W/(m}^2\text{·℃)}$，$\frac{h\Delta x}{\lambda} = \frac{1}{3}$。

（1）建立节点温度方程组。由于内部和边界上的节点温度方程不同，今以内部节点 1 及边界上的节点 3、9 为代表建立各节点温度方程。

对于节点 1，应用式（2-70b），得

$$t_2 + 100 + 500 + t_4 - 4t_1 = 0$$

或

$$-4t_1 + t_2 + t_4 = -600$$

节点 3 为一般对流边界上的点，应用式（2-71b）得

$$\frac{1}{2}(2t_2 + 500 + t_6) - \left(\frac{h\Delta x}{\lambda} + 2\right)t_3 = -\frac{h\Delta x}{\lambda}t_b$$

代入数据，得

$$2t_2 - 4.67t_3 + t_6 = -567$$

节点 9 为对流边界外角上的点，应用式（2-72a）得

$$t_6 + t_8 - 2\left(\frac{h\Delta x}{\lambda} + 1\right)t_9 = -2\frac{h\Delta x}{\lambda}t_b$$

代入数据，得

$$t_6 + t_8 - 2.67t_9 = -66.7$$

其余各节点的温度方程可用相应的方程建立，最后得 1 ~ 9 各节点的温度方程组为

$$\begin{cases} -4t_1 + t_2 + t_4 = -600 \\ t_1 - 4t_2 + t_3 + t_5 = -500 \\ 2t_2 - 4.67t_3 + t_6 = -567 \\ t_1 - 4t_4 + t_5 + t_7 = -100 \\ t_2 + t_4 - 4t_5 + t_6 + t_8 = 0 \\ t_3 + 2t_5 - 4.67t_6 + t_9 = -66.7 \\ 2t_4 - 4.67t_7 + t_8 = -167 \\ 2t_5 + t_7 - 4.67t_8 + t_9 = -66.7 \\ t_6 + t_8 - 2.67t_9 = -66.7 \end{cases}$$

（2）各节点的温度数值的计算结果。

采用求逆矩阵法求解上述方程组，可得

$$t_1 = 279℃, \quad t_2 = 327℃, \quad t_3 = 307℃$$
$$t_4 = 190℃, \quad t_5 = 227℃, \quad t_6 = 214℃$$
$$t_7 = 156℃, \quad t_8 = 182℃, \quad t_9 = 173℃$$

说明：该例题中取 $\Delta x = \frac{1}{3}\mathrm{m}$，计算简单，但误差较大。此处只是为了说明其计算方法，通常情况，编制计算机程序进行计算时，Δx 越小，计算误差越小，但计算量也就越大。当计算结果不受网格影响时，认为其数值解即为真实解，此时，不需再细化网格。

2.2 对流传热

2.2.1 对流传热的基本概念

对流传热是指流体和固体壁面直接接触时彼此的传热过程。它既包括流体位移时产生的对流，又包括流体分子间的导热，因此对流传热是导热和对流综合作用的结果。

2.2.1.1 影响对流传热的因素

与导热相比，对流传热是一种复杂的过程，影响因素很多，可以概括为以下几个方面：

（1）流体流动状态和流动起因。流体处于层流和湍流两种不同的流态时具有不同的换热规律。流体层流时，只能依靠流体分子的迁移运动，以导热方式传递热量。而湍流时的热量传递，除依靠导热方式外，主要依靠涡漩流动，从一个流层向相邻流层随机运动过程中传递热量，使传热大大增强。所以湍流传热要比层流传热强烈。

由于流动起因不同，对流传热可以分为自然对流传热与强制对流传热两大类。自然对流是由于流体内部冷、热各部分密度不同所产生的浮升力作用而引起的，如冬季室内空气沿暖气片表面自下而上的自然对流。强制对流是指流体在泵、风机或水压头等外力作用下产生的流动。一般地说，强迫对流的流速要比自然对流的高，因而换热强度也高。如空气自然对流表面传热系数约为 5～25W/(m^2·K)，而其强制对流表面传热系数可达 10～100W/(m^2·K)。

（2）流体的物理性质。流体的物理性质可因流体的种类、温度和压力而变化。影响传热的流体物性参数主要是热导率 λ、比热容 c_p、密度 ρ、黏度（μ、ν）和体胀系数 α_V 等。热导率 λ 大，则流体内部、流体与壁面之间的导热热阻就小，表面传热系数 $h(\alpha)$ 较大，故气体的对流换热表面传热系数一般低于液体的表面传热系数。从能量传递对传热的影响来分析，c_p 和 ρ 大的流体，单位体积能携带更多的热量，亦即以对流作用转移热量的能力大，故表面传热系数也大。例如，水在 20℃时，水的 $\rho c_p \approx 4180\mathrm{kJ/(m^3 \cdot K)}$，而空气的 $\rho c_p \approx 1.21\mathrm{kJ/(m^3 \cdot K)}$，两者相差悬殊，造成在强制对流情况下，水的表面传热系数约为空气的 100～150 倍。

（3）传热表面的形状、尺寸和相对位置。图 2-31 所示分别为流体横掠圆管传热、管道内流动传热和热面朝上及热面朝下时的自然对流传热等典型对流传热问题。由图可知，传热表面的形状、尺寸和相对位置等几何因素影响流体的流动状态、速度分布，从而也会影响温度分布。

（4）流体有无相变。在对流传热过程中，流体可能会发生相变，如液体受热而沸腾，由液态变为气态；蒸汽放热而凝结，由气态转为液态。在流体没有相变时，对流传热中的热量交换是由于流体显热的变化而实现的；而在有相变的换热过程中，流体相变热的释放或吸收常常起主要作用，因此传热规律与无相变时不同。

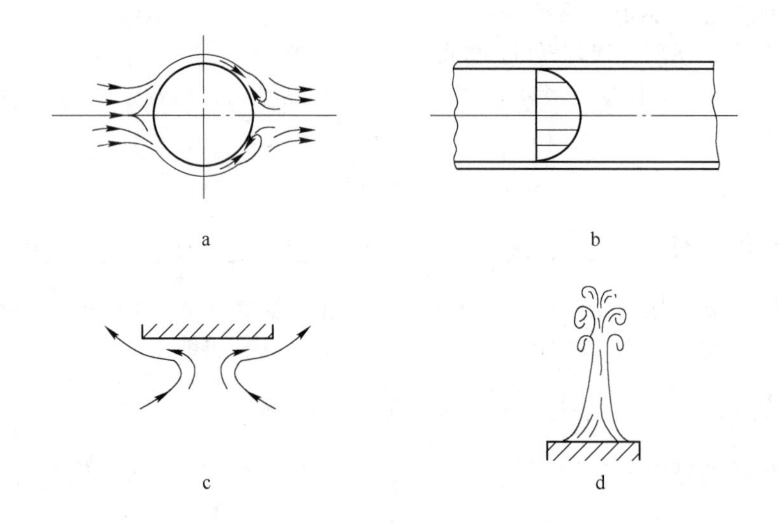

图 2-31　传热表面几何因素的影响分析

a—流体横掠圆管传热；b—管道内流动传热；c—热面朝下自然对流传热；d—热面朝上自然对流传热

2.2.1.2　热边界层

类似于流动边界层，当流体流过与其温度不相同的壁面时，在壁面附近将形成一温度急剧变化的流体薄层，称为热边界层或温度边界层。自壁面到该边界层的外边缘，流体温度从壁温 t_w 变化到接近主流温度 t_∞。

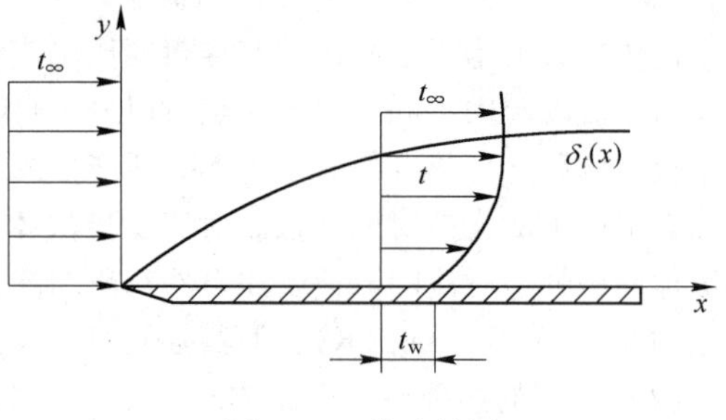

图 2-32　热边界层

图 2-32 表示流体纵掠平板被冷却时，边界层流体温度沿壁面法线方向的变化情形。热边界层厚度采用与流动边界层厚度相类似的定义方法，即把流体过余温度（$t-t_w$）等于主流过余温度（$t_\infty-t_w$）的 99% 的所对应点的离壁距离，规定为热边界层厚度，用符号 δ_t 表示。δ_t 将随流体沿壁面流动距离 x 的延伸而增厚。热边界层以外可视为温度梯度为零的等温流动区。

2.2.2　对流传热基本定律

对流传热的基本计算公式是牛顿于 1701 年提出的，又称为牛顿冷却公式。他指出，流体与固体壁面之间对流传热的热流与他们的温差成正比，即

$$q=h(t_w-t_\infty) \tag{2-76}$$

$$\Phi=hA(t_w-t_\infty) \tag{2-77}$$

式中　q——单位传热面积上的对流传热量，W/m^2；

t_w，t_∞——固体壁面温度和流体的温度，K；

A——壁面面积，m^2；

Φ——面积 A 上传递的热量，W；

h——表面对流传热系数，又称为对流换热系数，W/(m^2·K)。

根据牛顿冷却公式，表面对流传热系数可定义为

$$h = \frac{\Phi}{A(t_w - t_f)}$$

其物理意义是：当流体与壁面之间的温差为1K时，1m^{2}的壁面面积每秒所能传递的热量。

表面对流传热系数 h 是表征对流传热过程强弱的物理量。研究表明，影响传热系数的因素很多，它是传热表面的形状、尺寸、壁面温度、流体的流速及物性参数等的函数，因此，确定表面对流传热系数 h 及增强传热的措施是对流传热的核心问题。

2.2.3 对流传热问题的数学描述

对流传热问题完整的数学描述包括对流传热微分方程组及定解条件，其中对流传热微分方程组包括描述流体流动现象的质量守恒微分方程、动量守恒微分方程及描述传热过程的流体能量守恒微分方程。定解条件包括初始条件、几何条件、物理条件及边界条件。下边着重介绍能量守恒微分方程。

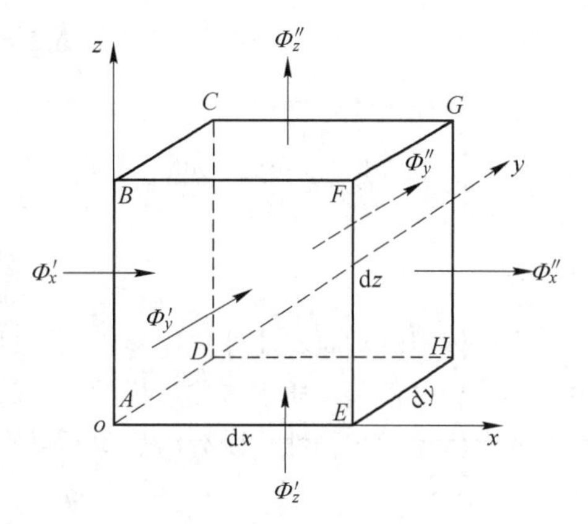

图 2-33 流体导热微分方程推导

能量微分方程的导出同样基于能量守恒定律及傅里叶导热定律，与导出傅里叶导热微分方程的不同点仅在于，这里要把流体流进、流出微元体时所带入和带出的能量考虑进去。

假设流体为不可压缩的牛顿型流体，流体物性为常数，且忽略粘性耗散产生的耗散热，在流场中取一如图2-33所示的微元六面体，根据能量守恒定律，单位时间以导热方式输入控制体中的总热量 $\Delta\Phi_d$ 加上以对流的方式输入控制体的总热量 $\Delta\Phi_c$，再加上微元体内热源生成的热量 $\Delta\Phi_V$，应等于微元体焓的增加量 ΔH，即

$$\Delta\Phi_d + \Delta\Phi_c + \Delta\Phi_V = \Delta H \tag{2-78}$$

根据2.1.4导热微分方程的推导知，

$$\Delta\Phi_d = \left[\frac{\partial}{\partial x}\left(\lambda\frac{\partial t}{\partial x}\right) + \frac{\partial}{\partial y}\left(\lambda\frac{\partial t}{\partial y}\right) + \frac{\partial}{\partial z}\left(\lambda\frac{\partial t}{\partial z}\right)\right]\mathrm{d}x\mathrm{d}y\mathrm{d}z \tag{2-78a}$$

以对流的方式输入控制体的热量可作同样的分析，具体分析如下：

单位时间内从控制体的左侧以对流的方式输入控制体的热量为

$$\mathrm{d}\Phi_{c,x} = \rho c_p tu\mathrm{d}y\mathrm{d}z$$

单位时间内从控制体的右侧以对流的方式输出控制体的热量为

$$\mathrm{d}\Phi_{c,x+\mathrm{d}x} = \rho c_p\left(t + \frac{\partial t}{\partial x}\mathrm{d}x\right)\left(u + \frac{\partial u}{\partial x}\mathrm{d}x\right)\mathrm{d}y\mathrm{d}z$$

则 x 方向，以对流方式净输入控制体的热量为

$$\mathrm{d}\Phi_{c,x} - \mathrm{d}\Phi_{c,x+\mathrm{d}x} = \rho c_p tu\mathrm{d}y\mathrm{d}z - \rho c_p\left(t + \frac{\partial t}{\partial x}\mathrm{d}x\right)\left(u + \frac{\partial u}{\partial x}\mathrm{d}x\right)\mathrm{d}y\mathrm{d}z = -\rho c_p\left(u\frac{\partial t}{\partial x} + t\frac{\partial u}{\partial x}\right)\mathrm{d}x\mathrm{d}y\mathrm{d}z$$

同理可得单位时间内，沿 y 方向、z 方向以对流方式净输入控制体的热量分别为

$$\mathrm{d}\Phi_{c,y} - \mathrm{d}\Phi_{c,y+\mathrm{d}y} = -\rho c_p\left(v\frac{\partial t}{\partial y} + t\frac{\partial v}{\partial y}\right)\mathrm{d}x\mathrm{d}y\mathrm{d}z$$

$$d\Phi_{c,z} - d\Phi_{c,z+dz} = -\rho c\left(w\frac{\partial t}{\partial z} + t\frac{\partial w}{\partial z}\right)dxdydz$$

以对流方式输入控制体的净热量为

$$d\Phi_c = -\rho c_p\left[\left(u\frac{\partial t}{\partial x} + v\frac{\partial t}{\partial y} + w\frac{\partial t}{\partial z}\right) + t\left(\frac{\partial u}{\partial x} + \frac{\partial v}{\partial y} + \frac{\partial w}{\partial z}\right)\right]dxdydz \tag{2-78b}$$

由不可压缩流体的连续性方程知

$$\frac{\partial u}{\partial x} + \frac{\partial v}{\partial y} + \frac{\partial w}{\partial z} = 0$$

则式（2-78b）简化为：

$$d\Phi_c = -\rho c_p\left(u\frac{\partial t}{\partial x} + v\frac{\partial t}{\partial y} + w\frac{\partial t}{\partial z}\right)dxdydz \tag{2-78c}$$

假设没有内热源，$\Delta\Phi_V = 0$，微元体在单位时间内焓的增加量为

$$\Delta H = \rho c_p\frac{\partial t}{\partial \tau}dxdydz$$

将各项代入能量守恒方程中，经整理得

$$\frac{\partial t}{\partial \tau} + u\frac{\partial t}{\partial x} + v\frac{\partial t}{\partial y} + w\frac{\partial t}{\partial z} = a\left(\frac{\partial^2 t}{\partial x^2} + \frac{\partial^2 t}{\partial y^2} + \frac{\partial^2 t}{\partial z^2}\right) + \frac{q_V}{\rho c_p} = a\nabla^2 t + \frac{q_V}{\rho c_p} \tag{2-78d}$$

或

$$\frac{Dt}{d\tau} = a\nabla^2 t \tag{2-78e}$$

当流体不流动时，流体流速为零，能量微分方程式便退化为导热微分方程式。所以，固体中的热传导过程是介质中传热过程的一个特例。

综上所述，常物性、没有内热源不可压缩牛顿流体的对流换热微分方程组为

$$\frac{\partial \rho u}{\partial x} + \frac{\partial \rho v}{\partial y} + \frac{\partial \rho w}{\partial z} = 0$$

$$\rho\left(\frac{\partial u}{\partial \tau} + u\frac{\partial u}{\partial x} + v\frac{\partial u}{\partial y} + w\frac{\partial u}{\partial z}\right) = F_x - \frac{\partial p}{\partial x} + \mu\left(\frac{\partial^2 u}{\partial x^2} + \frac{\partial^2 u}{\partial y^2} + \frac{\partial^2 u}{\partial z^2}\right)$$

$$\rho\left(\frac{\partial v}{\partial \tau} + u\frac{\partial v}{\partial x} + v\frac{\partial v}{\partial y} + w\frac{\partial v}{\partial z}\right) = F_y - \frac{\partial p}{\partial y} + \mu\left(\frac{\partial^2 v}{\partial x^2} + \frac{\partial^2 v}{\partial y^2} + \frac{\partial^2 v}{\partial z^2}\right)$$

$$\rho\left(\frac{\partial w}{\partial \tau} + u\frac{\partial w}{\partial x} + v\frac{\partial w}{\partial y} + w\frac{\partial w}{\partial z}\right) = F_z - \frac{\partial p}{\partial z} + \mu\left(\frac{\partial^2 w}{\partial x^2} + \frac{\partial^2 w}{\partial y^2} + \frac{\partial^2 w}{\partial z^2}\right)$$

$$\frac{\partial t}{\partial \tau} + u\frac{\partial t}{\partial x} + v\frac{\partial t}{\partial y} + w\frac{\partial t}{\partial z} = \alpha\left(\frac{\partial^2 t}{\partial x^2} + \frac{\partial^2 t}{\partial y^2} + \frac{\partial^2 t}{\partial z^2}\right)$$

对流传热微分方程组涉及五个未知量（p、t、u、v、w），所以方程组是封闭的。如果再给出单值性条件，则可求得速度场和温度场。

2.2.4　对流传热过程的相似分析

由于对流传热是复杂的热量交换过程，所涉及的变量参数比较多，常常给分析求解和实验研究带来困难。人们常采用相似原则对传热过程的参数进行归类处理，将物性量、几何量和过程量按物理过程的特征，组合成无量纲的数，这些数常称为准则（准数）。再用实验方法确定这些准数在不同情况下的相互关系，从而整理出经验性的准数关联式，用以计算各种条件下的对流传热系数 h。

在流体力学中，根据动量守恒方程，通过相似转化已经得到的相似准数有：欧拉准数、雷诺准数、弗劳德准数、谐时准数。

2.2.4.1 对流传热相似准数

通过相似转换，可以从流体导热微分方程及牛顿冷却定律导出表达对流传热的相似准数。假设两个对流传热现象相似，则满足微分方程相同，边界条件相似。根据牛顿冷却定律，可得

$$h'\Delta t' = -\lambda' \frac{\partial t'}{\partial y'}, \quad h''\Delta t'' = -\lambda'' \frac{\partial t''}{\partial y''} \tag{2-79}$$

根据相似性原理，有

$$h'' = C_h h'; \quad t'' = C_t t'; \quad \lambda'' = C_\lambda \lambda'; \quad y'' = C_l y' \tag{2-80}$$

将式（2-80）代入式（2-79）整理，得

$$\frac{C_h C_l}{C_\lambda} h'\Delta t' = -\lambda' \frac{\partial t'}{\partial y'}$$

则

$$\frac{C_h C_l}{C_\lambda} = 1$$

即

$$\frac{h''l''}{\lambda''} = \frac{h'l'}{\lambda'}$$

令

$$Nu = \frac{hl}{\lambda} \tag{2-81}$$

式中，Nu 为努塞尔准数，它反映了给定流场的对流传热能力与其导热能力的对比关系。由于 Nu 中含有传热系数 h，因此它是一个未知量，是一个在对流传热计算中待定的准数。

同理，利用流体导热微分方程

$$\frac{\partial t}{\partial \tau} + u\frac{\partial t}{\partial x} + v\frac{\partial t}{\partial y} + w\frac{\partial t}{\partial z} = a\left(\frac{\partial^2 t}{\partial x^2} + \frac{\partial^2 t}{\partial y^2} + \frac{\partial^2 t}{\partial z^2}\right)$$

可求得

$$Pe = \frac{ul}{a} \tag{2-82}$$

式中，Pe 为贝克来准数，它反映了给定流场的质量扩散能力与其热传导能力的对比关系。它在能量微分方程中的作用相当于雷诺准数在动量微分方程中的作用。

根据相似准数的性质，可求得

$$Pr = \frac{Pe}{Re} = \frac{ul/a}{ul/\nu} = \frac{\nu}{a} = \frac{\mu c_p}{\lambda} \tag{2-83}$$

式中，Pr 为普朗特数，它反映了流体的动量扩散能力与其能量扩散能力的对比关系。Pr 仅由流体的物性参数组成，它表示流体的物性对传热的影响。Pr 大，流体热扩散能力弱，如各种油类；Pr 小，流体热扩散能力强，如液态金属。

对于自然对流流动，对适用于自然对流的动量微分方程进行相似分析，可求得

$$Gr = \frac{g\alpha_V \Delta t l^3}{\nu^2} \tag{2-84}$$

式中 Gr——格拉晓夫准数；
g——重力加速度，m/s^2；
Δt——壁面与流体之间的温差，K，$\Delta t = t_w - t_\infty$；
α_V——流体的体膨胀系数，K^{-1}；
ν——流体的运动学黏度，m^2/s；
l——换热面的特性尺度，m。

2.2.4.2 描述对流换热的准数方程

描述对流传热的准数方程常写成如下形式

$$Nu = f\left(\frac{l}{l_0}, Fo, Ho, Re, Fr, Pr\right) \tag{2-85}$$

式中　$\frac{l}{l_0}, Fo, Ho, Re, Fr, Pr$——定性准数。

对于不同的对流传热情况，用不同的准数方程表示，从而求解对流传热系数。

2.2.4.3　特征尺寸，特征流速和定性温度

特征参数是流场代表性的数值，分别表征了流场的几何特征、流动特征和传热特征。

(1) 特征尺寸。它反映了流场的几何特征，对于不同的流场，特征尺寸的选择不同。如对于流体平行流过平板，选择沿流动方向上的长度尺寸；对于管内流体流动，选择垂直于流动方向的管内直径；对于流体绕圆柱体流动，选择流动方向上的圆柱体外直径。

(2) 特征流速。它反映了流体流场的流动特征。不同的流场其流动特征不同，所选择的特征流速亦不同。如流体流过平板，来流速度被选择为特征流速；流体管内流动，管子截面上的平均流速可作为特征流速；流体绕流圆柱体流动，来流速度可选择为特征流速。

(3) 定性温度。无量纲准则中的物性量是温度的函数，确定物性量数值的温度称为定性温度。对于不同的流场，定性温度的选择是不同的。外部流动常选择来流流体温度和固体壁面温度的算术平均值，称为膜温度；内部流动常选择管内流体进出口温度的平均值（算术平均值或对数平均值），当然也有例外。

2.2.5　流体自然对流传热实验关联式

2.2.5.1　大空间自然对流传热

A　流动和传热特征

所谓大空间自然对流传热是指近壁处边界层的发展不因空间限制而受到干扰的自然对流传热。现以流体沿竖平壁自然对流传热为例，来分析大空间自然对流传热过程的流动与传热特征。

由图 2-34a 可见，流动边界层是沿竖壁逐渐形成和发展的。在壁的下部，自然对流刚开始形成，流动是有规则的层流，形成层流边界层。再往上，达到一定距离后，流体流动就由层流过渡为湍流，形成湍流边界层。这种流动状态的转变，取决于流体与壁面间的温差 Δt、流体物性和离竖壁起始点的距离等，通常用瑞利准则 $Ra = Gr \cdot Pr$ 来判断。对于流体沿竖壁和水平圆

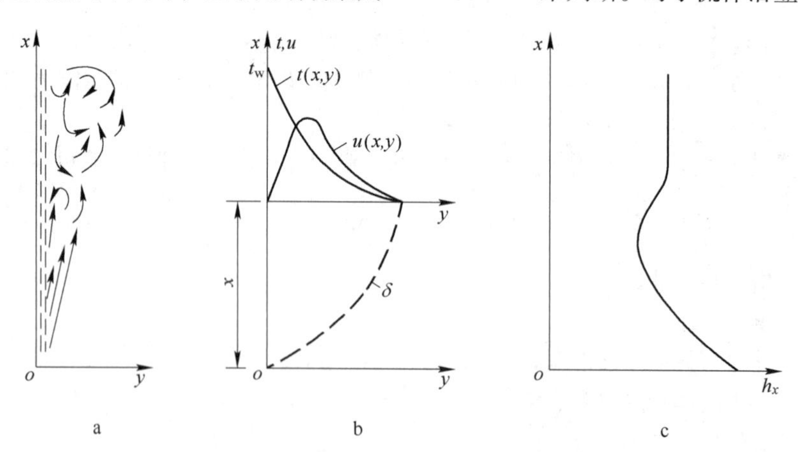

图 2-34　沿竖壁自然对流传热时流动和传热特征

a—边界层的形成与发展；b—边界层内速度与温度分布；

c—h_x 沿竖壁变化

柱的自然对流，一般认为 $Ra > 10^9$时，流态为湍流。

与流动边界层的发展相适应，在竖壁下部，随着层流边界层厚度的增加，局部表面传热系数 h_x逐渐下降，直到由层流向湍流过渡的转变点处，h_x降到最小值。此后，由于边界层内流态的转变，湍流的掺混作用，使 h_x回升，直到边界层发展为充分发展的湍流时，h_x达到湍流时的最大值，并保持为稳定值。上述 h_x的变化规律，如图 2-34c 所示。

B 均匀壁温边界条件

设壁面温度 t_w为常数，环境温度为 t_∞，工程计算中广泛采用的对流传热实验关联式为

$$Nu_m = C(Gr \cdot Pr)_m^n \tag{2-86}$$

式中，Nu_m为由平均表面传热系数组成的 Nu 准数，下角标 m 表示定性温度为温度边界层的算术平均温度，$t_m = \frac{1}{2}(t_w + t_\infty)$，$C$ 和 n 是由实验确定的两个常数，对于几种典型形状表面及其布置情况下的值，列在表 2-2 中。

表 2-2 式（2-86）中的 *C* 和 *n* 值

表面形状与位置	流动情况示意图	流态	C 值	n 值	特征尺寸	$Gr \cdot Pr$ 适用范围
竖平壁或竖圆柱	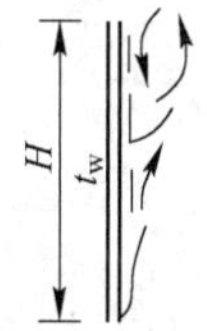	层流 湍流	0.59 0.10	1/4 1/3	高度 H	$10^4 \sim 10^9$ $10^9 \sim 10^{13}$
横圆柱	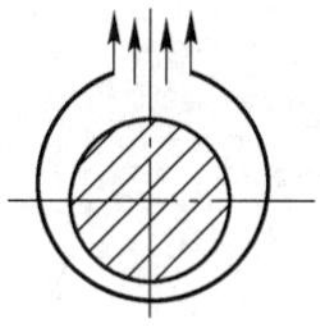	层流 湍流	0.53 0.13	1/4 1/3	外径 d	$10^4 \sim 10^9$ $10^9 \sim 10^{12}$
热面朝上或冷面朝下的水平壁	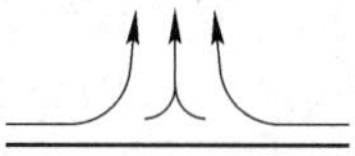	层流 湍流	0.54 0.15	1/4 1/3	平板取面积与周长之比值，圆盘取 0.9d	$2\times10^4 \sim 8\times10^6$ $8\times10^6 \sim 10^{11}$
热面朝下或冷面朝上的水平壁	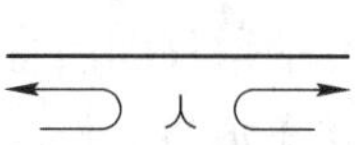	层流	0.58	1/5	矩形取两个边长的平均值，圆盘取 0.9d	$10^5 \sim 10^{11}$

在表 2-2 中，竖圆柱只有满足下式

$$\frac{d}{H} \geqslant \frac{35}{Gr^{1/4}} \tag{2-87}$$

才能按竖平壁处理；否则，可采用下式计算

$$Nu_m = 0.686(Re \cdot Pr)_m^n \tag{2-88}$$

式中，指数 n 的值：层流，$n = 0.25$；湍流，$n = 1/3$。

对于大气压力下的空气，Pr 数可作为常数处理，在工程上常遇到的中等温度范围内，

式（2-86）可以得到简化。对于几种典型形状表面及其布置情况下的简化计算式，列于表 2-3 中。

表 2-3　大气压力下空气的大空间自然对流传热简化计算式

表面形状与位置	流动状态	适用范围	计 算 式	特 征 尺 寸
竖平壁或竖圆柱	层流 湍流	$10^4 \sim 10^9$ $10^9 \sim 10^{13}$	$h = 1.42(\Delta t/l)^{1/4}$ $h = 1.31(\Delta t)^{1/3}$	高度 H
横圆柱	层流 湍流	$10^4 \sim 10^9$ $10^9 \sim 10^{12}$	$h = 1.32(\Delta t/d)^{1/4}$ $h = 1.24(\Delta t)^{1/3}$	外径 d
热面朝上或冷面朝下的水平壁	层流 湍流	$10^5 \sim 2\times10^7$ $2\times10^7 \sim 3\times10^{10}$	$h = 1.32(\Delta t/l)^{1/4}$ $h = 1.52(\Delta t)^{1/3}$	平板取面积与周长之比值，圆盘取 0.9d
热面朝下或冷面朝上的水平壁	层流	$3\times10^5 \sim 3\times10^{10}$	$h = 0.59(\Delta t/l)^{1/4}$	矩形取两个边长的平均值，圆盘取 0.9d

C　均匀热流边界条件

在恒热流密度边界条件下的自然对流传热中，壁温 t_w 为未知量，故 Gr 数中的温差 Δt 亦为未知量。为避免 Gr 数中包含未知量，实验数据整理，采用 Gr^* 代替式（2-86）中的 Gr，即

$$Gr^* = Gr \cdot Nu = \frac{g\alpha_V q \cdot l^4}{\lambda \nu^2} \tag{2-89}$$

对于竖平壁和竖圆柱，Wliet 等人推荐计算平均表面传热系数的实验关联式为

层流
$$Nu_m = 0.75(Gr^* \cdot Pr)_m^{0.2} \tag{2-90}$$

适用范围
$$10^5 < (Gr^* \cdot Pr)_m < 10^{11}$$

湍流
$$Nu_m = 0.17(Gr^* \cdot Pr)_m^{0.25} \tag{2-91}$$

适用范围
$$2\times10^{13} < (Gr^* \cdot Pr)_m < 10^{16}$$

在使用式（2-90）和式（2-91）时，由于 t_w 未知，故流体物性不能确定。因此，需要用试差法，先假定 t_w 值进行试算，然后再用求出的 l 值校核原假定的 t_w 值，直到满足要求为止。

对于湍流自然对流传热，式（2-86）和式（2-88）中的指数 n，分别为 1/3 和 1/4，此时，等式两边的特性尺度 l 可以消去，这表明湍流自然对流传热与传热面的尺寸大小无关。

【例 2-9】 一块长 H 为 1.5m，宽 b 为 0.5m 的平板，一个侧面绝热，另一个侧表面温度维持为 85℃，试计算平板在下列三种布置位置情况下，它与 15℃的空气间的自然对流传热量。

（1）竖直放置；（2）热面朝上水平放置；（3）热面朝下水平放置。

【解】 由定性温度 t_m 确定空气的物性值。$t_m = \frac{1}{2}(85+15) = 50$℃。查得空气的物性参数值

$$\lambda_f = 2.83\times10^{-2}\text{W/(m·K)},\quad v = 17.95\times10^{-6}\text{m}^2/\text{s},\quad Pr = 0.698$$

$$\alpha_V = \frac{1}{T_m} = \frac{1}{273+50} = 3.096\times10^{-3}\,\frac{1}{\text{K}}$$

（1）竖直放置的平板。

$$Gr_m = \frac{g\alpha_V(t_w - t_\infty)\cdot l^3}{\nu^2} = \frac{9.81\times3.096\times10^{-3}\times(85-15)\times1.5^3}{(17.95\times10^{-6})^2} = 2.227\times10^{10}$$

$$(Gr \cdot Pr)_{m} = 2.227 \times 10^{10} \times 0.698 = 1.55 \times 10^{10} > 10^{9} \text{ 湍流}$$

根据式（2-86）和表 2-3 查得：$C = 0.1$，$n = 1/3$。因此，有

$$Nu_{m} = C(Gr \cdot Pr)_{m}^{n} = 0.1 \times (1.55 \times 10^{10})^{1/3}$$

$$h = \frac{\lambda_{f}}{l} Nu_{m} = \frac{2.83 \times 10^{-2}}{1.5} \times 0.1 \times (1.55 \times 10^{10})^{1/3} = 4.7\text{W/(m}^{2} \cdot \text{K)}$$

自然对流传热热流量为

$$\Phi = hA(t_{w} - t_{\infty}) = 4.7 \times 1.5 \times 0.5 \times (85 - 15) = 246.75\text{W}$$

（2）热面朝上水平放置。

特性尺度 $$l = \frac{A}{U} = \frac{Hb}{2(H+b)} = \frac{1.5 \times 0.5}{2 \times (1.5 + 0.5)} = 0.1875\text{m}$$

$$Gr_{m} = \frac{g\alpha_{V}(t_{w} - t_{\infty}) \cdot l^{3}}{\nu^{2}} = \frac{9.81 \times 3.096 \times 10^{-3} \times (85 - 15) \times 0.1875^{3}}{(17.95 \times 10^{-6})^{2}} = 4.35 \times 10^{7}$$

$$(Gr \cdot Pr)_{m} = 4.35 \times 10^{7} \times 0.698 = 3.0363 \times 10^{7} > 8 \times 10^{6} \text{ 湍流}$$

根据式（2-86）和表 2-3 查得：$C = 0.15$，$n = 1/3$。有

$$Nu_{m} = C(Gr \cdot Pr)_{m}^{n} = 0.15 \times (3.0363 \times 10^{7})^{1/3}$$

$$h = \frac{\lambda_{f}}{l} Nu_{m} = \frac{2.83 \times 10^{-2}}{0.1875} \times 0.15 \times (3.0363 \times 10^{7})^{1/3} = 7.06\text{W/(m}^{2} \cdot \text{K)}$$

$$\Phi = hA(t_{w} - t_{\infty}) = 7.06 \times 1.5 \times 0.5 \times (85 - 15) = 370.65\text{W}$$

（3）热面朝下水平放置。

特性尺度 $$l = \frac{1}{2}(H + b) = \frac{1}{2}(1.5 + 0.5) = 1\text{m}$$

$$(Gr \cdot Pr)_{m} = \frac{9.81 \times 3.096 \times 10^{-3} \times (85 - 15) \times 1^{3}}{(17.95 \times 10^{-6})^{2}} \times 0.698 = 4.6 \times 10^{9} > 8 \times 10^{6} \text{ 湍流}$$

根据式（2-86）和表 2-3 查得：$C = 0.58$，$n = 1/5$。有

$$Nu_{m} = C(Gr \cdot Pr)_{m}^{n} = 0.58 \times (4.6 \times 10^{9})^{1/5} = 49.66$$

$$h = \frac{\lambda_{f}}{l} Nu_{m} = \frac{2.83 \times 10^{-2}}{1} \times 49.66 = 1.4\text{W/(m}^{2} \cdot \text{K)}$$

$$\Phi = hA(t_{w} - t_{\infty}) = 1.4 \times 1.5 \times 0.5 \times (85 - 15) = 73.5\text{W}$$

说明：同一块加热平板，在热面朝上水平放置时自然对流传热最强烈。

2.2.5.2 有限空间自然对流传热

对于自然对流传热，当空间小到使流体受热上升和受冷下降运动发生互相干扰影响时，称为有限空间或小空间自然对流传热。例如图 2-35a 所示的竖直夹层，当 $\delta/h > 0.33$ 时，流体上升和下降运动不互相干扰，可当做大空间自然对流传热处理；但当 $\delta/h < 0.33$ 时，流体上升和下降运动互相干扰，必须按有限空间自然对流传热计算。

流体在有限空间内自由流动和传热，除与流体的性质、两壁间的温差有关外，还与冷、热表面的形状、尺寸大小和相对位置有关。所有这些影响因素综合表现于 Gr_δ 或 $(Gr_\delta \cdot Pr)$。Gr 数中的特性尺度 δ 为夹层厚度；特征温度为两壁面的算术平均温度 $t_m = (t_{w1} + t_{w2})/2$；$\Delta t = t_{w1} - t_{w2}$ 为两壁面温度差且为正值。

图 2-35 所示为几种不同情况的有限空间自然对流传热。描述这类传热的实验关联式的一般形式为

$$Nu = C(Gr \cdot Pr)^n \cdot \left(\frac{l}{\delta}\right)^m \tag{2-92}$$

式中　C，n，m——常数，由实验数据确定。

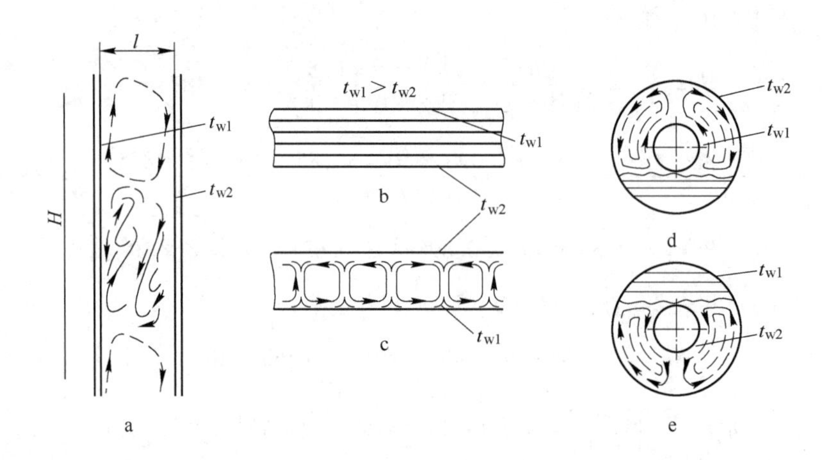

图 2-35　有限空间自然对流传热

a—竖直夹层；b，c—水平夹层；d，e—水平环形夹层

A　恒壁温竖直空气夹层

$$Nu_m = 0.197(Gr_\delta \cdot Pr)_m^{1/4} \cdot \left(\frac{l}{\delta}\right)^{-1/9} \tag{2-93a}$$

实验验证范围 $(Gr \cdot Pr)_m = 6000 \sim 2 \times 10^5$，$Pr = 0.5 \sim 2$，$l/\delta = 11 \sim 42$

$$Nu_m = 0.073(Gr_\delta \cdot Pr)_m^{1/3} \cdot \left(\frac{l}{\delta}\right)^{-1/9} \tag{2-93b}$$

实验验证范围 $(Gr \cdot Pr)_m = 2 \times 10^5 \sim 11 \times 10^7$，$Pr = 0.5 \sim 2$，$l/\delta = 11 \sim 42$

以上各式中，l 为夹层高度，m。

B　恒热流竖直液体夹层

当 $(Gr \cdot Pr)_m = 10^4 \sim 10^7$，$Pr_m = 1 \sim 2 \times 10^4$，$l/\delta = 11 \sim 40$ 时

$$Nu_m = 0.42(Gr_\delta \cdot Pr)_m^{1/4} \cdot Pr_m^{0.012} \cdot \left(\frac{l}{\delta}\right)^{-0.3} \tag{2-94a}$$

当 $(Gr \cdot Pr)_m = 10^7 \sim 10^9$，$Pr_m = 1 \sim 20$，$l/\delta = 11 \sim 40$ 时

$$Nu_m = 0.046(Gr_\delta \cdot Pr)_m^{1/3} \tag{2-94b}$$

C　恒壁温水平空气夹层

当 $(Gr \cdot Pr)_m = 7000 \sim 3.2 \times 10^5$，$Pr = 0.5 \sim 2$，有

$$Nu_m = 0.212(Gr_\delta \cdot Pr)_m^{1/4} \tag{2-95a}$$

当$(Gr \cdot Pr)_m > 3.2 \times 10^5$，$Pr = 0.5 \sim 2$，则有

$$Nu_m = 0.061(Gr_\delta \cdot Pr)_m^{1/3} \tag{2-95b}$$

D 恒壁温水平液体夹层

当$(Gr \cdot Pr)_m = 3 \times 10^5 \sim 7 \times 10^9$，$Pr_m = 0.02 \sim 8750$，有

$$Nu_m = 0.069 Gr_{\delta m}^{1/3} \cdot Pr_m^{0.407} \tag{2-96}$$

E 水平环形夹层

热面在内，$(Gr \cdot Pr)_m = 6000 \sim 10^6$，$Pr_m = 1 \sim 5000$时

$$Nu_m = 0.11(Gr_\delta \cdot Pr)_m^{0.29} \tag{2-97a}$$

热面在内，$(Gr \cdot Pr)_m = 10^6 \sim 10^8$，$Pr_m = 1 \sim 5000$时

$$Nu_m = 0.4(Gr_\delta \cdot Pr)_m^{0.2} \tag{2-97b}$$

在式（2-97）中，特性尺度δ等于外筒内径与内筒内径的差值，即$\delta = \frac{1}{2}(d_2 - d_1)$。

【例2-10】 两块相距25mm的平行竖板，置于大气压力下的空气中。已知板高H为1.8m，宽b为1.2m，如果两板相对板面的温度分别为50℃和10℃，试确定单位板面积的传热量（不计辐射传热的影响）。

【解】 选用两板面的平均温度为空气的定性温度$t_m = \frac{1}{2}(t_{w1} + t_{w2}) = \frac{50 + 10}{2} = 30℃$。

查得空气的物性值

$$\lambda = 2.67 \times 10^{-2} \mathrm{W/(m \cdot K)}, \quad \nu = 16 \times 10^{-6} \mathrm{m^2/s}$$

$$Pr = 0.701, \quad \alpha_V = \frac{1}{T_m} = \frac{1}{273 + 30} = 3.3 \times 10^{-3} \frac{1}{\mathrm{K}}$$

特性尺度$\delta = 0.025$m。

$$(Gr_\delta \cdot Pr)_m = \frac{g\alpha_V \Delta t \cdot \delta^3}{\nu^2} \cdot Pr$$

$$= \frac{9.81 \times 3.3 \times 10^{-3} \times (50 - 10) \times (0.025)^3}{(16 \times 10^{-6})^2} \times 0.701$$

$$= 5.54 \times 10^4$$

选用式（2-93a）计算，则有

$$Nu_m = 0.197(Gr_\delta \cdot Pr)_m^{1/4} \cdot \left(\frac{H}{\delta}\right)^{-1/9}$$

$$= 0.197 \times (5.54 \times 10^4)^{1/4} \times \left(\frac{1.8}{0.025}\right)^{-1/9} = 1.88$$

$$h = \frac{\lambda}{l} Nu_m = \frac{0.0267}{0.025} \times 1.88 = 2.0 \mathrm{W/(m^2 \cdot ℃)}$$

单位板面积的传热量为

$$q = h(t_{w1} - t_{w2}) = 2.0 \times (50 - 10) = 80 \mathrm{W/m^2}$$

2.2.6 流体强制对流传热

流体强制流动时的对流传热规律，一般均采用准数关系式表示，所以计算公式都是实验求解的结果。

2.2.6.1 管内湍流传热准则关系式

当管内流动的雷诺数 $Re \geqslant 10^4$ 时，管内流体处于旺盛的湍流状态。此时的传热计算可采用下面推荐的准则关系式。

$$Nu = 0.023Re^{0.8}Pr^{b} \tag{2-98}$$

式（2-98）准数计算中，定性温度取流体进出温度的算术平均值 t_m；特征尺寸为管内径 d_i；流体被加热时，$b=0.4$，流体被冷却时，$b=0.3$；

实验验证范围为 $Re_f = 10^4 \sim 1.25 \times 10^5$，$Pr_f = 0.7 \sim 120$，$l/d \geqslant 60$。温差为中等以下温差，即对于气体不大于50℃，对于水不大于20～40℃，对于黏度大的油类不大于10℃。温差过大时，截面上温度分布就很不均匀。由于温度要影响黏度，从而影响速度分布。因此，当温差大于推荐值时可选用其他经验公式，如采用格尼林斯基（Gnielinski）公式

$$Nu_f = \frac{(f/8)(Re - 1000)Pr_f}{1 + 12.7\sqrt{f/8}(Pr_f^{2/3} - 1)}\left[1 + \left(\frac{d}{l}\right)^{2/3}\right]c_t \tag{2-99}$$

对液体　　$$c_t = \left(\frac{Pr_f}{Pr_w}\right)^{0.11},\quad \left(\frac{Pr_f}{Pr_w} = 0.05 \sim 20\right)$$

对气体　　$$c_t = \left(\frac{t_f}{t_w}\right)^{0.45},\quad \left(\frac{t_f}{t_w} = 0.5 \sim 1.5\right)$$

式中，f 为管内湍流流动的达尔西阻力系数，可按弗罗年柯（Filonenko）公式计算；下标 w 表示定性温度为壁温。格尼林斯基公式的实验验证范围为：$Re = 2300 \sim 10^6$，$Pr = 0.6 \sim 105$，包含了层流到湍流的过渡区。

2.2.6.2 圆管内强制湍流传热系数计算修正

对于式（2-98）涉及的工况条件得不到满足时，应该对其计算结果加以修正。在工程实际中，常见的工况包括：

（1）对于高黏度液体，因黏度 μ 的绝对值较大，固体表面与主体温度差带来的影响更为显著。此时利用指数 b 取不同值的方法，实验数据得不到满意的关联，须另外引入一个无因次的黏度比，按下式计算：

$$Nu = 0.027Re^{0.8}Pr^{0.33}\left(\frac{\mu}{\mu_w}\right)^{0.14} \tag{2-100}$$

式中　μ——液体在主体平均温度下的黏度，Pa · s；

　　μ_w——液体在壁温下的黏度，Pa · s。

引入壁温下的黏度 μ_w，须先知壁温，这使计算过程复杂化。但对工程计算，取以下数值已可满足要求：

液体被加热时　　$$\left(\frac{\mu}{\mu_w}\right)^{0.14} = 1.05$$

液体被冷却时　　$$\left(\frac{\mu}{\mu_w}\right)^{0.14} = 0.95$$

式（2-100）适用于 $Re>10^4$、$Pr=0.5\sim100$ 的各种液体，但不适用于液体金属。

（2）对于 $l/d<30\sim40$ 的短管，因管内流动尚未充分发展，层流内层较薄，热阻小。因此对于短管，按式（2-98）计算的传热系数偏低，需乘以 1.02 ~ 1.07 的系数加以修正。

（3）对 Re 为 2000 ~ 10000 的过渡流，因湍流不充分，层流内层较厚，热阻大而 Nu 小。此时式（2-98）的计算结果需乘以小于 1 的修正系数

$$f = 1 - \frac{6\times10^5}{Re^{1.8}} \tag{2-101}$$

（4）流体在弯曲管道内流动时的传热系数。式（2-98）是根据圆形直管的实验数据整理出来的。流体在弯管内流动时，由于离心力的作用，扰动加剧，使传热系数增加。实验结果表明，弯管中的 h' 可按下式计算：

$$h' = h\left(1 + 1.77\frac{d}{R}\right) \tag{2-102}$$

式中 h——直管的传热系数，$W/(m^2\cdot ℃)$；

d——管内径，m；

R——弯管的曲率半径，m。

2.2.6.3 管内层流传热计算公式

管内强制层流的传热过程由于下列因素而趋于复杂：

（1）流体物性（特别是黏度）受到管内不均匀温度分布的影响，使速度分布显著地偏离等温流动时的抛物线，如图 2-36 所示。

（2）对高度湍流而言，流体因受热产生的自然对流的影响无足轻重，但对层流而言，自然对流造成了径向流动，强化了传热过程。

（3）层流流动时达到定态速度分布的进口段距离一般较长（约 $100d$），在实用的管长范围内，加热管的相对长度 l/d 将对全管平均的传热系数有明显影响。

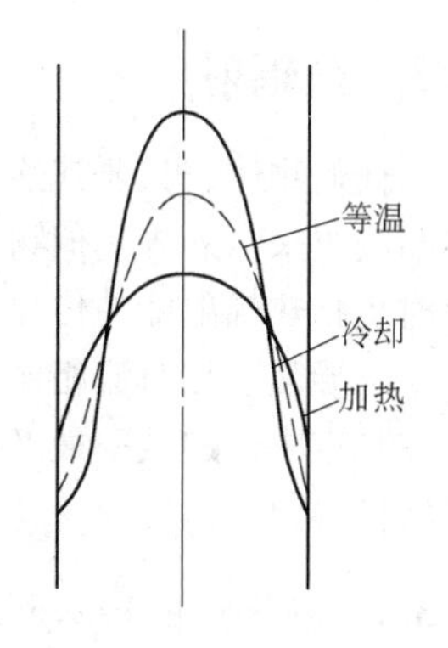

图 2-36 热流方向对层流速度分布的影响

由于这些原因使管内层流传热的理论解（恒壁温时，$Nu=3.66$；恒壁热流时，$Nu=4.36$）不能用于设计计算，而必须根据实验结果加以修正。修正后的计算式为

$$Nu = 1.86\left(Re\cdot Pr\cdot\frac{d}{l}\right)^{0.33}\left(\frac{\mu}{\mu_w}\right)^{0.14} \tag{2-103}$$

此式的运用条件是 $Re\cdot Pr\cdot\dfrac{d}{l}>10$，不适用于管子很长的情况，定性温度取流体进、出口温度的算术平均值。

【例 2-11】 有一列管式换热器，气态苯在管外冷凝，管内通冷却水，水温进口为 20℃，出口为 40℃。水的流速为 0.3m/s。已知管内径为 20mm，求水在管内的对流传热系数。

【解】 水的定性温度取换热器进出口平均温度，且为定物性常数。

定性温度 $$t_m = \frac{20+40}{2} = 30℃$$

按此温度查得有关物性

$$\rho = 995.7\text{kg/m}^3$$

$$c_p = 4174\text{J/(kg} \cdot \text{K)}$$

$$\lambda = 0.618\text{W/(m} \cdot \text{K)}$$

$$\mu = 0.801 \times 10^{-3}\text{Pa} \cdot \text{s}$$

$$Pr = \frac{c_p\mu}{\lambda} = \frac{4174 \times 0.801 \times 10^{-3}}{0.618} = 5.41$$

$$Re = \frac{du\rho}{\mu} = \frac{0.02 \times 0.3 \times 995.7}{0.801 \times 10^{-3}} = 7458$$

由于 $Re < 10000$，此时的流动为过渡情况，可按式（2-98）计算，并乘以校正系数 f

$$f = 1 - \frac{6 \times 10^5}{Re^{1.8}} = 1 - \frac{6 \times 10^5}{7458^{1.8}} = 0.936$$

所以

$$h = 0.023\frac{\lambda}{d}Re^{0.8}Pr^{0.4}f$$

$$= 0.023 \times \frac{0.618}{0.02} \times (7458)^{0.8} \times (5.41)^{0.4} \times 0.936$$

$$= 1638\text{W/(m}^2 \cdot \text{K)}$$

2.3　热辐射

任何物体，只要其绝对温度不为零，都会不停地以电磁波的形式向外辐射能量；同时，又不断吸收来自外界其他物体的辐射能。由于热的原因而产生的电磁波辐射称为热辐射，热辐射有时也指热辐射能的传递过程。辐射传热就是指物体之间相互辐射和吸收的总结果。

与导热、热对流相比，热辐射有两个显著的特点，一是热辐射能的传递不需要任何介质，且在真空中传递效率最高；二是热辐射能传递的过程中伴随着辐射能与热能两种能量形式之间的转换。

2.3.1　热辐射的基本概念

2.3.1.1　物体热辐射特征

物体以光的形式向外发出能量的过程，常称为电磁辐射或电磁波，电磁波的波长包括 0 ~ ∞ 的范围，整个波谱范围内的电磁波如图 2-37 所示。从理论上来说，物体热辐射的电磁波谱波长可以包括整个波谱，然而在工业温度范围内，即 2000K 以下，有实际意义的热辐射波长位于 0.8 ~ 100μm 之间，且大部分位于红外区段的 0.76 ~ 20μm 范围之内，而在可见光区段（波长 0.38 ~ 0.76μm）仅占很小一部分。太阳表面温度约为 5800K，比一般温度高出很多。太阳辐射的主要能量集中在 0.2 ~ 2μm 波长范围，其中可见光占很大比重。因此，如果把太阳辐射包括在内，热辐射的波长区段可放宽为 0.1 ~ 100μm。

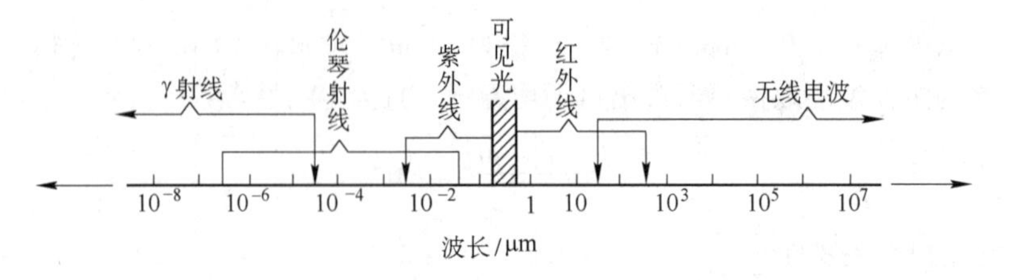

图 2-37　电磁波谱

2.3.1.2 辐射能的吸收、反射和穿透

热射线和可见光一样，同样具有反射、折射和吸收的特性，服从光的反射和折射定律，在均一介质中作直线传播，在真空和大多数气体中可以完全透过。但热射线不能透过工业上常见的大多数固体或液体。

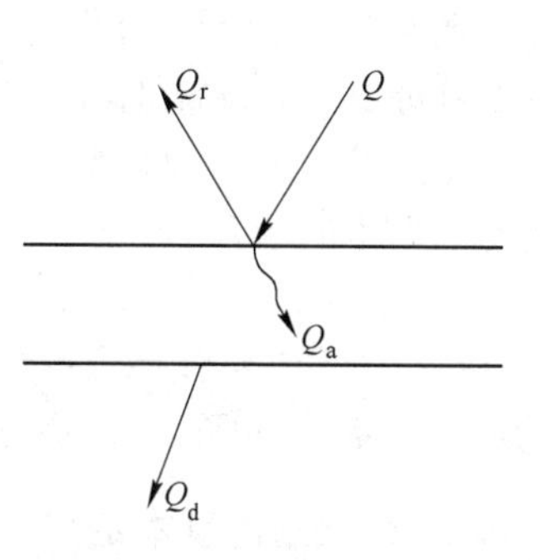

图 2-38 辐射能的吸收、反射和透过

如图 2-38 所示，投射在某一物体表面上的总辐射能为 Q，其中有一部分能量 Q_a被吸收，一部分能量 Q_r被反射，另一部分能量 Q_d则透过物体。根据能量守恒定律，得

$$Q_a + Q_r + Q_d = Q$$

即

$$\frac{Q_a}{Q} + \frac{Q_r}{Q} + \frac{Q_d}{Q} = 1$$

或

$$\alpha + \rho + \tau = 1 \tag{2-104}$$

式中 $\alpha = \frac{Q_a}{Q}$，称为吸收率；

$\rho = \frac{Q_r}{Q}$，称为反射率；

$\tau = \frac{Q_d}{Q}$，称为透过率。

对于大多数的固体和液体，穿透率 $\tau = 0$，因而有 $\rho + \alpha = 1$，因此发生在固体和液体上的热辐射是一个表面过程。

气体不能反射热射线，因而有 $\rho = 0$，则 $\alpha + \tau = 1$。因此气体的热辐射是一个容积过程。

2.3.1.3 物体表面对热射线的反射特征

辐射能投射到物体表面后的反射现象也和可见光一样，有镜面反射和漫反射之分，这要取决于物体表面相对于辐射波长的表面平整程度，如图 2-39 所示。当表面的不平整尺寸小于投入辐射的波长时，形成镜面反射，如高度磨光的金属板即是镜面反射。当表面的不平整尺寸大于投入辐射的波长时，形成漫反射。一般工程材料的表面都形成漫反射。漫反射表面的自身辐射也是漫发射的，而镜反射表面的自身辐射也是镜发射的。

2.3.1.4 黑体、白体与透热体

通常把吸收率 $\alpha = 1$ 的物体称为黑体，黑体是一种理想物体表面，自然界中并不存在绝对黑体。但有些物体比较接近于黑体。如没有光泽的黑漆表面，其吸收率 $\alpha = 0.96 \sim 0.98$。

黑体不同于黑色的物体。黑色物体吸收全部可见光，但可见光仅占热射线的很小一部分。对红外线的吸收，黑色物体与白色物体基本相同。

为了研究问题的方便，可用人工方法制造黑体模型，如图 2-40 所示。黑体模型由一个等

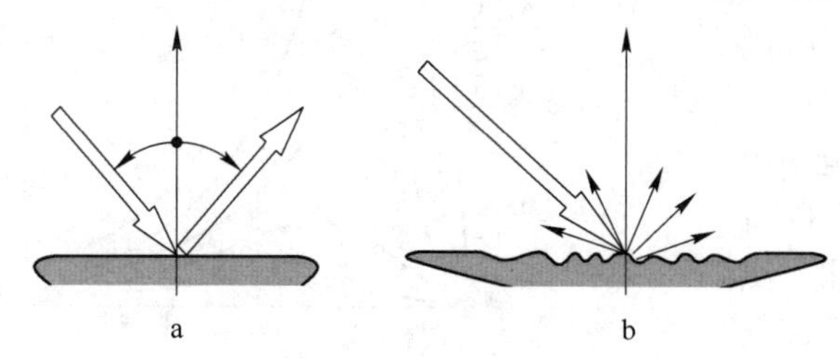

图 2-39 固体表面反射
a—镜反射；b—漫反射

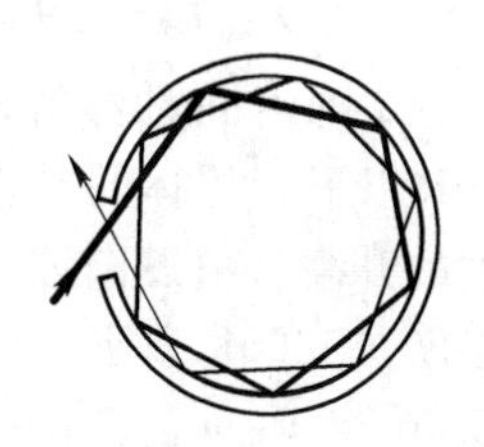

图 2-40 人工黑体模型

温腔的开孔表面构成，进入其中的热射线，经过多次的吸收和反射，只有极小量的热射线能够从开孔处出来，因而可以将等温腔的开孔的表面视为一个对热辐射完全吸收的表面。

把反射率$\rho=1$物体称为白体（具有漫反射的表面）或镜体（具有镜反射的表面），实际上绝对白体也是不存在的，但有些物体比较接近于白体，如表面磨光的铜，其反射率ρ可达0.97。

把穿透率$\tau=1$，能透过全部辐射能的物体称为透明体或透热体，如单原子和由对称双原子构成的气体（如He、O_2、N_2和H_2等）。

2.3.2　热辐射的基本定律

2.3.2.1　普朗克定律

普朗克定律解释了黑体辐射能按波长分布的规律。为进行定量描述，需引入辐射力、光谱辐射力的概念。

A　辐射力、光谱辐射力

辐射力也称全色辐射力，指单位时间内单位辐射面积向半球空间辐射出去的一切波长的辐射能量，用符号E表示，单位为W/m^2。

单位时间单位辐射面积向半球空间辐射出去的某一波长范围的辐射能量，称为光谱辐射力，用$E_{b\lambda}$来表示，单位为W/（$m^2\cdot\mu m$）。

B　普朗克定律

黑体的光谱辐射力随波长的变化由普朗克定律描述

$$E_{b\lambda}=\frac{c_1\lambda^{-5}}{e^{c_2/\lambda t}-1}\tag{2-105}$$

式中　λ——波长，m；

t——热力学温度，K；

c_1——第一辐射常数，其值为$c_1=3.7419\times10^{-16}W\cdot m^2$；

c_2——第二辐射常数，其值为$c_2=1.4388\times10^{-2}m\cdot K$。

普朗克定律所揭示的关系可以用图2-41表示。

从图中可以看出，当$\lambda=0$时，$E_{b\lambda}=0$，波长增加时，$E_{b\lambda}$也随之增大，当波长增加到一定值时，$E_{b\lambda}$达到最大值，之后随波长增加，又逐渐减少，当$\lambda=\infty$时，$E_{b\lambda}=0$。

单色辐射力的最大值是随着温度升高而移向波长较短的一边。对应于最大值的波长λ_{max}与温度T之间的关系由维恩定律确定，即

$$\lambda_{max}T=2.9\times10^{-3}m\cdot K$$

图2-41中的曲线特性表明，在低温范围内（800K以下）黑体的单色辐射力很小，但随着温度的升高其值逐渐增大。同时可以看出，黑体温度在1400K以下时，辐射能量的绝大部分在0.76～1.0μm的范围内，而可见光的辐射能量与总辐射能量相比是相当小的。随着温度的

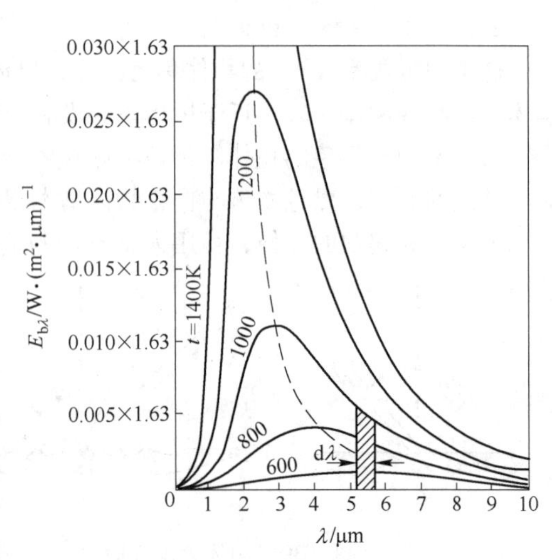

图2-41　普朗克定律的图示

升高，最大单色辐射力向波长较短的方向移动，辐射能量中的可见光部分越来越多，因此该物体的亮度发生变化，从暗红色、黄色、亮黄色变为亮白色。因此工业上常根据物体加热后出现的颜色来近似判断其加热的温度。但此定律仅适用于黑体或近似于黑体的物体，且即使在2800K的高温下，可见光部分的能量还是很小的，辐射能仍以红外线为主。

2.3.2.2 斯忒藩-玻耳兹曼定律

斯忒藩-玻耳兹曼定律表述了黑体的辐射力与热力学温度之间的关系

$$E_b = \sigma_0 T^4 = C_0\left(\frac{T}{100}\right)^4 \tag{2-106}$$

式中 σ_0——黑体的发射常数或斯忒藩-玻耳兹曼常数，其值为 $5.67\times10^{-8}\mathrm{W/(m^2\cdot K^4)}$；

C_0——黑体的辐射系数，$C_0=\sigma_0\times10^8=5.67\mathrm{W/(m^2\cdot K^4)}$。

这一定律又称为四次方定律，是热辐射工程计算的基础。

普朗克定律与斯忒藩-玻耳兹曼定律的关系可由下式表示

$$E_b = \int_0^\infty E_{b\lambda}\mathrm{d}\lambda = \int_0^\infty \frac{c_1\lambda^{-5}}{e^{c_2/\lambda t}-1}\mathrm{d}\lambda \tag{2-107}$$

2.3.2.3 兰贝特定律

兰贝特定律给出了黑体的辐射能按空间方向的分布规律。为了描述辐射力在空间方向分布特点，需要引入立体角、方向辐射力及辐射强度的概念。

A 立体角

立体角是用来衡量空间中的面相对于某一点所张开的空间角度的大小，定义为

$$\mathrm{d}\omega = \frac{\mathrm{d}A'}{r^2} \tag{2-108}$$

式中 ω——立体角，sr；

$\mathrm{d}A'$——空间中的微元面积，$\mathrm{m^2}$；

r——该面积与发射点之间的距离，m。

在图2-42的球坐标系中，按几何关系有

$$\mathrm{d}A' = r\mathrm{d}\varphi\sin\varphi r\mathrm{d}\theta$$

代入式（2-108），有

$$\mathrm{d}\omega = \frac{\mathrm{d}A'}{r^2} = \sin\varphi\mathrm{d}\varphi\mathrm{d}\theta \tag{2-109}$$

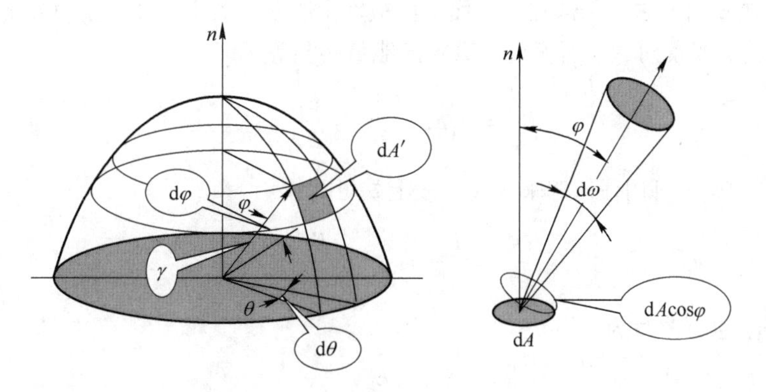

图2-42 立体角与半球空间几何关系

B　定向辐射力、定向辐射强度

单位时间单位辐射面积向半球空间中某一个方向上单位立体角内辐射的所有波长的辐射能量称为定向辐射力，用 E_φ 表示，它描述物体表面辐射能量在半球空间中的分布特征。

$$E_\varphi = \frac{d^2\Phi}{d\omega dA'} \tag{2-110}$$

定向辐射强度 I_φ（单位为 W/sr）表示单位时间在某一给定辐射方向上的单位可见辐射面积向该方向单位立体角内辐射的所有波长的辐射功率。

$$I_\varphi = \frac{d^2\Phi}{\cos\varphi dA' d\omega} \tag{2-111}$$

则定向辐射强度与方向辐射力的关系为

$$E_\varphi = I_\varphi \cos\varphi \tag{2-112}$$

C　兰贝特定律（余弦定律）

兰贝特（Lambert）指出，黑体表面在半球空间各个方向上的辐射强度，即

$$I_b = 常量 \tag{2-113}$$

根据方向辐射力与辐射强度之间的关系式（2-112）可知，在法线方向上有：$\varphi = 0$ 时，$\cos\varphi = 1$。于是得出 $E_{\varphi=0} = I_{\varphi=0}$。这样，兰贝特定律就可以表示为

$$E_\varphi = E_{\varphi=0}\cos\varphi \tag{2-114}$$

利用辐射力与定向辐射强度之间的关系可以得出

$$E_b = \pi I_b \tag{2-115}$$

2.3.2.4　克希霍夫定律

克希霍夫定律确定物体的辐射力 E 与其吸收率 α 之间的关系。

设有彼此非常接近的两平行壁Ⅰ与Ⅱ，壁Ⅰ为灰体，壁Ⅱ为绝对黑体。这样，从一个壁面发射出来的能量将全部投射于另一壁面上。以 E_1、α_1 和 E_b、α_b 分别表示壁Ⅰ、壁Ⅱ的发射能力和吸收率，如图 2-43 所示。以单位时间、单位壁面积为讨论的依据。由壁Ⅰ所发射的能量 E_1 投射于Ⅱ表面上而被全部吸收；但由Ⅱ所发射的能量 E_0 投射于Ⅰ表面上时，只有一部分被吸收，即 $\alpha_1 \cdot E_b$，而其余部分，即 $(1-\alpha_1)E_b$ 被反射回去，仍落在Ⅱ表面上而被完全吸收。若Ⅰ、Ⅱ两壁面温度相等，即两壁间的辐射换热达到平衡时，Ⅰ所发射和吸收的能量必相等，即

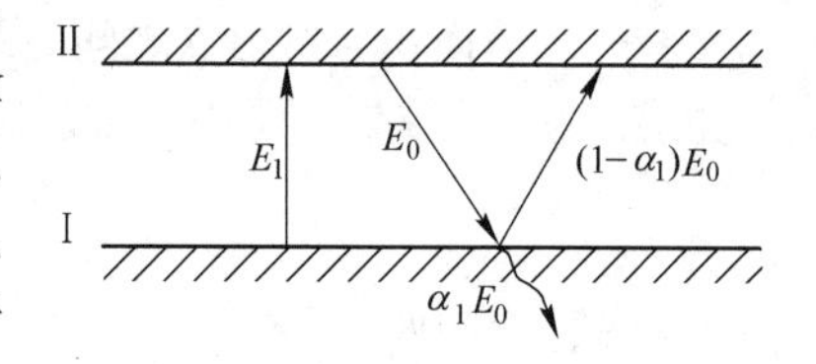

图 2-43　克希霍夫定律的推导

$$E_1 = \alpha_1 E_b \quad 或 \quad \frac{E_1}{\alpha_1} = E_b$$

因 E_1 和 α_1 的壁Ⅰ可用任何壁来替代，故上式可写成

$$\frac{E}{\alpha} = \frac{E_1}{\alpha_1} = \cdots = \frac{E_n}{\alpha_n} = E_b \tag{2-116a}$$

式(2-116a) 也可改写为

$$\alpha = \frac{E}{E_b} = \varepsilon \tag{2-116b}$$

式（2-116a）、式（2-116b）称为克希霍夫定律，它说明一切物体的发射能力与其吸收率的比值均相等，且等于同温度下绝对黑体的发射力，因此其值只与物体的温度有关。

2.3.2.5 灰体的概念及其工程应用

实际物体单色辐射力随波长和温度所发生的变化，可以根据该物体辐射光谱的实验测定。如果实验所得辐射光谱是连续的，而且曲线 $E_\lambda = f(\lambda)$ 又和同温度下黑体相当的曲线相似，则称该物体为理想灰体，简称灰体。灰体是光学上一种形象的称呼，是相对于完全吸收投入辐射的黑体而言的。图 2-44 表示了实际物体、黑体与灰体的表面单色辐射力。

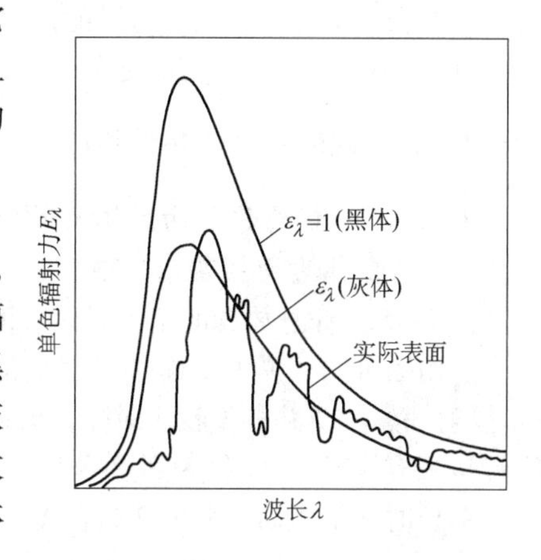

图 2-44 在同一温度下，实际物体、黑体、灰体的表面单色辐射力

由图 2-44 可以看出，理想灰体与黑体在同温度下单色辐射力有如下关系

$$\frac{E_{\lambda 1}}{E_{b\lambda_1}} = \frac{E_{\lambda 2}}{E_{b\lambda_2}} = \cdots = \frac{E_{\lambda n}}{E_{b\lambda_n}} = \varepsilon_\lambda = 常数 \tag{2-117}$$

式中，ε_λ 为理想灰体的单色黑度，其值不随波长发生变化。

由图 2-44 还可以看出，与黑体和理想灰体不同，一般工程材料单色黑度将随波长而发生变化，但对于大多数工程材料在热射线范围内都可以近似作为灰体处理。

对于灰体的辐射力 E，可表示为

$$E = C\left(\frac{T}{100}\right)^4 \tag{2-118}$$

式中，C 为灰体的发射系数，不同物体的 C 值不同，取决于物体性质、表面情况和温度，且总是小于 C_0。因此，在同一温度下，灰体的发射能力总是小于黑体，其比值 ε 称为物体的发射率，即

$$\varepsilon = \frac{E}{E_b} = \frac{C}{C_0} \tag{2-119}$$

ε 也常称为物体的黑度，其数值由实验确定。由式（2-119）可计算灰体的辐射力 E

$$E = \varepsilon E_b = \varepsilon C_0\left(\frac{T}{100}\right)^4 \tag{2-120}$$

由式（1-116b）可知在同一温度下，物体的吸收率和黑度在数值上是相等的。但 ε 和 α 在物理意义上并不相同。ε 表示灰体辐射力占黑体辐射力的分数，α 为外界投射来的辐射能可被吸收的分数，只有在温度相同以及 ε 或 α 随温度的变化皆可忽略时，ε 在数值上才与 α 相等。表 2-4 列出一些常用工业材料的黑度 ε 值。

表 2-4 常用工业材料的黑度（ε）

材 料	温度/℃	黑 度	材 料	温度/℃	黑 度
红 砖	20	0.93	铜（氧化的）	200~600	0.57~0.87
耐火砖	—	0.8~0.9	铜（磨光的）	—	0.03
钢板（氧化的）	200~600	0.8	铝（氧化的）	200~600	0.11~0.19
钢板（磨光的）	940~1100	0.55~0.61	铝（磨光的）	225~575	0.039~0.057
铸铁（氧化的）	200~600	0.64~0.78	银（磨光的）	200~600	0.012~0.03

由此表可知，金属表面的粗糙程度对黑度 ε 的影响很大，非金属材料的黑度值都很高，一般在 0.85 ~ 0.95 之间，在缺乏资料时，可近似取 0.90。

2.3.3　物体间的辐射传热计算

2.3.3.1　任意位置两黑体间的辐射传热与角系数

A　两黑体表面间辐射传热

图 2-45 为任意放置的两个黑体表面，其面积分别为 dA_1 和 dA_2，表面温度分别维持 T_1 和 T_2 不变。由图可知，黑体 1 向外辐射的能量只有一部分 Φ_{12} 投射到黑体 2 并被吸收。同样，黑体 2 向外辐射的能量也只有一部分 Φ_{21} 投射到黑体 1 并被吸收。

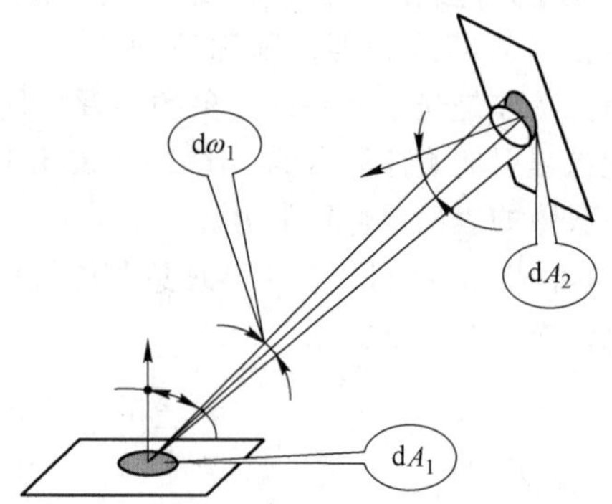

图 2-45　两黑体的互相辐射

单位时间从表面 1 发出到达表面 2 的辐射能为

$$\Phi_{1,2} = E_{b1} \cdot dA_1 \cdot X_{12}$$

式中　X_{12}——表面 1 对表面 2 的角系数，即表面 1 发射的辐射能到达表面 2 的分数。

同理　$$\Phi_{2,1} = E_{b2} \cdot dA_2 \cdot X_{21}$$

式中　X_{21}——表面 2 对表面 1 的角系数。

由于 1、2 为黑体，X_{12} 全部被 2 吸收，X_{21} 全部被 1 吸收，则 1、2 间的净辐射传热量为

$$\Phi_{1,2} = E_{b1} \cdot dA_1 \cdot X_{12} - E_{b2} \cdot dA_2 \cdot X_{21}$$

由上式可知，确定物体间辐射传热量关键是确定角系数。

B　辐射传热角系数

一表面发射出去的辐射能投到另一表面上的份额称为该表面对另一表面的角系数。根据兰贝特定律得

$$\Phi_{1,2} = \frac{E_{b1}}{\pi}\int_{A_1}\int_{A_2} \cos\alpha_1 \cos\alpha_2 \frac{1}{r^2} dA_1 dA_2 \tag{2-121}$$

式中　r——微元面积 dA_1、dA_2 之间的距离。为简化起见，将式（2-121）简写为

$$\Phi_{1,2} = A_1 E_{b1} X_{12} \tag{2-122}$$

由式（2-121）和式（2-122）可知

$$X_{12} = \frac{1}{\pi A_1}\int_{A_1}\int_{A_2} \cos\alpha_1 \cos\alpha_2 \frac{1}{r^2} dA_1 dA_2 \tag{2-123}$$

同理可得：表面 2 对表面 1 的角系数 X_{21} 为

$$X_{21} = \frac{1}{\pi A_2}\int_{A_2}\int_{A_1} \cos\alpha_2 \cos\alpha_1 \frac{1}{r^2} dA_2 dA_1 \tag{2-124}$$

角系数是计算物体间辐射传热所需的基本参数。确定物体表面之间角系数主要有以下方法：

（1）根据表达式直接积分求解表面间的角系数；

（2）实验法。对于一些复杂形位的角系数的确定，采用积分法计算，十分复杂时通过实验确定。还可以利用角系数的性质并结合计算图表或直接积分。

（3）代数法。代数法的基本思想是利用已知的几何关系、角系数、能量守恒、角系数互换

进行代数运算，求未知角系数。比起直接积分法，代数法更加简单，但是能够得到解析解的情况有限。

C 角系数的性质

利用简单几何关系，导出角系数的基本性质，利用这些性质，就可以用代数法求解。角系数有如下一些性质。

（1）相对性。角系数的相对性为：

$$X_{12}A_1 = X_{21}A_2$$

此式说明任意两个物体间的角系数 X_{12} 和 X_{21} 不是独立的，它们要受到上式的制约。

（2）自见性。指一个物体表面所辐射出来的能量，投向自身表面的分数。对于平面或凸面，其自见性等于零，即 $X_{11}=0$，对凹面，其自见性不等于零，$X_{11}\neq 0$。

（3）完整性。对于由几个物体组成的封闭体系而言，如图 2-46a 所示。任何一个表面辐射出的能量将全部分配在体系内的各个表面上，以表面 1 为例

$$\boldsymbol{\Phi}_{1,1} + \boldsymbol{\Phi}_{1,2} + \boldsymbol{\Phi}_{1,3} + \cdots + \boldsymbol{\Phi}_{1,n} = \boldsymbol{\Phi}_1$$

$$\frac{\boldsymbol{\Phi}_{1,1}}{\boldsymbol{\Phi}_1} + \frac{\boldsymbol{\Phi}_{1,2}}{\boldsymbol{\Phi}_1} + \frac{\boldsymbol{\Phi}_{1,3}}{\boldsymbol{\Phi}_1} + \cdots + \frac{\boldsymbol{\Phi}_{1,n}}{\boldsymbol{\Phi}_1} = 1$$

即

$$X_{11} + X_{12} + X_{13} + \cdots + X_{1n} = 1$$

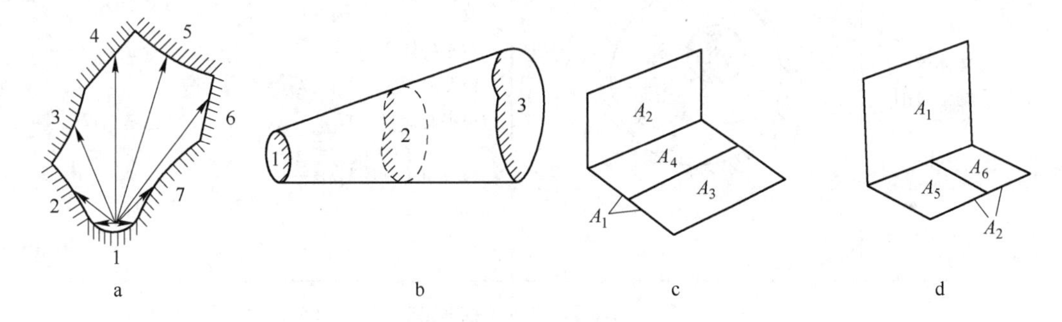

图 2-46 角系数的性质

a—完整性；b—兼顾性；c—分解性；d—分解性

（4）兼顾性。如图 2-46b 所示，在任意两个物体 1 和 3 之间，设置一透热体 2，当不考虑路程对辐射能量的影响时，那么就有

$$X_{12} = X_{13}$$

这是因为从物体 1 辐射到物体 2 上的热流量为

$$\boldsymbol{\Phi}_{1,2} = E_1 X_{12} A_1$$

从物体 1 辐射到物体 3 的热流量为

$$\boldsymbol{\Phi}_{1,3} = E_1 X_{13} A_1$$

由于不考虑路程对辐射能的影响，所以

$$\boldsymbol{\Phi}_{1,2} = \boldsymbol{\Phi}_{1,3}$$

$$X_{12} = X_{13}$$

如果在物体 1 与 3 之间设有一不透明的物体，则 $X_{13}=0$。

（5）分解性。当两个表面 A_1 和 A_3 之间进行辐射换热时，如单独把 A_1 分解为 A_3 和 A_4，如图 2-46c 所示，则

$$A_1X_{12} = A_3X_{32} + A_4X_{42}$$

如果单独把表面 A_2 分解为 A_5 与 A_6，如图 2-46d 所示，则

$$A_1X_{12} = A_1X_{15} + A_1X_{16}$$

利用角系数的上述性质，就可以用简单的代数方法求某些物体之间的角系数，见表 2-5。

表 2-5　某些物体之间角系数的推导

名　称	图　示	角系数的推导
两个无限大平行平面	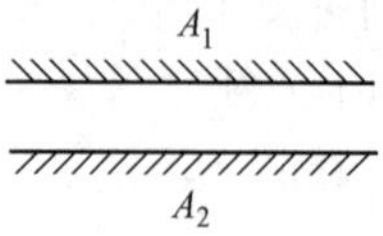 A_1 A_2	根据完整性　$X_{11}+X_{12}=1$ 根据自见性　$X_{11}=0$ 故　$X_{12}=1$ 同理　$X_{21}=1$
一个物体被另一个物体包围	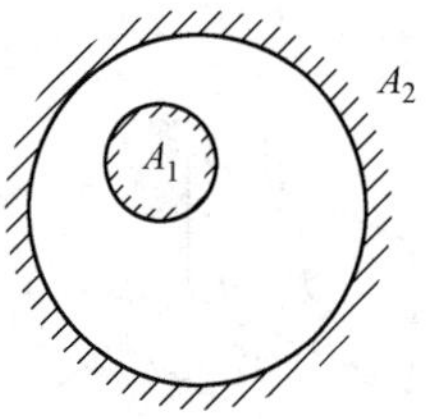 A_1 A_2	对于物体 1 根据完整性　$X_{11}+X_{12}=1$ 根据自见性　$X_{11}=0$ 故　$X_{12}=1$ 对于物体 2 根据完整性　$X_{21}+X_{22}=1$ 根据相对性　$X_{12}A_1=X_{21}A_2$ 故　$X_{21}=\frac{A_1}{A_2}$ $X_{22}=1-\frac{A_1}{A_2}$
一个平面和一个曲面组成的封闭体系	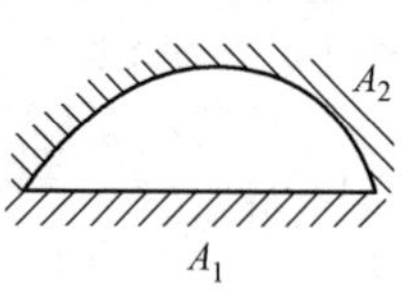 A_2 A_1	根据完整性　$X_{11}+X_{12}=1$ 根据自见性　$X_{11}=0$ 故　$X_{12}=1$ 根据相对性　$X_{12}A_1=X_{21}A_2$ 故　$X_{21}=\frac{A_1}{A_2}$ $X_{22}=1$，$X_{21}=\frac{A_2-A_1}{A_2}$
两个曲面组成的封闭体系	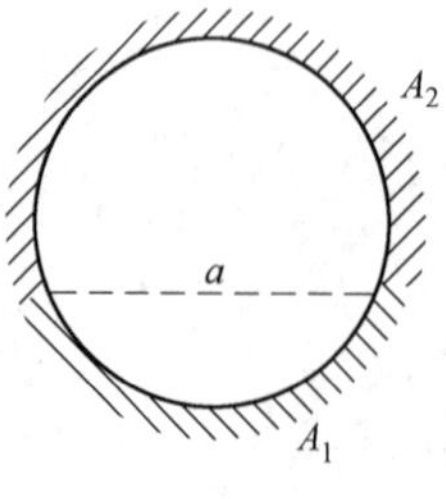 A_2 a A_1	根据兼顾性　$X_{12}=X_{1,a}=\frac{a}{A_1}$ 从上例已知　$X_{11}=\frac{A_1-a}{A_1}$ 同理　$X_{21}=X_{2,a}=\frac{a}{A_2}$ $X_{22}=\frac{A_2-a}{A_2}$

续表 2-5

名 称	图 示	角系数的推导
表面 1 和表面 3 之间的角系数（表面 1 和表面 2，3 垂直）	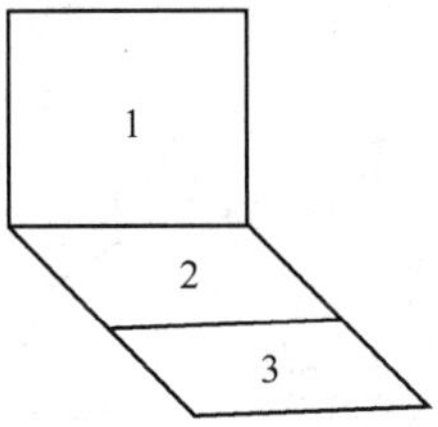 1 2 3	根据分解性 $A_{(2,3)}X_{(2,3)1}=A_3X_{31}+A_2X_{21}$ 根据相对性 $X_{1(2,3)}A_1=X_{12}A_2+X_{13}A_3$ 故 $X_{13}=X_{1(2,3)}-X_{12}$

2.3.3.2 两个灰体表面之间的辐射传热

由于灰体表面对外界投射的辐射能只能吸收其中的一部分，其余被反射出去，灰体直接会形成多次反复辐射、逐次吸收的现象，因此灰体表面直接辐射传热要比黑体表面复杂得多。

为了便于问题的分析，引入以下两个物理量：

投射辐射 G——单位时间投射到单位面积上的总辐射能，W/m^2；

有效辐射 J——单位表面积在单位时间内辐射出去的总能量，W/m^2。

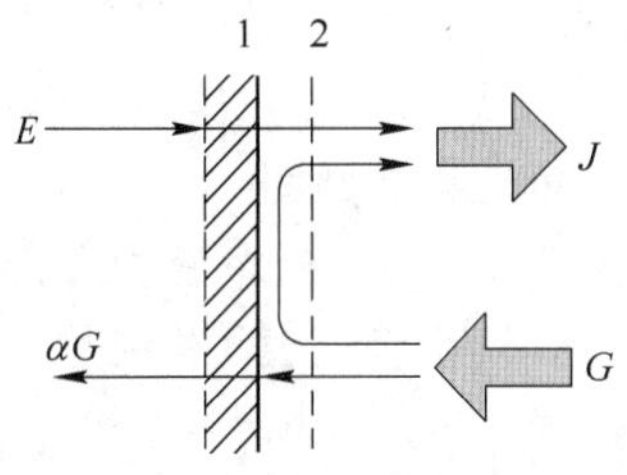

图 2-47 有效辐射示意图

图 2-47 所示为灰体的有效辐射 J。根据定义，它是物体表面自身的辐射力与其对投入辐射力的反射部分之和，即

$$J = E + (1-\alpha)G = \varepsilon E_b + (1-\varepsilon)G \tag{2-125}$$

根据物体表面的热平衡，一个表面向环境发出的辐射能应该是其自身的辐射能减去其从外界吸收的能量，即

$$\Phi = (E - \alpha G)A = \varepsilon(E_b - G)A$$

即

$$q = \frac{E_b - J}{\dfrac{1-\varepsilon}{\varepsilon}} \tag{2-126}$$

式中 q——单位物体表面向空间辐射出去的辐射能（热流量），W/m^2；

$E_b - J$——表面辐射势差；

$\dfrac{1-\varepsilon}{\varepsilon A}$——表面辐射热阻。

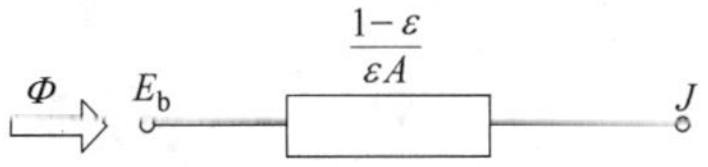

图 2-48 为表面辐射热路图。

图 2-48 表面辐射热路图

如果物体表面为黑体表面，必有$\dfrac{1-\varepsilon}{\varepsilon}=0$，那么应有 $E_b - J = 0$，故 $J = E_b$。此时物体表面辐射出去的辐射热流为 $q = E_b A$。

如果物体表面是一个绝热表面，也就是说它在参与辐射换热的过程中既不得到能量又不失去能量，因而有 $q=0$，则 $E_b - J = 0$，也就是绝热表面的有效辐射等于其温度下的黑体辐射的辐射力，即

$$J = E_b = \sigma_0 T^4$$

对于如图 2-49a 所示处于任意位置的两灰体表面，两灰体表面的面积分别为 A_1 和 A_2，表面温度分别维持 T_{w1} 和 T_{w2} 不变。两个表面之间净辐射传递的热流量为

$$\Phi_{1,2} = A_1 J_1 X_{12} - A_2 J_2 X_{21} \tag{2-127}$$

根据角系数的互换性有

$$A_1 X_{12} = A_2 X_{21}$$

则式(2-127) 可表示为

$$\Phi_{1,2} = \frac{J_1 - J_2}{\dfrac{1}{A_1 X_{12}}} = \frac{J_1 - J_2}{\dfrac{1}{A_2 X_{21}}} \tag{2-128}$$

式中　$\Phi_{1,2}$——两表面交换的热流量，W；

$J_1 - J_2$——两表面间的空间辐射势差；

$\dfrac{1}{A_1 X_{12}}$，$\dfrac{1}{A_2 X_{21}}$——两表面之间的空间辐射热阻。

将式（2-127）绘成热路图的形式如图 2-49b 所示，称为空间辐射热路图。

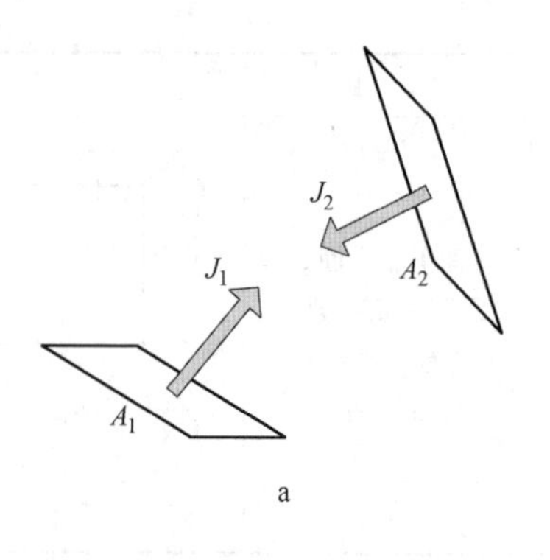

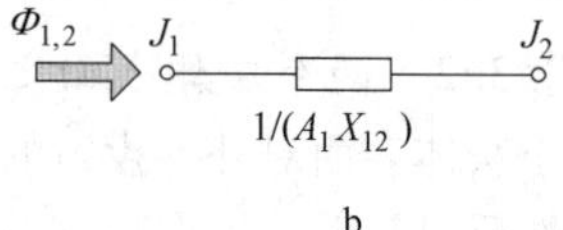

图 2-49　空间辐射
a—空间辐射；b—热路图

2.3.3.3　两个漫灰表面构成封闭空间的辐射换热计算

由两个漫灰表面构成的二维封闭系统可抽象成如图 2-50 所示的四种情形。

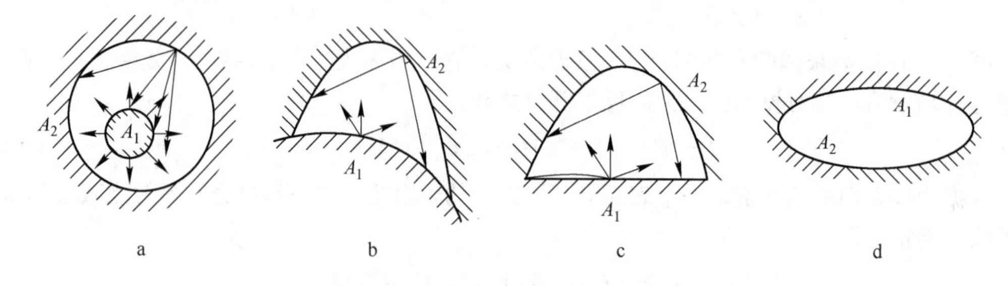

图 2-50　两个漫灰表面组成的封闭空间辐射传热系统

表面 1、2 之间的净辐射传热量为

$$\Phi_{1,2} = A_1 J_1 X_{12} - A_2 J_2 X_{21} \tag{2-129a}$$

应用式（2-126），则有

$$J_1 A_1 = A_1 E_{b1} - \left(\frac{1}{\varepsilon_1} - 1\right)\Phi_{1,2} \tag{2-129b}$$

$$J_2 A_2 = A_2 E_{b2} - \left(\frac{1}{\varepsilon_2} - 1\right)\Phi_{2,1} \tag{2-129c}$$

根据能量守恒

$$\Phi_{1,2} = -\Phi_{2,1} \tag{2-129d}$$

将式（2-129b）、式（2-129c）、式（2-129d）代入式（2-129a），整理可得

$$\Phi_{1,2} = \frac{E_{b1} - J_1}{\dfrac{1-\varepsilon_1}{A_1\varepsilon_1}} = \frac{J_1 - J_2}{\dfrac{1}{A_1 X_{12}}} = \frac{J_2 - E_{b2}}{\dfrac{1-\varepsilon_2}{A_2\varepsilon_2}} \tag{2-130}$$

或

$$\Phi_{1,2} = \frac{A_1(E_{b1} - E_{b2})}{\left(\frac{1}{\varepsilon_1} - 1\right) + \frac{1}{X_{12}} + \frac{A_1}{A_2}\left(\frac{1}{\varepsilon_2} - 1\right)} = \varepsilon_s A_1(E_{b1} - E_{b2}) \tag{2-131}$$

式中

$$\varepsilon_s = \frac{X_{12}}{1 + X_{12}\left(\frac{1}{\varepsilon_1} - 1\right) + X_{21}\left(\frac{1}{\varepsilon_2} - 1\right)} \tag{2-132}$$

称为系统黑度，它由两物体的角系数及黑度组成。

式（2-131）在下列情况下可进一步简化：

（1）对于两块相距很近而面积足够大的平行板，$X_{12} = X_{21} = 1$，则式（2-131）简化为

$$\Phi_{1,2} = \frac{A_1 C_0\left[\left(\frac{T_{w1}}{100}\right)^4 - \left(\frac{T_{w2}}{100}\right)^4\right]}{\frac{1}{\varepsilon_1} + \frac{1}{\varepsilon_2} - 1} \tag{2-133}$$

此时两物体的相对位置对辐射传热已无影响。

（2）对于图 2-50a、b 中所示的系统，表面 1 为凸表面

$$X_{12} = 1$$

$$X_{21} = X_{12}\frac{A_1}{A_2} = \frac{A_1}{A_2}$$

式(2-131) 简化为

$$\Phi_{1,2} = \frac{A_1 C_0\left[\left(\frac{T_{w1}}{100}\right)^4 - \left(\frac{T_{w2}}{100}\right)^4\right]}{\frac{1}{\varepsilon_1} + \frac{A_1}{A_2}\left(\frac{1}{\varepsilon_2} - 1\right)} \tag{2-134}$$

此时，物体的相对位置对辐射传热也无影响。由式（2-134）可以看出，当 $A_1/A_2 \approx 1$ 时，式（2-134）简化为式（2-133），即可按无限大平行平板计算。当表面积 A_2远大于 A_1，$A_1/A_2 \approx 0$ 时，式（2-134）简化为

$$\Phi_{1,2} = \varepsilon_1 A_1 C_0\left[\left(\frac{T_{w1}}{100}\right)^4 - \left(\frac{T_{w2}}{100}\right)^4\right] \tag{2-135}$$

【例 2-12】 用裸露热电偶测得管道内高温气体温度 $T_1 = 923\text{K}$。已知管壁温度为 440℃，热电偶表面的黑度 $\varepsilon_1 = 0.3$，高温气体对热电偶表面的对流传热系数 $h = 50\text{W}/(\text{m}^2 \cdot \text{K})$。试求管内气体的真实温度 T_g及热电偶的测温误差。

如采用单层遮热罩抽气式热电偶（图 2-51），热电偶的指示温度为多少？假设由于抽气的原因气体对热电偶的对流传热系数增至 $90\text{W}/(\text{m}^2 \cdot \text{K})$，遮热罩表面的黑度 $\varepsilon_2 = 0.3$。

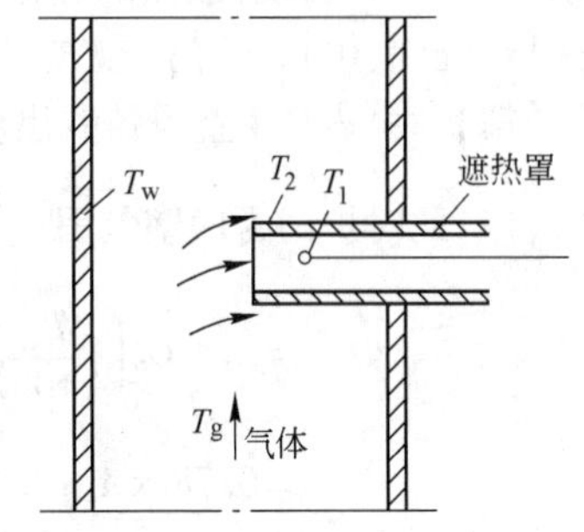

图 2-51 例 2-12 图

【解】 （1）由于热电偶工作点具有凸表面，其表面积相对于管壁面积很小，即$\frac{A_1}{A_2} \approx 0$。因此，它们之间的辐射传热可按式（2-135）计算。在定态条件下，热电偶的辐射散热和对流受热应相等

$$q = h_1(T_g - T_1) = \varepsilon_1 C_0\left[\left(\frac{T_{w1}}{100}\right)^4 - \left(\frac{T_{w2}}{100}\right)^4\right]$$

于是

$$T_g = T_1 + \frac{\varepsilon_1 C_0}{h_1}\left[\left(\frac{T_{w1}}{100}\right)^4 - \left(\frac{T_{w2}}{100}\right)^4\right]$$

$$= 923 + \frac{0.3 \times 5.67}{50} \times \left[\left(\frac{923}{100}\right)^4 - \left(\frac{713}{100}\right)^4\right]$$

$$= 1082\text{K}$$

测温的绝对误差为159K，相对误差为14.7%。这样大的测量误差显然是不能允许的。

（2）设遮热罩表面温度为 T_2，气体以对流方式传给遮热罩内外表面的热流通量

$$q_1 = 2h_2(T_g - T_2) = 2 \times 90 \times (1082 - T_2)$$

遮热罩对管壁的散热热流通量

$$q_2 = 0.3 \times 5.67 \times \left[\left(\frac{T_2}{100}\right)^4 - \left(\frac{713}{100}\right)^4\right]$$

定态时 $q_1 = q_2$，于是可从两式用试差法求出遮热罩壁温 $T_2 = 1009\text{K}$。

气体对热电偶的对流传热热流通量

$$q_3 = h_2(T_g - T_1) = 90 \times (1082 - T_1)$$

热电偶对遮热罩的辐射散热热流通量

$$q_4 = 0.3 \times 5.67 \times \left[\left(\frac{T_2}{100}\right)^4 - \left(\frac{1009}{100}\right)^4\right]$$

由 $q_3 = q_4$，求出热电偶的指示温度 $T_1 = 1050\text{K}$。此时测温的绝对误差为41K，相对误差为4.1%。可见采用遮热罩抽气式热电偶使测温精度大为提高。

2.3.3.4　遮热板的作用

在以上讨论中，都假定两表面间的介质为透明体（$\tau = 1$），实际上某些气体也具有发射和吸收辐射能的能力。因此，气体的存在对物体的辐射传热必有影响。有时为削弱表面之间的辐射传热，常在换热表面之间插入薄板来阻挡辐射传热。这种薄板称为遮热板。

下面通过一例来说明遮热板的作用。

【例 2-13】　室内有一高为0.5m、宽为1m的铸铁炉门，表面温度为600℃，室温为27℃。试求：（1）炉门辐射散热的热流量；（2）若在炉门前很小距离平行放置一块同样大小的铝质遮热板（已氧化），炉门与遮热板的辐射热流量为多少？

【解】　由表2-4查得铸铁黑度为 $\varepsilon_1 = 0.78$，铝的黑度取 $\varepsilon_3 = 0.15$。

（1）此时炉门为四壁包围，$\frac{A_1}{A_2} \approx 0$，由式（2-135）得

$$\Phi_{1,2} = \varepsilon_1 A_1 C_0\left[\left(\frac{T_{w1}}{100}\right)^4 - \left(\frac{T_{w2}}{100}\right)^4\right]$$

$$= 0.78 \times 1 \times 0.5 \times 5.67 \times \left[\left(\frac{600 + 273.15}{100}\right)^4 - \left(\frac{27 + 273.15}{100}\right)^4\right]$$

$$= 12.7\text{kW}$$

（2）因炉门与遮热板相距很近，两者之间的辐射热流量可近似地由式（2-133）计算。设铝板温度为 T_{w3}，则

$$\Phi_{1,3}=\frac{A_1C_0\left[\left(\frac{T_{w1}}{100}\right)^4-\left(\frac{T_{w3}}{100}\right)^4\right]}{\frac{1}{\varepsilon_1}+\frac{1}{\varepsilon_3}-1}$$

$$=\frac{0.5\times5.67\times\left[\left(\frac{873.15}{100}\right)^4-\left(\frac{T_{w3}}{100}\right)^4\right]}{\frac{1}{0.78}+\frac{1}{0.15}-1}$$

$$=2371.40-4.08\times10^{-9}T_{w3}^4$$

遮热板与四周墙壁的辐射热流量仍可用式（2-135）计算，即

$$\Phi_{3,2}=\varepsilon_3A_3C_0\left[\left(\frac{T_{w3}}{100}\right)^4-\left(\frac{T_{w2}}{100}\right)^4\right]$$

$$=0.15\times0.5\times5.67\times\left[\left(\frac{T_{w3}}{100}\right)^4-\left(\frac{300.15}{100}\right)^4\right]$$

$$=4.25\times10^{-9}T_{w3}^4-34.51$$

在定态条件下，$\Phi_{1,3}=\Phi_{3,2}$，可求出

$$T_{w3}=733.15\text{K}$$

$$\Phi_{1,3}=\Phi_{3,2}=0.15\times0.5\times5.67\times[(7.3315)^4-(3.0015)^4]=1194\text{W}$$

此结果说明放置遮热板是减少炉门热损失的有效措施。

2.3.4 气体辐射与火焰辐射

2.3.4.1 气体辐射

在工业上常见的温度范围内，单原子气体、分子结构对称的双原子气体，如惰性气体、氢、氧、氮等，实际上并无发射和吸收辐射能的能力，可以认为是辐射的透明体。但是，二氧化碳、水蒸气、二氧化硫等三原子气体及碳氢化合物等多原子气体及结构不对称的双原子气体却具有相当大的辐射本领。当这类气体出现在换热场合中时，就要涉及气体和固体间的辐射传热计算。

A 气体辐射的特点

与固体、液体辐射相比，气体辐射具有以下显著特点：

（1）气体的辐射和吸收具有选择性。气体的辐射光谱是不连续的，它只能辐射和吸收一定波长范围内的辐射能。通常把这种有辐射能力的波长区段称为光带。在光带以外，气体既不辐射，也不吸收，对热辐射呈现透明体的性质。

（2）固体和液体的辐射和吸收都在表面上进行，而气体的辐射和吸收在整个容积中进行，与气体的形状和容积有关，比较复杂。

B　气体的辐射力

气体的辐射力不满足四次方定律，如二氧化碳和水蒸气的辐射力 E 分别为

$$E(CO_2) = 4.07(p \cdot s)^{1/3}\left(\frac{T}{100}\right)^{3.5} \tag{2-136}$$

$$E(H_2O) = 4.07(p^{0.8} \cdot s^{0.6})^{1/3}\left(\frac{T}{100}\right)^{3} \tag{2-137}$$

式中　p——气体的分压，Pa；

s——气体的平均射线程长，m。

其值的大小取决于气体容积的形状和尺寸，工程计算中，对于任何几何形状，气体对整个包壁辐射的平均射线程长可按下式计算

$$s = 3.6\frac{V}{A} \tag{2-138}$$

式中　V——气体容积，m^3；

A——包壁面积，m^2。

C　气体与固体壁面间的辐射传热

气体被固体所包围，气体和固体壁面的温度分别为 T_g 和 T_w，当固体壁面为黑体时，气体与固体壁面间辐射传热的热流密度为

$$q_{gw} = \varepsilon_g E_g - \alpha_g E_{bw} = C_0\left[\varepsilon_g\left(\frac{T_g}{100}\right)^4 - \alpha_g\left(\frac{T_w}{100}\right)^4\right] \tag{2-139}$$

式中　ε_g——气体的发射率；

α_g——气体的吸收率。

气体的发射率与气体的分压、温度、气层的厚度有关，即 $\varepsilon_g = f(t_g, p, s)$。气体的发射率由试验确定。工程计算中，可以根据试验结果绘制的曲线图查得。

吸收率与 T_g、T_w 有关，工程数据由试验确定，或通过查图获得。

当固体壁面为灰体时，气体与灰体表面间的辐射传热的热流为

$$\Phi_{gw} = \varepsilon_{gw} C_0 A\left[\frac{\varepsilon_g}{A_g}\left(\frac{T_g}{100}\right)^4 - \left(\frac{T_w}{100}\right)^4\right] \tag{2-140}$$

式中　ε_{gw}——系统的当量黑度，$\varepsilon_{gw} = \dfrac{1}{\dfrac{1}{A_g} + \dfrac{1}{\varepsilon_g} - 1}$。

图 2-52 ~ 图 2-55 为 CO_2 与水蒸气的黑度与温度及分压之间的关系。

2.3.4.2　火焰辐射

当煤气或重油在燃烧室中完全然烧成烟气后送入窑中时，辐射传热完全属于气体辐射范围，由于气体辐射的选择性，不连续性，火焰的颜色略带蓝色或无色，称为不发光火焰。但是如果将煤气或重油直接喷入窑内燃烧，由于碳氢化合物在受热情况下进行分解，在气流中出现了处于悬浮状态的固体炭的微粒。在燃烧煤粉时，煤粉或燃烧后的灰分也构成了气流中的固体微粒。此时，不仅有气体的辐射，还有固体微粒的辐射。由于这些固体微粒可以辐射可见光波，因此在窑炉空间出现了明亮的火焰，所以这种辐射称为火焰辐射。

固体微粒悬浮于气流中，每一微粒本身近似于黑体，但在气流中粒子与粒子之间有一定距

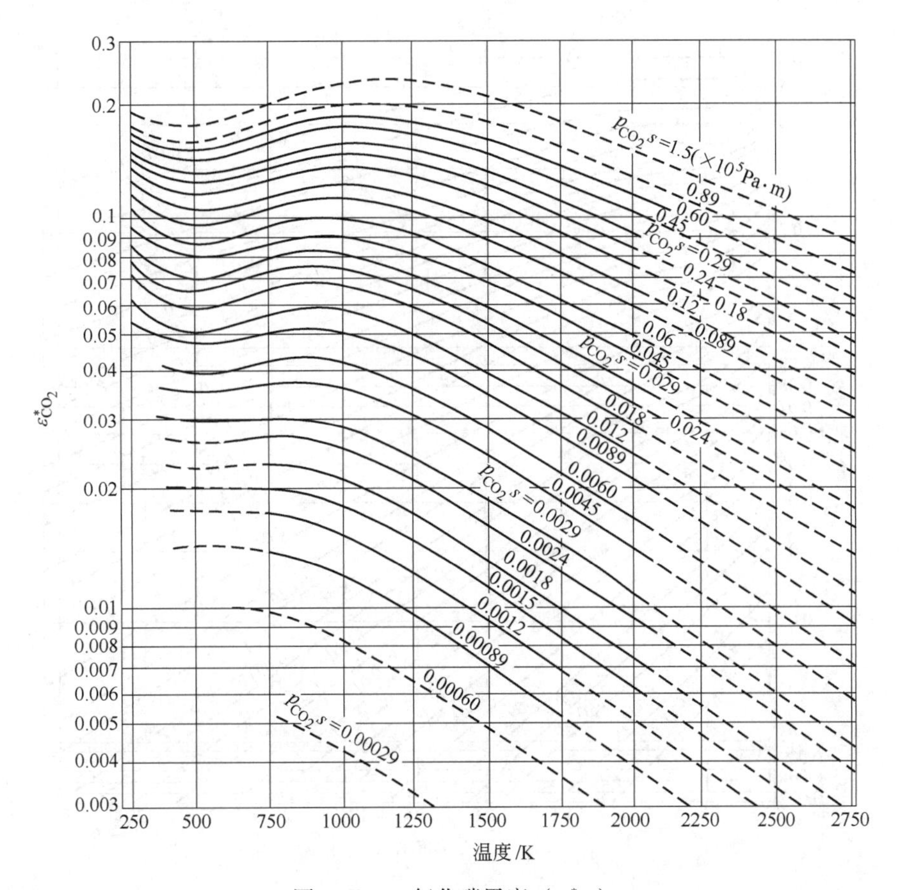

图 2-52 二氧化碳黑度（$\varepsilon^*_{CO_2}$）

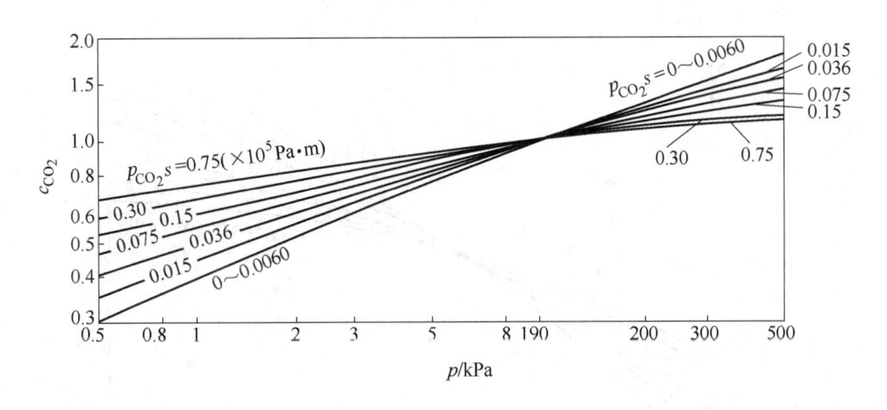

图 2-53 二氧化碳黑度的压力修正（c_{CO_2}）

离，当外来辐射线穿过时，部分碰到固体微粒被吸收，其余部分则透过，因此，辐射和吸收都是在整个空间中进行的。

固体微粒群的黑度与粒子浓度、粒子大小和有效平均射线长度（火焰厚度）有关。

当每单位体积气体所含的固体粒子浓度提高，或在固体粒子总含量不变的情况下，减小粒度，增加固体粒子的总表面积，或者增加火焰厚度时，都会使固体粒子群的黑度提高。

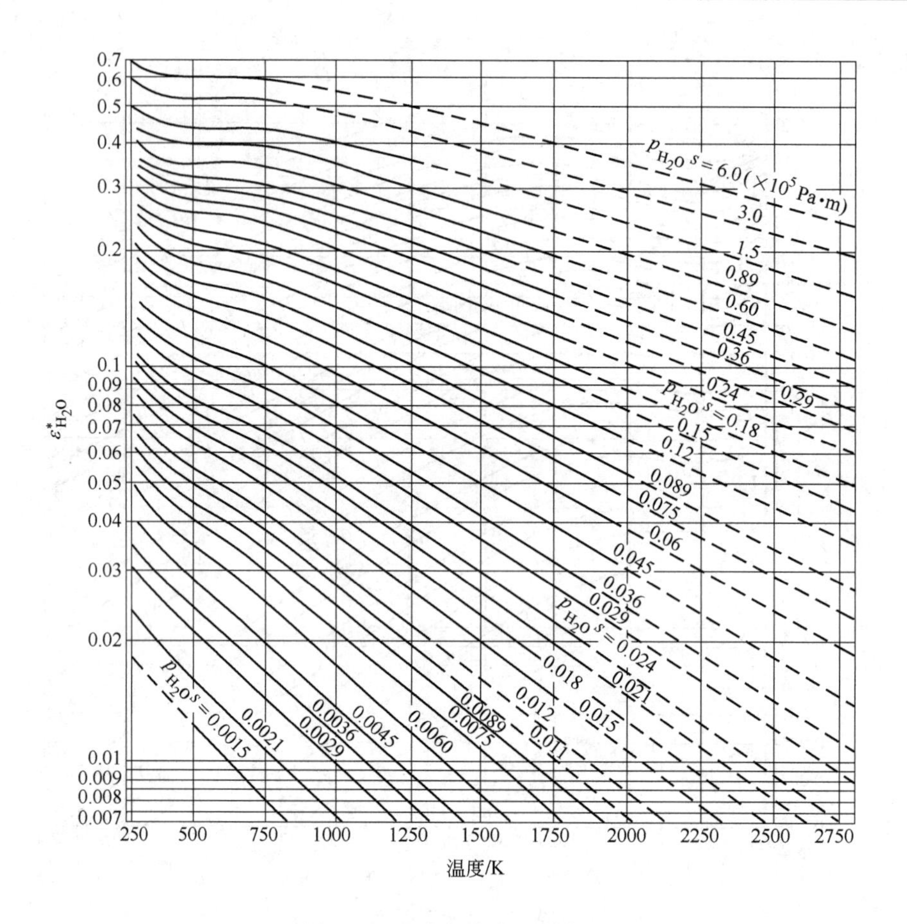

图 2-54　水蒸气黑度（$\varepsilon^*_{H_2O}$）

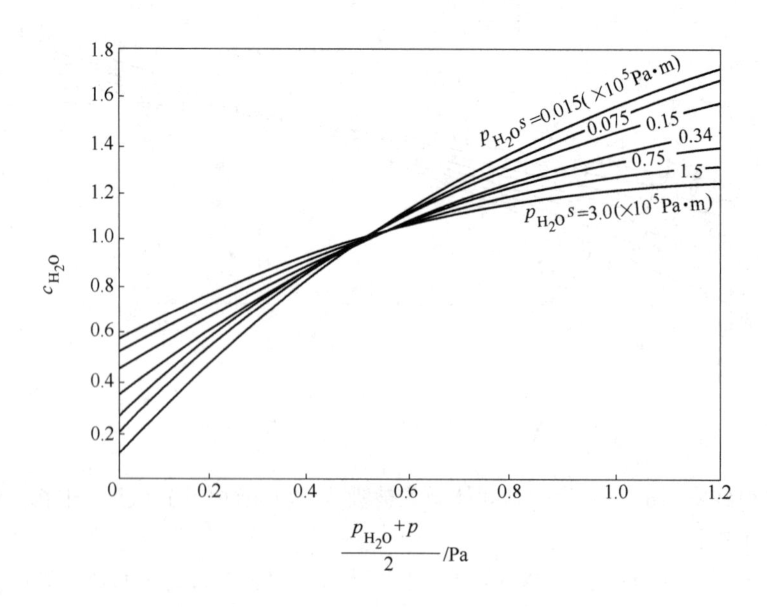

图 2-55　水蒸气黑度的压力修正（c_{H_2O}）

由于火焰辐射为气体辐射和悬浮于其中的固体微粒辐射的综合，同时固体微粒和气体又要相互吸收一部分辐射能，因此火焰辐射的发射率 ε_f 应为

$$\varepsilon_f = \varepsilon_c + \varepsilon_g - \varepsilon_c\varepsilon_g$$

在燃烧过程中，固体微粒的大小及数量均在不断改变，火焰温度也在变化，粒子的温度与气体温度也不一定相同，因此火焰黑度很难计算，一般只能用经验数据。各种燃料的火焰黑度的大致数值列于表 2-6。

表 2-6　气层厚度无限大时的火焰黑度

火焰种类	ε_f	火焰种类	ε_f
不明亮的气体火焰和无烟煤“层燃”时的火焰	0.4	高挥发分烟煤、褐煤、泥煤等在“层燃”或磨成煤粉燃烧时的发光火焰	0.70
无烟煤煤粉的发光火焰	0.45	重油发光火焰	0.85
烟煤的发光火焰	0.60		

燃烧含碳氢化合物越多的燃料，火焰黑度就越高。因为碳氢化合物含量越多，燃烧过程中分解出的固体炭粒就越多，因而增加了火焰黑度。高炉煤气的火焰黑度最低，半净化的发生炉煤气较净化煤气的火焰黑度高，液体燃料的火焰黑度最高。

如果已知火焰黑度，则火焰辐射可按下式计算

$$\Phi_f = \varepsilon_{fw} C_0 A\left[\left(\frac{T_f}{100}\right)^4 - \left(\frac{T_w}{100}\right)^4\right] \tag{2-141}$$

$$\varepsilon_{fw} = \frac{1}{1/\varepsilon_f + 1/\varepsilon_w - 1}$$

式中　ε_w——壁面黑度；

ε_f——火焰黑度；

A——辐射面积，m^2；

T_w——壁面温度，K；

T_f——火焰有效温度，K。

一般可取理论燃烧温度 T_{th} 和燃烧产物排出燃烧空间温度 T_2 的几何平均值，即 $T_f = \sqrt{T_{th}T_2}$。

有时为了增加火焰黑度以增加其辐射能力，在燃烧不含碳氢化合物的燃料时（如高炉煤气），用人工方法加入一些含碳氢化合物的燃料，使其在燃烧时产生微小炭粒，这种增加火焰黑度的方法称作增碳，加入物称作增碳剂。

2.4　综合传热过程分析与计算

在实际工业过程和日常生活中存在着的大量的传热过程常常不是以单一的热量传递方式出现，而多是以复合的或综合的方式出现。这样几种传热方式同时起作用的过程为综合传热过程。如散热器、中冷器和空气预热器等换热设备中的传热，窑内热烟气通过窑墙或窑顶向外散热，冶金炉内高温金属熔体通过炉衬的散热等。下面分析冷、热流体通过平壁的传热过程。

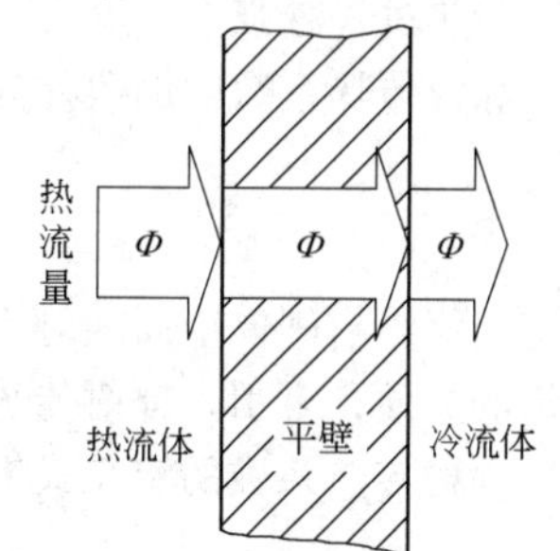

图 2-56　通过平壁的传热过程

2.4.1　通过平壁的传热过程计算

如图 2-56 所示平壁两侧有两种不同温度的流体，高温流体的热量通过平壁传热给低温流体。此综合传热过程由三个传热

环节串联而成：（1）从热流体至平壁高温侧的热量传递；（2）从平壁高温侧到低温侧的热量传递；（3）从平壁低温侧至冷流体的热量传递。

对于稳态传热过程，可分别写出上述三个传热过程热流量的计算式为

$$\Phi = h_1 A(t_{f1} - t_{w1}) \tag{2-142a}$$

$$\Phi = \frac{A\lambda}{\delta}(t_{w1} - t_{w2}) \tag{2-142b}$$

$$\Phi = h_2 A(t_{w2} - t_{f2}) \tag{2-142c}$$

联立求解上述三个方程，整理后得

$$\Phi = \frac{A(t_{f1} - t_{f2})}{\frac{1}{h_1} + \frac{\delta}{\lambda} + \frac{1}{h_2}} \tag{2-143}$$

式中　Φ——传热过程的热流量，W；

t_{f1}，t_{f2}——分别为热流体、冷流体温度，K；

t_{w1}，t_{w2}——分别为平壁高温壁面、低温壁面的温度，K；

h_1，h_2——分别为热流体、冷流体与平壁高温壁面、低温壁面之间的表面传热系数，$W/(m^2 \cdot K)$；

A——平壁的侧表面积，m^2；

δ——平壁的厚度，m；

λ——平壁材料的热导率，$W/(m \cdot K)$。

通过单位传热面积的热流量 q 的计算式则为

$$q = \frac{\Phi}{A} = \frac{t_{f1} - t_{f2}}{\frac{1}{h_1} + \frac{\delta}{\lambda} + \frac{1}{h_2}} \tag{2-144}$$

式（2-143）和（2-144）也可写成

$$\Phi = AK(t_{f1} - t_{f2}) = AK\Delta t \tag{2-145}$$

和

$$q = K(t_{f1} - t_{f2}) = K\Delta t \tag{2-146}$$

式中

$$K = \frac{1}{\frac{1}{h_1} + \frac{\delta}{\lambda} + \frac{1}{h_2}} \tag{2-147}$$

K 为综合传热系数，它表示冷热流体间的温度差为 1K 时，单位传热面积单位时间所传递的热量。K 值的单位为 $W/(m^2 \cdot K)$ 或 $W/(m^2 \cdot ℃)$。因此，K 值表征传热过程的强弱。K 值越大，传热过程越强烈；反之，则越弱。

综合传热系数的倒数称为综合传热热阻，即

$$\Sigma r_t = \frac{1}{K} = \frac{1}{h_1} + \frac{\delta}{\lambda} + \frac{1}{h_2} \tag{2-148}$$

当流体与固体壁面间对流传热和辐射传热同时存在时，常称为复合传热过程。此时，为了计算的方便，常引入辐射传热系数进行工程计算。

辐射传热系数的定义式为

$$h_r = \frac{\Phi_r}{A\Delta t} \tag{2-149}$$

式中 Φ_r——按照辐射传热计算出来的辐射传热量，W；

A——传热表面积，m^2；

Δt——流体与固体壁面间的温差，K。

包括对流传热与辐射传热的复合传热系数可表示为：

$$h_t = h_c + h_r \tag{2-150}$$

式中 h_c——对流传热系数，$W/(m^2 \cdot K)$。

【例 2-14】 有一个气体加热器，传热面积为 $11.5m^2$，传热面壁厚为 1mm，热导率为 $45W/(m \cdot ℃)$，被加热气体的传热系数为 $83W/(m^2 \cdot ℃)$，热介质为热水，传热系数为 5300 $W/(m^2 \cdot ℃)$；热水与气体的温差为 42℃，试计算该气体加热器的传热总热阻、传热系数以及传热量，同时分析各部分热阻的大小，指出应从哪方面着手来增强该加热器的传热量。

【解】 已知 $A = 11.5m^2$，$\delta = 0.001m$，$\lambda = 45W/(m \cdot ℃)$，$\Delta t = 42℃$，$h_1 = 83W/(m^2 \cdot ℃)$，$h_2 = 5300W/(m^2 \cdot ℃)$，故有传热过程的各分热阻为

$$1/h_1 = 1/5300 = 0.000188m^2 \cdot ℃/W$$

$$\delta/\lambda = 0.001/45 = 2.22 \times 10^{-5} m^2 \cdot ℃/W$$

$$1/h_2 = 1/83 = 0.0120482m^2 \cdot ℃/W$$

于是单位面积的总传热热阻为

$$\frac{1}{K} = \frac{1}{h_1} + \frac{\delta}{\lambda} + \frac{1}{h_2} = 0.0122591m^2 \cdot ℃/W$$

传热系数为

$$K = 81.57W/(m^2 \cdot ℃)$$

加热器的传热量为

$$\Phi = \frac{\Delta t A}{\frac{1}{h_1} + \frac{\delta}{\lambda} + \frac{1}{h_2}} = 39399.3W$$

分析上面的各个分热阻，其中热阻最大的是气体侧的传热热阻 $1/h_2$。

因此，要增强传热必须增加 h_2 的数值。但是这会导致流动阻力的增加，而使设备运行费用加大。实际上从总的热阻，即 $1/K$ 来考虑，可以通过加大换热面积来达到减小热阻的目的。

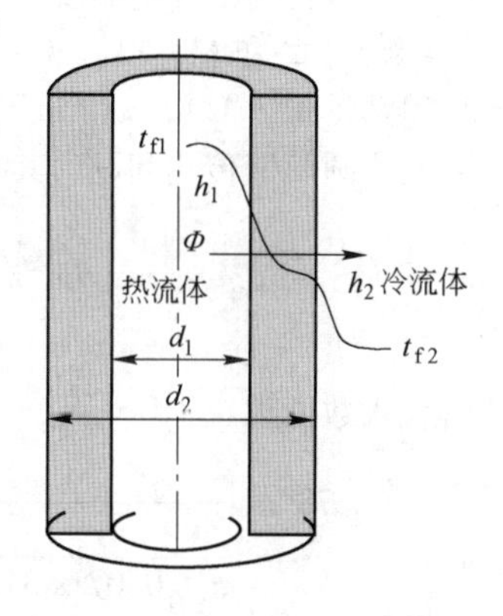

图 2-57 通过圆筒壁的传热

2.4.2 通过圆筒壁的传热过程计算

如图 2-57 所示管长为 l 的圆管，内外直径分别为 d_1、d_2，管壁材料热导率为 λ，管子内外侧的复合表面传热系数分别为 h_1 和 h_2，内外侧壁温分别为 t_{w1} 和 t_{w2}，管子内外流体的温度分别为 t_{f1} 和 t_{f2}。在稳态条件下通过圆筒壁的传热热流可以写成如下形式

$$\Phi = \frac{t_{f1} - t_{w1}}{\frac{1}{\pi d_1 l h_1}} = \frac{t_{w1} - t_{w2}}{\frac{1}{2\pi\lambda l}\ln\frac{d_2}{d_1}} = \frac{t_{w2} - t_{f2}}{\frac{1}{\pi d_2 l h_2}} \tag{2-151}$$

经整理可以得出

$$\Phi = \frac{t_{f1} - t_{f2}}{\frac{1}{\pi d_1 l h_1} + \frac{1}{2\pi\lambda l}\ln\frac{d_2}{d_1} + \frac{1}{\pi d_2 l h_2}} \tag{2-152}$$

由于圆筒壁的内外表面与内外直径的大小相关，只有内直径较大和圆筒壁较薄的情况下才可近似认为圆筒壁的内外壁面相等，因而在定义通过圆筒壁传热的传热系数时，就必须首先确定传热系数的定义表面。

以圆筒壁的外壁面作为计算面积，那么传热系数的定义式可以写为

$$\Phi = \pi d_2 l K_2 (t_{f1} - t_{f2}) \tag{2-153}$$

基于圆筒壁外壁面的传热系数的表达式

$$K = \frac{1}{\frac{d_2}{d_1 h_1} + \frac{d_2}{2\lambda}\ln\frac{d_2}{d_1} + \frac{1}{h_2}} \tag{2-154a}$$

以圆筒壁的内壁面作为计算面积，那么传热系数的定义式可以写为

$$\Phi = \pi d_1 l K_1 (t_{f1} - t_{f2}) \tag{2-154b}$$

基于圆筒壁内壁面的传热系数的表达式

$$K_1 = \frac{1}{\frac{1}{h_1} + \frac{d_1}{2\lambda}\ln\frac{d_2}{d_1} + \frac{d_1}{d_2 h_2}} \tag{2-154c}$$

在实际计算中，我们常常采用热阻形式的传热热量计算公式

$$\Phi = \frac{t_{f1} - t_{f2}}{\Sigma R_{tl}} \tag{2-155}$$

【例 2-15】 夏天供空调用的冷水管道的外直径为 76mm，管壁厚为 3mm，热导率为 43.5W/(m·℃)，管内为 5℃的冷水，冷水在管内的对流传热系数为 3150W/(m^2·℃)，如果用热导率为 0.037W/(m·℃)的泡沫塑料保温，并使管道冷损失小于 70W/m，试问保温层需要多厚？假定周围环境温度为 36℃，保温层外的传热系数为 11W/(m^2·℃)。

【解】 已知 $t_1 = 5$℃，$t_0 = 36$℃，$q_l = 70$W/m，$d_1 = 0.07$m，$d_2 = 0.076$m，d_3为待求量，$h_1 = 3150$W/(m^2·℃)，$h_0 = 11$W/(m^2·℃)，$\lambda_1 = 43.5$W/(m·℃)，$\lambda_2 = 0.037$W/(m·℃)。

此为圆筒壁传热问题，其单位管长的传热量为

$$q_l = \frac{t_0 - t_1}{\frac{1}{\pi d_1 h_1} + \frac{1}{2\pi\lambda_1}\ln\frac{d_2}{d_1} + \frac{1}{2\pi\lambda_2}\ln\frac{d_3}{d_2} + \frac{1}{\pi d_3 h_0}}$$

代入数据得

$$70 = \frac{36 - 5}{\frac{1}{\pi \times 0.07 \times 3150} + \frac{1}{2\pi \times 43.5}\ln\frac{76}{70} + \frac{1}{2\pi \times 0.037}\ln\frac{d_3}{0.076} + \frac{1}{\pi d_3 \times 11}}$$

此式可用试算法求解，最后得到 $d_3 = 0.07717$m。

2.5 换热器

2.5.1 换热器的类型

换热器是用于两种或多种流体之间进行热量传递和交换的设备，其应用广泛，种类很多。

换热器可以按不同的方式分类。

按换热器操作过程可分为三个大类：

(1) 间壁式换热器。冷、热流体在进行热量交换过程中被固体壁面分开而分别位于壁面的两侧，这种换热器应用最广。间壁材料一般为金属。在一些强腐蚀环境下，石墨、PVC、聚四氟乙烯及其改性材料也广泛使用。根据使用的场合不同，间壁式换热器分别称作加热器、冷却器、冷凝器、蒸发器或再沸器。根据换热面的形式，常见的间壁式换热器根据传热面的结构不同，可分为套管式、管壳式、板面式等形式换热器。

管壳式换热器是目前应用最为广泛的一种换热器。管壳式换热器由管箱、壳体、管束等主要元件构成。管束是管壳式换热器的核心，其中换热管作为导热元件，决定换热器的热力性能。另一个对换热器热力性能有较大影响的基本元件是管程支承结构。管箱和壳体主要决定管壳式换热器的承压能力及操作运行的安全可靠性。管壳式换热器与其他类型的换热器比较，具有耐高温高压，坚固可靠耐用；制造应用历史悠久，制造工艺及操作维检技术成熟；选材广泛，适用范围大等特点。管壳式换热器的管程、壳程均可以分为单程或者多程，以适合工艺要求。管壳式热交换包括固定管板式、浮头式、U 形管式、滑动管板式、填料函式热交换器等。管壳式换热器根据管程支承结构和管外流体流动方向，可分为横流换热器、纵流换热器，其典型代表是折流板和折流杆换热器，如图 2-58 所示。

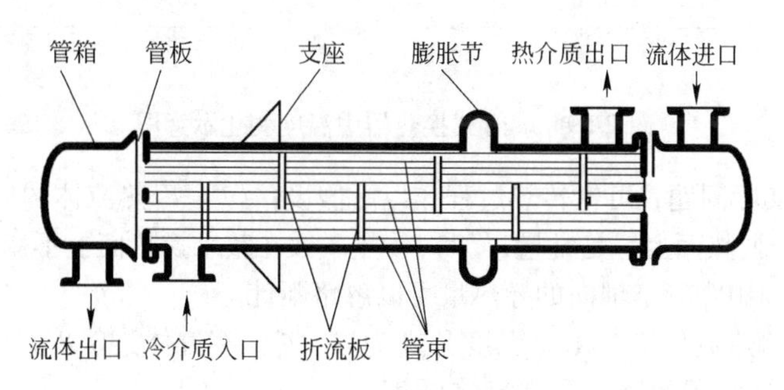

图 2-58 典型管壳式换热器结构示意图

(2) 混合式换热器。冷、热流体通过直接接触、互相混合来实现热交换的目的，化工厂的洗涤塔属于这一类。这种传热方式避免了传热间壁及其两侧的污垢热阻，只要流体间的接触情况良好，就有较大的传热速率。混合式热交换器结构简单，耗材少，接触面大，并因直接接触而使热量利用较完全。因此凡允许流体相互混合的场合，都可以采用混合式热交换器。

(3) 蓄热式（回热式）换热器。冷、热流体交替通过蓄热介质达到热量交换目的的设备。在这种换热器中，固体壁面除了换热以外还起到蓄热作用：高温流体流过时，固体壁面吸收并积蓄热量，然后释放给接着流过的低温流体。这种换热器的热量传递是非稳态的。如热风炉及钢包烤包器属于这类换热器。

间壁式换热器按其流动特征可以分为顺流式、逆流式、错流及复合流换热器。

2.5.2 换热器的传热计算

按照综合传热理论，换热器冷热流体之间交换的热量可按照下式计算：

$$\Phi = AK\Delta t_m \tag{2-156}$$

式中 Δt_m——换热器的对数平均温差,℃。

在换热器内，流体的温度按其流程而发生变化，为求其平均温差，首先考察换热器中流体流动情况。图 2-59 为套管式换热器中流体温度沿程变化情况。由图可知，热流体沿程放出热量温度不断下降，冷流体沿程吸收热量而温度上升，且冷热流体间的温差沿程是不断变化的。因此，当使用式（2-156）计算整个传热面上的热流量时，必须使用整个传热面积上的平均温差。下面导出这种温差在顺流及逆流换热器的平均温差计算式。

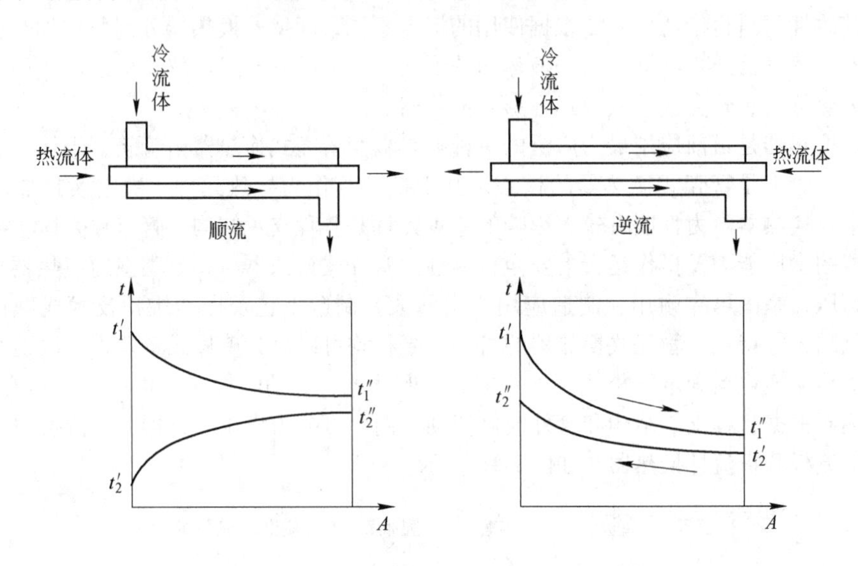

图 2-59　套管式换热器中温度变化示意图

为了分析这一实际问题，可对传热过程作以下假设：（1）冷热流体的质量流量 q_{m2}、q_{m1} 及比热容 c_2、c_1 在整个换热面上都是常量；（2）传热系数在整个换热面上不变；（3）换热器无散热损失；（4）换热面中沿管子轴向的导热量可以忽略不计。

假定该换热器的热流体进、出口温度分别为 t_1'、t_1''，冷流体进、出口温度分别为 t_2'、t_2''，传热系数为 K，传热面积为 A，冷热流体温度（顺流条件）随换热面积的变化而变化，如图 2-60所示。

在图 2-60 所示的图中，取一微元换热面 $\mathrm{d}A$。在 $\mathrm{d}A$ 两侧，冷、热流体的温度分别为 t_2、t_1，温差为 Δt，即

$$\Delta t = t_1 - t_2 \tag{2-157a}$$

通过微元面 $\mathrm{d}A$ 的热流为

$$\mathrm{d}\Phi = K\Delta t \mathrm{d}A \tag{2-157b}$$

热流体放出热量后温度下降了 $\mathrm{d}t_1$。于是

$$\mathrm{d}\Phi = -q_{m1}c_1\mathrm{d}t_1 \tag{2-157c}$$

同理，对冷流体则有

$$\mathrm{d}\Phi = -q_{m2}c_2\mathrm{d}t_2 \tag{2-157d}$$

将式（2-157a）微分，并利用式（2-157c）、（2-157d）的关系，可得

$$\mathrm{d}(\Delta t) = \mathrm{d}t_1 - \mathrm{d}t_2 = -\left(\frac{1}{q_{m1}c_1} + \frac{1}{q_{m2}c_2}\right)\mathrm{d}\Phi \tag{2-157e}$$

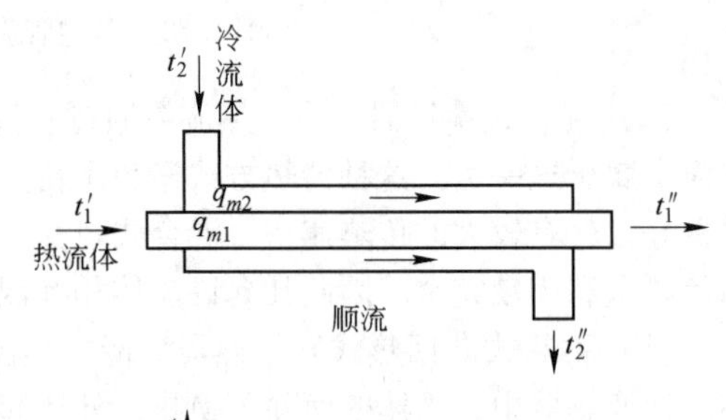

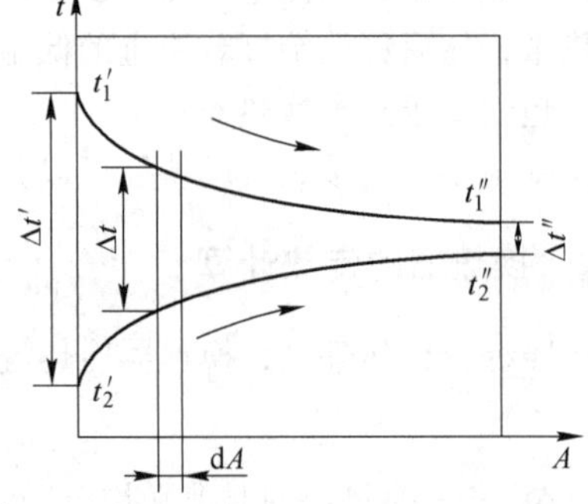

图 2-60　平均温差 Δt_m 计算式的推导

微元换热面积 dA 的综合传热方程为

$$\mathrm{d}\Phi = K\Delta t \mathrm{d}A \tag{2-157f}$$

将式（2-157f）代入式（2-157e），有

$$\mathrm{d}(\Delta t) = -K\Delta t\left(\frac{1}{q_{m1}c_1}+\frac{1}{q_{m2}c_2}\right)\mathrm{d}A \tag{2-157g}$$

上式分离变量并积分得

$$\int_{\Delta t_1}^{\Delta t_2}\frac{\mathrm{d}(\Delta t)}{\Delta t} = -K\left(\frac{1}{q_{m1}c_1}+\frac{1}{q_{m2}c_2}\right)\int_0^A \mathrm{d}A \tag{2-157h}$$

积分结果为

$$\ln\left(\frac{\Delta t'}{\Delta t''}\right) = -K\left(\frac{1}{q_{m2}c_2}-\frac{1}{q_{m1}c_1}\right)A \tag{2-157i}$$

根据式（2-156）有

$$KA = \frac{\Phi}{\Delta t_{\mathrm{m}}}$$

将上式代入（2-157i）得

$$KA = \frac{\dfrac{\Phi}{q_{m2}c_2}-\dfrac{\Phi}{q_{m1}c_1}}{\ln\dfrac{\Delta t'}{\Delta t''}} \tag{2-157j}$$

对（2-157c）、（2-157d）两式分别积分可得

$$\frac{\Phi}{q_{m1}c_1} = t_1' - t_1'' \tag{2-157k}$$

$$\frac{\Phi}{q_{m2}c_2} = t_2' - t_2'' \tag{2-157l}$$

将式（2-157k）、式（2-157l）代入式（2-157i）后得

$$\Delta t_{\mathrm{m}} = \frac{(t_2'-t_2'')-(t_1'-t_1'')}{\ln\dfrac{\Delta t'}{\Delta t''}} = \frac{(t_2'-t_1')-(t_2''-t_1'')}{\ln\dfrac{\Delta t'}{\Delta t''}} \tag{2-158a}$$

即

$$\Delta t_{\mathrm{m}} = \frac{\Delta t'-\Delta t''}{\ln\dfrac{\Delta t'}{\Delta t''}} \tag{2-158b}$$

式中 Δt_{m}——对数平均温差；

Δt_1，Δt_2——分别为换热器进出口的流体温差，根据换热器内流体的流动方式按照下面两式计算

顺流流动 $\Delta t' = t_1' - t_2'$， $\Delta t'' = t_1'' - t_2''$

逆流流动 $\Delta t' = t_1' - t_2''$， $\Delta t'' = t_1'' - t_2'$

对于其他的叉流式换热器，其传热公式中的平均温差的计算关系式较为复杂，工程上常常采用修正图表来完成其对数平均温差的计算。

$$\Delta t_{\mathrm{m}} = \psi\frac{\Delta t'-\Delta t''}{\ln\dfrac{\Delta t'}{\Delta t''}} \tag{2-159}$$

ψ 为修正系数，它是两个无因次变量 P 和 R 的函数，工业上常用换热器的 $\varepsilon_{\Delta t}$ 可通过图 2-61

查出。

$$\psi = f(P,R) \tag{2-160}$$

$$P = \frac{冷流体的加热度}{两流体进口温差} = \frac{t_2'' - t_2'}{t_1' - t_2'}$$

$$R = \frac{高温流体的冷却度}{低温流体的加热度} = \frac{t_1' - t_1''}{t_2'' - t_2'}$$

图 2-61 给出了几种管壳式换热器的修正系数。

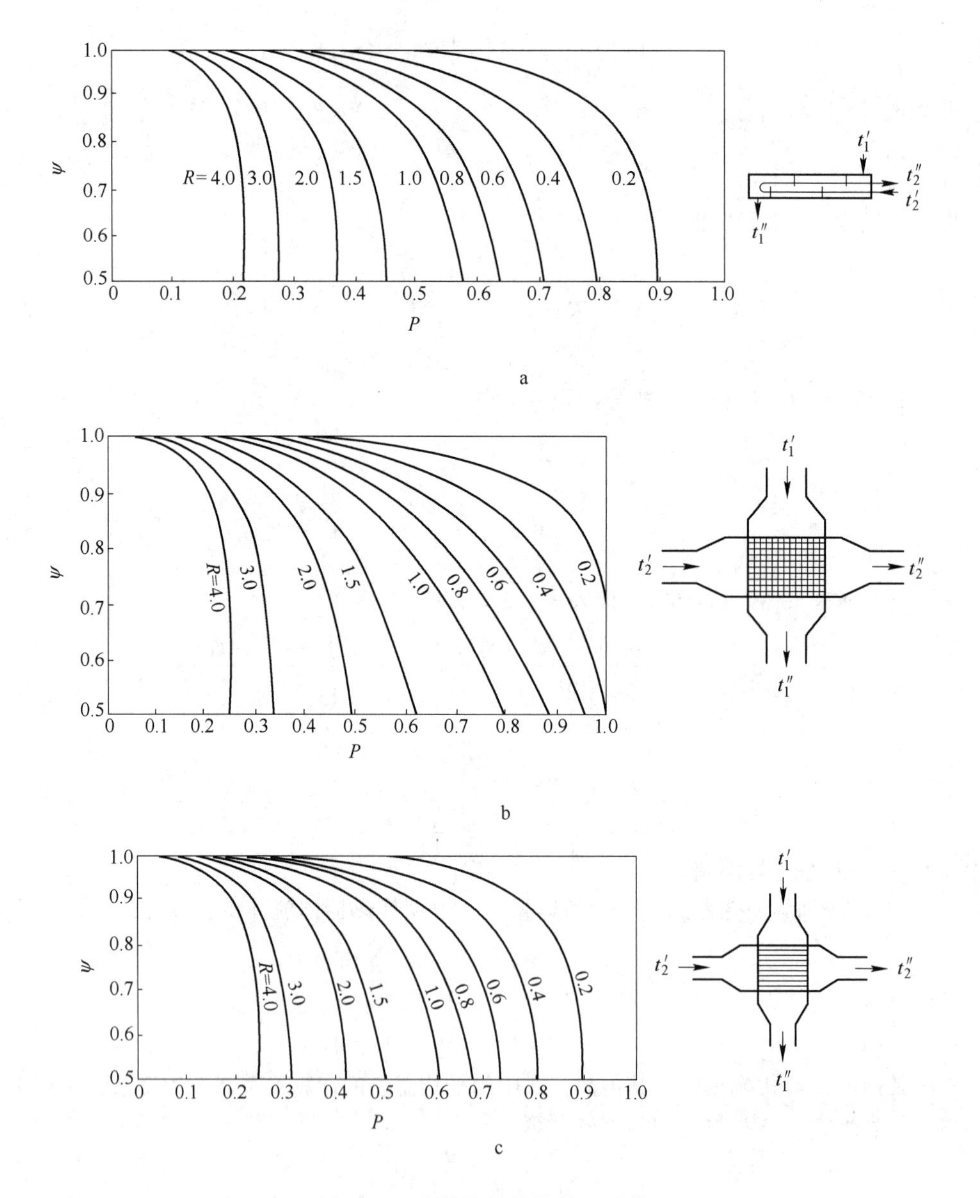

图 2-61　几种换热器的修正系数

a—壳侧 1 层，管侧 2、4、6…层的修正系数；b— 一次交叉流，两种流体各自都不混合时的修正系数；c— 一次交叉流，一种流体混合、一种流体不混合时的修正系数

【例2-16】 热重油通过换热器加热含水石油，重油的温度从280℃降到190℃，含水石油从20℃加热到160℃，试求两流体顺流和逆流时的对数平均温差，假设传热系数K和热流密度相同，问逆流与顺流相比加热面积减少多少？

【解】 两流体顺流时，则有

$$\Delta t' = t_1' - t_2' = 280 - 20 = 260℃$$

$$\Delta t'' = t_1'' - t_2'' = 190 - 160 = 30℃$$

所以对数平均温差为

$$\Delta t_{mp} = \frac{\Delta t' - \Delta t''}{\ln \dfrac{\Delta t'}{\Delta t''}} = \frac{260 - 30}{\ln \dfrac{260}{30}} = 106.5℃$$

两流体逆流时

$$\Delta t' = t_1' - t_2'' = 280 - 160 = 120℃$$

$$\Delta t'' = t_1'' - t_2' = 190 - 20 = 170℃$$

所以对数平均温差为

$$\Delta t_{mc} = \frac{\Delta t' - \Delta t''}{\ln \dfrac{\Delta t'}{\Delta t''}} = \frac{120 - 170}{\ln \dfrac{120}{170}} = 143.6℃$$

由换热器的传热方程

$$\Phi = KA\Delta t_m$$

当K和热流密度相同时，逆流加热面积减少的比率为

$$\frac{\Delta t_{mp}}{\Delta t_{mc}} = \frac{106.5}{143.6} = 0.7416$$

采用逆流加热面积减少为$(1 - 0.7416) \times 100\% = 25.84\%$。

2.5.3 换热器发展情况

随着社会发展对节能及环保要求的提高，强化传热技术得到了极大发展。近年来，随着工艺装置的大型化和高效率化，换热器也趋于大型化，并向低温差设计和低压力损失设计的方向发展。下面简单介绍一些新型换热器。

2.5.3.1 管壳式换热器的发展趋势

管壳式换热器是工业生产应用最广泛的换热设备。其可靠性和适用性已被充分证明，特别是在较高参数的工况条件下，更显示其独有的长处。为提高这类换热器的性能，国内外所进行的研究主要是强化传热，提高对苛刻的工艺条件和各类腐蚀介质适应性材料的开发及大型化发展所做的结构改进。目前强化传热的三种途径是：提高传热系数；扩大传热面积；增大传热温差。其中，提高传热系数是强化传热的重点。管壳式换热器强化传热多采用非源强化的方法，即采用改变传热元件本身的表面形状和表面处理方法，以获得粗糙的表面和扩展表面；也有用内插物增加流体本身的扰流来强化传热的。为了同时扩大管内外的有效传热面积，将传热管的内外表面轧制成各种不同的表面形状，使管内外流体同时产生湍流，提高传热管的传热性能。或将传热管表面制成多孔状，使气泡核心的数量大幅度增加，从而提高总传热系数，还具有良

好的抗污垢能力。

2.5.3.2　紧凑式换热器的发展趋势

增大单位体积内的传热面积是当今发展紧凑式换热器的出发点。通常采用合理布置传热面，改变传热表面结构和使冷、热流体尽量采用全逆流或接近逆流的流动方式来提高平均温度。

2.5.3.3　新型换热器

随着传热强化技术的发展，新型换热器在工业中的应用日益广泛。下面介绍两种新型换热器。

A　块式换热器

块式换热器最早由德国的 Hoechst Ceram 技术股份公司发明，典型块式换热器芯子如图 2-62 所示。

它是由厚度为 0.8mm 的片状材料层叠在一起，然后用热导率为 120W/(m·K)的陶瓷材料将其烧结成整体。该换热器具有耐高温、耐氯化、耐氧化及耐腐蚀的特点，其使用温度可达 1300～1400℃，一般用于超高温和强腐蚀环境中。

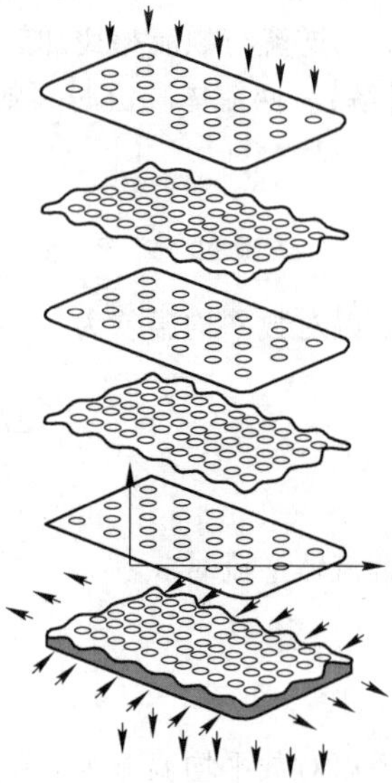

图 2-62　典型块式换热器芯子

B　热管换热器

热管是一种具有极高导热性能的传热元件，其结构如图 2-63 所示。它通过在全封闭真空管内工质的蒸发与凝结来传递热量，具有极高的导热性、良好的等温性（在一定条件下，热管的当量热导率可以达到任何已知金属的上百倍）。按其工作原理，热管一般包括：重力热管、吸液芯热管及分离式热管。

热管受热侧吸收热量，并将热量传给工质（液态），工质吸热后以蒸发与沸腾的形式转变为蒸汽，蒸汽在压差作用下上升至放热侧，同时凝结成液体放出汽化潜热，热量传给放热侧的冷流体，冷凝液依靠重力回流到受热侧。此种热管称为重力热管。

同重力热管不同的是，吸液芯热管中冷凝液体不是依靠重力而是吸液芯吸回。因此它可以用于无重力环境、逆重力环境或者经常变动热管（换热器）位置的环境。

分离式热管与重力式不同的是，它受热部分与放热部分分离开来，一般应用于冷热流体相距较远或冷热流体绝对不允许接触的场合。

热管换热器利用热管作为热流载体，冷热两侧的传热面积可任意改变、可远距离传热、可控制温度等一系列优点，如图 2-64 所示。由热管组成的热管换热器具有传热效率高、结构紧

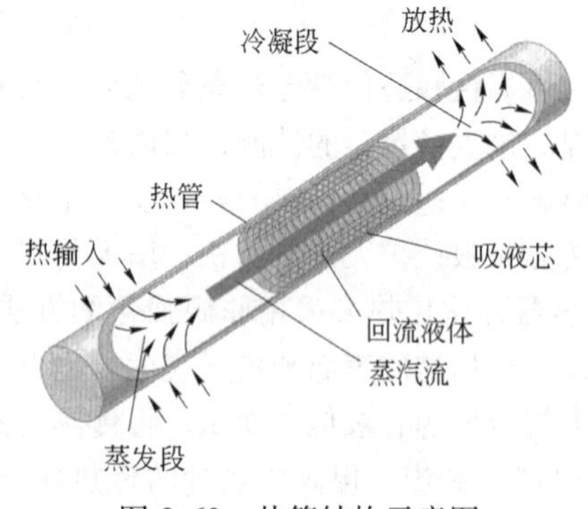

图 2-63　热管结构示意图

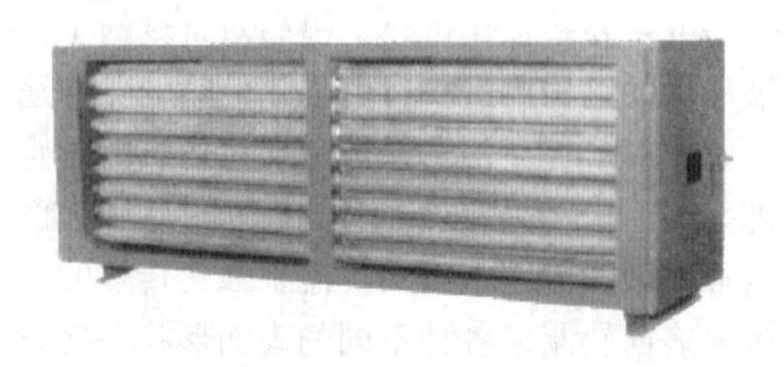
图 2-64　热管换热器

凑、流体阻损小，有利于控制露点腐蚀等优点。早期热管主要应用于航天等敏感部门，由于其优异的传热性能，目前已广泛应用于冶金、化工、炼油、锅炉、造纸、陶瓷等行业中，作为废热回收和工艺过程中热能利用的节能设备，取得了显著的经济效益。热管换热器由于其突出的优点，是未来紧凑型、微型和高效换热器研究的重点形式。

习题与思考题

2-1 自然对流中的加热面与冷却面的位置应如何放才有利于充分传热？

2-2 分析求解二维稳态导热问题时应该有几个独立的边界条件，为什么？试写出可能有的若干组边界条件。

2-3 用热电偶测量流过一通道的高温气流的温度，热电偶节点放置在通道的中心处，通道的外壁面受到冷却，试分析热电偶表面上发生哪些热量传递过程？并且指出热电偶的指示温度是小于、等于还是大于高温气流的真实温度？

2-4 从传热角度出发，冬季用的采暖器（如暖器片）和夏季用的空调器应放在室内什么高度位置最合适？

2-5 用实验关联式计算管内湍流换热表面传热系数 h，为什么对于短管需要修正而对长管不必修正？

2-6 冬天，当你将手伸到室温下的水中时会感到很冷，但手在同一温度下的空气中时并无这样冷的感觉，这是为什么？

2-7 自然对流传热时，为什么不用 *Re* 准则而用 *Gr* 准则作为定型准则之一？

2-8 如果管径、流速和传热温差对应相同，试判断下列各问题中的两种传热情况何者的表面传热系数高？并解释其原因：（1）空气在竖管内自上往下流动被加热和空气自下往上流动被加热；（2）油在竖管内从上往下流动被加热和油从下往上流动被加热；（3）水在水平直管内受迫流动被加热和在弯管内受迫流动被加热。

2-9 为了测定管道中高温气流的温度，将热电偶的热接点安置在管道中心，试全面分析影响测温准确度的因素，并提出减小测温误差的措施。

2-10 玻璃对红外线几乎是不透过的，为什么在太阳能集热器上盖上玻璃罩板？

2-11 在什么条件下物体表面的黑度 ε 与吸收率 α 相等，什么情况下不相等，这是否违背了克希霍夫定律？

2-12 有两把外形相同的茶壶，一把为陶瓷的，一把为银制的。将刚烧开的水同时充满两壶。实测发现，陶壶内的水温下降比银壶中的快，这是为什么？

2-13 具有辐射和吸收能力的气体的黑度受哪些因素的影响？

2-14 影响火焰辐射的因素有哪些？

2-15 在保温暖瓶中，热由热水经过双层瓶胆传到瓶外的空气及环境，试分析在这个传热过程中包含哪些传热基本方式和基本过程，并判断暖瓶保温的关键在哪里？

2-16 如题图 2-1 所示，某工业炉的炉壁由耐火砖 $\lambda_1=1.3\text{W}/(\text{m}\cdot\text{K})$、绝热层 $\lambda_2=0.18\text{W}/(\text{m}\cdot\text{K})$ 及普通砖 $\lambda_3=0.93\text{W}/(\text{m}\cdot\text{K})$ 三层组成。炉膛壁内壁温度 1100℃，普通砖层厚 12cm，其外表面温度为 50℃。通过炉壁的热损失为 $1200\text{W}/\text{m}^2$，绝热材料的耐热温度为 900℃。求耐火砖层的最小厚度及此时绝热层厚度。设各层间接触良好，接触热阻可以忽略。

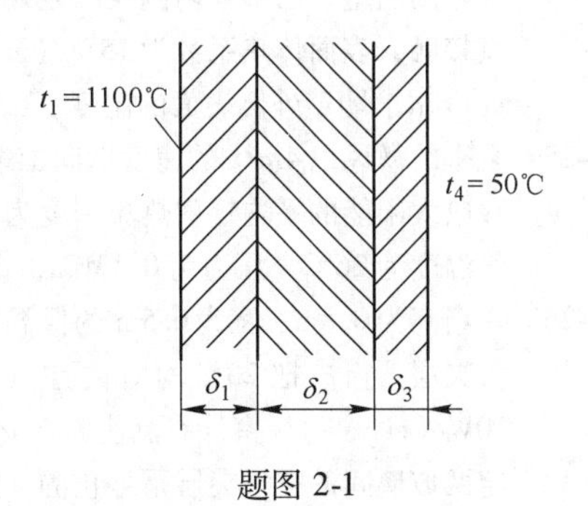

题图 2-1

2-17 如题图 2-2 所示，为测量炉壁内壁的温度，在炉外壁及距外壁 1/3 厚度处设置热电偶，测得 $t_2=300℃$，$t_3=$

500℃。求内壁温度 t_1。设炉壁由单层均质材料组成。

2-18　为减少热损失，在外径 ϕ150mm 的饱和蒸汽管道外覆盖保温层。已知保温材料的热导率 $\lambda=0.103+0.000198t$ W/(m·K)（式中 t 单位为℃），蒸汽管外壁温度为 180℃，要求保温层外壁温度不超过 50℃，每米管道由于热损失而造成蒸汽冷凝的量控制在 1×10^{-4}kg/(m·s)以下，问保温层厚度应为多少？

2-19　如题图 2-3 所示，用定态平壁导热以测定材料的热导率。将待测材料制成厚 δ、直径 120mm 的圆形平板，置于冷、热两表面之间。热侧表面用电热器维持表面温度 $t_1=200$℃。冷侧表面用水夹套冷却，使表面温度维持在 $t_2=80$℃。电加热器的功率为 40.0W。由于安装不当，待测材料的两边各有一层 0.1mm 的静止气层 $\lambda_{气}=0.030$W/(m·K)，使测得的材料热导率 λ' 与真实值 λ 不同。不计热损失，求测 λ 的相对误差，即 $(\lambda'-\lambda)/\lambda$。

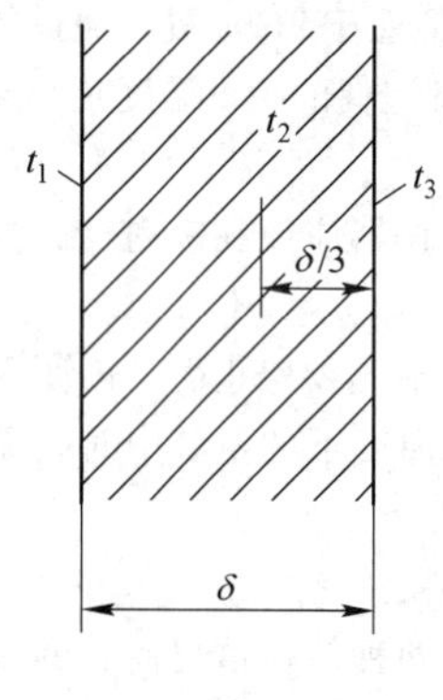

题图 2-2

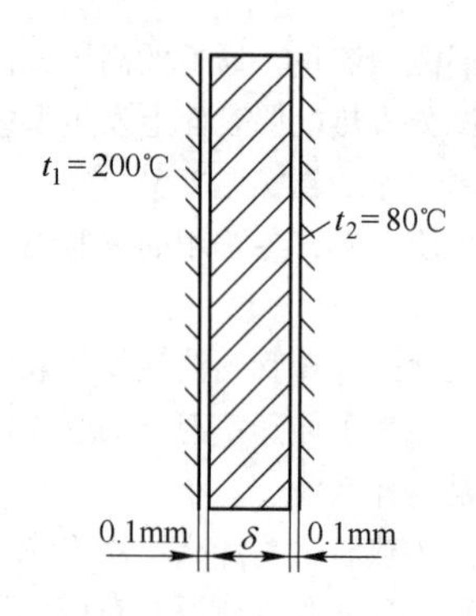

题图 2-3

2-20　如有一蒸汽管外径 25mm，管外包以两层保温材料，每层厚均为 25mm。外层与内层保温材料的热导率之比为 $\lambda_2/\lambda_1=5$，此时的每米管道热损失为 q。今将内、外两层材料互换位置，且设管外壁与外层保温层外表面的温度均不变，则热损失为 q'。求 q'/q，说明何种材料放在里层为好。

2-21　在长为 3m，内径为 53mm 的管内加热苯溶液。苯的质量流速为 172kg/(s·m²)。苯在定性温度下的物性数据如下：$\mu=0.49$mPa·s，$\lambda=0.14$W/(m·K)；$c_p=1.8$kJ/(kg·℃)。试求苯对管壁的传热系数。

2-22　室内水平放置两根表面温度相同的蒸汽管，由于自然对流两管都向周围空气散失热量。已知大管的直径为小管直径的 10 倍，小管的 $(Gr\times Pr)=2\times10^9$。试问两管道单位时间、单位面积的热损失比值为多少？

2-23　空气在一根内径 60mm、长 3m 的加热管道内流动。在稳态情况下，管道内侧单位表面积与空气之间的对流传热热流量为 5000W/m²，表面传热系数为 75W/(m²·K)，空气的平均温度为 85℃，试计算对流传热热流量和管道内侧表面的温度。

2-24　一车间墙壁，已知其内侧表面至外侧表面的导热热流密度值为 250W/m²；外侧表面与 −20℃ 的大气接触，表面传热系数为 15W/(m²·K)；外侧单位表面积与周围环境的辐射传热热流量为 60W/m²，试求墙壁外侧表面的温度。

2-25　夏季的微风以 4m/s 的速度横向掠过一金属建筑物的两堵墙壁。该壁面的高 3.5m、宽 6.5m，壁面吸收太阳能的平均辐射热流密度为 347W/m²，并通过对流散热给周围的空气。假设流过壁面的空气温度为 26℃，压力为 0.1MPa，试计算在热平衡状态下壁面的平均温度。

2-26　一扇高为 0.8m、宽为 0.5m 的保温窗户，由两层 4mm 厚的玻璃构成。两块玻璃之间有 7mm 厚的空气夹层。窗户把 20℃ 的室内空气与 −10℃ 的户外大气隔开。室内对流换热表面传热系数为 10W/(m²·K)，室外有流速为 5m/s 的冷空气横向掠过玻璃窗，试求窗户的热损失（热流量）。假定两玻璃间的空气夹层是静止的。

2-27 水以 2m/s 的流速流过内直径为 20mm、长为 4m 的圆管。如果水的进、出口温度分别为 24℃和 36℃，试求表面传热系数（为考虑热流方向影响，必须确定管的内壁温度）。

2-28 用热电偶温度计测量管道中的气体温度。温度计读数为 300℃，黑度为 0.3。气体与热电偶间的传热系数为 60W/(m^2 · K)，管壁温度为 230℃。求气体的真实温度。若要减小测温误差，应采用哪些措施?

2-29 功率为 1kW 的封闭式电炉，表面积为 0. 05m^2，表面黑度 0.90。电炉置于温度为 20℃的室内，炉壁与室内空气的自然对流传热系数为 10W/(m^2 · K)。求炉外壁温度。

2-30 试证明在定态传热过程中，两高、低温（$T_A > T_B$）的固体平行平面间装置 n 片很薄的平行遮热板时（如题图 2-4 所示），传热量减少到原来不安装遮热板时的 $1/(n+1)$ 倍。设所有平面的表面积、黑度均相等，平板之间的距离很小。

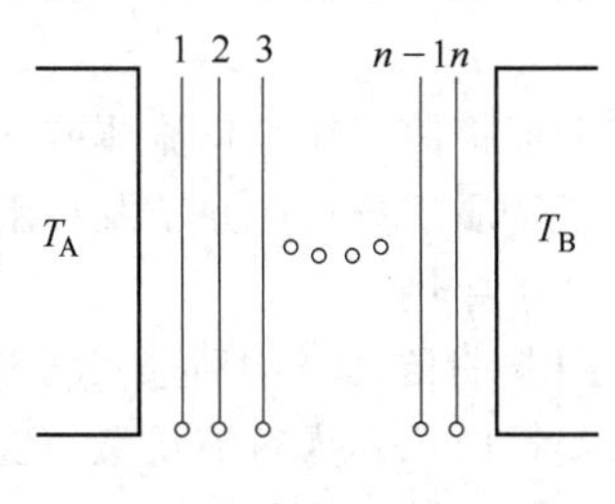

题图 2-4

3 传 质 原 理

在两种或两种以上的混合物中，如果有浓度梯度，各组分就会自发地从高浓度向低浓度方向转移，从而出现物质的交换，简称传质。浓度梯度是传质的推动力。在日常生活中，传质现象处处可见，如食盐在水中溶化，烟气在大气中扩散等。在化工、材料、机械、冶金、动力以及空间技术等各个领域都会遇到传质现象，如物料干燥、燃料燃烧、物料烧结、固相反应等过程。

传质的基本方式有分子扩散和湍流扩散。在静止流体或在垂直于浓度梯度方向上做层流运动的流体以及固体中的传质，是由于物质的分子、原子及自由电子等微观粒子的随机运动所引起，因此称为分子扩散，其机理类似于导热。

湍流扩散是由于流体湍流运动引起的传质。物质通过湍流流动的传质，除了湍流扩散外，还有通过边界层的分子扩散，把这类扩散总称为对流扩散（或对流传质），其机理类似于对流传热。在实际工程中，分子扩散和湍流扩散往往同时发生。

在没有浓度差的二元体系（即均匀混合物）中，如果各区域间存在温度差或压力差时，也会产生扩散，前者称为热扩散，后者称为压力扩散。扩散的结果导致浓度变化并引起质量扩散，直至建立温度扩散、压力扩散与浓度扩散的平衡状态。在工程计算中，当系统的温差或压力差不大时，可不考虑热扩散或压力扩散，只考虑等温、等压系统下的浓度扩散。

质量传递与动量传递、热量传递具有类似的机理，故采用与动量传递、热量传递类似的方法分析传质原理。由于在多元系统中，几种组分各自存在浓度差而产生相互扩散，其质量传输要比动量传输、热量传输复杂。本章主要介绍传质的基本概念、分子扩散基本定律及对流传质基本方程。

3.1 传质的基本概念

3.1.1 浓度的表示方法

在多元混合物中，各组分在混合物中所占分量的多少，习惯上通称浓度，通常可以用质量浓度和物质的量浓度来表示。

质量浓度指单位体积混合物中组分 i 的质量，用 ρ_i 表示，单位为 kg/m^3。即

$$\rho_i = \frac{m_i}{V} \tag{3-1}$$

式中 m_i——混合物中 i 组分的质量，kg；

V——混合物的体积，m^3。

物质的量浓度指单位体积混合物中组分 i 的物质的量，用 c_i 表示，单位为 mol/m^3。即

$$c_i = \frac{n_i}{V} \tag{3-2}$$

式中 n_i——混合物中 i 组分的物质的量，mol。

混合物中总质量浓度和总物质的量浓度分别为

$$\rho = \sum_{i=1}^{n} \rho_i \tag{3-3a}$$

式中　ρ——混合物中总质量浓度，kg/m^3。

$$c = \sum_{i=1}^{n} c_i \tag{3-3b}$$

式中　c——混合物中总物质的量浓度，mol/m^3。

3.1.2　成分的表示方法

通常使用质量分数或摩尔分数表示混合物的成分。

混合物中某组分 i 的质量与混合物总质量之比称为该组分的质量分数，用 w_i 表示

$$w_i = \frac{m_i}{m} = \frac{m_i}{\sum_{i=1}^{n} m_i} \tag{3-4}$$

式中　$\sum_{i=1}^{n} m_i$——混合物的质量，g。

由定义可知，质量分数总和等于1，即 $\sum_{i=1}^{n} w_i = 1$ 。

混合物中某组分 i 的物质的量与混合物总物质的量之比称为该组分的摩尔分数，用 x_i 表示，即

$$x_i = \frac{n_i}{n} = \frac{n_i}{\sum_{i=1}^{n} n_i} \tag{3-5}$$

式中　$\sum_{i=1}^{n} n_i$——混合物的物质的量，mol。

由定义可知，摩尔分数总和等于1，即 $\sum_{i=1}^{n} x_i = 1$ 。

3.1.3　扩散速度

在多组分混合物中，各组分之间进行分子扩散时，由于各组分的扩散性质不同，它们的扩散速率也有所差别。因此，多组分混合物的速度应是各组分速度的平均值。其质量平均速度的定义为

$$u = \sum_{i=1}^{n} \frac{\rho_i u_i}{\rho} \tag{3-6}$$

式中　u_i——组分 i 相对于固定坐标的绝对速度，m/s；

　　u——混合物的质量平均速度，m/s。

相应地，多组分混合物的物质的量平均速度定义为

$$u_n = \sum_{i=1}^{n} \frac{c_i u_i}{c} \tag{3-7}$$

式中　u_n——混合物的物质的量平均速度，m/s。

组分 i 相对于质量平均速度或物质的量平均速度的速度称为扩散速度。即 $u_i - u$ 为组分 i 相对于质量平均速度的扩散速度；$u_i - u_n$ 为组分 i 相对于物质的量平均速度的扩散速度。只有

存在浓度梯度时，才有扩散速度的存在。

3.1.4 扩散通量

单位时间内通过垂直于浓度梯度的单位面积的物质数量称为扩散通量。随所用的浓度单位不同，扩散通量可表示为质量通量 J_m（kg/（m^2 · s））或物质的量通量 J_n（kmol/（m^2 · s））。

3.2 分子扩散基本定律

3.2.1 菲克扩散定律—等摩尔逆扩散定律

描述分子扩散过程中传质通量与浓度梯度之间关系的定律称为菲克（Fick）扩散定律。大量试验证明，分子扩散的速率（扩散通量）与浓度梯度成正比。在定温定压且浓度场不随时间而变的稳态条件下，对于由 A、B 两组分组成的混合物，当不考虑主体的流动时，由组分 A 的浓度梯度所引起的扩散通量可表示为

$$J_{n,\mathrm{A}} = -D_{\mathrm{AB}}\frac{\mathrm{d}c_{\mathrm{A}}}{\mathrm{d}z} \tag{3-8}$$

式中 $J_{n,\mathrm{A}}$——组分 A 在 z 方向相对于摩尔平均速度的分子扩散摩尔通量，kmol/（m^2 · s）；

c_{A}——组分 A 的摩尔浓度，kmol/m^3；

z——扩散方向上的距离，m；

D_{AB}——组分 A 在组分 B 中的分子扩散系数，m^2/s，负号表示扩散方向与浓度梯度方向相反，即分子扩散朝着浓度降低的方向进行。

对于气体，菲克定律也可用分压表示，即

$$J_{n,\mathrm{A}} = -\frac{D_{\mathrm{AB}}}{RT}\frac{\mathrm{d}p_{\mathrm{A}}}{\mathrm{d}z} \tag{3-9}$$

式中 p_{A}——组分 A 的气体分压，Pa。

同理 B 组分的摩尔扩散通量为：

$$J_{n,\mathrm{B}} = -\frac{D_{\mathrm{BA}}}{RT}\frac{\mathrm{d}p_{\mathrm{B}}}{\mathrm{d}z} \tag{3-10}$$

式中 D_{BA}——组分 B 在组分 A 中的分子扩散系数，m^2/s。

根据道尔顿定律，混合气体总压强等于各单独气体分压器之和

$$p = p_{\mathrm{A}} + p_{\mathrm{B}}$$

$$\frac{\mathrm{d}p_{\mathrm{A}}}{\mathrm{d}z} = -\frac{\mathrm{d}p_{\mathrm{B}}}{\mathrm{d}z}$$

在稳定情况下，当 A、B 两组分以相同的物质的量进行反方向扩散时

$$J_{n,\mathrm{A}} = -J_{n,\mathrm{B}}$$

根据式（3-9）、式（3-10），可得

$$D_{\mathrm{AB}} = D_{\mathrm{BA}} = D$$

这种扩散过程称为等摩尔逆扩散过程，蒸馏过程属于这种情况。严格地说，菲克定律仅适用于这种过程。

3.2.2 斯蒂芬定律—单向扩散定律

只有一种组分的扩散，并无相反方向的扩散（即 $J_{n,B}=0$），此种扩散称为单向扩散。例如干燥过程属于单向扩散。扩散质量通量的计算推导如下。

设有一水槽如图 3-1 所示，槽内水做等温蒸发，其中水蒸气为组分 A，空气为组分 B。水面上水蒸气分压 p_{A1} 大于空气中水蒸气分压 p_{A2}，故水蒸气由水面通过静止空气层向槽口空气扩散，并不断被空气流带走。干空气则由槽口向水面扩散。由于空气不溶于水，则槽内必然有一反向（自上而下）的补偿流动（亦称总体流动）以抵消空气向下的扩散，从而使槽内空气状态不发生任何变化。设补偿流动的速度为 u_d，则通过 $x-x$ 面水蒸气的扩散质量通量为

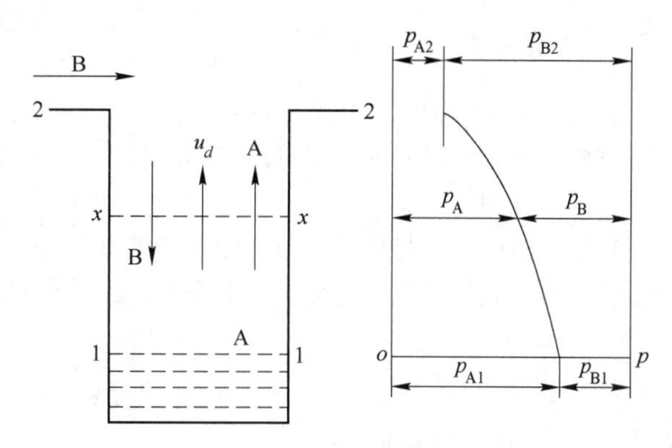

图 3-1 静止气膜的水蒸气扩散

$$J_{m,A}=-\frac{M_AD}{RT}\frac{dp_A}{dz}+u_dc_A=-\frac{M_AD}{RT}\frac{dp_A}{dz}+u_d\frac{M_Ap_A}{RT} \tag{3-11a}$$

干空气的质量通量为

$$J_{m,B}=-\frac{M_BD}{RT}\frac{dp_B}{dz}+u_d\frac{M_Bp_B}{RT}$$

在稳定状态下，$J_{m,A}=$ 常数，$J_{m,B}=0$

则
$$u_d=\frac{D}{p_B}\frac{dp_B}{dz}$$

又
$$p=p_A+p_B$$

$$\frac{dp_A}{dz}=-\frac{dp_B}{dz}$$

得到：
$$u_d=-\frac{D}{p-p_A}\frac{dp_A}{dz} \tag{3-11b}$$

把式（3-11b）代入式（3-11a）得

$$J_{m,A}=-\frac{M_AD}{RT}\frac{dp_A}{dz}-\frac{D}{p-p_A}\frac{M_Ap_A}{RT}\frac{dp_A}{dz}=-\frac{M_Ap}{RT}\frac{D}{p-p_A}\frac{dp_A}{dz} \tag{3-12}$$

式中 M_A——组分 A 的摩尔质量，kg/mol。

这就是单向扩散定律—斯蒂芬定律的表达式。

由于 $p_{A1}-p_{A2}=p_{B2}-p_{B1}$，将式（3-12）积分并整理得

$$J_{m,A}=\frac{M_AD}{RT}\frac{p}{z}\ln\left(\frac{p-p_{A2}}{p-p_{A1}}\right)=\frac{M_AD}{RT}\frac{p}{z}\frac{p-p_{A2}}{p_{Bm}} \tag{3-13}$$

或
$$J_{n,A}=\frac{D}{RT}\frac{p}{z}\frac{p-p_{A2}}{p_{Bm}}=\frac{D}{z}\frac{p}{p_{Bm}}(c_{A1}-c_{A2}) \tag{3-14}$$

式中　p_{Bm}——组分B的分压对数平均值，$p_{Bm}=\dfrac{p_{B2}-p_{B1}}{\ln(p_{B2}/p_{B1})}$。

由于p/p_{Bm}通常大于1，所以单向扩散比等摩尔逆扩散的扩散通量大，这是因为出现了与扩散方向一致的总体流动所致。

3.2.3　扩散系数

扩散系数表示物质在介质中的扩散能力，它是物质的物理特征之一。扩散系数的物理意义可以理解为在单位时间内每单位浓度梯度降下，沿扩散方向上，通过单位表面积所扩散的物质的量，其单位为m^2/s。

扩散系数的大小与扩散物质、介质的种类和温度、压强等因素有关。扩散系数的数值由实验求得，对于气体混合物的分子扩散系数，当没有实验数据时，可按下列半经验公式计算

$$D=4.357\times10^{-2}\cdot\frac{T^{3/2}}{p(V_A^{1/3}+V_B^{1/3})^2}\sqrt{\frac{1}{M_A}+\frac{1}{M_B}}\tag{3-15}$$

式中　T——热力学温度，K；

p——气体的总压，Pa；

M_A，M_B——组分气体A、B的摩尔质量，kg/mol；

V_A，V_B——气体A、B在正常沸点下，其液态的分子容积，m^3/mol。

几种常见气体的液态摩尔容积见表3-1。

表3-1　常见气体的液态摩尔容积

气体种类	空气	H_2	H_2O	CO_2	N_2	NH_3	O_2	SO_2
摩尔容积/$cm^3\cdot mol^{-1}$	29.9	14.3	18.9	34.0	31.1	25.8	25.6	44.8

式（3-15）说明，扩散系数D与气体的浓度无关，且随气体温度的升高，总压的下降而增大。这是由于随着气体温度的升高，气体分子的平均动能增大，因而扩散加快；而当气体压强升高时，分子间的平均自由程会减小，使分子扩散所遇的阻力增大，从而扩散变弱。表3-2为标准状态下几种常见气体在空气中的扩散系数D_0。

表3-2　常见气体在空气中的扩散系数（$p_0=101325Pa$，$T_0=273K$）

气体	HCl	H_2	H_2O	CO_2	N_2	NH_3	O_2	SO_2
$D_0/cm^2\cdot s^{-1}$	0.130	0.611	0.220	0.138	0.132	0.170	0.178	0.103

物质在液相中的扩散系数小于在气相中的扩散系数，一般为$10^{-9}\sim10^{-10}m^2/s$。稀溶液中溶质的扩散系数可视为与浓度无关的常数。

气体、液体和固体在固体中的扩散速率小于在液体及气体中的扩散速率。固体中的扩散情况更为复杂，一类是扩散基本上与固体结构无关，其扩散系数值一般为$10^{-13}\sim10^{-18}m^2/s$；另一类是多孔结构内的扩散，其扩散系数与固体结构有关。

在非标准状态下的扩散系数需按下列公式进行换算

$$D=D_0\frac{p_0}{p}\left(\frac{T}{T_0}\right)^{1.75}\tag{3-16}$$

式中　D_0，p_0，T_0——分别为标准状态下的扩散系数、压强和温度；

D，p，T——分别为非标准状态下的扩散系数、压强和温度。

【例3-1】 压强为1.013×10^5Pa、温度为25℃的系统中，N_2和O_2的混合气发生定常扩散过程。已知相距5.00×10^{-3}m的两截面上，氧气的分压分别为12.5kPa、7.5kPa；0℃时氧气在氮气中的扩散系数为$1.818\times10^{-5}m^2/s$。求等物质的量反向定常态扩散时：

（1）氧气的扩散通量；

（2）氮气的扩散通量；

（3）与分压为12.5kPa的截面相距2.5×10^{-3}m处氧气的分压。

【解】 （1）首先将273K时的扩散系数换算为298K时的值：

$$D=D_0\frac{p_0}{p}\left(\frac{T}{T_0}\right)^{1.75}$$

$$=1.818\times10^{-5}\times\frac{1.013\times10^5}{1.013\times10^5}\times\left(\frac{273+25}{273}\right)^{1.75}$$

$$=2.119\times10^{-5}m^2/s$$

扩散距离为Z时，等分子反向扩散时氧的扩散通量为：

$$J_{n,A}=\frac{D}{RT_1}\frac{p_{A1}-p_{A2}}{Z}$$

$$=\frac{2.119\times10^{-5}}{8.314\times298\times5.00\times10^{-3}}\times(1.25\times10^4-7.5\times10^3)$$

$$=8.553\times10^{-3}mol\cdot m^2/s$$

（2）由于该扩散过程为等分子反向扩散过程，所以$-J_{n,A}=J_{n,B}$，即氮气的扩散通量也为$8.553\times10^{-3}mol\cdot m^2/s$。

（3）因为系统中的扩散过程为定常态，所以为定值，则

$$J_{n,A}=\frac{D}{RTZ'}(p_{A1}-p'_{A2})$$

$$p'_{A2}=p_{A1}-\frac{J_{n,A}RTZ'}{D}$$

$$=1.25\times10^4-\frac{8.553\times10^{-3}\times8.314\times298\times2.5\times10^{-3}}{2.119\times10^{-5}}$$

$$=1.00\times10^4Pa$$

【例3-2】 在温度为20℃、总压为101.3kPa的条件下，CO_2与空气的混合气缓慢地沿着Na_2CO_3溶液液面流过，空气不溶于Na_2CO_3溶液。CO_2透过1mm厚的静止空气层扩散到Na_2CO_3溶液中，混合气体中CO_2的摩尔分数为20%，CO_2到达Na_2CO_3溶液液面上立即被吸收，故相界面上CO_2的浓度可忽略不计。已知温度20℃时，CO_2在空气中的扩散系数为$0.18cm^2/s$。试求CO_2的传质速率为多少？

【解】 CO_2通过静止空气层扩散到Na_2CO_3溶液液面属单向扩散，可用式（3-14）计算。

已知：CO_2在空气中的扩散系数$D=0.18cm^2/s=1.8\times10^{-5}m^2/s$，扩散距离$Z=1mm=0.001m$，气相总压$p=101.3kPa$，气相主体中溶质$CO_2$的分压$p_{A1}=p_{yA1}=101.3\times0.2=20.27kPa$，气液界面上$CO_2$的分压$p_{A2}=0$，所以，气相主体中空气（惰性组分）的分压$p_{B1}=p-p_{A1}=101.3-20.27=81.06kPa$。

气液界面上空气的分压$p_{B2}=p-p_{A2}=101.3-0=101.3kPa$

空气在气相主体和界面上分压的对数平均值为

$$p_{Bm} = \frac{p_{B2} - p_{B1}}{\ln(p_{B2}/p_{B1})} = \frac{101.3 - 81.06}{\ln(101.3/81.06)} = 90.8\text{kPa}$$

代入式（3-14），得

$$\begin{aligned} J_{n,A} &= \frac{D}{RT} \cdot \frac{p}{Z} \frac{p_{A1} - p_{A2}}{p_{Bm}} \\ &= \frac{1.8 \times 10^{-5}}{8.314 \times 293 \times 0.001} \times \frac{101.3}{90.8} \times (20.27 - 0) \\ &= 1.62 \times 10^{-4}\text{kmol/(m}^2 \cdot \text{s)} \end{aligned}$$

3.3　对流传质

3.3.1　对流传质基本公式

当流体流过壁面或相界面时，两者间所发生的质量传递过程称对流传质，对流传质是湍流扩散与分子扩散联合作用的结果。与对流传热相似，对流传质的计算可采用与牛顿冷却公式相类似的形式。

$$J_{n,A} = k_c \nabla c_A \tag{3-17}$$

式中　k_c——对流传质系数，m/s；

∇c_A——流体主流中组分 A 的浓度与壁面或界面处组分 A 的浓度之差，mol/m^3。

对流传质系数与对流传热系数相类似，与流体的流动状态、速度分布、流体物性和壁面几何参数等有关。研究对流传质问题主要是求对流传质系数的问题。

3.3.2　浓度边界层

类似于流动边界层和热边界层，当流体流过固体壁面时，若流动中伴有表面蒸发、溶解等质量传递现象，组分 A 在流体主流中的浓度 $c_{A\infty}$ 与在近壁面处的浓度 c_{Aw} 不同。壁面附近将形成一浓度急剧变化的流体薄层，称为浓度边界层。自壁面到该边界层的外边缘，组分 A 的浓度从壁面处浓度 c_{Aw} 变化到接近主流中的浓度 $c_{A\infty}$。

图 3-2 为流体沿平板流动时，沿壁面法线方向上组分 A 浓度变化示意图。通常把流体浓度等于主流体浓度 99% 处定为浓度边界层的外缘，即是指平板表面至浓度为 $0.99c_{A\infty}$ 处的距离。

这样，利用浓度边界层就将整个流动分成了两个区域：具有显著浓度变化的边界层及浓度较均匀的主流区域。显然，质量传递主要在浓度边界层内进行。

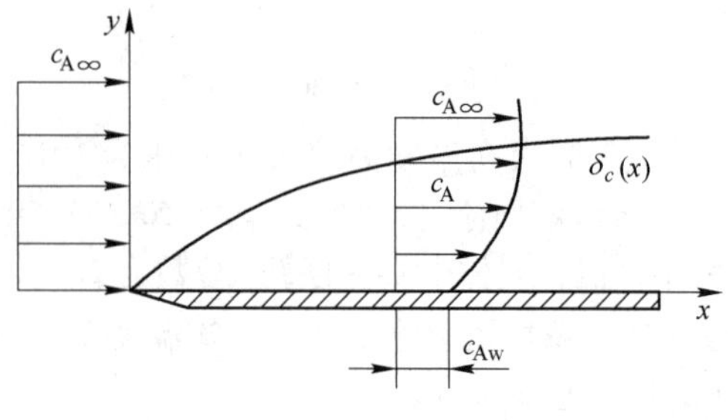

图 3-2　浓度边界层

3.3.3　对流传质微分方程

在传热学中，通过对微元控制体进行分析，根据能量守恒，推导得出了导热微分方程及对流传热微分方程组。按照类似的方法，处于稳定连续流动的流体，取微元控制体，根据质量守恒，可以推导得出对流传质的微分方程式为

$$\frac{\partial c}{\partial \tau} + u_x \frac{\partial c}{\partial x} + u_y \frac{\partial c}{\partial y} + u_z \frac{\partial c}{\partial z} = D\left(\frac{\partial^2 c}{\partial x^2} + \frac{\partial^2 c}{\partial y^2} + \frac{\partial^2 c}{\partial z^2}\right) + R \tag{3-18}$$

式中 R——单位控制体内由于化学反应引起的组分生成摩尔速率，kmol/（m^3 · s）。

稳定传质时，浓度场不随时间而变，则式（3-18）简化为

$$u_x \frac{\partial c}{\partial x} + u_y \frac{\partial c}{\partial y} + u_z \frac{\partial c}{\partial z} = D\left(\frac{\partial^2 c}{\partial x^2} + \frac{\partial^2 c}{\partial y^2} + \frac{\partial^2 c}{\partial z^2}\right)$$

对于固体或静止流体，$u_x = u_y = u_z = 0$，则方程简化为

$$\frac{\partial^2 c}{\partial x^2} + \frac{\partial^2 c}{\partial y^2} + \frac{\partial^2 c}{\partial z^2} - R = 0$$

若浓度场只沿一个方向变化，如沿 z 方向，且 $R=0$ 时，则上式可简化为

$$\frac{\partial^2 c}{\partial z^2} = 0 \quad \frac{\mathrm{d}c}{\mathrm{d}z} = 常数$$

此情况相当于分子扩散。

一般情况下，要得到对流传质问题的计算式，必须对上述微分方程进行积分求解。但对实际复杂问题，进行积分是很困难的，因此往往与对流传热一样，先由微分方程式导出确定对流传质的相似准数，然后通过实验确定相似准数之间的函数关系，从而求得对流传质系数 k_c，最后根据传质基本公式进行计算。

3.3.4 对流传质准数方程

对边界层扩散方程进行相似转换，可得 Schmidt 数，记为 Sh

$$Sh = \frac{k_c l}{D} \tag{3-19}$$

式中 D——物质在介质中的扩散系数，m^2/s；

l——定型尺寸，m。

在稳定传质情况下，对对流传质微分方程进行相似转换，可得贝克来准数

$$Pe = \frac{ul}{D}$$

式中 u——流体的流速，m/s。

在实际工程中常用施密特准数 Sc 代替

$$Sc = \frac{Pe}{Re} = \frac{\upsilon}{D} = \frac{\mu}{\rho D} \tag{3-20}$$

描述对流传质过程的一般性准数函数关系为

$$f(Sh, Sc, Re, Fr) = 0 \tag{3-21}$$

在强制流动情况下，重力影响可以不计，式（3-21）可写为

$$f(Sh, Sc, Re) = 0$$

对流传质系数可表示为

$$k_c = A\frac{D}{l}Re^m Sc^n$$

A、m、n 值由实验确定。

在稳定连续的强制流动中，对流传热的准数关系式为

$$Nu = ARe^m Pr^n$$

对流传质的准数关系式为

$$Sh = ARe^m Sc^n$$

两式比较，得到

$$Sh = Nu(Sc/Pr)^n$$

由于

$$Sc/Pr = h/D$$

则

$$Sh = Nu(h/D)^n \tag{3-22}$$

式中 h/D——路易斯准数，以 Le 表示；

h——对流传热系数，W/(m^2·K)。

在给定的 Re 准数情况下，若 $Sc = Pr$，$h = D$，则 $Sh = Nu$，即$\frac{k_c l}{D} = \frac{hl}{\lambda}$，整理可得

$$k_c = \frac{h}{c_p \rho} \tag{3-23}$$

式（3-23）称为路易斯关系式，它揭示了对流传质系数 k_c 与对流传热系数 h 之间的关系，说明对流传质系数可以从已知的对流传热系数求得。因此，对于一些复杂现象，可以通过研究传热来研究传质或通过研究传质来研究传热。

常用的对流传质准数方程有：

（1）流体在管内受迫流动时的传质准数方程为：

$$Sh = 0.023Re^{0.83}Sc^{0.44} \tag{3-24}$$

应用范围是：$2000 < Re < 35000$，$0.6 < Sc < 2.5$，定型尺寸用管壁内径，速度用气体对管壁表面的绝对速度。

（2）流体沿平壁流动时的传质：

层流时（$Re < 10^5$）

$$Sh = 0.664Re^{1/2}Sc^{1/3} \tag{3-25}$$

湍流时（$Re > 10^5$）

$$Sh = 0.037Re^{4/5}Sc^{1/3} \tag{3-26}$$

定型尺寸用沿流动方向平壁的长度，速度用边界层外的气流速度，计算所得的 k_c 为整个壁面上的平均值。

习题与思考题

3-1 如何理解动量、热量和质量传递过程的类似性？

3-2 通常认为空气由 O_2 与 N_2 组成，他们在空气中的摩尔分数分别为 21% 和 79%，试计算他们的质量分数分别为多少？

3-3 温度为 25℃，总压为 100kPa 的甲烷—氦混合物盛于一容器中，其中某点的甲烷分压为 600kPa，距该点 2.0cm 处的甲烷分压降为 20kPa。设容器中总压恒定，扩散系数为 0.675cm^2/s，试计算甲烷在稳态时分子扩散的物质的量通量。

3-4 某合成氨厂为使其系统总压保持0.1MPa，在该厂输送氨气的主管上接有一根管径为3mm，长度为20m的支管通入大气。该系统温度保持在25℃，并已知25℃时氨气在空气中的分子扩散系数为$0.28 \times 10^{-4} m^2/s$。现要求：（1）每小时损失到大气中的氨气量；（2）每小时混杂到主管中的空气量；（3）当主管中氨气以5kg/h流过时，在主管下游处空气的质量分数和摩尔分数。

3-5 内径为30mm、长为2m的直管内壁被水浸湿，20℃的空气以15m/s的速度通过该管。试根据比拟关系求对流传热系数h及对流传质系数k_c。

4 干燥过程与设备

4.1 概述

干燥是指利用加热蒸发的方法除去固体物料或成品、半成品中水分的物理过程。在材料生成过程中，原料以及半成品所含有的水分通常都高于生产工艺的要求，因此必须对其进行干燥以除去其中的部分或全部水分，才能满足生产工艺的要求。

例如在水泥生产过程中，很多原材料如黏土、石灰石、矿渣和煤等，都需要干燥至含水率低于2%才能入窑，以便于以后的磨碎、筛分、混合、配料等过程的顺利进行；玻璃厂用的天然石英砂及用湿法加工的砂岩粉等原料需经干燥后入库再配料，否则不仅输送困难还会影响配料的准确性；陶瓷、耐火材料的半成品也需要干燥，以提高强度，便于运输和装窑，这样可减少烧成的废品；聚氯乙烯的含水量须低于0.2%，否则在以后的成形加工中会产生气泡，影响塑料制品的品质。

潮湿物料或半成品在有热源存在的情况下，只要其表面的水蒸气分压大于空气中水蒸气的分压，物料表面的水蒸气就会向空气中扩散，这个过程称为外扩散。物体表面的水蒸气扩散后，表面的水分又被汽化，同时吸收热量。与此同时，固体内部的水分在浓度差的推动下移至表面，此过程称为内扩散。因此，整个干燥过程由蒸发、内扩散和外扩散所组成，它包括了热的交换与质的传递，是一个传热、传质的综合过程。

物料的干燥方法有自然干燥和人工干燥两种。自然干燥就是将潮湿物料堆置于露天或室内场地上，借风吹和日晒的自然条件使物料脱水。这种干燥方法的特点是不需要专用设备，也不消耗动力和燃料，操作简单，但干燥速度慢，产量低，劳动强度高，受气候条件的影响大。人工干燥是指将潮湿物料置于专用的干燥设备——干燥器中进行加热，使物料干燥。人工干燥的特点是干燥速度快，产量大，不受气候条件限制，便于实现自动化，但需消耗动力和燃料。

人工干燥根据物料的受热特征又可以分为外热源法和内热源法两种类型。外热源法是指在物料外部对物料表面进行加热，它的特点是物料表面温度高于内部的温度，在物料的内部，热量传递的方向与水分内扩散的方向相反。物料的加热方式为对流加热、辐射加热和对流—辐射加热。

（1）对流加热通常用热空气或热烟气作为干燥介质对物料进行加热。

（2）辐射加热是利用红外灯、灼热金属或高温陶瓷表面产生的红外线对物料进行加热。

（3）对流—辐射加热是上述两种加热方式的综合。

内热源法是指将物料放在交变电场中，使物料本身的分子产生剧烈的热运动而发热，或使交变电流通过物料而产生焦耳热效应。内热源法的特点是物料的内部温度高于表面，因此在物料内部，热量传递的方向与水分内扩散的方向是一致的。

上述各种加热方式在不同的物料或制品的干燥过程中都有应用。但在材料生产中应用最多的还是对流干燥，所采用的干燥介质通常为热空气或热烟气。

常用的干燥设备有干燥散状物料的转筒干燥器、流态化烘干机等；干燥陶瓷、耐火材料半成品的干燥设备有室式干燥器、隧道干燥器等；此外，还有红外干燥器及微波干燥器等。

4.2　湿空气的性质

在物料或制品的干燥过程中一般均采用热空气或热烟气作为干燥介质。干燥介质不仅是热量的载体，还能将湿物料排出的水蒸气带走。因此，研究对流加热干燥过程必须研究干燥介质的性质。

由于干燥介质不可能是绝对干燥的，其中总含有一定数量的水蒸气，特别在干燥器中随物料或制品水分的蒸发，干燥介质中含有更多的水分，所以我们所研究的干燥介质属于湿空气（或湿烟气），即由干空气（或干烟气）和水蒸气所组成的混合气体。从干燥过程的角度来看，湿烟气和湿空气的性质很接近，因此对湿空气性质研究的结果也可适用于湿烟气。

由于湿空气是混合气体，因此适用于混合气体的定律及公式对于湿空气也是适用的。当湿空气中各组分远离液体状态，水分以蒸汽状态存在，且其分压很低时，湿空气接近于理想气体，因此将湿空气当做理想气体处理在工程上是足够精确的。

湿空气可以看做是干空气与水蒸气的混合物。空气中水蒸气的含量高时，湿空气的密度小，大气压强低。若令 p 代表湿空气的总压，p_a和 p_w代表干空气及水蒸气的分压，根据道尔顿定律，气体混合物的总压 p 等于各组分分压之和，则有

$$p = p_a + p_w \tag{4-1}$$

4.2.1　湿空气的主要参数

4.2.1.1　空气的湿度

湿空气中所含水蒸气的量称为空气的湿度，可用三种方式表示：

A　绝对湿度

每立方米湿空气中所含有的水蒸气的质量就称为空气的绝对湿度，以 ρ_w来表示，单位为 kg/m^3。

当空气中的水蒸气含量超过某一限度时，即空气已经被饱和，便有部分水蒸气凝结而从空气中析出。我们称含有最大水蒸气量的空气为饱和空气，相应的绝对湿度为饱和绝对湿度，以 ρ_s来表示。对应的饱和水蒸气的分压以 p_s来表示。

饱和空气可以看成是绝干空气与同温度下的饱和水蒸气的混合物，因此湿空气的饱和蒸气压就是同温度时水的饱和蒸气压。饱和空气的温度已知时，可以从表 4-1 中查得饱和空气蒸气压和相应的绝对湿度。

表 4-1　饱和空气的绝对湿度及其水蒸气分压

饱和温度 /℃	饱和绝对湿度 ρ_s /kg · m^{-3}	饱和水蒸气分压 p_s /kPa	饱和温度 /℃	饱和绝对湿度 ρ_s /kg · m^{-3}	饱和水蒸气分压 p_s /kPa
-15	0.00139	0.1652	45	0.06524	9.5840
-10	0.00214	0.2599	50	0.08294	12.3338
-5	0.00324	0.4012	55	0.10428	15.7377
0	0.00484	0.6106	60	0.13009	19.9163
5	0.00680	0.8724	65	0.16105	25.0050
10	0.00940	1.2278	70	0.19795	31.1567
15	0.01282	1.7032	75	0.24165	38.5160
20	0.01720	2.3379	80	0.29299	47.3465
25	0.02303	3.1674	85	0.35323	57.8102
30	0.03036	4.2430	90	0.42307	70.0970
35	0.03959	5.6231	95	0.50411	84.5335
40	0.05113	7.3764	99.4	0.58625	99.3214

B　相对湿度

在一定总压下，湿空气中绝对湿度ρ_w（水气分压p_w）与同温度下饱和绝对湿度ρ_{sw}（水的饱和蒸气压p_{sw}）之比（%）称为相对湿度，用φ来表示。

$$\varphi = \frac{\rho_w}{\rho_s} \times 100\% = \frac{p_w}{p_s} \times 100\% \tag{4-2}$$

空气的绝对湿度只表示了湿空气中水蒸气的绝对含量，饱和湿度则表明了湿空气的吸水能力已达到极限，相对湿度则反映出湿空气继续吸收水分的能力。

当$\varphi=0$时为绝干空气，表明吸水能力最大，当$\varphi=1$时为饱和湿空气，表明无吸水能力，在$\varphi=0\sim1$之间，φ值越小吸水能力越大。

C　湿含量

湿物料在一定量的空气中干燥时，随着物料中水分的蒸发，空气的湿度将逐渐增大，但绝干空气的质量仍不变。因此，在干燥过程中，采用1kg绝干空气作为计算基准就比较方便。

湿空气中，每千克干空气中所含有的水蒸气的质量称为空气的湿含量，用X表示，单位为kg/kg。

$$X = \frac{m_w}{m_a} \tag{4-3}$$

根据湿空气中的水蒸气及干空气的理想气体状态方程式

$$p_w V = \frac{m_w}{M_w} RT$$

$$p_a V = \frac{m_a}{M_a} RT$$

则式（4-3）可整理为

$$X = \frac{m_w}{m_a} = \frac{M_w p_w}{M_a p_a} = 0.622\frac{p_w}{p_a} = 0.622\frac{p_w}{p - p_w} = 0.622\frac{\varphi p_s}{p - \varphi p_s} \tag{4-4}$$

从式（4-4）可以看出，当湿空气的总压一定时，其湿含量X是温度及相对湿度的函数。

空气湿度的三种表示方法都代表空气中水蒸气含量的多少，可以在不同的场合使用。在实测空气中水蒸气的含量时，用绝对湿度表示比较方便；用来说明空气吸收水分的能力即干燥能力时，用相对湿度来表示就比较方便；进行干燥计算时，用湿含量则比较方便。上述三种湿度可以相互换算。

4.2.1.2　湿空气的质量焓（热含量）

在湿空气中，1kg绝干空气的焓与其所带的水蒸气的焓之和称为湿空气的焓，用h表示，单位为kJ/kg。

当温度为t℃时，1kg的绝干空气的焓为$h_a = c_a t$，c_a为空气比热容，在200℃以下的干燥范围内可近似取为1.0kJ/(kg·K)，则$h_a = t$。

$$\text{水蒸气的焓}\ h_w = 2490 + 1.93t$$

式中　2490——水在0℃时的汽化潜热，kJ/kg；

t——湿空气的温度，℃；

1.93——水蒸气的比热容，kJ/(kg·K)。

因此湿含量为X的湿空气的焓为

$$h = h_a + Xh_w = c_a t + (2490 + 1.93t)X \tag{4-5}$$

4.2.1.3　湿空气的温度

A　干球温度

将一般温度计（如水银温度计）置于湿空气中，所测得的温度即为干球温度，用 t 来表示。干球温度反映了湿空气的实际温度。

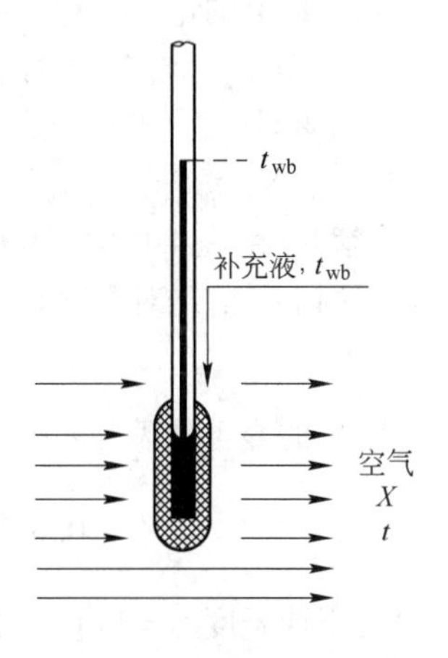

图 4-1　湿球温度的测量

B　湿球温度

利用湿球温度计测出的温度称为湿球温度，用 t_{wb} 表示。湿球温度计的结构如图 4-1 所示，将干球温度计的感温部分，即水银或酒精感温球，用细棉纱包扎起来，测量温度时将细棉纱的下端浸在水中，由于毛细管的作用使细棉纱一直处于润湿状态。当湿空气的相对湿度 $\varphi<100\%$ 时，纱布上的水蒸发，水分蒸发首先从水的本身吸取所需要的汽化潜热，使水的温度下降，从而使纱布上的水与周围环境形成温度差，空气将向纱布上的水传热，当水温降到某一温度时，空气传给水的热量，恰好等于水分蒸发所消耗的热量，此时水温不再下降，温度计所指示的温度即为湿球温度 t_{wb}。

湿球温度不代表空气的真实温度，而是说明空气的一种状态和性质，它只决定于湿空气的温度和相对湿度。未饱和的湿空气：$t_{wb}<t$；饱和的湿空气：$t_{wb}=t$。

C　露点

在湿空气到达饱和状态以前，将其单独冷却时，它的湿含量（X）保持不变。如果总压也保持不变，则水蒸气的分压也保持不变。但是，随着温度的下降，饱和蒸气压 p_s 却在不断地降低。因此湿空气的相对湿度 φ 将逐渐增大。冷却到饱和状态（$\varphi=100\%$）时的温度称为露点，用 $t_{d,p}$ 来表示，相应的湿度称饱和湿度 $x_{s,td}$。此后再进一步降低温度时，湿空气中的水蒸气将立即冷凝析出。设 p_d 表示相应于露点时空气中的饱和水蒸气分压，根据式（4-4）有

$$p_d=\frac{Xp}{0.622+X} \tag{4-6}$$

湿空气的总压和湿含量已知时，p_d 即可求得，并可由表 4-1 查得相应的露点 $t_{d,p}$。

【例 4-1】　当湿空气的总压 $p=101325\text{Pa}$，$t_{d,p}=-5℃$ 时，空气的湿含量 X 为多少？当 $X=0.0117$ 时，湿空气的露点温度 $t_{d,p}$ 为多少？

【解】　（1）当 $t_{d,p}=-5℃$ 时，查表 4-1 得

$$p_s=401.2\text{Pa}$$

$$X=0.622\frac{p_s}{p-p_s}=0.622\times\frac{401.2}{101325-401.2}=24.7\times10^{-4}\text{kg/kg}$$

（2）$X=0.0117$ 时，湿空气中水蒸气的饱和蒸气压为

$$p_d=\frac{Xp}{0.622+X}=\frac{101325\times0.0117}{0.622+0.0117}=1870.763\text{Pa}$$

由表 4-1 查得饱和温度为 15℃ 和 20℃ 时，饱和水蒸气分压分别为 1.7032kPa 和 2.3379kPa，根据线性内插法可以求得露点 $t_{d,p}$ 为：

$$t_{d,p}=15+\frac{(1.8707-1.7032)\times5}{2.3379-1.7032}=16.32℃$$

根据露点的定义，在干燥过程中，只要是气体与物料相互接触的场合，气体的温度不应低于露点，否则物料就会受潮而达不到干燥的目的。实际设计时，在干燥器出口至除尘设备这一

系统中，气体的温度要保持比露点约高15℃左右。

根据以上的论述，对于不饱和空气来说，干球温度 t、露点 $t_{d,p}$ 和湿球温度 t_{wb} 之间的关系为：$t > t_{wb} > t_{d,p}$；当空气被饱和时，则有 $t = t_{wb} = t_{d,p}$。

【例4-2】 已知某湿空气的干球温度 $t_d = 45$℃，相对湿度 $\varphi = 60\%$，求该湿空气的质量焓 h、湿含量 X、湿球温度 t_w、露点温度 $t_{d,p}$ 以及水蒸气分压 p_w，已知大气压强为101325Pa。

【解】 由表4-1查得当 $t_d = 45$℃时，饱和水蒸气分压为 $p_s = 9.5840$kPa，已知相对湿度 $\varphi = 60\%$，则空气的绝对湿度和水蒸气分压为：

$$p_w = \varphi p_s = 0.6 \times 9.5840 = 5.75\text{kPa}$$

空气的湿含量 X 为：

$$X = 0.622 \frac{p_w}{p - p_w} = 0.622 \times \frac{5750}{101325 - 5750} = 0.037\text{kg/kg}$$

由干球温度 $t_d = 45$℃和相对湿度 $\varphi = 60\%$ 在附录中查得 $\Delta t = 7.8$℃，所以湿球温度为：

$$t_w = t_d - \Delta t = 45 - 7.8 = 37.2℃$$

空气的质量焓为：

$$h = t + (2490 + 1.93t)X = 45 + (2490 + 1.93 \times 45) \times 0.037 = 140\text{kJ/kg}$$

露点对应的饱和水蒸气分压为：

$$p_d = \frac{Xp}{0.622 + X} = \frac{0.037 \times 101325}{0.622 + 0.037} = 5689\text{Pa}$$

运用线性内插法可以求得露点 $t_{d,p}$ 为：

$$t_{d,p} = 35 + \frac{(5.689 - 5.6231) \times 5}{7.3764 - 5.6231} = 35.2℃$$

D　绝热饱和温度

若空气与足量水接触，在绝热的情况下，水向空气中汽化所需要的潜热只有取自空气的显热，空气的温度将逐渐降低，同时空气将逐渐为水蒸气所饱和，也就是说，空气的湿度逐渐增大而温度下降。当空气达到饱和时，其温度不再下降，这时的温度就称为空气的绝热饱和温度，用符号 t_{ac} 表示。

由于该过程为空气经绝热冷却而达到饱和的过程，与湿物料在空气中进行湿热交换的冷却过程在机理上完全不同，因此湿球温度和绝热饱和温度在物理意义上不能混淆。对于水蒸气—空气系统，当空气温度不太高，相对湿度不太低时，这两个温度在数值上极为接近。

4.2.2　湿空气的 *h-X* 图

由上节的计算过程可知，用分析法计算湿空气的状态参数和干燥过程是相当麻烦的。工程上为了计算方便，常用算图来表示湿空气各性质之间的关系。*h-X* 图表示在既定的大气压下湿空气主要参数之间的图解关系，称为焓-湿图。

4.2.2.1　*h-X* 图的组成

h-X 图（见图4-2）是以空气的湿含量 X 为横坐标，质量焓 h 为纵坐标，由等湿线、等焓线、等干球温度线、等湿球温度线（绝热饱和线）、等相对湿度线及水蒸气分压线等组成的湿度图，反映了在既定的大气压下湿空气的各主要参数：质量焓 h、湿含量 X、温度 t、相对湿度 φ 以及水蒸气分压 p_w 之间的图解关系。

为了使图中的各种图线能够较好地分布，不至于聚集在一起而看不清楚，h-X 图采用斜角坐标绘制，两坐标轴之间的夹角为135°，如图4-3所示。纵坐标为湿空气的质量焓 h，单位为kJ/kg，斜坐标为湿空气的湿含量 X，单位为kg/kg，质量焓 h 和湿含量 X 均以每千克干空气作为基准。图中各线条的绘制及意义分述如下。

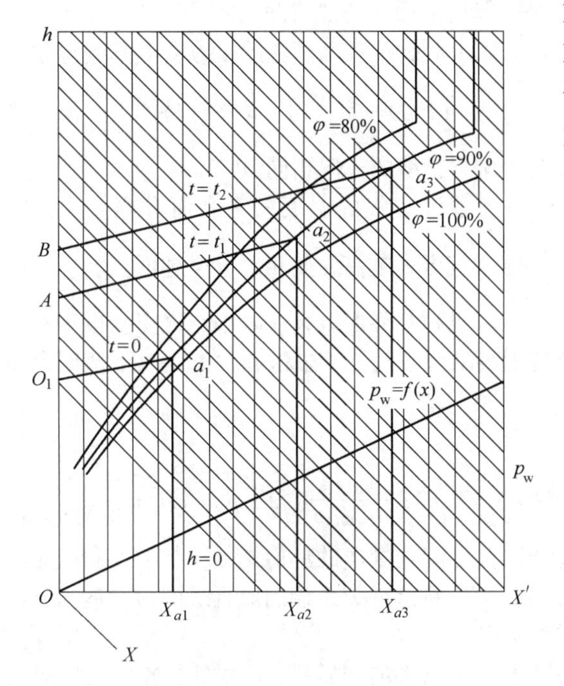

图4-2 h-X 图的绘制

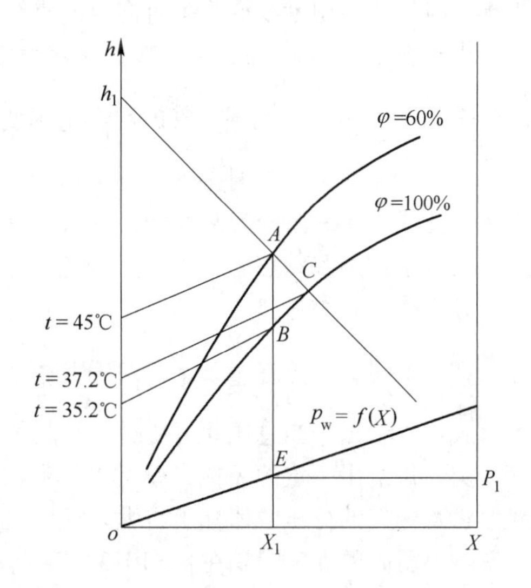

图4-3 用 h-X 图求湿空气参数

A 等湿含量线（等 X 线）

做水平辅助线 OX'，在该轴上取一定的间隔距离标出湿含量的数值，然后做辅助线的垂直线（即平行于纵轴的线），即为等湿含量线（等 X 线）。等湿含量线是一组平行于纵轴的直线，在等 X 线上空气的湿含量 X 是常数。

B 等质量焓线（等 h 线）

以坐标原点为起点，在纵轴上以一定间隔距离标出焓的数值，通过各点做 OX 轴的平行线，即为等焓线（等 h 线）。在等焓线上空气的质量焓 h 相同。

C 等干球温度线

由公式 $h=c_a t+(2490+1.93t)X$ 可知，当温度为定值时，h 与 X 成直线关系，故在 h-X 图上，等干球温度线是一系列直线，因此根据两点即可定出等干球温度线。

根据公式 $h=c_a t+(2490+1.93t)X$ 绘制等干球温度线。例如当 $t=0$，$X=0$ 时，$h=0$，在 h-X 图上找到第一点 O_1，$X=X_1$ 时，$h=2490X_1$，在 h-X 图上找到第二点 a_1。连接 O_1a_1 即可以得到 $t=0$ 时的等干球温度线。利用同样的办法即可以得到不同温度时的等干球温度线。

由公式 $h=c_a t+(2490+1.93t)X$ 可知，等干球温度线是一组互不平行的直线，它的斜率为 $2490+1.93t$，显然随着温度的升高而增大。

D 等相对湿度线

在绘制了等干球温度线，即可由式（4-4）$X=0.622\dfrac{\varphi p_s}{p-\varphi p_s}$ 绘制等相对湿度线。由该式可以看出，在湿空气的总压且 φ 一定时，X 与 p_s 有一系列相对应之值，而 p_s 又是温度的单值函数，所以当 φ 为一定值时，把不同温度下的饱和蒸气压之值代入上式，就可求出相应温度下的 X 值，在 h-X 图上得到对应点（这些点也就是许多等干球温度线与等湿含量线的交点），连接这些点即可得出对应该 φ 值的等相对湿度线，是一簇向上微凸的曲线。

当湿空气的温度逐渐升高，达到水的沸点及其以上时，饱和水蒸气的压力将上升到湿空气的总压 p，即 $p_s = p$，由公式 $X = 0.622 \times \frac{\varphi p_s}{p - \varphi p_s}$ 可知，当 φ 为一定值时，X 将保持不变，所以高于沸点时等相对湿度线变为垂直向上的直线而与等湿含量线的方向相同。

由于在水的沸点以下时，饱和水蒸气的压力随着湿空气的温度的升高而升高，从公式 $\varphi = \frac{p_w}{p_s} \times 100\%$ 可知，在湿空气的湿含量不变时，湿空气温度越高，其相对湿度越低。

$\varphi = 100\%$ 时的等相对湿度线称为饱和湿空气线，也称临界曲线，此时湿空气完全被水蒸气饱和。此线将 h-X 图分为两部分，在该线以上范围表示湿空气处于未饱和状态，以下范围表示湿空气处于过饱和状态。

E　水蒸气分压线

在 h-X 图右下部有一条水蒸气分压线。根据 $X = 0.622 \frac{\varphi p_s}{p - \varphi p_s}$ 可得，$p_w = \varphi p_s = \frac{Xp}{0.622 + X}$，由该式可以看出，当总压 p 不变时，水蒸气的分压 p_w 是湿含量 X 的单值函数，与温度和相对湿度无关，每给出一定的 X 值，就可以得到相应的 p_w 值，将这种关系绘制成直线即为水蒸气分压线。将水蒸气的分压数值标于右纵坐标上，单位为 Pa。

本书所附的 h-X 图是在 $p = 101325$Pa 的条件下绘制出来的。显然，h-X 图上各条线的形状与总压有关，对于常压操作过程都可以运用此图，但对于减压操作过程则不能运用。

F　等湿球温度线

如前所述，湿空气的湿球温度 t_{wb} 近似等于绝热饱和温度，故湿球温度与湿含量 X 及质量焓 h 的关系可由空气的绝热饱和方程给出：

$$h = h_{ac} - (X_{ac} - X)ct_{ac} = (h_{ac} - X_{ac}ct_{ac}) + ct_{ac}X$$

当绝热饱和温度（即湿球温度）给定时，水的比热容 c 为已知数，湿空气在绝热饱和温度的湿含量 X 和焓可由 $t = t_{ac}$ 的等湿线与 $\varphi = 100\%$ 线的交点获得，因而亦为已知数，则湿空气在绝热增湿过程中其质量焓 h 与湿含量 X 的关系是线性的，如附录Ⅻ中的虚线所示。当空气的温度较低或计算要求不高时，亦可用等质量焓线近似代替等湿球温度线。

4.2.2.2　h-X 图的应用

A　用 h-X 图确定湿空气的参数

当已知湿空气的状态点时，可以根据湿空气的 h-X 图确定湿空气的状态参数。下边举例说明利用 h-X 图确定湿空气参数的方法。

【例 4-3】　用 h-X 图重新解例 4-2。

【解】　如图 4-3 所示。根据湿空气的干球温度 $t_d = 45$℃和相对湿度 $\varphi = 60\%$，首先在 h-X 图根据 $t_d = 45$℃的等干球温度线和 $\varphi = 60\%$ 的等相对湿度线的交点，确定出该湿空气的状态点 A。

(1) 过 A 点做平行于等 X 线的直线交水平轴于 X_1，得出湿含量 $X_1 = 0.037$kg/kg。

(2) 过 A 点做平行于等 h 线的直线 h_1A，交纵轴于 h_1，即得到该湿空气的质量焓 $h = 140$kJ/kg。

(3) 湿球温度 t_w 如前所述，对于空气—水系统，湿球温度与空气的绝热饱和温度极为接近，因此可按空气绝热冷却达到饱和的绝热冷却线来确定湿球温度。由 A 点出发，延伸等质量

焓线 h_1A 和 $\varphi=100\%$ 交于 C 点，C 点所示的温度即为该湿空气的湿球温度 $t_w=37.2℃$。

（4）根据露点的定义可知，湿空气的露点是该空气的湿含量不变而被冷却到饱和的温度。由 A 点做垂直于水平轴的垂线，交 $\varphi=100\%$ 于 B 点，B 点所示温度即为露点 $t_{d,p}=35.2℃$。

（5）水蒸气分压由 A 点向水平轴做垂线交水蒸气的分压线 $p_w=f(X)$ 的 E 点，然后由 E 点做平行于水平轴的直线 EP_1 交右面纵坐标于 P_1 点，读出水蒸气分压 $p_w=5.75\text{kPa}$。

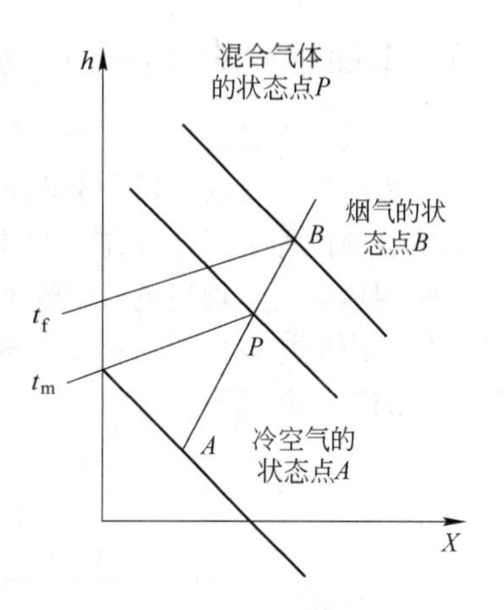

图 4-4　用 h-X 图求解冷热气体混合过程

B　冷热空气的混合

在干燥过程中，为了获得适宜的干燥介质，经常需要冷热空气的混合（或热烟气与冷空气的混合）。此时需要计算相互混合的气体量，这种计算可以借助于 h-X 图进行，如图 4-4 所示。

设高温烟气的状态参数为 X_f、h_f、t_f；冷空气的参数为 X_0、h_0、t_0。混合后气体温度为 t_m。求混合气体的参数及掺入的冷空气的量。

设 1kg 高温烟气与 $n$kg 干冷空气混合，n 为混合比。则可得：

水蒸气平衡方程：$X_f+nX_0=(1+n)X_m$

热量平衡方程：$h_f+nh_0=(1+n)h_m$

整理上述两式得

$$n=\frac{X_f-X_m}{X_m-X_0}=\frac{h_f-h_m}{h_m-h_0} \tag{4-7}$$

式（4-7）是直线方程式，混合气体的状态点 P 在 AB 的连线上，它即为混合气体温度 t_m 的等温线与 AB 的交点，已知 P 点的位置则混合气体的其他参数也可以求得。

【例 4-4】　$t=20℃$，$\varphi=60\%$ 的空气经加热器预热到 95℃，求空气从加热器中获得的热量。

【解】　由 h-X 图（见附录Ⅻ），查得进加热器前空气的状态参数为：$h_0=42\text{kJ/kg}$；空气经加热器后，X 不变，$h_1=120\text{kJ/kg}$；则从加热器所获得的热量为：$h_1-h_0=120-42=78\text{kJ/kg}$。

【例 4-5】　已知热烟气的 h_f 为 1763kJ/kg，$X_f=0.047\text{kg/kg}$，与 20℃、相对湿度为 60% 的冷空气混合后温度为 800℃。求混合比及混合气体的状态参数。

【解】　根据已知条件确定烟气的状态点 B，冷空气的状态点 A，如图 4-5 所示。混合气体的等温线 t_m 与 AB 的交点 P 为混合气体的状态点。

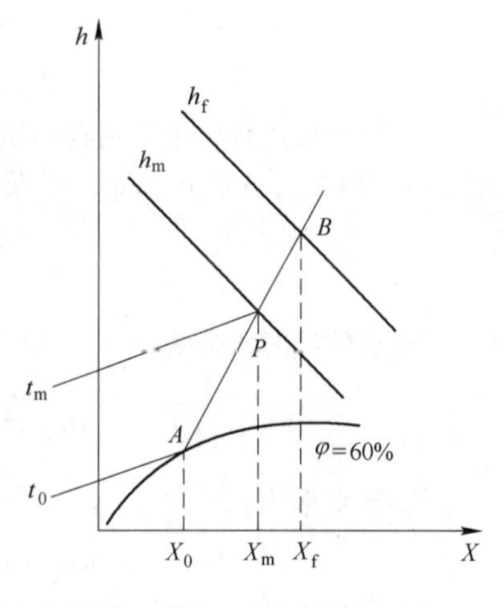

图 4-5　例 4-5 图

查得 P 点的状态参数：$X_m=0.03\text{kg/kg}$，$h_m=970\text{kJ/kg}$

则混合比为：

$$n=\frac{X_f-X_m}{X_m-X_0}=\frac{0.047-0.03}{0.03-0.009}=0.81$$

4.3　干燥过程的物料平衡与热量平衡

对干燥过程进行物料平衡与热量平衡计算的目的是为了根据被干燥物料的产量及含水率，确定干燥器中蒸发的水量，干燥介质消耗量及热耗等技术经济指标，用以衡量运行中的干燥器的结构、操作等是否合理并为设计新的干燥设备提供参考依据。

利用热空气对物料进行干燥的流程如图 4-6 所示。空气进入加热器被加热后进入干燥器，在干燥器内把热量传给物料用于蒸发物料中的水分，然后排出干燥器。湿物料进入干燥器后被热空气加热，并蒸发其中的水分，干燥后的物料由干燥器卸出。

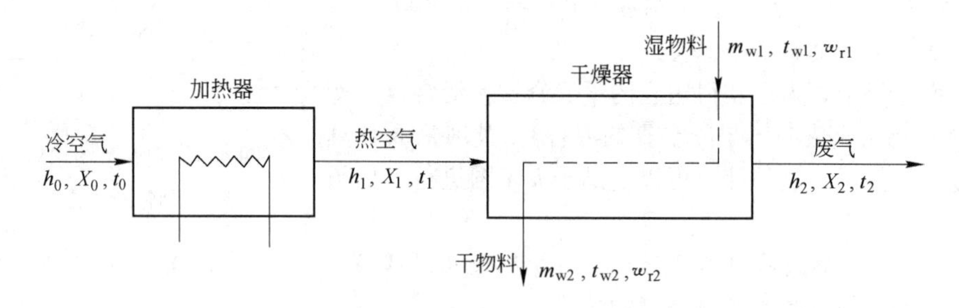

图 4-6　干燥流程示意图

4.3.1　物料平衡

4.3.1.1　物料中水分的表示方法

湿物料是由绝干物料和水分组成的。设湿物料的质量为 m_w，绝干物料的质量为 m_d，水分的质量为 m，则有：

$$m_w = m_d + m \tag{4-8}$$

湿物料中水分的表示方法有两种：干基水分（或绝对水分）及湿基水分（或相对水分）。

以绝干物料为计算基准的称为干基水分（或绝对水分），用 w_a 表示：

$$w_a = \frac{m}{m_d} \times 100\% \tag{4-9}$$

由于在干燥过程中绝干物料的质量保持不变，因此可以直接用来计算干燥脱水率。例如，100kg 湿物料中含有水分 20kg，干燥后剩余水分 2kg，则干燥前的绝对水分为：

$$w_{a1} = \frac{20}{100 - 20} \times 100\% = 25\%$$

干燥后的绝对水分为：

$$w_{a2} = \frac{2}{100 - 20} \times 100\% = 2.5\%$$

干燥脱水率为：

$$w_{a1} - w_{a2} = 25\% - 2.5\% = 22.5\%$$

以湿物料为计算基准的称为湿基水分（或相对水分），用 w_r 表示：

$$w_r = \frac{m}{m_w} \times 100\% \tag{4-10}$$

在物料的干燥过程中，没有必要也不可能将物料干燥至绝对干燥的程度。物料离开干燥器时，或多或少地含有水分，因此在对物料做含水率分析时，通常用相对水分表示。

随着湿物料中水分的蒸发，相对水分在不断地变化，故不能直接用来加减，颇为不便。在干燥计算时常换算成绝对水分，根据它们之间的关系：

绝对水分 × 绝对干物料量 = 相对水分 × 湿物料量

可以得到：

$$w_a = \frac{w_r}{1 - w_r} \times 100\% \tag{4-11}$$

$$w_r = \frac{w_a}{1 + w_a} \times 100\% \tag{4-12}$$

4.3.1.2　干燥过程中物料平衡计算

如图4-6所示，以每小时进出干燥器的质量为基准，并假定进出干燥器的物料没有损失，且干燥介质也没有漏出，那么进入干燥器的物质的量应该等于出干燥器的物质的量：

$$L_1 + L_1X_1 + m'_{w1} = L_2 + L_2X_2 + m'_{w2} \tag{4-13}$$

式中　L_1，L_2——分别为单位时间内进出干燥器的干空气量，kg/h；

X_1，X_2——分别为单位时间内进出干燥器的空气的湿含量，kg/kg；

m'_{w1}，m'_{w2}——分别为单位时间内进出干燥器的湿物料量，kg/h。

干燥器中蒸发水分量

$$m' = m'_d(w_{a1} - w_{a2})\% = m'_{w1}w_{r1} - m'_{w2}w_{r2} \tag{4-14}$$

式中　m'_d——单位时间内进出干燥器的绝干物料量，kg/h。

整理式（4-14），得：

$$m' = \frac{w_{r1} - w_{r2}}{1 - w_{r2}}m'_{w1} = \frac{w_{r1} - w_{r2}}{1 - w_{r1}}m'_{w2} \tag{4-15}$$

由于进出干燥器的干空气的量不变，所以 $L_1 = L_2 = L$。那么物料进出干燥器减少的量就是蒸发掉的水分量，即 $m'_{w1} - m'_{w2} = m'$，所以有 $m' = L(X_2 - X_1)$，即

$$L = \frac{m'}{X_2 - X_1} \tag{4-16}$$

若以每蒸发1kg水所消耗的干空气量表示，则有

$$l = \frac{L}{m'} = \frac{1}{X_2 - X_1} \tag{4-17}$$

式（4-15）、式（4-16）即可以用来计算干燥器中干燥介质的消耗量。

4.3.2　热量平衡

在进行干燥器的热平衡前，首先应确定热平衡范围，此处的热平衡计算仅考虑干燥器本身收、支的平衡关系，因此其范围为干燥器。取0℃作为计算基准温度，以每蒸发1kg水所消耗的热量为计算单位。

4.3.2.1　干燥器的热收入项目

（1）干燥介质带入的热量：　$q_h = lh_1$

式中　l——每蒸发1kg水所消耗的干空气量，kg/kg；

h_1——干空气进入干燥器时的质量焓，kJ/kg。

（2）湿物料带入的热量为绝干物料和其中水分带入的热量之和：

$$q'_{m} = (m'_{d}c_0 t_{w1} + m'_{w1} w_{r1} c_w t_{w1}) \frac{1}{m'}$$

式中　c_0，c_w——分别为绝干物料和水的比热容，kJ/(kg · ℃)；

t_{w1}——入干燥器的物料温度，℃。

（3）托板或运输设备带入热的热量：

$$q'_{tr} = (m'_{tr} \cdot c_{tr} t_{tr1}) \frac{1}{m'}$$

式中　m'_{tr}——托板或运输设备质量，kg/h；

t_{tr1}——托板或运输设备入干燥器的温度，℃；

c_{tr}——托板或运输设备的比热容，kJ/(kg · ℃)。

（4）每千克水分在干燥器中补充的热量 q_{ad}[kJ/(kg · h)]：

$$q_{ad} = \frac{Q_{ad}}{m'}$$

式中　Q_{ad}——水分在干燥器中补充的热量，kJ/h。

4.3.2.2　干燥器的热支出项目

（1）废气离开干燥器时带走的热量：

$$q_0 = lh_2$$

式中　h_2——干空气离开干燥器时的质量焓，kJ/kg。

（2）干物料带出的热量为干物料和其中的水分带出的热量之和。

$$q''_{m} = (m'_0 c_0 t_{w2} + m'_{w2} c_w t_{w2}) \frac{1}{m'}$$

式中　t_{w2}——出干燥器的物料温度，℃。

（3）托板或运输设备带出的热量：

$$q''_{tr} = (m'_{tr} \cdot c_{tr} t_{tr2}) \frac{1}{m'}$$

式中　t_{tr2}——托板或运输设备出干燥器的温度，℃。

（4）散失到干燥器周围的热量：

$$q_l = KA(t_w - t_a) \frac{1}{m'}$$

式中　K——干燥器外表面的散热系数，W/(m^2 · ℃)；

A——干燥器外表面积，m^2；

t_w，t_a——分别为干燥器外表面及环境温度，℃。

干燥器的热量平衡为：热量收入 = 热量支出，即热平衡方程式为：

$$q_h + q'_{m} + q'_{tr} + q_{ad} = q_0 + q''_{m} + q''_{tr} + q_l \tag{4-18}$$

4.3.3　理论干燥过程和实际干燥过程

4.3.3.1　理论干燥过程

若式（4-18）中的 q'_{m}、q'_{tr}、q_{ad} 及 q''_{m}、q''_{tr}、q_l 均为零，则这种干燥过程称为理论干燥过

程，此时

$$q_h = q_0$$

$lh_1 = lh_2$，于是有 $h_1 = h_2$。

对于理论干燥过程而言，进出干燥器的热空气的质量焓相等，即干燥过程是等质量焓过程。

理论干燥过程在 h-X 图上的表示和计算如图 4-7 所示。初始空气的状态点为 A，在加热器内完成了等湿加热过程，路径如 AB 所示，即空气的湿含量不变，质量焓增加。出加热器和进入干燥器的状态点为 B，经过干燥器后，热空气的变化路径如 BC 所示，由 B 点变至 C 点，C 点即为出干燥器的废气的状态点。整个干燥过程在 h-X 图 4-7 上如 ABC 折线所示。

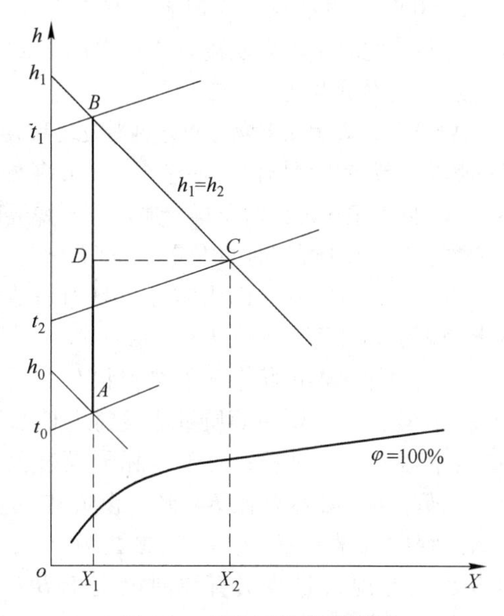

图 4-7 理论干燥流程图解

为了便于区别，设理论干燥过程中干燥介质离开干燥器的状态参数用上标“0”来表示。

用 h-X 图来计算理论干燥过程时，蒸发每千克水的空气消耗量为：

$$l^0 = \frac{1}{X_2 - X_1} \tag{4-19}$$

用线段长度来表示为：

$$l^0 = \frac{1}{CD \cdot M_x} \tag{4-20}$$

式中 CD——（$X_2 - X_1$）线段长度，mm；

M_x——湿含量比例尺，kg/(kg · mm)。

热量消耗 q^0 即为空气在加热器中所获得的热量：

$$q^0 = l^0(h_1 - h_0) \tag{4-21}$$

如果用线段的长度来表示，则有：

$$q^0 = \frac{AB \cdot M_h}{CD \cdot M_x} \tag{4-22}$$

式中 AB——（$h_2 - h_1$）线段长度，mm；

M_h——质量焓比例尺，每千克干空气单位长度质量焓，kJ/(kg · mm)。

4.3.3.2 实际干燥过程

式（4-18）实际上就是实际干燥过程的热平衡方程。将该式变形得：

$$q_h - q_0 = (q''_m + q''_{tr} + q_l) - (q'_m + q'_{tr} + q_{ad})$$

即 $$l(h_1 - h_2) = (q''_m + q''_{tr} + q_l) - (q'_m + q'_{tr} + q_{ad})$$

上式等号右边第一项称为热量损失，第二项称为补充热量，将两者之差用 Δ 来表示，即：

$$l(h_1 - h_2) = \Delta$$

或 $$\Delta = \frac{h_1 - h_2}{X_2 - X_1} \tag{4-23}$$

$\Delta<0$ 时，表示在干燥时补充的热量大于热损失之和，此时干燥介质离开干燥器时的质量焓大于进入干燥器时的质量焓，即 $h_2>h_1$。

$\Delta>0$ 时，表示在干燥时所有热损失之和大于补充的热量，或者干燥器没有补充热量。大多数干燥器即属于此种情况。此时干燥介质离开干燥器时的质量焓小于进入干燥器时的质量焓，即 $h_2<h_1$。

下面以 $\Delta>0$ 为例说明实际干燥过程在 h-X 图上的表示和计算，如图 4-8 所示。

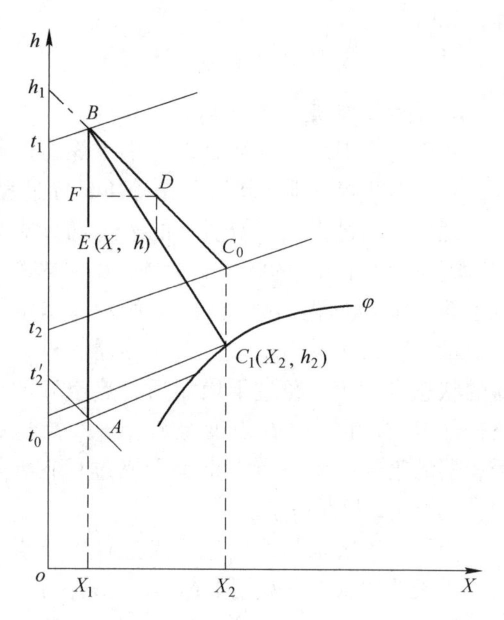

图 4-8　实际干燥流程图解（$\Delta>0$）

空气用加热器由状态 A 加热到状态 B 后，对于理论干燥过程，则沿等质量焓线到达 C_0 点，即 BC_0 表示理论干燥过程；对于实际干燥过程，由于 $h_2<h_1$，BC_1 必然要比 BC_0 陡。设 E 点为实际干燥过程中的某一状态点，其参数为（X，h），由 E 点沿等湿含量线引直线向上交于 BC_0 于 D 点，由 D 点引水平线 DF 交 AB 于 F 点。实际干燥过程中，根据式 $\Delta=\dfrac{h_1-h_2}{X_2-X_1}$ 存在如下关系：

$$\Delta=\frac{h_1-h}{X-X_1}=\frac{h_1-h_2}{X_2-X_1}$$

而 $h_1-h=DE\cdot M_h$，$X-X_1=DF\cdot M_x$，则有：

$$\Delta=\frac{h_1-h}{X-X_1}=\frac{DE\cdot M_h}{DF\cdot M_x}$$

$$DE=\Delta\cdot DF\frac{M_x}{M_h}$$

在 h-X 图上先绘出理论干燥过程 ABC_0（出干燥器湿含量为 X_2），然后在 BC_0 线上任取一点 D，量出线段 DF，根据热平衡计算出的 Δ 值，确定出 M_x 和 M_h 后，利用上式计算出 DE 值，由 B 点经 E 点引实际干燥过程线 BE，并将其延伸到干燥器排出废气的湿含量 X_2，得到 C_1 点，实际干燥过程 BC_1 线显然低于 BC_0 线。实际干燥过程在 h-X 图上即可用折线 ABC_1 表示。

【例 4-6】　耐火砖坯体在干燥器中进行干燥，进料量 m'_{w1} 为 1000kg/h，进口处坯体相对水分 $w_{r1}=6\%$，出口处坯体相对水分 $w_{r2}=1.5\%$，计算蒸发 1kg 水分所需的空气量和消耗的热量。已知空气温度 t_0 为 15℃，每千克干空气湿含量 X_0 为 0.008kg/kg，进干燥器的空气温度 $t_1=140$℃，出口干燥器废气相对湿度 $\varphi=60\%$，坯体进干燥器温度 25℃，出干燥器温度为 80℃，干坯比热容为 0.85kJ/(kg·℃)。

【解】　（1）每小时蒸发水分量：

$$m'=m'_{w1}(w_{r1}-w_{r2})/(1-w_{r2})$$
$$=1000\times(0.06-0.015)/(1-0.015)=45.69\text{kg/h}$$

（2）进行干燥器热量平衡计算，以求得在干燥器中损失的热量：

$$l(h_1-h_2)=(q''_m+q''_{tr}+q_l)-(q'_m+q'_{tr}+q_{ad})$$

其中

$$q'_m=(m'_d c_0 t_{w1}+m'_{w1} w_{r1} c_{w1} t_{w1})/m'$$

$$m'_d = m'_{w1}(1-w_{r1}) = 1000 \times (1-0.06) = 940\text{kg}$$

查附录Ⅸ$c_{w1} = 4.187\text{kJ/(kg·℃)}$，$c_{w2} = 4.195\text{kJ/(kg·℃)}$

$$q'_m = (940 \times 0.85 \times 25 + 1000 \times 6\% \times 4.187 \times 25)/45.69$$
$$= 574.64\text{kJ/kg}$$

$$q''_m = (m'_d c_0 t_{w2} - m'_{w2} w_{r2} c_{w2} t_{w2})/m'$$

$$m'_{w2} = m' \cdot \frac{1-w_{r1}}{w_{r1}-w_{r2}} = 45.69 \times \frac{1-0.06}{0.06-0.015}$$
$$= 954.3\text{kg/h}$$

则 $q''_m = (940 \times 0.85 \times 80 + 954.3 \times 0.015 \times 4.195 \times 80)/45.69$
$$= 1504\text{kJ/kg}$$

加热运输设备实际消耗热量，计算过程略，$q''_{tr} - q'_{tr} = 990\text{kJ/kg}$。

散失于周围的热量，其计算结果：$q_l = 1045\text{kJ/kg}$。

实际干燥过程中，蒸发每千克水分所损失的热量：

$$l(h_1 - h_2) = \Delta = (1504 - 574.64) + 990 + 1045$$
$$= 2964.36\text{kJ/kg}$$

（3）在 h-X 图上作出理论干燥过程 ABC_0 线，见图4-9所示，根据 t_0 为15℃，每千克干空气具有的热量 X_0 为0.008，在 h-X 图上作 A 点，$h_0 = 33\text{kJ/kg}$。

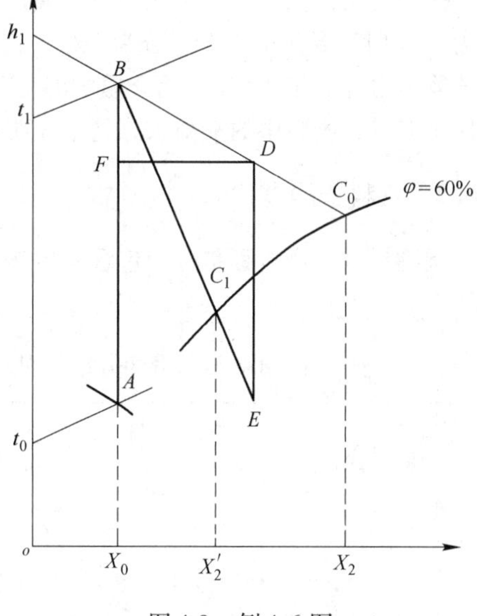

图4-9 例4-6图

沿等湿线相交于 B 点，B 点参数 $t_1 = 140$℃，$X_1 = X_0 = 0.008\text{kg/kg}$，$h_1 = 163\text{kJ/kg}$。

然后沿等 h 线至 $\varphi = 60\%$ 相交于 C_0 点，得 $X_2 = 0.044\text{kg/kg}$。

再求出实际干燥过程线 BC_1。在 BC_0 线上任取一点 D，量取 $DF = 57\text{mm}$，

$$DE = \Delta \cdot DF \cdot M_x/M_h = 708 \times 57 \times 0.0004/0.2 = 81\text{mm}$$

连接 BE 线与 $\varphi = 60\%$ 线相交于 C_1 点，C_1 点即为实际干燥过程的终点，根据 C_1 点查得在实际干燥过程中每千克干空气的湿含量 $X'_2 = 0.027\text{kg/kg}$。

（4）计算每小时消耗空气量及热量：

空气量 $L = lm' = m'/(X'_2 - X_0) = 45.69/(0.027 - 0.008) = 2405\text{kg/h}$

热量 $Q = L(h_1 - h_0) = 2405 \times (163 - 33) = 312650\text{kJ/h}$

4.4 干燥过程

4.4.1 物料中水分的结合方式

物料中的水分按照不同的分类方法，其名称不同。根据在一定的干燥条件下，物料中的水分能否用干燥方法去除，可分为平衡水分与自由水分。

湿物料在干燥过程中，其表面的水蒸气分压与干燥介质中的水蒸气分压达到动态平衡时，物料中的水分就不会因时间延长发生变化，而是维持一定值。这时物料中的水分称为该物料在此干燥条件下的平衡水分。它是在该条件下，物料干燥不能排除的极限水分，与干燥时间无关。

物料中高于平衡水分的那部分水分称为自由水分，它是在一定干燥条件下可以通过干燥方法去除的水分。

物料中的水分为平衡水分与自由水分之和。

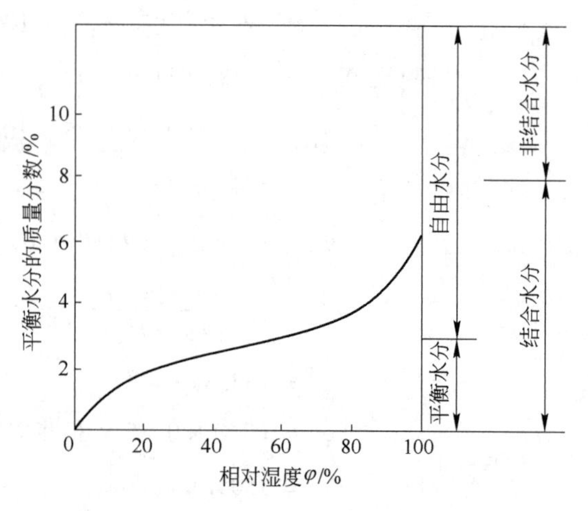

图 4-10　某黏土在空气中的平衡水分曲线（75℃）

上述各种关系可用平衡水分曲线来表示。图 4-10 所示为某黏土在空气中的平衡水分曲线。图中表明，当介质温度为 75℃，相对湿度为 60% 时，黏土的平衡水分为 3%。于是，水分高于 3% 的黏土在此介质中不能被干燥。欲使该物料水分低于 2.5%，而介质的温度不变，则介质的相对湿度必须低于 40%。因此，干燥介质不变时，物料中的平衡水分是干燥所能达到的最低水分。

4.4.2　物料干燥过程

湿物料的干燥过程是一个包含着传热、传质的复杂过程。传热是向物料表面提供能量的过程，用以满足水分蒸发、移动等所需要的能量。物料表面的水分吸收热量后汽化为水蒸气，并在浓度差的作用下扩散到干燥介质中，此过程为外扩散。当湿物料表面水分蒸发后，物料内部的水分由内部浓度较高处向表面迁移，此过程为内扩散。干燥中的传质包括上述的外扩散及内扩散过程。

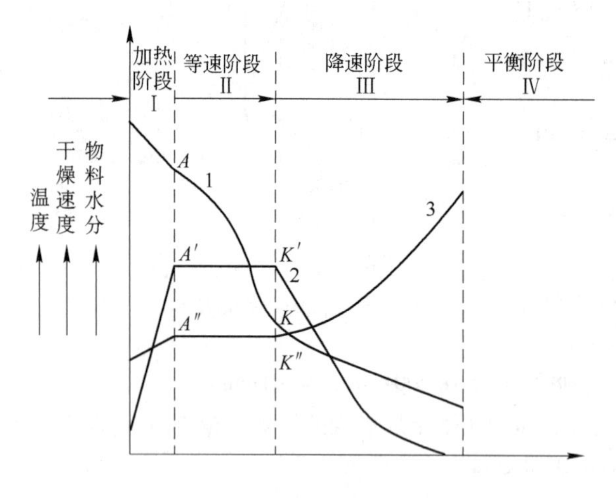

图 4-11　干燥过程曲线

1—物料中水分与时间的关系；2—干燥速度与时间的关系；3—物料表面温度与时间的关系

干燥过程的快慢可用干燥速率来表示。干燥速率指单位时间内，物料在单位表面积上蒸发排除水分的质量，单位为kg/(m^2·h)。

在恒定的干燥条件下，分析干燥过程中物料的温度、水分、干燥速率与时间的关系，见图4-11。从图中可以看出，整个干燥过程可以分为三个阶段。

4.4.2.1　加热阶段

在该阶段，干燥介质在单位时间内传给物料的热量大于物料表面水分蒸发所消耗的热量，所以物料表面温度不断升高，水分蒸发量也随之增大，干燥速率增加，至图 4-11 中 A''点时，干燥介质传给物料的热量正好等于物料表面水分汽化所需的热量，物料表面温度停止升高并等于干燥介质的湿球温度，此后即进入等温蒸发阶段。

4.4.2.2 等速干燥阶段

在此阶段内，物料表面水分的蒸汽压等于湿球温度下干燥介质的饱和水蒸气分压，在外扩散的同时，物料内部的水分扩散至表面，使物料表面始终保持有自由水。此阶段的干燥速率取决于水蒸气的外扩散速率，故称为外扩散控制阶段。

在等速干燥阶段，因干燥介质传递给物料的热量正好等于表面水分蒸发所需热量，故表面温度维持干燥介质湿球温度不变，物料中的水分减少，干燥速率为常数，成为稳定干燥即等速干燥过程。

在此阶段，随着自由水分的排除，物料发生体积收缩并产生收缩应力。若操作控制不当，使传热、内扩散、外扩散三过程不平衡，则制品易产生变形、开裂，产生干燥废品。

在等速干燥阶段终了时，物料所含的绝对水分称为临界水分，此时物料表面的水蒸气分压低于介质湿球温度下的饱和水蒸气分压，物料表面的水分为大气吸附水而内部仍为自由水。图4-11 中 *K* 点为临界水分点，它是等速干燥阶段与降速干燥阶段的分界点。

4.4.2.3 降速干燥阶段

从图 4-11 中可以看出，*K* 点以后即进入降速干燥阶段。随着物料中水分的减少，内扩散速率小于外扩散速率，使物料表面部分变干，物料表面水蒸气分压低于同温度下水的饱和蒸气压，蒸发面积小于物料或制品的几何表面积，甚至蒸发面积移至物料内部。此阶段的干燥速率受内扩散速率的限制，亦称为内扩散控制阶段。降速干燥阶段因物料表面水分逐渐减少，水分蒸发所需的热量也逐渐减少，以致物料表面的温度逐渐升高，干燥速率逐渐下降直至为零。此时物料的干基水分为平衡水分，干燥过程终止。

以上三个阶段的明显程度，根据坯体中水分的多少而定。一般对可塑法成型的坯体来说，三个阶段比较明显；而对水分不大的半干法成型坯体，如硅砖、镁砖等坯体，就不大明显。

4.4.3 影响干燥速率的因素

因为干燥是一个传热、传质同时进行的过程，因此干燥速率的大小取决于传热、外扩散与内扩散速率。

4.4.3.1 传热

在对流干燥中，单位时间内干燥介质传递给物料单位面积上的热量为

$$\frac{\mathrm{d}Q}{A\mathrm{d}\tau} = h(t_f - t_w) \tag{4-24}$$

式中 $\mathrm{d}Q$——$\mathrm{d}\tau$ 时间内传递给物料的热量，kJ；

A——传热面积，m^2；

t_f——干燥介质温度，℃；

t_w——物料表面温度，℃；

h——干燥介质与物料之间的对流传热系数，$W/(m^2 \cdot ℃)$。

从式（4-24）可以看出，传热量与对流传热系数、干燥介质与物料的表面温差（$t_f - t_w$）、物料的表面积成正比。因此，欲加快传热速率，可采取以下措施：

（1）提高干燥介质的温度，以增大干燥介质与物料表面之间的温差，强化传热速率。但这易使制品表面温度迅速升高，表面水分与内部中心水分浓度差太大，表面受压，内部受拉，易使坯体变形，甚至开裂。另外，对高温敏感的物料，干燥时干燥介质的温度不易过高。

（2）提高对流传热系数。对流传热的热阻主要表现在物料表面的边界层上。边界层越厚，对流传热系数越小，传热越慢。而对流传热系数与流体的流动速度成正比，加快干燥介质的流

动速度，可提高传热系数，加快传热。

（3）增大传热面积 A，使物料均匀分散于干燥介质中，或变单面干燥为双面干燥，可以增加传热量。

4.4.3.2 外扩散

在稳定条件下，物料表面的水蒸气扩散速率可用下式表示：

$$\frac{\mathrm{d}m}{A\mathrm{d}\tau}=k_{\mathrm{c}}(\rho_{\mathrm{w}}-\rho_{\mathrm{fw}}) \tag{4-25}$$

式中 m——物料表面蒸发的水蒸气的质量，kg；

ρ_{w}——物料表面水蒸气的质量浓度，$\mathrm{kg/m^3}$；

ρ_{fw}——干燥介质中水蒸气的质量浓度，$\mathrm{kg/m^3}$；

k_{c}——对流传质系数，m/s，

$$k_{\mathrm{c}}=\frac{h}{\rho_{\mathrm{f}}\cdot c_{\mathrm{f}}} \tag{4-26}$$

ρ_{f}——干燥介质的密度，$\mathrm{kg/m^3}$；

c_{f}——干燥介质的比热容，kJ/(kg·℃)；

h——干燥介质与物料表面间的对流传热系数，W/(m·℃)。

由式（4-26）可见，欲提高外扩散速率，可以采取以下方法：

（1）降低干燥介质的湿度，增加传质的推动力。

（2）提高对流传质系数。随干燥介质流动速度的增加，k_{c}增加。故增加干燥介质的流速，可提高外扩散速率，大大加快干燥速率。

4.4.3.3 内扩散

在干燥过程中，物料内部的水分或蒸汽向表面迁移是由于存在着湿度梯度与温度梯度，因此水分的内扩散包括湿扩散和热扩散。此外，当温度较高时，物料内部的水分局部汽化而产生蒸汽压力梯度也迫使水分迁移。这些迁移统称为内扩散。水分迁移的形式可以呈液态也可呈气态。在水分多时主要以液态形式扩散，水分少时主要以气态形式扩散。

湿扩散（湿传导）是由于物料内部存在湿度梯度而引起的水分迁移，它主要靠扩散渗透力和毛细管力的作用，并遵循扩散定律。湿扩散率的大小除与物料的性质、结构、含水率有关外，还与物料或制品的形状及尺寸等有关。例如，对厚度为 S 的平板形制品进行两面对称干燥时，在等速干燥阶段，制品截面上的水分按抛物线规律分布，如图 4-12 所示。水分的质量浓度沿制品厚度方向的变化为：

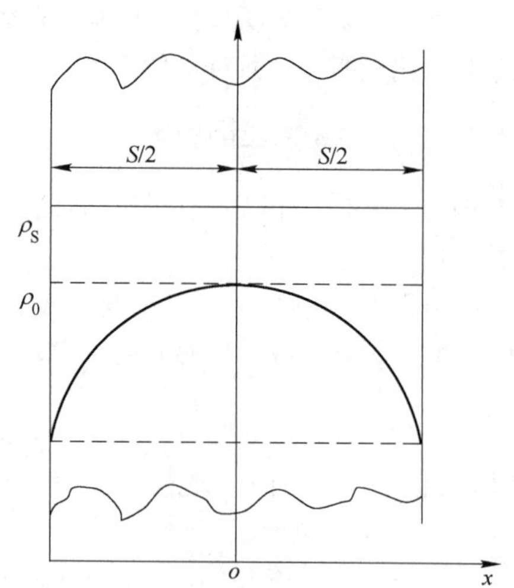

图 4-12 平板制品对称干燥时沿厚度方向水分的分布

$$\rho=\rho_0-\frac{\rho_0-\rho_{\mathrm{S}}}{(S/2)^2}x^2 \tag{4-27}$$

式中 ρ_0——平板中心水分质量浓度，$\mathrm{kg/m^3}$；

ρ_{S}——平板表面水分质量浓度，$\mathrm{kg/m^3}$；

x——沿制品厚度方向（x 方向）的距离，m。

物料表面的湿度梯度为

$$\left(\frac{\partial\rho}{\partial x}\right)_{x=S/2} = -2\left(\frac{\rho_0 - \rho_S}{S/2}\right) \tag{4-28}$$

单位时间从单位表面积蒸发的水量即干燥速率，它与表面湿度梯度成正比，用湿扩散表示时有

$$J = -D\left(\frac{\partial\rho}{\partial x}\right)_{S/2} = \frac{4D(\rho_0 - \rho_S)}{S} \tag{4-29}$$

由式（4-29）可知，湿扩散与制品厚度成反比，减薄制品厚度可提高干燥速率。在制品不能变更的情况下，变单面干燥为双面干燥时，有利于干燥速率的提高。

热扩散（又称热湿传导）是由于物体内部存在温度梯度引起的水分的扩散，其原因有：

（1）分子动能不同。温度高处的水分子动能大于低温处水分子动能，使水分由高温处向低温处迁移。

（2）毛细管内水的表面张力不同，毛细管高温端水的表面张力大于低温端，造成毛细管内水分由高温端向低温端迁移，如图 4-13 所示。

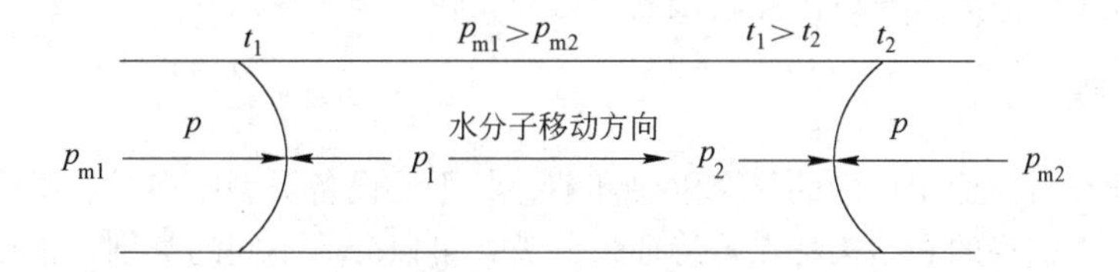

图 4-13　水分沿毛细管流动示意图

（3）夹在毛细管或孔隙中的空气的压强不同。毛细管高温处空气压强大于低温处空气压强，在此压差的推动下，水分由高温处向低温处迁移。

热湿传导的方向与加热方式有关，采用外部加热时，物料表面的温度高于内部温度，热传导方向与湿传导方向相反，热传导成为阻力；采用内热源加热时，热传导方向与湿传导相同，这有利于干燥速率的提高。

综上所述，物料的干燥过程是个复杂的传热和传质过程，影响干燥速率的因素可归结为以下几个方面：

（1）物料或制品的性质、结构、几何形状和尺寸。

（2）物料或制品干燥的初始状态及终了状态的温度和湿度。

（3）干燥介质的状态，即温度、湿度、流态（流速的大小和方向）。

（4）干燥介质与物料的接触情况、加热方式。

（5）干燥设备的结构、大小、操作参数及自动化程度。

4.4.4　制品在干燥过程中的收缩与变形

陶瓷和耐火材料等黏土制品在干燥过程中的自由水分排除阶段，随着水分的排除，物料颗粒靠拢，产生收缩，使制品产生变形。自由水排除完毕，进入降速干燥阶段时，收缩即停止。

制品的线变形大小与自由水排除量成线性关系

$$l = l_0[1 + \alpha(w_{a1} - w_{cr})] \tag{4-30}$$

式中　l——湿制品的线尺寸，m；

l_0——停止收缩后的线尺寸，m；

w_{a1}——制品的初干基水分,%；

w_{cr}——制品的临界水分,%；

α——线收缩系数,%。

各种黏土的线收缩系数 α 值变动在 0.0048～0.007 之间。

对薄壁制品，因内部水分浓度梯度不大，实验表面其线收缩系数与干燥条件无关，在不同的干燥介质条件下干燥同一黏土质制品时，线收缩几乎相同。对厚壁制品，因内部水分浓度梯度大，干燥条件对线收缩有显著影响。

当内部水分不均匀或制品各向厚薄不均时，不同部位的收缩不一致，产生不均匀的收缩应力。通常制品的表面和棱角处比内部干燥得快，壁薄处比壁厚处干燥得快，因而收缩相对也大，而制品内部因水分排除滞后于表面，收缩也比表面小，这样就阻止了表面的收缩。不均匀的收缩往往造成制品变形，甚至开裂。

为防止制品在干燥过程中的变形和开裂，减少局部应力，应限制制品中心与表面的水分差，并严格控制干燥速度。在干燥的初期，水分宜较慢的排除，先以高湿度的干燥介质使制品升温，待坯体温度升高后，再以湿度较低的干燥介质快速地干燥。

4.5　干燥设备

干燥是各种材料工业生产中的一个重要环节，其干燥设备类型很多，按照干燥器的操作方式、传热方式、工艺目的和结构特点等特征来分类，可以分为不同的类别，常用的有：干燥散装物料用的转筒干燥器、流态化干燥设备；干燥制品用的隧道干燥器、室式干燥器等，此外还有流态化干燥器、微波及红外干燥器等。下面主要介绍常用的几种干燥设备。

4.5.1　转筒干燥器

转筒干燥器是最古老的干燥设备之一，常用于连续干燥砂子、矿渣、黏土等颗粒状或小块状物料，在化工、建材、冶金等领域获得广泛应用。

4.5.1.1　转筒干燥器的工作原理及特点

转筒干燥器的工作原理如图 4-14 所示。湿物料从左端上部加入，经过转筒内部时，与通过筒内的热风或加热壁面进行有效的接触而被干燥，干燥后的产品从右端下部收集。转筒干燥器的主体是略带倾斜并能回转的筒体，在干燥过程中，物料借助于筒体的缓慢转动，在重力的作用下，从较高的一端向较低的一端移动。筒体内壁上装有抄板或类似装置，它把物料不断地抄起又撒下，使物料与热空气的接触面积增大，以提高干燥速率并同时促进物料向前移动。干燥过程中所用的载体一般为空气、烟道气或水蒸气等。若热载体为空气或烟道气，则干燥后的废气须经旋风分离器除尘再排出，以免对环境造成污染。

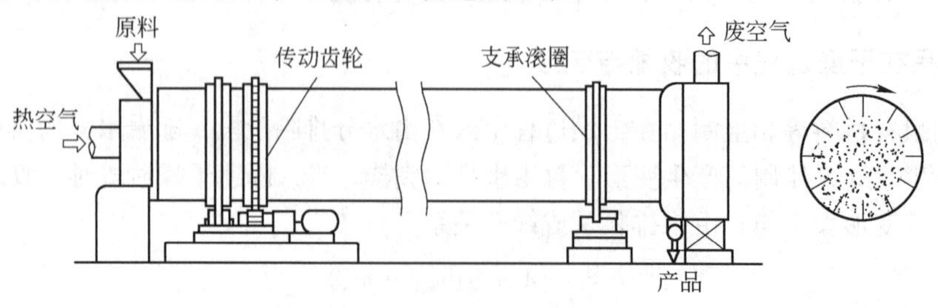

图 4-14　转筒干燥器工作原理

转筒干燥器的优点是产量大，流体阻力小，操作稳定可靠，对物料的适应性强，成本低，结构简单；缺点是设备投资较大，能耗高，飞灰损失大。

4.5.1.2　回转干燥器的结构

A　筒体

回转干燥器的主体是一个由电动机带动，做回转运动的金属筒体，筒体由厚度为10～20mm的钢板焊接而成，长一般为5～30m，直径1～3m，转速一般为2～7r/min，长径比为5～10，转筒沿物料前进方向有3%～6%的倾斜度。

B　支承和传动装置

筒体上装有大齿轮和轮带，筒体借助于轮带支承在两对托轮上，转筒的中心与每对托轮中心的连线呈60°角，为指示和限制筒体沿倾斜方向窜动，在轮带的两侧装有一对挡轮。电动机通过变速箱、小齿轮带动筒体上的大齿轮，使筒体回转。

C　密封装置

为防止漏风，在筒体与燃烧室（或混合室）及集尘室的连接处均设有密封装置。在筒体的进料端，为防止物料逆流，还设有挡料圈。

D　内部扬料装置

为改善物料在干燥器内的运动状况及加强与介质的热交换，筒体内常装有金属扬料板、格板、链条等附加装置，其结构形式如图4-15所示。

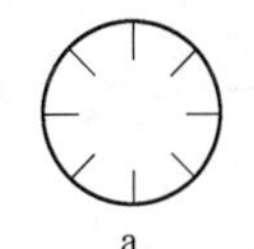
a
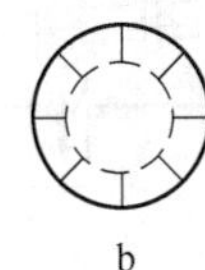
b
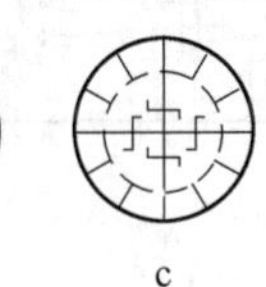
c
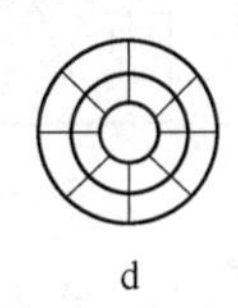
d
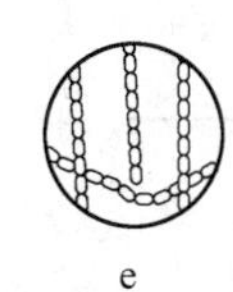
e
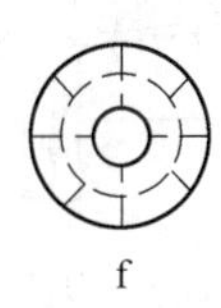
f
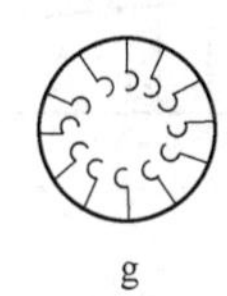
g
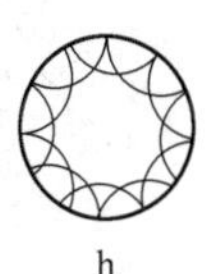
h

图4-15　回转干燥器内部装置形式

a，b—抄板式；c—扇形式；d—蜂窝式；e—链条式；f—双筒式；g—扬料斗式；h—弧形扬料板式

抄板式（又称升举式）扬料板是常用的一种扬料板，它是在筒体内壁上焊以角钢或槽钢等构成的，高度约为筒体直径的1/8～1/12，沿径向平行排列。当筒体旋转时，扬料板将物料带到一定高度后再撒下，增大了物料与干燥介质的热交换面积，使物料的干燥速度加快。此扬料板的优点是结构简单，维修方便；缺点是粉尘大，增加了收尘设备的负荷，且由于物料的撞击和摩擦，扬料板容易损坏。

转筒干燥器的规格以筒体的内直径×长度表示。表4-2列出了一些转筒干燥器的规格和技术指标。转筒干燥器的物料填充系数一般为10%～25%。

表4-2　转筒干燥器的规格及技术指标

规格/m×m	ϕ1.2×8	ϕ1.2×10	ϕ1.5×12	ϕ2.2×12	ϕ3×20	ϕ3.3/3×25
筒体内径/m	1.2	1.2	1.5	2.2	3.0	3.0
筒体长度/m	8	10	12	12	20	25
筒体容积/m^3	9.1	11.3	21.2	45.6	141.4	
筒体转速/$r \cdot min^{-1}$	5.5	5.5	5.07	4.7	3.5	3.5
筒体斜度/%	3	5	5	5	3	4
产量/$t \cdot h^{-1}$	0.8～1.3	1.1～1.7	4～6	4～8	20	18～30
电机型号	Y132M2-6	Y160M-6	J02-62-4	Y200L2-6	JQ02-91-4	JQ02-91-6
电机转速/$r \cdot min^{-1}$	960	970	1460	970	985	985
电机功率/kW	5.5	7.5	17	22	55	55

4.5.1.3 转筒干燥器的加热方式

根据物料与干燥介质的接触方式，转筒干燥器可分为三种形式：间接加热式、直接加热式和复合加热式。

间接加热转筒干燥器基本特点是干燥介质不与物料直接接触，而是通过传热壁传给物料。这种干燥器适用于不耐高温且怕污染的物料，但热效率及干燥速率较低，且不适用于黏性大、特别易结块的物料。

直接加热转筒干燥器中干燥介质与物料在筒体内直接接触，以热对流和热辐射的方式传热给物料。该干燥器适用于耐高温且不怕污染的物料，如水泥生产中的各种原料和混合料。其特点是热效率高，流体阻力小，因此在无机非金属材料工业广泛应用。

干燥介质与物料间既有间接传热又有直接接触传热，称为复合加热式转筒干燥器。通常是热烟气先通过内外筒的夹层，通过传热壁间接传热给物料，然后再进入内筒，与物料直接接触进行传热。由于其热效率低，流体阻力大，在无机非金属材料工业较少采用。

对于直接加热式转筒干燥器，根据干燥介质与物料的运动方向，可分为顺流式与逆流式干燥器，干燥器内物料和介质的流向及温度变化如图4-16所示。

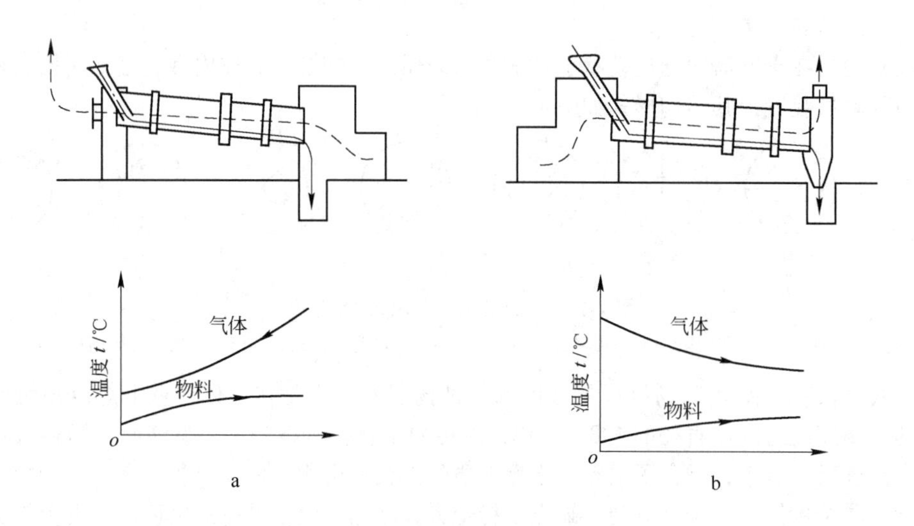

图4-16 转筒干燥器内物料与介质的流向及温度变化

a—逆流式；b—顺流式

顺流式干燥器中，物料与干燥介质同向流动，在干燥器的进料端，水分高、温度低的物料与高温、低湿度的干燥介质接触，因温度差和湿度差较大而具有较高的传热系数及干燥速率。在同向流动过程中，物料中水分逐渐减少，温度升高，而介质的湿度逐渐增加，温度降低，故传热系数及干燥速率沿途降低。物料出干燥器的温度低于介质出口温度，物料的终水分与介质的终湿度有关。

顺流式转筒干燥器的特点是物料脱水强烈，干燥速率大，物料与介质的终了温度都相对较低；缺点是干燥速率不均匀，物料终水分受介质终湿度限制，介质中含尘量较高。此种干燥器适宜于干燥初水分高并允许强烈脱水，对高温敏感的物料，如黏土、矿渣、煤等。

逆流式干燥器中干燥介质相对于物料逆向流动。在干燥器的进料端，水分高、温度低的物料与湿度高、温度较低的介质相遇，而在干燥器的出料端，已被干燥的温度较高的物料与低湿高温的介质接触，因而当介质参数与物料初水分相同时，物料终水分低于顺流式而终温度高于顺流式。

逆流式干燥器干燥速率较均匀，物料的终水分低，热效率高，适用于干燥终水分要求低而又不能强烈脱水的物料或对高温不敏感的物料，如砂子、石灰石等。

4.5.1.4　转筒干燥器的热工操作

转筒干燥器的热工操作主要包括干燥介质的类型和参数的选择、物料的加入及出料。

转筒干燥器所用的干燥介质的类型和参数视物料的性质与要求而定。硅酸盐工业中常采用专设燃烧室产生的高温烟气作为干燥介质。因高温燃烧产物的温度通常在1000℃以上，因此必须使高温燃烧产物与冷空气混合至工艺要求的温度，然后再进入干燥器。一般进气温度在400～1000℃。出干燥器的废气温度与湿度应保证在废气经除尘设备、排风设备后进入大气时，其温度不低于露点。但废气温度太高，热耗增大。废气出干燥器的温度一般为100～150℃。

提高烟气在干燥器内的速度会提高传热系数和干燥速率，但烟气的含尘率也会随之升高，增加收尘设备和排风设备的负荷。因此，烟气流速不宜过高，一般出口风速为1.5～3m/s。

加料量的大小直接影响干燥器的产量及物料的终水分。生产中要求加料尽可能的连续均匀，且物料初水分变化小，进料粒度也不宜过大，一般控制在40～50mm。

物料终水分是生产中控制的一个主要质量指标，但因水分不宜连续测量，生产中常以出料温度作参考。物料出口温度过低，则物料终水分可能偏高；反之，则干燥器能耗增加。一般出料温度根据物料性质及终水分要求确定，一般为80～120℃。

4.5.2　隧道干燥器

隧道干燥器是用于干燥陶瓷、耐火材料、砖瓦等制品或坯体的连续式干燥器。其产量大，干燥制度易于调节与控制，热效率高，劳动条件好，适宜于大规模生产品种单一的产品。

4.5.2.1　隧道干燥器的结构和工作原理

隧道干燥器通常由3～8条隧道并列组成，各通道之间由隔墙隔开，其长度一般为24～38m，内宽为0.85～1m，每条隧道内铺有轨道，轨距为600mm，轨面至干燥器顶的净高为1.4～1.7m。

干燥的坯体或制品按照一定的装码原则放在长为1.2～1.4m，宽度与隧道相配合的干燥小车上。小车自隧道的一端由推车机推入干燥器内，干燥后的制品由隧道的另一端被推出，小车在隧道内彼此相连。干燥介质直接进入干燥器，其流动方向与装载制品的小车的运动方向有逆流、顺流和错流三种形式。工业生产中常用的为逆流式操作，其结构示意图见图4-17。

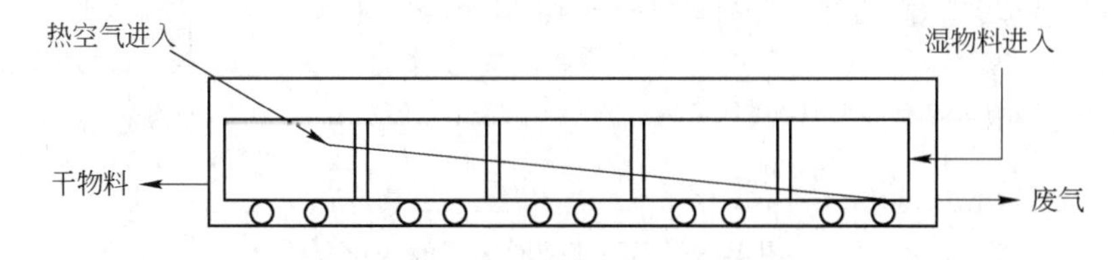

图4-17　逆流式隧道干燥器示意图

对于逆流干燥器，刚进入隧道的含水较多的坯体首先与温度不高而湿度较大的气流相遇，干燥缓和，不易产生废品。在进入减速干燥阶段后，刚好与尾部温度较高而湿度较低的气流相遇，有利于提高干燥速度和降低坯体的残余水分。

4.5.2.2　隧道干燥器的热工操作及技术参数

隧道干燥器的干燥介质可以用热空气、热烟气。用热空气作干燥介质时，干燥器可以在正压下工作。用热烟气作干燥介质时，为防止烟气逸出而污染环境，须在负压下工作。此时，干燥器应密封，防止冷空气漏入而破坏干燥器的热工制度。由于隧道干燥器多与隧道窑连成生产线，此时可以抽取隧道窑冷却带的多余热风作干燥介质。进入隧道干燥器的热风温度一般不超过200℃，排出废气温度应高于其露点，以保证在坯体表面不致凝露，并防止排废气设备受到酸腐蚀。

对不同干燥制度的坯体或制品，可在不同干燥制度的隧道干燥器中进行干燥。

干燥介质在隧道内水平方向流动，若速度较小，温度变化时会自然分层，热气体在上，较冷的气体在下，使制品干燥不均匀。为克服气体分层现象，除保证干燥器严密外，应使干燥介质从上方进入而从下方排出，适当增大气体流速或增设扰动措施。

在生产中，为了调节干燥速度，保证干燥质量，可以改变的干燥器的技术参数包括：

（1）进干燥器干燥介质的温度、湿度和流速；

（2）干燥器内的压力制度；

（3）进车速度；

（4）干燥车上制品的码放及装车密度。

4.5.3　流态干燥器

流态干燥器又称为沸腾干燥器，是根据固体的流态化原理连续干燥小块状或颗粒状物料，如砂子、黏土、矿渣、白云石等的干燥设备。

4.5.3.1　流态化原理

当一种流体自下而上流过颗粒床层时，随着流速的加大，会出现三种不同的情况。

A　固定床阶段

当空塔速度较低时，若床层孔隙中流体的实际流速 u 小于颗粒的沉降速度 u_t，则颗粒基本上静止不动，颗粒层为固定床，如图4-18a所示，床层高度为 L_0。

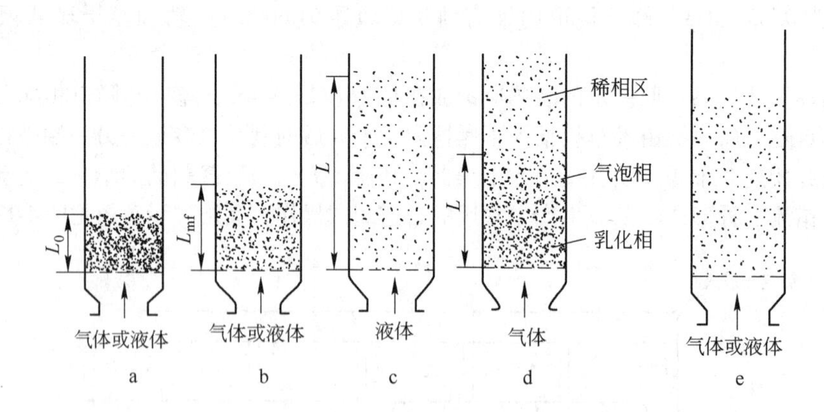

图4-18　不同流速时床层的变化

a—固定床；b—初始或临界流化床；c—散式流化床；d—聚式流化床；e—输送床

B　流化床阶段

当流体的流速增大至一定程度时，颗粒开始松动，颗粒位置也在一定的区间内进行调整，床层略有膨胀，但颗粒仍不能自由运动，这时床层处于起始或临界流化状态，如图4-18b所示，床层高度为 L_{mf}。如果流体的流速升高到使全部颗粒刚好悬浮于向上流动的流体中而能做随机运动，此时流体与颗粒之间的摩擦阻力恰好与其净重力相平衡。此后，床层高度 L 将随流速提高而升高，这种床层称为流化床，如图4-18c、d所示。流化床阶段，每一个空塔速度对应一个相应的床层孔隙率，流体的流速增加，孔隙率也增大，但流体的实际流速总是保持颗粒的沉降速度 u_t 不变，且原则上流化床有一个明显的上界面。

C 颗粒输送阶段

当流体在床层中的实际流速超过颗粒的沉降速度 u_t 时，流化床的上界面消失，颗粒将悬浮在流体中并被带出器外，如图4-18e所示。此时，实现了固体颗粒的气力或液力输送，相应的床层称为稀相输送床层。

在材料工业生产中，流态化技术应用广泛，如流态化干燥、水泥窑外分解等。

4.5.3.2 流态干燥器

该干燥器的干燥原理是热烟气或热空气以临界速度通过铺放在具有格孔的箅板上的物料层，在此速度下，物料呈"沸腾"状态，气固两相间进行剧烈的热质交换。物料可被干燥至含水1%～2%。

图4-19所示为干燥黏土的双层流态干燥器的工艺流程。含水分14%～18%的黏土由提升机输送到湿物料储槽，大块黏土经破碎机破碎至40mm以下，经闸板进入干燥器，湿黏土顺次经溢流管流经两层斜度不同的箅板与来自箅板下方的热烟气接触，在两层箅板上形成流态化，黏土被干燥至含水分1%～2%；干燥后的黏土经封料管由振动斜槽送至干料库。燃烧室产生的高温燃烧产物在混合室内与冷空气混合至600℃左右进入干燥器。出干燥器的废气温度约为80℃，经旋风收尘器除尘后由排风机通过烟囱排入大气。

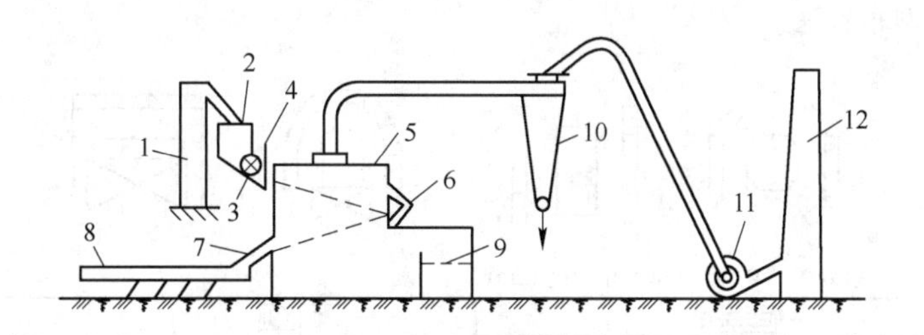

图4-19 双层流态干燥器工艺流程
1—斗式提升机；2—料仓；3—破碎机；4—闸板；5—烘干机；6—溢流管；7—封料管；8—振动斜槽；9—燃烧室；10—旋风除尘器；11—风机；12—烟囱

4.5.4 红外辐射式干燥器

4.5.4.1 干燥原理

红外辐射干燥原理是物体对热射线的吸收率具有选择性。水是非对称的极性分子，其固有振动频率大部分位于红外波段内，只要入射的红外线的频率与含水物质的固有振动频率一致时，物体就会吸收红外线，产生分子的剧烈共振并转变为热能，温度升高，使水分蒸发而获得干燥。由于物体吸收红外线是在表面进行的，所以表面温度高于内部温度，使热传导的方向与湿传导的方向相反，从而降低了制品的最大安全干燥速率。因此红外辐射干燥不适用于厚壁制品。

4.5.4.2 红外辐射器

红外辐射加热元件加上定向辐射装置称为红外辐射器。它将电能或热能转化为红外辐射能，实现高效加热与干燥。从供热方式来分有直热式和旁热式红外辐射器两种。直热式是指电热辐射元件既是发热元件又是热辐射体，如电阻带式、碳化硅棒等均属此种红外辐射器。直热式器件升温快、质量轻，多用于快速或大面积供热。旁热式是指由外部供热给辐射体而产生红外辐射，其能源可借助电、煤气、蒸汽、燃气等。旁热式辐射器升温慢、体积大，但由于生产工艺成熟，使用方便，可借助各种能源，做成各种形状，且寿命长，故仍广泛应用。

4.5.4.3　辐射元件

最简单的红外辐射源是红外线灯泡，但其发射的主要是 0.76～3μm 的近、中红外线及可见光，不易被物体吸收。大部分含水物体的吸收率峰值在远红外区，而且远红外线的穿透深度较近，中红外线深，所以远红外线干燥速度比近、中红外线高且能耗也少，因此远红外干燥获得广泛应用。

远红外辐射元件可用氧化钛、氧化锆、氧化铬、碳化硅等材料制成，它们可以单独使用，也可混合使用，可直接用作加热器，也可作为涂敷材料。其中碳化硅在整个辐射波段内都有相当大的辐射能力，而在远红外区，其辐射能力也很强，由于工作温度不高，使用方便，寿命长，故得到广泛应用。

远红外辐射元件可制成板状、管状、灯状或特殊形状，可用电加热、煤气加热、高温烟气加热及蒸气加热，当辐射面的温度在 400～500℃时，辐射效果最好。

4.5.4.4　辐射元件的布置

辐射元件的布置原则应使被干燥物体能更好地接受辐射能，主要由被加热物体的形状和炉型决定，一般可均匀地布置在被加热物体的周围，以满足干燥要求。图 4-20 所示为某加热炉内辐射元件的典型布置法。

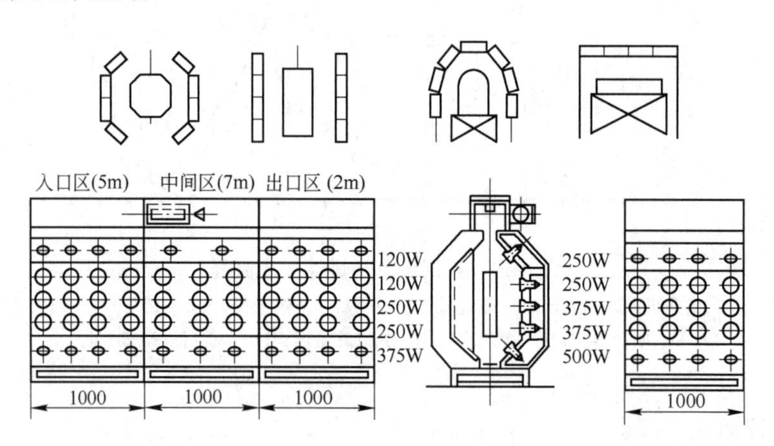

图 4-20　加热炉内辐射元件典型布置示意图

4.5.5　高频及微波干燥

4.5.5.1　高频及微波干燥的基本原理

高频干燥和微波干燥的基本原理均是介质物料和半导体材料通过在高频电场中受热脱水达到干燥的目的。高频干燥所用的频率一般在 150MHz 以下，采用三极管作振荡源。微波干燥所使用的频率一般在 300MHz 以上，需要采用特殊结构形式的微波管。高频介质加热干燥是在电容器电场中进行的；而微波介质干燥是在波导、谐振腔，或在微波天线的辐射场照射下进行的。

高频干燥的原理是将待干燥的湿坯置于频率为 500～600kHz 的高频电场中，因电磁场的高频振荡，使坯体中的分子发生非同步的振荡，产生热效应，使水分蒸发而干燥。坯体含水分越多或电场频率越高，介电损耗越大，热效应亦越大，干燥速度相对也越快。

微波的频谱是比高频高上百倍的电磁波，频率范围在300～3000MHz，波长在1～0.001μm。微波干燥实质上是一种微波介质加热干燥。其原理基本与高频干燥相同，是利用微波在快速变化的高频电磁场中与物质分子相互作用，被吸收而产生热效应，把微波能量直接转换为介质热能，从而达到干燥的目的。由于微波加热干燥所产生的热量与介质性质有关，因而微波加热干燥具有选择性。

4.5.5.2　高频与微波加热干燥的特点

A　介电干燥机理与普通干燥机理的区别

高频与微波加热干燥采用介电加热，其干燥机理与普通干燥机理有很大区别，如图4-21所示。

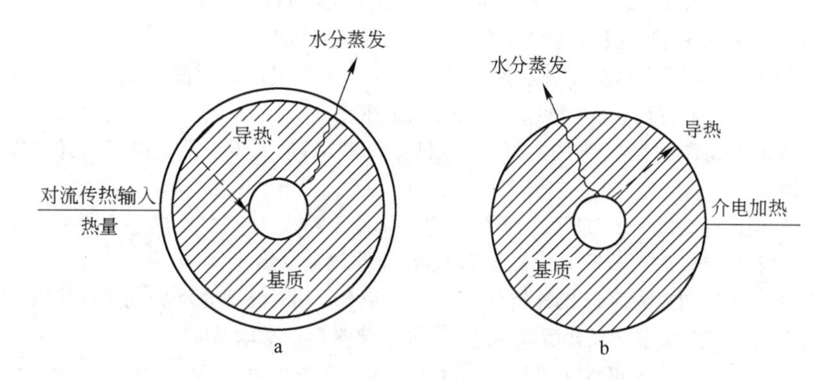

图4-21　介电干燥与普通干燥机理比较
a—普通干燥；b—介电干燥

普通干燥时，水分开始从表面蒸发，内部的水分慢慢扩散至表面，加热的推动力是温度梯度，通常需要很高的外部温度来形成所需的温度差（能量由外部传递到物料内部），传质的推动力是物料内部和表面之间的浓度梯度。

在介电干燥过程中，物料内部产生热量，传质的推动力主要是物料内部迅速产生的蒸汽所形成的压力梯度。如果物料开始很湿，物料内部的压力非常快地升高，则液体可能在压力梯度的作用下从物料中排出。初始湿含量越高，压力梯度对湿分排出的影响也越大，也即有一种“泵”效应，驱使液体流向表面，这使干燥进行得非常快。这种加热方式的特点是产生异乎寻常的温度梯度。

B　高频与微波干燥的特点

高频与微波干燥具有以下优点：

（1）加热速度快，干燥迅速。干燥时间可缩短50%或更多。

（2）干燥均匀。其体积热效应将导致均匀加热，避免了普通加热系统中出现大的温度梯度，形成更加均匀的温度场与湿度分布。

（3）有效利用能量。电磁能直接与物料耦合，不需要加热空气、器壁及输送设备等。

（4）产品质量改善。因为表面温度不会变得很高，所以避免了物料表面过热结壳、内应力等质量问题。

（5）系统占地面积小，减少操作步骤。

其缺点如下：

（1）辐射波对生物体的危害。由于微波热效应的特点是穿透深度极深，造成当人体皮肤还没有感觉到很痛的情况下，深部组织已被微波烧伤。目前证实，微波对人体的中枢神经系统、各大器官均有不利的影响，而且防止微波泄漏很难做到万无一失。

（2）工业微波炉价格昂贵，运行成本高。

习题与思考题

4-1　表示湿空气特征的参数有哪些，如何根据这些参数制作 h-X 图，h-X 图应用有什么条件？

4-2　等速干燥阶段为什么也称为外扩散控制阶段，降速干燥阶段也称为内扩散控制阶段，在这两个阶段中提高干燥速率的因素分别是什么？

4-3　为什么采用转筒干燥器干燥软质黏土采用顺流式，在隧道干燥器干燥黏土质坯体采用逆流式？

4-4　坯体干燥过程的收缩与开裂是怎么产生的，采取哪些措施可以减少干燥废品？

4-5　散状物料的干燥设备有哪几种，特点如何，适用于什么情况？

4-6　已知空气的干球温度及湿球温度分别为30℃及25℃，求空气的相对湿度 φ，湿含量 X，质量焓 h，水蒸气分压 p_w，绝对湿度 ρ_w，露点 $t_{d,p}$，湿空气的密度 ρ_s。

4-7　初温为20℃，相对湿度为60%的空气，经预热到95℃后进入干燥器，废气离开干燥器的温度为35℃。试求：

（1）理论干燥过程蒸发1kg水蒸气所需的干空气量及热耗；

（2）$\Delta = -1255$kJ/kg时，蒸发1kg水蒸气所需的干空气量及热耗。

4-8　温度为20℃，相对湿度为50%的冷空气与温度为50℃，相对湿度为80%的热气体以1∶3的比例混合，用计算法与作图法求出混合后气体的湿含量、质量焓及干球温度。

4-9　温度为20℃，相对湿度为40%的空气与温度为70℃，相对湿度为70%的空气混合，混合后温度为45℃。将此空气经加热器加热至95℃进入干燥器，出干燥器时废气的相对湿度为80%。试求理论干燥过程中每蒸发1kg水所消耗的空气量及热量。

4-10　耐火材料制品在逆流式隧道干燥器中进行干燥，进料量为1000kg/h，制品最初的相对水分 w_{r1} = 6%，干燥后的相对水分 w_{r2} = 1.5%，用空气作为干燥介质，空气的初温为15℃，初湿含量为0.008kg水汽/kg干空气，进干燥器的空气温度为140℃，出干燥器废气的相对湿度为60%，Δ = 2965kJ/kg水，大气压为9.93kPa。

求（1）每小时水分蒸发量；（2）每小时干空气用量；（3）每小时的热耗。

4-11　已知空气温度为20℃，绝对湿度为12.5g/m^3，计算其相对湿度为多少，当时的水蒸气分压为多少？并计算该空气的湿含量及质量焓各为多少？

4-12　已知空气干球温度30℃，湿球温度25℃，用 h-X 图求该湿空气的湿含量、质量焓、相对湿度、露点温度及水蒸气分压？

4-13　用20℃、相对湿度50%的冷空气与50℃、相对湿度80%的热气体以1∶3的比例混合，用计算法与作图法求出混合气体的湿含量、质量焓及干球温度？

4-14　用温度为20℃、相对湿度40%的空气与70℃、相对湿度70%的空气混合。混合温度为45℃，再将此空气经加热器加热至95℃进入干燥器，出干燥器废气相对湿度为80%，求在理论干燥过程每蒸发1kg水所消耗的空气量及热量？

4-15　有一干燥器，空气预热前温度为20℃，相对湿度40%，预热后空气温度升至170℃，送入干燥器，离开干燥器废气温度为60℃，进入干燥器湿物料相对水分为5.5%，出干燥器相对水分为1%。计算理论干燥过程，干燥每吨物料（产品计）所需空气量及消耗热量？计算实际干燥过程，当蒸发每千克水的热损失 Δ = 1256kJ/kg，干燥每吨物料（产品计）所需空气量及热量？

5 燃料及其燃烧

工业生产中预热、干燥和烧成等过程都需要消耗大量的热能，其热量的来源主要有两种：一种是由燃料燃烧产生、利用化学能转变为热能的形式，另一种是以电为热源，系电能转变为热能的形式。前者资源丰富，价格低廉；后者热利用率高，操作条件好，但资源有局限性，成本高。目前材料工业生产中窑炉的热源仍以燃料为主。

凡是在燃烧时（剧烈地氧化）能够放出大量的热，并且此热量能有效地被利用在工业或其他方面的物质称为燃料。此处所谓的有效地利用是指利用这些热源在技术上是可能的，在经济上是合理的。对燃料的基本要求包括以下几个方面：

（1）单位质量（体积）燃料燃烧时所放出的热可以有效地利用；

（2）燃烧生成物是气体状态，燃烧后的热量绝大部分储存在气体生成物之中，并可以在放热地点以外利用生成物中所含的热量；

（3）燃烧产物对加热（熔炼）设备不起破坏作用，无毒、无腐蚀作用；

（4）燃烧过程易于控制；

（5）有足够多的蕴藏量，便于开采。

为了保证烧成产品的产量和质量、降低燃料消耗、提高窑炉使用寿命、防止环境污染，必须合理地选择燃料和控制好燃料燃烧过程。因此，必须了解各类燃料的主要特性、燃烧机理和燃烧计算，并正确选用高效节能的燃烧设备。本章主要介绍燃料的种类和组成、燃料的燃烧计算、燃烧过程的基本理论及燃烧设备。

5.1 燃料的种类和组成

5.1.1 燃料的种类

按状态不同，燃料可分为固体、液体和气体燃料。根据来源不同，燃料又可分为天然燃料和人造燃料。工业燃料分类见表5-1。

表5-1 工业燃料分类

燃料种类	气 态	液 态	固 态
天然燃料	天然气	石 油	泥煤、烟煤、无烟煤、褐煤、油页岩、木材等
人造燃料	高炉煤气、焦炉煤气、发生炉煤气、沼气等	汽油、煤油、柴油、重油等	焦炭、煤粉、木炭等

5.1.1.1 气体燃料

气体燃料主要指煤气、天然气、高炉-焦炉混合煤气、发生炉煤气等。气体燃料是由各种简单气体组成的混合物，其中一部分是可燃气体，如 C_mH_n、H_2、CO 及其他碳氢化合物，是煤气中的有益组成物，其中碳氢化合物燃烧时放热能力最大，H_2 次之，CO 最低；另一部分是不燃烧的气体，如 N_2、H_2O、O_2、SO_2、CO_2 等。尽管 H_2S 在燃烧中能放出大量的热，但是由于其产物是SO_2，对人体和设备有害，是煤气中的有害成分。此外，煤气中还有少量的灰尘，相对降低了可燃物的含量，也视为有害成分。

天然气主要成分为可燃烃类，其中以甲烷为主。天然气不可燃的物质很少。开采出来的天然气经清洗和除尘后可以长距离输送。液化天然气是将天然气除去固体杂质、硫、二氧化碳及水之后进行液化处理所得，使用时需再经过预热、汽化等过程，因此液化天然气是经过加工的更纯净的燃料。

液化石油气是石油开采及炼制过程的副产物，主要成分为丙烷（C_3H_8）和丁烷（C_4H_{10}），它们在常温、常压下以气态存在。丙烷沸点为 -11.6℃，丁烷沸点为 +5℃，降低温度或增加压力则成为液体。为了储存和运输方便，石油气一般是加压使其变成液体装在容器内，因此，称为液化石油气。液化石油气主要优点是热值高，且成分和热值都比较稳定，杂质少，不需脱除氨及硫化物，设备费用低，操作简便。其缺点是虽然热值高，但不含氢，燃烧速度慢。

高炉煤气是炼铁副产物，可燃成分以一氧化碳为主，氢含量次之，同时还有大量的氮。因此，其热值低，只适用于作低温窑炉的燃料。

焦炉煤气是炼焦副产品，由于焦炉煤气含有较多的氢和碳氢化合物，加之氢的燃烧速度比较快，因此热值较高。焦炉煤气燃烧产生的火焰短、火力集中。一般在冶金联合企业中常将高炉煤气与焦炉煤气混合使用。

发生炉煤气是以固体燃料为原料，在煤气发生炉中经汽化而得到的人造气体燃料。根据采用汽化介质的不同，又可分为空气发生炉煤气、水煤气和混合煤气。

5.1.1.2　液体燃料

工业用液体燃料通常是指石油及其加工产品。由油井开采出来的石油主要由各种烷烃类碳氢化合物所组成。原油经分馏后可以获得不同的石油产品，如汽油、煤油、柴油、润滑油、燃料油和炼油残渣。燃料油是从原油中蒸馏出轻质油后剩下的较重部分。用裂化及减压蒸馏等方法所得到的渣油有时比重油更重，也是一种燃料油，统称为重油。按照我国燃料政策，重油适宜作发电锅炉的燃料油使用，同时也是材料生产用燃油工业炉的主要燃料。

重油是一些有机化合物的混合物，主要由不同族的液体碳氢化合物和溶在其中的固体碳氢化合物所组成，包括烷烃、环烷烃、芳香烃和少量烯烃，此外还有少量的硫化物、氧化物、水分及混入的机械杂质。各地重油的元素成分基本相近，但其物理性能和燃烧特性却往往差别很大。常用以下参数表示重油的特性。

A　黏度

通常用动力黏度、运动黏度、条件黏度表示燃油的流动性，其中条件黏度只在商业上使用，称为商业黏度。我国重油商业黏度是以恩氏黏度（$^{\circ}E$）来表示的，即在测定温度下，从恩格勒黏度计中流出200mL重油所需的时间（s）与20℃蒸馏水流出200mL所需的时间（约52s）之比值。我国重油的牌号，是以50℃时油的恩氏黏度来分类的。一般分为20号、60号、100号、200号等。

重油的黏度不仅与原油的产地及加工过程有关，还受温度的影响。一般来说，温度升高，黏度降低。但是，黏度与温度之间并非线性关系。50℃以下，温度对黏度的影响很大；50～100℃对黏度影响较小（对黏度小的重油更是这样）；而温度在100℃以上变化时，对黏度的影响就更小（但某些高黏度重油除外）。因此，选择合适的加热温度，使重油达到一定的黏度，以满足各种不同条件下的要求甚为重要。若重油的温度过低，黏度过大，会使装卸、过滤、输送困难，雾化不良；温度过高，则易使油剧烈汽化，造成油罐冒顶，发生事故，亦容易使烧嘴发生气阻现象，使燃烧不稳定。

B　闪点、燃点和着火点

油类加热到一定温度，表面即挥发逸出油蒸气。油温越高，油蒸气越多，油表面附近空气中的油蒸气浓度也越大。当有火源接近时，若出现蓝色闪光，则此时的油温称油的闪点。若油温超过闪点，则油的蒸发速度加快，当用火源接近油表面时，在蓝色闪现后能持续燃烧（不少于5s），此时的油温称油的燃点。若再继续提高油温，则油表面的蒸汽即使没有火源接近也会自发燃烧起来，这种现象称作自燃，此时的油温称为油的着火点。

闪点、燃点和着火点是使用重油或其他液体燃料时必须掌握的性能指标，它们关系到油的安全技术及燃烧条件。例如，储油罐中油的加热温度应严格控制在闪点以下。燃烧室或炉膛内的温度不应低于重油的着火点，否则重油不易燃烧。

重油的闪点与其组成有密切关系。油的密度越小，闪点就越低。测定闪点的方法有开口杯（油表面暴露在大气中）和闭口杯（油表面封闭在容器中）两种。前者用于测定闪点较高的油类；后者则一般用于测定闪点较低的油类，如原油和汽油等。开口杯法测定的闪点值一般比闭口杯法的测定值高15～25℃。重油的开口闪点为80～130℃。

燃点与闪点相差不大，重油的燃点一般比其闪点高10℃左右。重油的着火点为500～600℃。

C　凝固点

当重油完全失去流动性时的最高温度称为重油的凝固点。此时若将盛放重油的容器倾斜45°，则其中的燃油油面可在1min内保持不动。显然，凝固点越高，其低温流动性就越差。温度低于凝固点时，燃油就无法在管道中输送。生产上常根据它来选用储存过程中的保温防凝措施。

油的凝固点与其组成有关。我国生产的重油的凝固点一般为30～45℃，原油的凝固点在30℃以下。对于凝固点和闪点比较接近的油（如原油），则在防凝的同时还应注意防火安全。原油的卸油温度一般只比凝固点高10℃左右。

5.1.1.3　固体燃料

在材料工业窑炉中使用的固体燃料主要是煤。按照形成年代的不同，煤可以分为如下几类：

（1）泥煤。泥煤是由植物刚刚转化来的煤，即最年轻的煤。它具有如下特点：含有大量水分，热值低，灰分低，挥发分高，为长焰燃料；机械强度低，不便于远途运输，仅能作地方性燃料。

（2）褐煤。泥煤经过进一步变化，去除所含水分和挥发分，固定炭增多，进一步密实，形成褐煤。它较泥煤所含的挥发分和水分少，固定炭多，热值及机械强度均较泥煤高。但褐煤长期储存易自燃和碎裂，且热值仍较低、水分较大，因此也只能作地方性燃料。褐煤除直接燃烧外，还可用来产生发生炉煤气。

（3）烟煤。褐煤经进一步变化，去除水分和挥发分，固定炭增加，热值提高便形成烟煤。烟煤是近代化学工业的重要原料，也是冶金、动力工业不可缺少的燃料，所以烟煤极为宝贵。为了合理利用，烟煤按其挥发分及固定炭，进一步分为长焰煤、气煤、肥煤、焦煤、瘦煤及贫煤。

（4）无烟煤。烟煤再经进一步变化，挥发分及水分进一步逸出之后，就成为挥发分含量少的煤——无烟煤，它是碳化程度最高的煤。无烟煤的特点是含碳量最高，挥发分很低，热值高，组织细致坚硬不易吸水，便于长期储存。

人造的固体燃料有焦炭、煤粉等。焦炭是将煤在炼焦炉内经高温干馏（在隔绝空气的条件下加热到900～1100℃），煤中的挥发分、焦油、水分等挥发去除，剩余的就是焦炭。焦炭的机械强度大，坚硬耐磨，且挥发分含量很少，固定炭含量高，适用于作冶金工业的燃料及在竖窑中用作煅烧耐火材料原料的燃料。高温干馏所用的煤气即为焦炉煤气。

5.1.2 燃料的化学组成及成分表示方法

为了合理地选择和使用燃料，必须了解燃料的主要特性。燃料的主要特性包括燃料的化学组成和发热量，它们是评价燃料质量的主要指标。燃料的组成及表示方法，因燃料的种类不同而不同，现分述如下。

5.1.2.1 固体、液体燃料的化学组成

固体和液体燃料的自然物理状态不同，但它们都是由两部分组成，即有机物和无机物的形式存在。有机物是指碳、氢、氧、氮、硫等五种元素以复杂的有机化合物的形式存在。无机物是指水分和矿物质（即灰分）。它们在燃烧过程中的变化即对燃烧的影响分述如下。

（1）碳。碳是固、液体燃料的主要可燃成分，是热能的主要来源，在煤中含量为50%～90%，而在液体燃料中碳含量一般在85%以上。碳在燃烧时与氧化合生成一氧化碳和二氧化碳，并放出大量的热，约为33915kJ/kg。由于碳一般以化合物状态存在，故燃烧放出的热量要低于33915kJ/kg。

（2）氢。氢是重要的可燃成分，与氧化合生成水并放出大量的热。固体燃料中的氢的含量小于6%，在液体燃料中的含量约为10%～12%。氢燃烧放出的热量为143020kJ/kg，故液体燃料的发热量大于固体燃料的发热量。固、液体中的氢是以化合物的形式存在。

（3）氧。氧是有害成分，在固、液体燃料中的含量不等，由于它与其他可燃成分形成一系列氧化物，不能进行燃烧放热，从而降低了这些可燃成分的燃烧热，故希望燃料中氧含量越少越好。

（4）氮。氮是惰性物质，一般不参加反应，质量分数约为1%～2%，但在高温下易产生氮氧化合物 NO_x（属于有害气体），此外在燃烧中吸热，并随废气排入大气中。固体燃料中氮的质量分数约为1%～2%。

（5）硫。硫是有害物质，尽管能放出热量，但产生的废气是有害气体，一般要求其含量限制在0.5%～1%范围内。

（6）水分。水分为有害成分，它的存在不仅降低了可燃成分的含量，而且使燃料的发热量降低，液体燃料中的水分约为2%，而固体燃料中的含量变化范围较大。固体燃料中的水分分为机械水分（外部水分）和内部水分，外部水分是可以风干的，在100～110℃时可以去除。内部水分即为结晶水，需要更高的温度才能去除。

（7）灰分。灰分是燃料中不能燃烧的矿物质，其组成主要是 SiO_2、Al_2O_3、CaO、Fe_2O_3 等。灰分是有害成分，是衡量燃料经济价值的一个重要指标。液体燃料中灰分含量一般在0.3%以下，固体中的灰分较高，约在2%～40%范围内波动。它不但可以降低可燃成分的含量，而且影响燃料燃烧过程。其熔点的高低也是工业生产中要考虑的。熔点小于1200℃的渣称为易熔渣，熔点在1200～1300℃的渣称为可熔渣，熔点大于1300℃的渣称为难熔渣。有的炉子要求熔点高，有的则要求熔点低。

5.1.2.2 固（液）体燃料的成分表示方法

固（液）体燃料的成分分析方法有元素分析法和工业分析法两种。

元素分析法是确定燃料中C、H、O、N、S的质量分数，它不能说明燃料由哪些化合物组成及这些化合物的形式。只能进行燃料的近似评价，但采用元素分析法所得出的结果是燃料计算的重要原始数据。

工业分析法可测定水分、灰分、挥发分产率及固定炭的含量，并能估计燃料的结焦性能，

以此作为评价燃料的指标。

根据实践及生产需要，固（液）体燃料成分组成表示方法有以下几种不同的基准：

（1）收到基（应用基），即燃料在实际应用中的化学组成，它包括了全部水分和灰分在内的燃料质量作为100%进行计算，用下标ar表示，即

$$w(C_{ar}) + w(H_{ar}) + w(O_{ar}) + w(N_{ar}) + w(S_{ar}) + A_{ar} + M_{ar} = 100\%$$

式中的各项为这些组成在应用成分中的质量分数。

（2）空气干燥基是指实验室所用的空气干燥煤样（经20℃，相对湿度70%的空气中连续风干1h后质量变化不超过0.1%，即认为已达到空气干燥状态）。此时，煤样中水分与大气达到平衡，其组成用下标ad表示，即

$$w(C_{ad}) + w(H_{ad}) + w(O_{ad}) + w(N_{ad}) + w(S_{ad}) + A_{ad} + M_{ad} = 100\%$$

（3）干燥基是指绝对干燥的燃料的组成，将除去水分以外的其他含量作为成分的100%，用下标d表示，即

$$w(C_{d}) + w(H_{d}) + w(O_{d}) + w(N_{d}) + w(S_{d}) + A_{d} = 100\%$$

（4）干燥无灰基是指假想的无灰无水的燃料的组成，将不含水分和灰分的可燃质成分作为成分的100%，用下标daf表示，即

$$w(C_{daf}) + w(H_{daf}) + w(O_{daf}) + w(N_{daf}) + w(S_{daf}) = 100\%$$

各成分和基准的关系如图5-1所示。

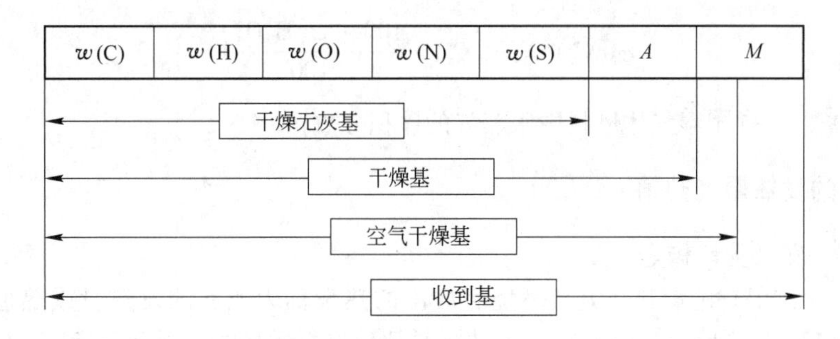

图5-1 各成分和基准的关系

上述几种元素分析值的表示方式之间是可以相互换算的，表5-2给出了它们之间的换算系数。

表5-2 不同基的换算公式

已知基 \ 要求基	空气干燥基 ad	收到基 ar	干燥基 d	干燥无灰基 daf
空气干燥基 ad	—	$\frac{100 - M_{ar}}{100 - M_{ad}}$	$\frac{100}{100 - M_{ad}}$	$\frac{100}{100 - (M_{ad} - A_{ad})}$
收到基 ar	$\frac{100 - M_{ad}}{100 - M_{ar}}$	—	$\frac{100}{100 - M_{ar}}$	$\frac{100}{100 - (M_{ar} - A_{ar})}$
干燥基 d	$\frac{100 - M_{ad}}{100}$	$\frac{100 - M_{ar}}{100}$	—	$\frac{100}{100 - A_{d}}$
干燥无灰基 daf	$\frac{100 - (M_{ad} + A_{ad})}{100}$	$\frac{100 - (M_{ar} - A_{ar})}{100}$	$\frac{100 - A_{d}}{100}$	—

另外，在工业中为了评价燃料的质量指标还采用工业分析的方法来测定煤中的水分（M）、灰分（A）、挥发分产率（V）和固定炭的含量，将分析结果表示成这些成分在燃料中的质量分数，作为评价和选择燃料的主要指标。一般用称重法，将煤加热到100～110 ℃去掉外部水分，然后称重，得到外部水分的质量；在隔绝空气的情况下加热到850 ℃去掉挥发分，称重得到挥发分的质量；最后燃烧掉固定炭，即可得固定炭和灰分的含量。

5.1.2.3 气体燃料的化学组成和表示方法

气体燃料是由各种简单气体组成的混合物。气体燃料的成分表示方法一般用各成分在燃料中的体积分数来表示，常用两种方法表示：一种是包含有水蒸气在内的湿成分，即应用成分；另一种是不包含水蒸气的成分，称为干成分。

（1）湿组成：包含水蒸气在内的体积分数组成。

$$\varphi(CO^w) + \varphi(H_2^w) + \varphi(C_mH_n^w) + \varphi(N_2^w) + \cdots + \varphi(H_2O^w) = 100\%$$

式中 $\varphi(CO^w),\varphi(H_2^w),\varphi(H_2O^w)$——各成分在湿成分中的体积分数,%，上标 w 表示湿成分。

（2）干组成：不包含水蒸气的体积分数组成。

$$\varphi(CO^d) + \varphi(H_2^d) + \varphi(C_mH_n^d) + \cdots + \varphi(N_2^d) = 100\%$$

式中 $\varphi(CO^d),\varphi(H_2^d),\varphi(N_2^d)$——各成分在干成分中的体积分数,%，上标 d 表示干成分。

气体燃料的组成通常用比较稳定的干组成表示。因为实际使用的气体燃料中含有水分，故在进行燃烧计算时要将干组成换算成湿组成。换算关系如下

$$\varphi(X^w) = \varphi(X^d) \cdot \frac{100 - \varphi(H_2O^w)}{100} \tag{5-1}$$

式中 $\varphi(H_2O^w)$——1m^3湿气体燃料中水蒸气的体积分数,%。

5.1.3 燃料的发热量（热值）

5.1.3.1 发热量的概念

单位质量（体积）的燃料在完全燃烧后放出的热量称为燃料的发热量或热值，通常用 Q 表示，单位为 kJ/kg 或 kJ/m^3（标态）。发热量是评价燃料质量的一项重要指标，Q 越大，经济价值就越高。

所谓完全燃烧是指产物中没有可燃物质的燃烧。不完全燃烧是指燃烧产物中有可燃物质的燃烧，可分为机械不完全燃烧和化学不完全燃烧，前者是由于跑、冒、漏引起的，后者则是由于混合不均匀或供氧量不足引起的不完全燃烧。

根据燃烧产物中水存在的状态不同又可分为高位发热量 Q_{gr} 和低位发热量 Q_{net}。Q_{gr} 指的是常温下的燃料完全燃烧后，燃烧产物冷却到初始温度并使其中的水蒸气冷凝成0℃的水时所放出的热量，Q_{net} 指的是常温下的燃料完全燃烧后，燃烧产物冷却到初始温度，但水分降为20℃的水蒸气时所放出的热量，它们两者之间的换算公式为

$$Q_{net,ar} = Q_{gr,ar} - 225w(H_{ar}) - 25M_{ar} \tag{5-2a}$$

其他基准时

$$Q_{net,ad} = Q_{gr,ad} - 225w(H_{ad}) - 25M_{ad} \tag{5-2b}$$

$$Q_{net,d} = Q_{gr,d} - 225w(H_d) \tag{5-2c}$$

$$Q_{net,daf} = Q_{gr,daf} - 225w(H_{daf}) \tag{5-2d}$$

对于气体燃料，$1m^3$煤气（标态）生成水蒸气的体积，可按各可燃成分化学反应式进行计算。推导过程略，以湿组成表示的高位与低位热值之差为

$$Q_{gr}^{w}-Q_{net}^{w}=20.1\left[\varphi(H_2)+\varphi(H_2S)+\frac{m}{2}\varphi(C_nH_m)+\varphi(H_2O)\right] \tag{5-3}$$

5.1.3.2 发热量的测定和计算

高发热量可用量热计直接测定，由于它不受燃料成分分析误差的影响，故所得结果准确可靠。如果已知燃料的元素分析数据，用计算的方法求发热量比较简单，但其结果是近似的。

A 固（液）体燃料

对于固体燃料、液体燃料，当燃料的元素分析已知时，目前低位发热量的计算较通用的是门捷列夫公式，即

$$Q_{net,ar}=339w(C_{ar})+1030w(H_{ar})-109w(O_{ar}-S_{ar})-25M_{ar} \tag{5-4}$$

式中 $w(C_{ar}),w(H_{ar}),w(O_{ar}),w(S_{ar})$——分别为固体（液体）燃料中各应用基的质量分数。

当固体、液体燃料的元素分析未知，仅有工业分析资料时，可按经验公式进行计算。工业上多依据应用煤的低位发热量进行有关计算和设计。低位发热量的计算方法如下

$$Q_{net,ar}=Q_{gr,ar}-206w(H_{ad})\times\frac{100-M_t}{100-M_{inh}}-23M_t \tag{5-5}$$

式中 $Q_{net,ar}$——应用煤的低位发热量，kJ/kg；
$Q_{gr,ar}$——分析煤样的高位发热量，kJ/kg；
M_t——应用煤的全水分,%；
M_{inh}——分析煤样的水分,%；
$w(H_{ad})$——分析煤样的氢质量分数,%。

适用于计算我国各种煤发热量的经验公式如下：

（1）无烟煤（$V_{daf}\leqslant10\%$），用式（5-6）计算。

$$Q_{net,ad}=K_0-360M_{ad}-385A_{ad}-100V_{ad} \tag{5-6}$$

式中 $Q_{net,ad}$——空气干燥基时煤的低位发热量，kJ/kg；
M_{ad}，A_{ad}，V_{ad}——分别为空气干燥基时燃料中水分、灰分、挥发分的质量分数,%；
K_0——系数，根据V'_{daf}的值可由表5-3查出。

表5-3 K_0与V'_{daf}的关系

V'_{daf}/%	≤3.0	>3.0~3.5	>5.5~8.0	≤10
K_0	34300	34800	35200	35600

表5-3中，$V'_{daf}=aV_{daf}-bA_d$。其中，a、b的值与煤的干燥基灰分A_d的关系见表5-4。

表5-4 a、b的值与A_d的关系

A_d/%	40~30	30~25	25~20	20~15	15~10	≤10
a	0.80	0.85	0.95	0.80	0.90	0.95
b	0.10	0.10	0.10	0	0	0

（2）烟煤，用式（5-7）计算。

$$Q_{net,ad}=100K_1-(K_1+25.12)(M_{ad}+A_{ad})-125V_{ad} \tag{5-7}$$

式中　$Q_{net,ad}$——空气干燥基时的低位发热量，kJ/kg；

M_{ad}，A_{ad}，V_{ad}——分别为空气干燥基时燃料中水分、灰分、挥发分的质量分数,%；

K_1——系数，随 V_{daf} 及焦渣的特征而异，可查阅参考文献［12］。

B　气体燃料

气体燃料热值为各可燃组分发热量和其体积分数乘积的总和，以湿组成计算的低位热值为

$$Q_{net}^{w} = \sum_{i=1}^{n} \varphi_i^{w} Q_i^{w} \tag{5-8}$$

式中　Q_i^w——各可燃组分（标态）的发热量，kJ/m³；

φ_i^w——各可燃组分的体积分数,%。

根据气体燃料燃烧的化学反应方程可得气体燃料低位热值的计算式。

$$Q_{net}^{w} = 126\varphi(CO^{w}) + 108\varphi(H_2^{w}) + 358\varphi(CH_4^{w}) + 590\varphi(C_2H_4^{w}) + 637\varphi(C_2H_6^{w}) + 806\varphi(C_3H_6^{w}) + 912\varphi(C_3H_8^{w}) + 1187\varphi(C_4H_{10}^{w}) + 1460\varphi(C_5H_{12}^{w}) + 232\varphi(H_2S^{w}) \tag{5-9}$$

在生产实践中，有时采用混合燃料进行燃烧，两种燃料混合后的低发热量为

$$Q_{net,c} = x_1 Q_{net,1} + (1 - x_1) Q_{net,2} \tag{5-10}$$

式中　$Q_{net,c}$——混合燃料的发热量，kJ/m³或 kJ/kg；

$Q_{net,1}$，$Q_{net,2}$——两种燃料的发热量，kJ/m³或 kJ/kg；

x_1——燃料 1 在混合燃料中的质量分数或体积分数，从式（5-10）可得

$$x_1 = \frac{Q_{net,c} - Q_{net,2}}{Q_{net,1} - Q_{net,2}}$$

5.1.3.3　标准燃料（煤）

为了评价各种燃料的发热能力，通常选定一种燃料作为其他燃料的比较标准，并用来表示燃料用量的单位。规定发热量为 29308kJ/kg（气体燃料（标态）为 20938kJ /m³）的燃料为标准燃料，这样，任何燃料都可换算成标准燃料。当然，真正的标准燃料并不存在，只是人为规定的。

5.2　燃烧计算

燃烧计算实际上是燃烧反应物质平衡和热平衡的计算，其内容有：助燃空气需要量的计算；燃烧产物的体积、成分和密度的计算；燃烧温度的计算。其目的是为炉子设计和炉子热工管理提供必要的数据，这些数据是选择风机、确定烟道和烟囱尺寸以及进行传热计算时不可缺少的依据。

计算方法有分析计算法和近似计算法，前者主要是根据各种元素的反应方程式算出燃烧时空气需要量及燃烧产物量，这种方法的优点是计算结果比较准确，可以了解燃烧过程的实质，缺点是计算较繁杂；后者是当燃料的组成无法获得时，可根据燃料的种类和发热量利用经验公式进行近似计算，或根据燃料各特性之间存在的关系作出图表，用图表进行近似计算，这种方法比较简单，但结果不够精确。下面首先介绍分析计算方法。

为了使计算简化又能满足工程计算精度的要求，在燃烧计算中通常采用以下几点假设：

（1）气体的体积均按标准状态（0℃，101325Pa）计算。在标态下 1kmol 气体的体积（标态）都是 22.4m³；

（2）当温度低于 2100℃时，不计燃烧产物的热分解；

（3）空气的组成只考虑 O_2 与 N_2，忽略 CO_2 及其他气体，氧气与氮气的体积比按 21∶79 进

行计算。

5.2.1 空气需要量、燃烧产物量和燃烧产物组成的计算

固体、液体和气体燃料的成分有不同的表示方法，因此它们的燃烧计算表达式也各不相同，分述如下。

5.2.1.1 气体燃料的燃烧计算

由于假定了1kmol气体在标态下的体积都是22.4m³，故参加燃烧反应气体的物质的量之比即为其体积比，如：

$$CO+\frac{1}{2}O_2 = CO_2$$

即1kmol的CO与0.5kmol的O_2化合生成1 kmol的CO_2，也可以说：1m³的CO与0.5m³的O_2化合生成1m³的CO_2。故气体燃料的计算可直接据其体积比进行计算，各气体的燃烧反应式见表5-5。

表5-5 1m³气体燃料燃烧反应

燃料湿组成 φ/%	反应方程式（体积比）	需氧气体积 /m³·m⁻³	燃烧产物体积				
			CO_2	H_2O	SO_2	N_2	O_2
CO^w	$CO+\frac{1}{2}O_2=CO_2$ $\left(1:\frac{1}{2}:1\right)$	$\frac{1}{2}CO^w$	CO^w				
H_2^w	$H_2+\frac{1}{2}O_2=H_2O$ $\left(1:\frac{1}{2}:1\right)$	$\frac{1}{2}H_2^w$		H_2^w			
CH_4^w	$CH_4+2O_2=CO_2+2H_2O$ $(1:2:1:2)$	$2CH_4^w$	CH_4^w	$2CH_4^w$			
$C_nH_m^w$	$C_nH_m+\left(n+\frac{m}{4}\right)O_2=nCO_2+\frac{m}{2}H_2O$ $\left[1:\left(n+\frac{m}{4}\right):n:\frac{m}{2}\right]$	$\left(n+\frac{m}{4}\right)C_nH_m^w$	$nC_nH_m^w$	$\frac{m}{2}C_nH_m$			
H_2S^w	$H_2S+\frac{3}{2}O_2=H_2O+SO_2$ $\left(1:\frac{3}{2}:1:1\right)$	$\frac{3}{2}H_2S^w$		H_2S^w	H_2S^w		
CO_2^w	不燃烧		CO_2^w				
SO_2^w	不燃烧				SO_2^w		
O_2^w	消耗掉	$-O_2^w$					
N_2^w	不燃烧					N_2^w	
H_2O^w				H_2O^w			

A 燃烧所需空气量的计算

从表5-5中可得出，在标准状况下，$1m^3$的气体燃料完全燃烧时所需O_2的体积用$L(O_2)$表示（m^3）

$$L(O_2) = \frac{1}{2}\varphi(CO^w) + \frac{1}{2}\varphi(H_2^w) + 2\varphi(CH_4^w) + \left(n + \frac{m}{4}\right)\varphi(C_nH_m^w) + \frac{3}{2}\varphi(H_2S^w) - \varphi(O_2^w) \tag{5-11}$$

式中 $\varphi(CO^w)$,$\varphi(H_2^w)$——分别为气体燃料中CO、H_2在湿成分中的体积分数,%。

由于空气中O_2的体积分数为21%，所需空气的体积为所需O_2体积的100/21 = 4.762倍。则

$$L_0 = 4.762\left[\frac{1}{2}\varphi(CO^w) + \frac{1}{2}\varphi(H_2^w) + 2\varphi(CH_4^w) + \left(n + \frac{m}{4}\right)\varphi(C_nH_m^w) + \frac{3}{2}\varphi(H_2S^w) - \varphi(O_2^w)\right] \tag{5-12}$$

式中 L_0——$1m^3$的气体燃料（标态）完全燃烧时所需空气的体积（标态），m^3。

在实际燃烧过程中，为了防止不完全燃烧现象，实际供给的空气量L_α应大于理论空气量L_0，两者之比称为空气过剩系数α，即

$$\alpha = L_\alpha / L_0 \tag{5-13}$$

空气过剩系数值的大小与燃料的种类、燃烧方法及燃烧装置有关。

当空气过剩系数α已知时，$1m^3$气体燃料（标态）完全燃烧所需要的实际空气量为

$$L_\alpha = \alpha L_0 \tag{5-14}$$

B 燃烧产物量的计算

理论燃烧产物量为表5-5中的燃烧产物和空气带入的氮气、氧气和水蒸气。因此，$1m^3$气体燃料（标态）完全燃烧生产的理论烟气量用$V_0(m^3)$表示，则

$$V_0 = \varphi(CO^w) + \varphi(H_2^w) + 3\varphi(CH_4^w) + \left(n + \frac{m}{2}\right)\varphi(C_nH_m^w) + 2\varphi(H_2S^w) + \varphi(CO_2^w) + \varphi(SO_2^w) + \varphi(N_2^w) + \varphi(H_2O^w) + 0.79L_0 \tag{5-15}$$

实际烟气量用V_α（m^3）表示，则

$$V_\alpha = V_0 + (\alpha - 1)L_0 \tag{5-16}$$

5.2.1.2 固（液）体燃料的燃烧计算

固体燃料、液体燃料的主要可燃成分是碳、氢，还有少量的硫，计算有两种方法，以碳的完全燃烧为例

$$\begin{array}{ccccc} C & + & O_2 & = & CO_2 \\ 12kg & & 32kg & & 44kg \\ 1kmol & & 1kmol & & 1kmol \end{array}$$

一是按质量计算，即12kg的碳与32kg的氧气反应生成44kg的二氧化碳。

二是按物质的量计算，即1kmol的碳与1kmol的氧气反应生成1kmol的二氧化碳。

两种方法均可使用，显然后者简单得多，计算中先把质量换算为物质的量，各成分反应式见表5-6。

表 5-6 1kg 固（液）体燃料完全燃烧时的燃烧反应

各组成物含量		反应方程式（物质的量的比）	燃烧时需氧气的物质的量	燃烧产物的物质的量				
应用基组成/%	物质的量			CO_2	H_2O	SO_2	N_2	O_2
$w(C_{ar})$	$\frac{w(C_{ar})}{12}$	$C+O_2=CO_2$ (1 : 1 : 1)	$\frac{w(C_{ar})}{12}$	$\frac{w(C_{ar})}{12}$				
$w(H_{ar})$	$\frac{w(H_{ar})}{2}$	$H_2+\frac{1}{2}O_2=H_2O$ $(1 : \frac{1}{2} : 1)$	$\frac{w(H_{ar})}{4}$		$\frac{w(H_{ar})}{2}$			
$w(S_{ar})$	$\frac{w(S_{ar})}{32}$	$S+O_2=SO_2$ (1 : 1 : 1)	$\frac{w(S_{ar})}{32}$			$\frac{w(S_{ar})}{32}$		
$w(O_{ar})$	$\frac{w(O_{ar})}{32}$	消耗掉	$-\frac{w(O_{ar})}{32}$					
$w(N_{ar})$	$\frac{w(N_{ar})}{28}$	不燃烧					$\frac{w(N_{ar})}{28}$	
M_{ar}	$\frac{w(M_{ar})}{18}$	不燃烧			$\frac{M_{ar}}{18}$			
A_{ar}		不燃烧,无气态产物						

从表 5-6 中可看出，1kg 固（液）体燃料完全燃烧所需要的理论空气量（m^3/kg）为

$$L_0 = 22.4\times4.762\left[\frac{w(C_{ar})}{12}+\frac{w(H_{ar})}{4}+\frac{w(S_{ar})}{32}-\frac{w(O_{ar})}{32}\right] \tag{5-17a}$$

将式（5-17）左边的 22.4 合并到括号中去，得

$$L_0 = 4.762(1.866w(C_{ar})+5.6w(H_{ar})+0.7w(S_{ar})-0.7w(O_{ar})) \tag{5-17b}$$

实际空气需要量为 $L_\alpha=\alpha L_0$

同理，由表 5-6 可知，1kg 固（液）体燃料完全燃烧所生成的理论烟气量（m^3/kg）为

$$V_0 = 22.4\left[\frac{w(C_{ar})}{12}+\frac{w(H_{ar})}{2}+\frac{w(S_{ar})}{32}+\frac{w(N_{ar})}{28}+\frac{M_{ar}}{18}\right]+0.79L_0 \tag{5-18a}$$

或 $$V_0 = [1.866w(C_{ar})+11.2w(H_{ar})+0.7w(S_{ar})+0.8w(N_{ar})+1.244M_{ar}]+0.79L_0 \tag{5-18b}$$

实际烟气量（m^3/kg）为 $V_\alpha = V_0+(\alpha-1)L_0$

5.2.1.3 燃烧产物组成的计算

燃烧产物组成就是燃烧产物中各种组分所占的体积分数。对固（液）体燃料来说，当空气过剩系数 α 大于1、1kg 燃料完全燃烧时，燃烧产物总体积为 $V_\alpha=V_0+(\alpha-1)L_0$，燃烧产物中各成分的体积（标态）为

CO_2 的体积 V_{CO_2}（m^3/kg） $$V_{CO_2} = \frac{w(C_{ar})}{12}\times22.4 \tag{5-19a}$$

H_2O 的体积 V_{H_2O}（不考虑空气中带入的水蒸气 m^3/kg）

$$V_{H_2O} = \left[\frac{w(H_{ar})}{2} + \frac{M_{ar}}{18}\right] \times 22.4 \tag{5-19b}$$

SO_2 的体积 V_{SO_2}(m^3/kg)

$$V_{SO_2} = \frac{w(S_{ar})}{32} \times 22.4 \tag{5-19c}$$

N_2 的体积 V_{N_2}(m^3/kg)

$$V_{N_2} = \frac{w(N_{ar})}{28} \times 22.4 + 0.79L_\alpha \tag{5-19d}$$

过量空气中 O_2 的体积 V_{O_2} 为

$$V_{O_2} = 0.21(\alpha - 1)L_\alpha \tag{5-19e}$$

烟气各组成的体积分数可将各烟气的体积除以实际烟气量乘以 100% 即得。如 CO_2 的组成为

$$\varphi'(CO_2) = \frac{V_{CO_2}}{V_\alpha} \times 100\%$$

式中　$\varphi'(CO_2)$——烟气中 CO_2 的体积分数,%。

按照同样方法可求出烟气中其他组成的体积分数。

当空气过剩系数 α 小于 1 时，由于空气量供应不足，燃料中将有部分可燃物质不能完全燃烧。此时的燃烧产物中可能含有 CO、H_2、CH_4 等可燃气体。确定这些可燃气体数值的计算方法十分复杂。在一般的工程计算中，对于此类不完全燃烧可近似认为其燃烧产物中只含有 CO 一种可燃气体。即认为氧气量的不足仅使得燃料和总的碳不能全部氧化成 CO_2，有一部分碳生成 CO。由于其他可燃气体数量很少，这样假设大大简化了计算，且实际应用中也足够准确。

由于空气量不足，烟气中尚有 CO 存在，不足的 O_2 为 $(1-\alpha)\ L_0 \times 21\%$

根据反应式

$$2CO + O_2 \longrightarrow 2CO_2$$

则烟气中的 CO 的体积 V_{CO}(m^3/kg)为

$$V_{CO} = 2\ (1-\alpha)\ L_0 \times 21\%$$

CO_2 的体积 V_{CO_2}(m^3/kg)

$$V_{CO_2} = \frac{w\ (C^y)}{12} \times 22.4 - 2\ (1-\alpha)\ L_0 \times 21\%$$

烟气中，H_2O、SO_2、N_2 的体积计算式与完全燃烧时相同，如式（5-19b ~ d）。

烟气的总体积为上述各组分的和，将各烟气的体积除以实际烟气量，再乘以 100% 即可得烟气各组成体积分数。

对于气体燃料、燃烧产物各成分的体积分数，可根据表 5-5 中的化学反应方程式求出各组分的体积，各组分体积除以实际烟气量乘以 100% 即可。

5.2.1.4　燃烧产物的密度

燃烧产物的密度是指标态下 1m^3 燃烧产物所具有的质量，单位为 kg/m^3。已知产物成分时，密度即为各成分质量之和除以燃烧产物的总体积。各成分质量为各成分之体积乘以该成分的密度，则标态时烟气的密度为

$$\rho_y = \frac{44\varphi'(CO_2) + 18\varphi'(H_2O) + 64\varphi'(SO_2) + 28\varphi'(N_2) + 32\varphi'(O_2)}{22.4} \tag{5-20}$$

式中　$\varphi'(CO_2)$,$\varphi'(H_2O)$,$\varphi'(SO_2)$,$\varphi'(N_2)$,$\varphi'(O_2)$——烟气中各组分的体积分数,%。

当不知道燃烧产物成分时，可用参加反应物质的总质量除以燃烧产物的总体积得出密度，这是因为反应前后的物质质量是相等的，对于气体燃料有

$$\rho_y = \{[28\varphi(CO^w) + 2\varphi(H_2^w) + (12n + m)\varphi(C_nH_m^w) + 34\varphi(H_2S^w) + 44\varphi(CO_2^w) + 32\varphi(O_2^w) + 28\varphi(N_2^w) + 18\varphi(H_2O^w)]/22.4 + 1.293L_\alpha\}/V_\alpha$$

对于固（液）体燃料用下式计算

$$\rho_y = \frac{1 - w(A^y) + 1.293L_\alpha}{V_\alpha}$$

5.2.1.5 近似计算

当不知道燃料的组成时，燃料燃烧所需空气量及生成烟气量可用经验公式估算，由于各人进行实验和整理数据的方法不尽相同，所以整理得到的经验公式形式与系数也略有不同。表5-7为国家标准总局推荐的公式。

表5-7 各种燃料的经验公式（标态下1m³气体燃料或1kg固体、液体燃料）

燃料种类	标态下理论空气需要量（标态）L_0/m³	实际燃烧产物生成量（标态）V_α/m³
木柴和泥煤	$L_0 = \frac{0.256}{1000}Q_{net,ar} + 0.007M_{ar} - 0.06$	$V_\alpha = \frac{0.227}{1000}Q_{net,ar} + 0.007M_{ar} + (\alpha - 1)L_0 + 1.09$
各种煤	$L_0 = \frac{0.241}{1000}Q_{net,ar} + 0.5$	$V_\alpha = \frac{0.213}{1000}Q_{net,ar} + (\alpha - 1)L_0 + 1.65$
各种液体燃料	$L_0 = \frac{0.203}{1000}Q_{net,ar} + 2.0$	$V_\alpha = \frac{0.265}{1000}Q_{net,ar} + (\alpha - 1)L_0$
煤气 $Q_{net} < 12500$kJ/m³	$L_0 = \frac{0.209}{1000}Q_{net} - 0.25$	$V_\alpha = \frac{0.173}{1000}Q_{net} + (\alpha - 1)L_0 + 1.0$
煤气 $Q_{net} > 12500$kJ/m³	$L_0 = \frac{0.28}{1000}Q_{net} - 0.25$	$V_\alpha = \frac{0.272}{1000}Q_{net} + (\alpha - 1)L_0 + 0.25$
焦炉与高炉混合煤气	$L_0 = \frac{0.289}{1000}Q_{net} - 0.2$	$V_\alpha = \frac{0.226}{1000}Q_{net} + (\alpha - 1)L_0 + 0.765$
天然气 $Q_{net} < 35800$kJ/m³	$L_0 = \frac{0.264}{1000}Q_{net} + 0.05$	$V_\alpha = \frac{0.264}{1000}Q_{net} + (\alpha - 1)L_0 + 1.05$
天然气 $Q_{net} > 35800$kJ/m³	$L_0 = \frac{0.264}{1000}Q_{net}$	$V_\alpha = \frac{0.282}{1000}Q_{net} + (\alpha - 1)L_0 + 0.38$

【例5-1】 已知煤的组成如下

成 分	C_{ar}	H_{ar}	O_{ar}	N_{ar}	S_{ar}	A_{ar}	M_{ar}
质量分数/%	72.0	4.4	8.0	1.4	0.3	4.9	9.0

当 $\alpha = 1.2$ 时，计算1kg煤燃烧所需要的空气量、烟气量及烟气组成。

【解】 直接根据式（5-17a）进行计算。

所需的理论空气量（标态）

$$L_0 = 4.762[1.866w(C_{ar}) + 5.6w(H_{ar}) + 0.7w(S_{ar}) - 0.7w(O_{ar})]$$

代入数据，得

$$L_0 = 4.762 \times \left(1.866 \times \frac{72.0}{100} + 5.6 \times \frac{4.4}{100} + 0.7 \times \frac{0.3}{100} - 0.7 \times \frac{8.0}{100}\right)$$

$$= 7.31\text{m}^3/\text{kg}$$

实际空气量 $L_\alpha = \alpha L_0 = 1.2 \times 7.31 = 8.78\text{m}^3/\text{kg}$

不考虑空气中的水蒸气，直接用式（5-18a），产生的烟气量为

$$V_0 = [1.866w(C_{ar}) + 11.2w(H_{ar}) + 0.7w(S_{ar}) + 0.8w(N_{ar}) + 1.244M_{ar}] + 0.79L_0$$

$= 1.866 \times 72.0\% + 11.2 \times 4.4\% + 0.7 \times 0.3\% + 0.8 \times 1.4\% + 1.244 \times 9.0\% + 0.79 \times 7.31$

$= 7.74\text{m}^3/\text{kg}$

实际生成的烟气量

$$V_\alpha = V_0 + (\alpha - 1)L_0 = 7.74 + (1.2 - 1) \times 7.31 = 9.20\text{m}^3/\text{kg}$$

【例 5-2】 已知煤的组成如下

成　分	C_{ar}	H_{ar}	O_{ar}	N_{ar}	S_{ar}	A_{ar}	M_{ar}
质量分数/%	48	5	16	1.4	—	11.6	18

设（1）燃烧时有机械不完全燃烧存在，灰渣中含碳含量 10%；（2）要求还原焰烧成，干烟气分析中 CO 含量为 5%。

计算：（1）干烟气及湿烟气组成（不考虑空气中的水蒸气）；

（2）1kg 煤燃烧所需要的空气量；

（3）1kg 煤燃烧生成的湿烟气量。

【解】　（1）烟气组成计算。

由于不完全燃烧，烟气中含有 CO，可采用物料平衡进行计算。

物料平衡

C 平衡　　燃料中 C = 烟气中 C + 灰渣中 C

N 平衡　　燃料中 N_2 + 空气中 N_2 = 烟气中 N_2

选 100kg 煤作为计算基准，则

灰渣中的 C　　$11.6\% \times 100 \times 10/(100 - 10) = 1.29\text{kg}$

烟气中的 C　　$48\% \times 100 - 1.29 = 46.7\text{kg}$

转化成物质的量　　$46.7/12 = 3.89$ kmol

设其中 $x$kmol 生成 CO，则（$3.89 - x$）kmol 生成 CO_2。

则烟气的组成为

组　成	CO	CO_2	H_2O	N_2
气体量/kmol	x	$3.89 - x$	$5/2 + 18/18 = 3.5$kmol	$1.4/28$ + 空气中的 N_2

根据下列反应

$$2C + O_2 \longrightarrow 2CO \qquad C + O_2 \longrightarrow CO_2 \qquad 2H_2 + O_2 \longrightarrow 2H_2O$$

$0.5x$　　x　　　$3.89 - x$　　$3.89 - x$　　$5/2 = 2.5$　　1.25

则燃烧所需要的氧气量为　　$L(O_2) = 0.5x + 3.89 - x + 1.25 - 16/32 = 4.64 - 0.5x$

烟气中的 N_2 量为　　$1.4/28$ + 空气中的 $N_2 = 1.4/28 + (4.64 - 0.5x) \times 79/21 = 17.5 - 1.88x$

总干烟气量为：

$$V_d = V_{CO} + V_{CO_2} + V_{N_2} = x + (3.89 - x) + (17.5 - 1.88x) = 21.39 - 1.88x$$

又因为干烟气中 CO 含量为 5%，即 $\dfrac{x}{21.39 - 1.88x} = 5\%$

解得　$x = 0.98$kmol

烟气的组成为

成　分	CO	CO_2	N_2	H_2O
烟气量/kmol	0.98	$3.89 - 0.98 = 2.91$	$17.5 - 1.88 \times 0.98 = 15.66$	3.5

干烟气组成/%	5.0	14.9	80.1	
湿烟气组成/%	4.2	12.6	68.0	15.2

（2）所需空气量：

$$L_{\alpha} = L_{O_2} \times \frac{100}{21} \times \frac{22.4}{100} = 4.43\mathrm{m^3/kg}$$

（3）湿烟气量：

$$V_{\alpha} = V_{d} + V_{H_2O} = (21.39 - 1.88 \times 0.98 + 3.5) \times \frac{22.4}{100} = 5.16\mathrm{m^3/kg}$$

5.2.2 空气过剩系数

5.2.2.1 空气过剩系数的选择

理论和实践表明，当 α 过小时会形成不完全燃烧，而过大时对燃烧亦有不利影响。因此 α 是控制燃烧过程的一个重要参数。在进行热工计算时，α 值是根据经验选取的。完全燃烧的炉子的 α 的经验值列于表 5-8。

表 5-8 空气过剩系数 α 的经验值

燃料种类	燃烧方法	α 值	燃料种类	燃烧方法	α 值
固体燃料	人工加煤	1.2～1.5	液体燃料	低压喷嘴	1.10～1.15
				高压喷嘴	1.20～1.25
	机械加煤	1.2～1.3	气体燃料	无焰燃烧	1.03～1.05
	粉浆燃烧	1.15～1.25		有焰燃烧	1.05～1.20

5.2.2.2 空气过剩系数 α 对炉子热工的影响

在工业窑炉热工计算中，空气过剩系数有很重要的意义，它对窑炉热工影响很大。

（1）对空气消耗量的影响。从空气过剩系数的定义式及燃烧产物的计算式可知，当燃料一定时，L_{α}和 V_{α}随 α 值的增加而成比例地增加。这样就要求增大供风和排烟系统的能力，从而增加投资费用和动力消耗。在工作的炉子中，往往由于 α 值的增大，使整个系统阻力增加，而引起烟囱的抽力不够。

（2）对燃烧温度的影响。当 α 值增大时，V_{α}亦增大，导致单位体积燃烧产物的热焓量 i 减小和燃烧产物中过剩空气的体积分数增大，而使得理论燃烧温度降低。

（3）对燃烧产物成分的影响。当 α 值增大时虽可更大程度的保证完全燃烧，但此时燃烧产物中 N_2、O_2绝对数量增加，而使燃烧产物中的 CO_2和 H_2O（汽）的含量相对减少，削弱了烟气在高温炉膛中的辐射能力。

（4）对燃烧产物热损失的影响。当 α 增大时，V_{α}增大，在燃烧产物离开炉膛时，它所带走热损失也增大。

（5）对燃料利用程度的影响。当 α 大于 1 时，随 α 的增大，不仅燃烧温度降低和燃烧产物的辐射能力减弱，而且随产物带走的物理热损失也增加。当 α 小于 1 时，α 越小，化学不完全燃烧热损失也增大。显然，α 值过大或过小都会使燃料利用程度降低。

总之，在保证最大程度完全燃烧的前提下，α 应越小越好。

5.2.2.3 空气过剩系数 α 的计算

对于工作中的窑炉，空气过剩系数是根据实际测量的烟气的组成，按照氧平衡法和氮平衡法进行计算而得到的。

当燃料完全燃烧时，干烟气的组成包括 CO_2、SO_2，两者可以共同用 RO_2 表示，此外还有 N_2 及过剩的 O_2。用气体分析仪对烟气进行分析，则烟气的组成可以表示为

$$\varphi(RO_2) + \varphi(N_2) + \varphi(O_2) = 100\%$$

不完全燃烧时的烟气组成可表示为

$$\varphi(RO_2) + \varphi(O_2) + \varphi(CO) + \varphi(N_2) = 100\%$$

式中　$\varphi(RO_2),\varphi(O_2),\varphi(CO),\varphi(N_2)$——分别为烟气中各组分的体积分数,%。

(1) 燃料完全燃烧，不考虑燃料中的 N_2 量时，空气过剩系数的计算。

根据空气过剩系数的定义，α 可按下式计算

$$\alpha = \frac{L_\alpha}{L_0} = \frac{L_\alpha}{L_\alpha - \Delta L_\alpha} = \frac{1}{1 - \dfrac{\Delta L_\alpha}{L_\alpha}}$$

式中　ΔL_α——过剩空气量，m^3。

燃料完全燃烧，ΔL_α 可由烟气中的含氧量 V_{O_2} 来确定

$$V_{O_2} = \Delta L_\alpha \times 21\% = V_\alpha \times \varphi(O_2)$$

则有

$$\Delta L_\alpha = \frac{100\varphi(O_2)}{21}V_\alpha$$

不考虑燃料中的 N_2 量，实际空气量可由烟气中 N_2 量来确定

$$L_\alpha \times 79\% = V_\alpha \times \varphi(N_2)$$

则有

$$L_\alpha = \frac{100\varphi(N_2)}{79}V_\alpha$$

代入 α 定义式,有

$$\alpha = \frac{1}{1 - \dfrac{\Delta L_\alpha}{L_\alpha}} = \frac{1}{1 - \dfrac{\dfrac{\varphi(O_2)}{21}V_\alpha}{\dfrac{\varphi(N_2)}{79}V_\alpha}} = \frac{1}{1 - 3.762\dfrac{\varphi(O_2)}{\varphi(N_2)}}$$

或

$$\alpha = \frac{1}{1 - 3.762\dfrac{\varphi(O_2)}{100 - \varphi(RO_2 + O_2)}} \tag{5-21}$$

(2) 燃料不完全燃烧，不考虑燃料中的 N_2 量时，空气过剩系数的计算。

燃料没有完全燃烧时，烟气中还有 CO、H_2、CH_4 等可燃气体，这些可燃气体燃烧还需要 O_2。此时，烟气中的氧减去各可燃成分燃烧所需要的氧后才是真正过剩的氧。此时空气过剩系数的计算式为

$$\alpha = \frac{1}{1 - 3.762\dfrac{\varphi(O_2)}{\varphi(N_2)}} = \frac{1}{1 - 3.762\dfrac{\left[\varphi(O_2) - \dfrac{1}{2}\varphi(CO) - \dfrac{1}{2}\varphi(H_2) - \left(n + \dfrac{m}{4}\right)\varphi(C_nH_m)\right]}{\varphi(N_2)}} \tag{5-22}$$

式中　$\varphi(O_2),\varphi(CO),\varphi(H_2),\varphi(C_nH_m),\varphi(N_2)$——分别为烟气中 O_2、CO、H_2、C_nH_m、N_2 的体积分数,%。

（3）燃料完全燃烧，考虑燃料中的 N_2 量时，空气过剩系数的计算。

根据空气过剩系数的定义，有

$$\alpha = \frac{L_\alpha}{L_0} = \frac{L_\alpha}{L_\alpha - \Delta L_\alpha} = \frac{V_{N_2}}{V_{N_2} - \Delta V_{N_2}}$$

式中　V_{N_2}——实际空气中的 N_2 量，m^3；

ΔV_{N_2}——过剩空气中的 N_2 量，m^3。

整理上式,可得

$$\alpha = \frac{\varphi(N_2) - \varphi(N_f)}{[\varphi(N_2) - \varphi(N_f)] - 3.762\varphi(O_2)} \tag{5-23}$$

式中　φ（N_2）——烟气中 N_2 的体积分数,%；

φ（N_f）——烟气中燃料带入的 N_2 的体积分数,%。

（4）燃料不完全燃烧，考虑燃料中的 N_2 量时，空气过剩系数的计算。

此时，计算式如下

$$\alpha = \frac{\varphi(N_2) - \varphi(N_f)}{(\varphi(N_2) - \varphi(N_f)) - 3.762\varphi(O_2)}$$

$$= \frac{\varphi(N_2) - \varphi(N_f)}{[\varphi(N_2) - \varphi(N_f)] - 3.762\left\{\varphi(O_2) - \left[\frac{1}{2}\varphi(CO) - \frac{1}{2}\varphi(H_2) - \left(n + \frac{m}{4}\right)\varphi(C_nH_m)\right]\right\}} \tag{5-24}$$

【例 5-3】　某隧道窑以发生炉煤气为燃料，其组成为

（干）组成	CO_2^d	CO^d	H_2^d	CH_4^d	$C_2H_4^d$	O_2^d	N_2^d
体积分数/%	5.6	28.5	15.5	2.1	0.2	0.5	47.6

在烧成带处取烟气进行分析，其干烟气组成为

$\varphi(CO_2)17.6\%$　　$\varphi(O_2)2.6\%$　　$\varphi(N_2)79.8\%$

试计算空气过剩系数 α。

【解】　由于燃料中 N_2 含量较高，故不能忽略，应按公式（5-23）进行计算。

设 $100m^3$ 干烟气（标态）所需燃料体积为 V_f，可运用碳平衡原理进行计算。

烟气中 CO_2 的体积

$$V_{CO_2} = V_f \frac{\varphi(CO_2) + \varphi(CO) + \varphi(CH_4) + 2\varphi(C_2H_4)}{100}$$

即

$$17.6 = V_f \frac{5.6 + 28.5 + 2.1 + 2 \times 0.2}{100}$$

解得

$$V_f = 48.1m^3$$

该煤气中所含 N_2 的体积为

$$V(N_f) = 48.1 \times \frac{47.6}{100} = 22.90m^3$$

$$\varphi(N_f) = 22.90/100 = 22.9\%$$

因此，空气过剩系数为

$$\alpha = \frac{\varphi(N_2) - \varphi(N_f)}{(\varphi(N_2) - \varphi(N_f)) - 3.762\varphi(O_2)} = \frac{79.8\% - 22.9\%}{(79.8\% - 22.9\%) - 3.762 \times 2.6\%} = 1.21$$

5.2.3 燃烧温度的计算

5.2.3.1 燃烧温度的概念

所谓燃烧温度是指燃料燃烧时，气态产物（烟气）所能达到的最高温度。燃烧产物中所含的热量越多，它的温度就越高。燃烧温度与燃料种类、成分、燃烧条件和传热条件等各方面的因素有关，它主要决定于在燃烧过程中热量收入与热量支出的热平衡关系。一般是通过热平衡来找出燃烧温度的计算方法和提高燃烧温度的措施。

A 实际燃烧温度 t_p

燃烧过程热平衡即

燃烧产物的热收入 = 燃烧产物的热支出（各项均按每千克或每立方米（标态）燃料计算）

（1）热收入项有：

1）燃烧产生的化学热，即燃料的低发热量 Q_{net}。

2）燃料带入的物理热，即预热燃料带入的物理热。

$$Q_f = c_f t_f$$

式中 t_f——燃料的预热温度,℃；

c_f——室温至温度 t_f 下燃料的平均比热容，kJ/(kg · ℃)或 kJ/(m^3 · ℃)。

3）空气带入的物理热，即预热空气带入的物理热

$$Q_a = L_\alpha c_a t_a$$

式中 t_a——空气的预热温度,℃；

c_a——空气在室温至温度 t_a 下的平均比热容，kJ/(kg · ℃)或 kJ/(m^3 · ℃)。

（2）热支出项有：

1）燃烧产物带走的物理热。

$$Q_c = V_\alpha c_p t_p$$

式中 c_p——烟气的定压比热容，kJ/(m^3 · ℃)。

2）某些产物在高温下的热分解反应消耗的热量，Q_{td}。

3）燃料由于不完全燃烧而损失的热量 Q_i。

4）由燃烧产物传递给周围物体的热量 $Q_{t,c}$。

在稳态情况下，收入的热量应等于支出的热量，即

$$Q_{net} + Q_f + Q_a = Q_c + Q_{t,d} + Q_i + Q_{t,c}$$

则

$$t_p = \frac{Q_{net} + Q_f + Q_a - Q_{t,d} - Q_i - Q_{t,c}}{V_\alpha c_p} \tag{5-25}$$

式中 t_p——实际燃烧条件下的实际燃烧温度,℃。

从式（5-25）中可看出，实际燃烧温度的影响因素很多，与 Q_{net}、Q_f、Q_a、$Q_{t,d}$、Q_i、$Q_{t,c}$、V_α、c_p 等有关，而高温分解及燃烧产物传递给周围物体的热量都与燃烧温度有关，故不能直接从上式算出实际燃烧温度。

B 理论燃烧温度 t_{th}

燃料在完全燃烧（$Q_i = 0$）的条件下及不考虑燃料传递给周围物体的热量（$Q_{t,c} = 0$）时燃烧产物达到的温度称为理论燃烧温度 t_{th}。

$$t_{th} = \frac{Q_{net} + Q_f + Q_a - Q_{t,d}}{V_\alpha c_p} \tag{5-26}$$

理论燃烧温度是高温燃烧过程所能达到的极限温度，是燃料燃烧过程的一个重要指标，它是分析炉子和热工计算的重要依据，如燃料和燃烧条件的选择、温度控制和炉温水平的估计及传热计算方面都有意义。

因为在高温下 CO_2 和水蒸气要进行分解，使得燃烧产物的体积和成分都有所变化，这样就使理论燃烧温度的计算更复杂。为了简化计算，当温度不超过2100℃且用空气作助燃剂时，可以忽略热分解的影响，这样理论燃烧温度就按没有热分解的条件下进行近似计算。

C　量热计温度 t_c

不考虑燃烧产物热分解时燃烧产物所达到的温度称为量热计温度，即

$$t_c = \frac{Q_{net} + Q_f + Q_a}{V_\alpha c_p} \tag{5-27}$$

一般窑炉设计中，都是先计算量热计温度，再根据不同窑炉的高温系数按式（5-28）计算实际燃烧温度 t_p

$$t_p = \eta t_c \tag{5-28}$$

式中　η——窑炉高温系数，η 值见表5-9。

表5-9　窑炉高温系数

窑炉类型	使用燃料	η 值	窑炉类型	使用燃料	η 值
隧道窑	气体燃料或液体燃料	0.78～0.83	回转窑	煤粉、气体或液体燃料	0.70～0.75
室式窑	煤　气	0.73～0.78			
	煤	0.66～0.70	倒焰窑	固体燃料	0.66～0.70
竖　窑	煤	0.52～0.62		气体燃料	0.73～0.78
	煤　气	0.67～0.73			

干空气、常用气体燃料及不同燃料燃烧所生成的燃烧产物标态下的平均比热容 c_p 见表5-10。

表5-10　干空气、常用气体燃料及燃烧产物标态下的平均比热容 c_p　　[kJ/（m^3·℃）]

温度/℃	干空气	气体燃料			燃烧产物			
		天然气	发生炉煤气	焦炉煤气	煤	重油	发生炉煤气	焦炉煤气
0	1.295	1.55	1.32	1.41	1.36	1.36	1.36	1.36
200	1.308	1.76	1.35	1.46	1.41	1.41	1.41	1.39
400	1.329	2.01	1.38	1.55	1.45	1.44	1.45	1.43
600	1.357	2.26	1.41	1.63	1.49	1.47	1.49	1.46
800	1.335	2.51	1.45	1.70	1.53	1.52	1.53	1.50
1000	1.410	2.72	1.49	1.78	1.56	1.55	1.56	1.54
1200	1.433	2.89	1.53	1.87	1.59	1.59	1.60	1.57
1400	1.454	3.01	1.57	1.96	1.62	1.62	1.62	1.60
1600	1.472				1.65	1.63	1.65	1.62
1800	1.487				1.68	1.65	1.68	1.64
2000	1.501				1.69	1.67	1.69	1.66
2200	1.514				1.70	1.69	1.70	1.68
2400	1.526				1.72	1.71	1.72	1.70

5.2.3.2　燃烧温度的计算

实际燃烧温度受多方面因素的影响，不易从理论上进行计算。一般是先计算量热计温度，然后再乘以窑炉的高温系数 η 求得实际燃烧温度。

工程上一般都采用 i-t 图解法近似计算，其计算方法和步骤如下：

（1）求出燃烧产物的理论热含量。所谓燃烧产物的理论热含量就是假定在燃烧过程中不存在任何热损失的理想条件下，单位体积燃烧产物所具有的物理热，以符号 i 表示。

计算式为

$$i = t_c c_p = \frac{Q_{net} + Q_f + Q_a}{V_\alpha} \tag{5-29}$$

（2）根据 $c_p = a + bt + ct^2 + \cdots$ 知 c_p 随温度变化，采用试差法求解。

先假定温度 t''，查出 c_p''，求出 i''。若 $i'' > i$，则再将温度设为 t'，同样求 i'，直至两者相等时的温度 t 即为 t_c。具体计算时，先确定 t' 和 t''，两者相差100℃，并且使燃烧产物的热含量介于 i' 和 i'' 之间，如图5-2所示。

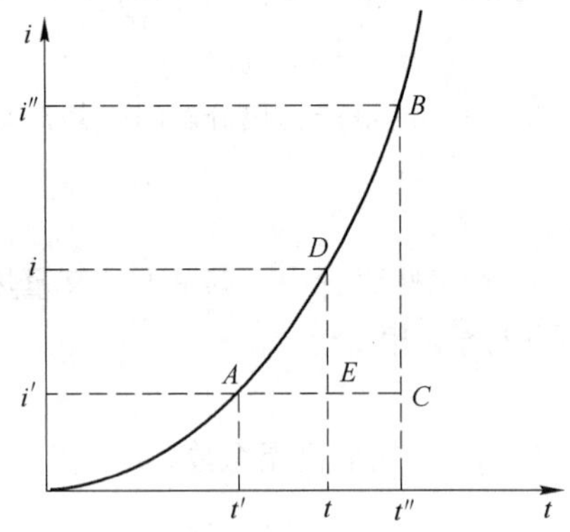

图5-2　图解法求燃烧温度

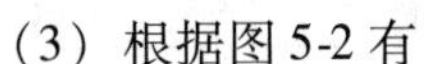

（3）根据图5-2有

$$\frac{i'' - i'}{i - i'} = \frac{t'' - t'}{t - t'} \tag{5-30}$$

则

$$t = \frac{(t'' - t')(i - i')}{i'' - i'} + t' \tag{5-31}$$

t 即为所求的量热计温度。

5.2.3.3　燃烧温度的影响因素

各种炉窑对燃烧温度的要求不同，因此，保证燃烧温度是燃料燃烧的主要任务，由燃烧温度的计算式

$$t_p = \frac{Q_{net} + Q_f + Q_a - Q_{t,d} - Q_i - Q_{t,c}}{V_\alpha c_p}$$

可知，燃烧温度的影响因素有：

（1）燃料的低位发热量 Q_{net} 的影响。燃料的发热量越高，其理论燃烧温度越高，对于温度要求高的炉子，应选择发热量高的优质燃料。但对于气体燃料，当 Q_{net} 在3400～8400kJ/m^3 的范围内时，其燃烧温度随 Q_{net} 值的增加而增长较快；当 $Q_{net} \geqslant 8400$kJ/m^3 以后，随 Q_{net} 的增加，生成的烟气量 V_α 也增加较快。单位体积燃烧产物的热含量没有多大变化。所以其理论燃烧温度增长缓慢。

（2）燃料和空气的预热温度。燃烧温度随着燃料和空气的物理热含量的增加而升高，为增加 Q_f 和 Q_a，采取燃烧前预热煤气和空气，而预热空气较为方便，对发热量高的煤气效果更大。这是实际采用提高燃烧温度的普遍有效的办法。

一般利用炉子废气的热量，采用预热利用装置来预热空气。这样不仅提高了燃烧温度，而且利用了废气的热量，节约了燃料。从经济观点来看，用预热的方法来提高燃烧温度比用提高发热量等其他方法来提高燃烧温度更为合理。一般来说，燃料的预热温度受到限制。

（3）燃料燃烧的完全程度。不完全燃烧所造成的热损失的增加，会导致燃烧温度的降低。

处理措施是根据燃料的特点，采用相应的燃烧方法，使燃料和空气混合好，雾化好，固体燃料的通风好，减少燃料的跑、冒、漏，采用合理的空气过剩系数。

（4）空气过剩系数 α。它影响燃烧产物的生成量和成分，并影响燃料的不完全燃烧程度，从而影响燃烧温度。因为空气过剩系数太大（$\alpha \gg 1$），使得燃烧产物的体积增大而导致燃烧温度降低；如果空气过剩系数过小（$\alpha \ll 1$ 时），则容易造成化学不完全燃烧，同样使燃烧温度降低。因此，为提高燃烧温度，应该在保证完全燃烧的前提下，尽可能减小空气过剩系数 α。

（5）助燃空气的富氧程度。从燃烧计算可知，燃烧产物的主要组分是 N_2（一般约 70% ~ 80%），而 N_2 又绝大多数来自助燃空气。如果采用富氧（往空气中混入氧气，使 N_2 含量相对降低）或纯氧气作助燃剂，使燃烧产物体积大大减小，燃烧温度显著上升。生产实际表明，富氧程度对发热量较高的燃料影响较大，而对发热量较低的燃料影响较小。当采用富氧来提高燃烧温度时，富氧空气在含氧27% ~30%范围内有明显效果，如果再提高富氧程度，不但效果会越来越不明显，而且还有危险性。此外，富氧也不易获得。

（6）减小燃烧产物传给周围物体的散热量。燃烧过程中向外界散失的热量，是使实际温度降低的因素之一。为减小这项损失，应加强燃烧室的保温。

（7）提高燃烧强度。燃烧强度是指燃烧空间的单位容积在单位时间内完全燃烧的燃料量（或以放出热量的多少来表示）。若燃烧技术合理，加快完全燃烧速度，提高燃烧强度，增加热量的收入，从而使实际燃烧温度上升。这是实际生产中常用的方法。当然，在一定条件下提高燃烧强度是有限的，超过这个限度再增加燃料量，不仅会导致燃料的不完全燃烧，而且对温度的提高并无益处。故应选择高效率的燃烧器。

【例 5-4】 某窑炉采用发生炉煤气为燃料，煤气温度与空气温度均为20℃，标态下煤气热值为 $Q_{net}=5758\text{kJ/m}^3$，每立方米煤气燃烧时需要的空气（标态）量为 1.315m^3，生成的烟气（标态）量为 2.07m^3。20℃时煤气与空气的比热容分别为：c_f（标态）$=1.32\text{kJ/(m}^3\cdot℃)$，$c_a$(标态) $=1.296\ \text{kJ/(m}^3\cdot℃)$。实际燃烧温度需要1450℃，问能否满足工艺要求，如果不能满足，空气预热到多少度才能达到要求。高温窑炉系数 η 取 0.8。

【解】　（1）不预热空气时计算实际燃烧温度。

首先计算量热计温度

$$t_c=\frac{Q_{net}+Q_f+Q_a}{c_pV_\alpha}=\frac{5758+1.32\times20+1.315\times1.296\times20}{2.07c_p}$$

即

$$2.07c_pt_c=5818.5$$

设 $t''_c=1700℃$，查表5-10得 $c''_p=1.67\text{kJ/(m}^3\cdot℃)$，则：$2.07\times1.67\times1700=5876.7>5818.5$

设 $t'_c=1600℃$，查表5-10得 $c'_p=1.65\text{kJ/(m}^3\cdot℃)$，则：$2.07\times1.65\times1600=5464.8<5818.5$

根据式(5-30)，有

$$\frac{1700-t_c}{1700-1600}=\frac{5876.7-5818.5}{5876.7-5464.8}$$

解得

$$t_c=1686℃$$

实际燃烧温度

$$t_p=\eta t_c=0.8\times1686=1349℃$$

实际燃烧温度小于1450℃，所以不能满足工艺要求。

（2）计算空气预热温度。

当实际燃烧产物温度为1450℃时，量热计温度为 $t_c=t_p/\eta=1450/0.8=1813℃$

根据　$c_p V t_c = Q_{net} + c_f t_f + V_\alpha c_\alpha t_\alpha$

查表5-10得1813℃时　$c_p = 1.68 kJ/(m^3 \cdot ℃)$

代入数据　$2.07 \times 1.68 \times 1813 = 5758 + 1.32 \times 20 + 1.315 c_\alpha t_\alpha$

即　$1.315 c_\alpha t_\alpha = 520.5$

设 $t_\alpha = 250℃$，查得 c_α（标态）$= 1.313 kJ/(m^3 \cdot ℃)$，则 $1.315 \times 1.313 \times 250 = 431.6 < 520.5$

设 $t_\alpha = 350℃$，查得 c_α（标态）$= 1.324 kJ/(m^3 \cdot ℃)$，则 $1.315 \times 1.324 \times 350 = 609.4 > 520.5$

根据公式(5-30),有　$\dfrac{350 - t_\alpha}{350 - 250} = \dfrac{609.4 - 520.5}{609.4 - 431.6}$

解得　$t_\alpha = 300℃$

即空气需要预热到300℃。

5.3　燃烧过程的基本理论

虽然固体、液体及气体的化学成分各不相同，但是从燃烧的角度来看，各种不同燃料均可归纳为两种基本组成：一种是可燃气体如 H_2、CO 及 C_nH_m 等，另一种是固态炭。例如气体燃料的燃烧，亦即可燃气体的燃烧；液体燃料，由于加热后首先汽化成气态烃类，以后在高温缺氧时，有一部分烃类裂解成固态炭粒及较小分子量的烃类或氢，因此液体燃料的燃烧，可以看做是可燃气体及固态炭的燃烧；固体燃料在受热时，挥发分逸出，剩下的可燃物为固态炭，因此固体燃料的燃烧，实质上亦是可燃气体及固态炭的燃烧。

燃烧是指燃料中的可燃物与空气产生剧烈的氧化反应，产生大量的热量并伴随有强烈的发光现象。燃料的燃烧，除了要有燃料和足够的空气外，还需要达到着火温度。

5.3.1　燃烧的基本概念

5.3.1.1　着火温度

任何燃料的燃烧过程，都有“着火”及“燃烧”两个阶段，由缓慢的氧化反应转变为剧烈的氧化反应（即燃烧）的瞬间称为着火，转变时的最低温度称为着火温度。

着火温度并不是一个定值。当氧化速率加大（即放热速率提高）或散热速率降低时，均能使着火温度降低。着火温度不仅与可燃气体混合物的组成及参数有关，还与散热条件有关。燃料与接近理论需要量的空气混合，提高混合气体的压力或提高周围介质的温度等，均可使着火温度降低。

着火可分为自然着火和强迫着火。常把容器内整个气体的温度同时达到着火温度的过程称为自然着火（煤气爆炸用于这种过程）。

在冷混合物中，用一个不大的点火热源，在某一局部地方点火，先引起局部着火燃烧，然后自动地向其他地方传播，最终使整个混合物都达到着火燃烧，称为被迫着火或强制点火，或简称点火。

工业炉内煤气的燃烧过程都属于强制点火的过程，在这种着火方式下，为了使燃烧反应连续稳定地进行下去，必须使可燃气体燃烧以后所放出的热量足以能够把邻近的未燃气体加热到着火温度，因此，煤气燃烧过程的稳定与否和煤气、空气混合比例有直接关系。例如，在生产实践中，往往会出现“点不着”的情况，或者当火源撤走后立即熄灭，这时必须调整煤气和空气的配比。这就说明，只有当煤气的浓度处于一定范围之内时，才能使可燃气体保持稳定的燃烧，这一浓度范围称为着火浓度极限。

5.3.1.2 着火浓度范围

气体燃料与空气的比例，必须在一定的范围内才能进行燃烧，这一范围称为着火浓度范围，或称为着火浓度极限。可燃气体的成分不同，其极限范围也不同。

显然，混合气体中可燃气体的含量低于下限或高于上限时都不能着火燃烧。因低于下限时，由于可燃气体量太少，局部点燃时，其氧化反应所产生的热量不足以使邻近层气体加热至着火温度而燃烧。若高于上限时，则由于含氧量太少而同样使氧化反应所产生的热量不足以使邻近层气体加热至着火温度而燃烧。所以当可燃气体浓度在上、下限以外时，只能局部燃烧，并不能使燃烧传播，亦即不能使燃烧继续进行。若煤气与空气的混合物喷入高温空间中时，则不受此着火浓度的限制。工业上常用的煤气在空气中的着火浓度范围见表5-11。

表 5-11 常用煤气在空气中的着火浓度范围

煤气种类	煤气-空气混合物中煤气含量/%		煤气种类	煤气-空气混合物中煤气含量/%	
	下 限	上 限		下 限	上 限
发生炉煤气	21	74	天然气	4	15
焦炉煤气	6	31			

从表5-11可以看出，天然气的着火浓度范围较窄，必须保证天然气含量在此范围内才能够着火。当煤气－空气混合物预热时，随着预热温度增加，着火浓度范围逐渐扩大，当煤气与纯氧混合时，其着火浓度范围也比煤气与空气混合时大。

5.3.1.3 火焰的传播

A 火焰的传播

在点火后，通过燃烧反应所放出的热量把邻近的未燃气体加热，使其达到着火温度而燃烧起来。这种通过热量传递使燃烧反应区逐渐向前推移的现象称为火焰的传播。

可做一个简单的试验。如图5-3所示，在一个水平的玻璃管中，装入可燃混合物，管子一端为开口，另一端为闭口，在开口端用一个平面点火热源（如电热体）进行点火。这时可以观察到，在靠近点火热源处，可燃混合物先着火，形成一层正在燃烧的平面火焰。这一层火焰以一定的速度向管子另一端移动，直至另一端头，并把全部可燃混合物燃尽。这一层正在燃烧着的气体便称为燃烧前沿面，也简称燃烧前沿。如图5-3所示，混合物以速度 v 自左向右推进，在点火器着火后燃烧，产生燃烧前沿（火焰前沿），如果 v 均匀，则燃烧前沿为一平面并以速度 u 自右向左推移。

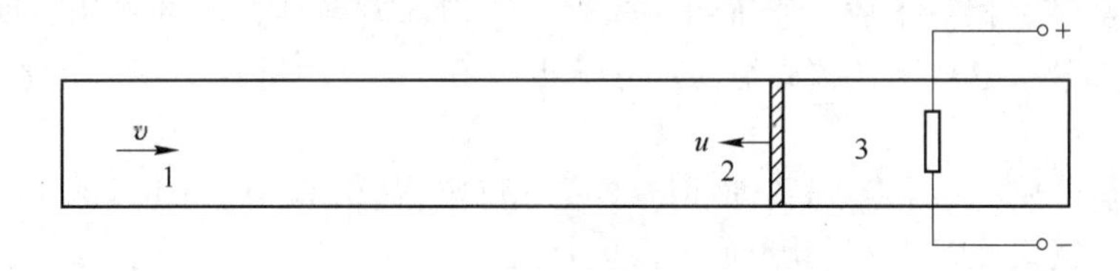

图5-3 火焰前沿传播示意图

1—可燃混合物；2—燃烧前沿；3—燃烧产物

燃烧前沿对管壁的相对位移有三种可能的情况：

(1) 当 $|v| < |u|$ 时，火焰向左移动。在烧嘴里面发生的这种现象即为回火。

(2) 当 $|v| > |u|$ 时，火焰向右移动最终会脱离管口而产生脱火现象。

(3) 当 $|v| = |u|$ 时，两者速度相等，此时的火焰前沿是不动的。

因此，只有在 $|v| = |u|$ 时，火焰面才稳定，否则易产生回火和脱火的现象。

B　火焰传播速度 u 的影响因素

在工业炉中，火焰传播速度的影响因素主要有燃料的发热量及成分、煤气与空气的混合比例、可燃混合物的初始温度等。

可燃性气体的热值高，获得燃烧产物的温度就高，从而加强了可燃混合物的传热，提高了火焰的传播速度。可燃气体的热导率越大，火焰传播速度就越快。如氢的热导率比其他可燃烧气体的热导率都大，因此它具有较其他气体大得多的火焰传播速度；而甲烷热导率小，火焰传播速度则慢。

可燃气体的浓度（或表示为空气过剩系数）也影响正常传播速度，当超过一定范围时，火焰将不能传播。这和前面所讲的着火浓度界限的概念是一致的。值得注意的是，正常传播速度的最大值并不是在空气过剩系数 $\alpha = 1$ 的地方，而是在 $\alpha < 1$ 的某个地方。这就是说，当空气量不足（小于理论空气需要量）的情况下，火焰传播速度可能最大。这是因为，在煤气浓度偏低的条件下，燃烧链式反应的活化中心的浓度较大，因而燃烧反应进行较快，即得到较大的火焰传播速度。

可燃混合物的初始温度越高，火焰传播速度就越大，因此，生产实践中常常将空气和煤气在燃烧前进行预热。因为初始温度提高后，把可燃混合物加热到着火温度所需传入的热量减小，燃烧反应带的温度将提高，反应速度将加快，气体的热导率随温度升高而增大，密度随温度的升高而减小。这些因素都将导致火焰传播速度的增加。

此外，火焰传播速度还与气流的湍流强度及传热条件有关，湍流强度越大，火焰传播速度就越大。在绝热情况下，火焰传播速度较快；当向外界散热较强时，火焰传播速度减小。

研究火焰传播速度的影响因素不仅可以提高燃烧速度、为改进燃烧技术提出改进方向，而且火焰传播速度的数据是设计燃烧装置时不可缺少的依据，为了保证燃烧过程和火焰稳定，就必须使得煤气和空气的喷出速度在此条件下与火焰燃烧速度相适应，即两者之间要保持动态平衡。

5.3.2　可燃气体（H_2、CO、C_nH_m）的燃烧

可燃物与氧气之间的燃烧反应过程并非像燃烧计算时所用的化学反应式那样简单，实际上燃烧反应过程是复杂的链式反应过程。

按照链式反应理论，当系统中受到任何形式的激发（分子相互碰撞、高温热分解、电火花、光的照射等）时，形成了原子和化学根，它们起着活性核心的作用，即它们是发生链式反应的刺激物。这些活性核心与稳定分子相作用，即发生链式反应，由此活化了整个过程。

氢的燃烧按分枝链式反应进行。所谓分枝链式反应是指反应中一个中间物质产生两个链式刺激物分别进行链式反应，这样就形成了很多分枝。

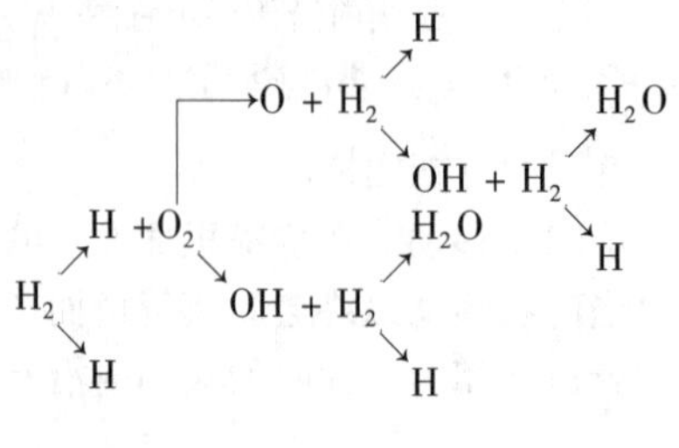

$H_2 \nearrow H + O_2 \to O + H_2 \nearrow H,\ \searrow OH + H_2 \nearrow H_2O,\ \searrow H$

$H_2 \searrow H$；$H + O_2 \searrow OH + H_2 \nearrow H_2O,\ \searrow H$

或写成

$$H + O_2 = OH + O$$
$$OH + H_2 = H_2O + H$$
$$O + H_2 = OH + H$$
$$OH + H_2 = H_2O + H$$

总的反应式为　$$H + 3H_2 + O_2 = 2H_2O + 3H$$

反应生成的 H 将会按同样的方式与 O_2进行反应。

CO 的燃烧反应和 H_2的燃烧反应一样，也属于分枝链式反应。许多实验证明干燥的 CO 难以燃烧，而水气的存在对于 CO 的燃烧具有决定性的影响，这是由于水气的存在使可燃混合物具有活性核心 H、OH 的缘故。

在有 H、OH 存在的情况下，CO 的氧化反应为

$$H + O_2 \nearrow O + CO \longrightarrow CO_2$$
$$H + O_2 \searrow OH + CO \longrightarrow CO_2 \; (\searrow H)$$

甲烷的燃烧，比氢或一氧化碳燃烧更复杂。

$$CH_4 + O \rightarrow CH_4O + O_2 \nearrow O$$
$$CH_4O + O_2 \searrow CH_4O_2 \nearrow H_2O$$
$$CH_4O_2 \searrow HCHO + O_2 \nearrow HCOOH \nearrow H_2O$$
$$HCOOH \searrow CO + O \rightarrow CO_2$$
$$HCHO + O_2 \searrow O \cdots\cdots \uparrow (CO + O \rightarrow CO_2)$$

由上所述可知，气体燃料的燃烧，是按链式反应进行的。当气体燃料与空气的混合物加热至着火温度后，要经过一定的感应期才能迅速燃烧。在感应期内不断地生成含有高能量的链式刺激物，此时并不放出大量的热，不能立即将邻近层气体温度升高而燃烧，这一现象称为延迟着火。延迟着火时间不仅与气体燃料种类有关，也与温度，压强有关。温度越高、压强越大，延迟着火时间越短。

5.3.3　固定炭的燃烧

固定炭的燃烧属于多相（气、固相）燃烧。对于多相燃烧过程，可燃物与氧化剂之间接触是靠各相之间的扩散来达到的。因此燃烧反应速度不仅取决于可燃物与氧气之间的化学反应速度，也和氧化剂的物理扩散速度有密切的关系。

燃烧反应速度和氧气浓度的关系为

$$u = K\varphi_n \quad 或 \quad \varphi_n = \frac{u}{K} \tag{5-32}$$

式中　u——燃烧反应速度，可以用单位时间单位炭粒表面氧化反应消耗氧的体积来表示，$m^3/(m^2 \cdot h)$；

K——反应速度常数，m/h；

φ_n——靠近表面处氧气的体积分数，%。

另一方面，在表面上起反应的氧气体积等于从周围向该表面扩散的氧气体积，所以燃烧反

应的速度也可以用扩散速度表示

$$u = h_D(\varphi - \varphi_n)$$

或

$$\varphi - \varphi_n = \frac{u}{h_D} \tag{5-33}$$

式中　h_D——对流传质系数，m/h；

φ——反应容器中氧气的体积分数,%。

将式（5-33）代入式（5-32），得

$$\varphi - \frac{u}{K} = \frac{u}{h_D}$$

即

$$u = \frac{\varphi}{\frac{1}{K} + \frac{1}{h_D}} \tag{5-34}$$

由式（5-34）可以看出，多相反应总速度与化学反应速度及扩散速度有关，并取决于最慢过程的速度。

在低温阶段，$K \ll h_D$，即在低温阶段化学反应速度比扩散速度低得多，其总反应速度取决于化学反应速度，燃烧处于物理扩散控制区域，简称“动力区域”。

在高温阶段，$K \gg h_D$，即在高温阶段化学反应速度远大于氧气扩散速度，其总反应速度取决于物理扩散速度，燃烧处于物理扩散控制区域，简称扩散区域。此时反映物理扩散过程的对流传质系数 h_D越大，总的反应速度越快。

在动力区域与扩散区域两个极限情况之间为过渡区，此时是燃烧速度与化学反应速度及扩散速度都有关，情况较为复杂。

5.4　燃料的燃烧及燃烧装置

5.4.1　气体燃料的燃烧及燃烧装置

5.4.1.1　气体燃料的燃烧过程

气体燃料与固体和液体燃料相比，其燃烧过程简单，容易控制，窑内温度、压力、气氛容易调节，与空气容易混合，用最小的空气过剩系数就可以实现完全燃烧，且输送方便，燃烧时劳动强度小。从本质上看，任何一种气体燃料的燃烧过程分为混合、着火、反应三个彼此不同而又有密切关系的阶段。

（1）煤气与空气的混合。要实现煤气中可燃成分的氧化反应，必须使可燃气体的分子和空气中的氧分子接触。煤气与空气的混合是一种物理过程，需要消耗能量和一定的时间才能完成，这个过程比燃烧反应过程慢得多，是决定燃烧过程快慢的主要环节。

（2）煤气和空气混合物的加热和着火。要使煤气与空气混合物发生燃烧反应，必须达到着火温度才能进行。

（3）完成燃烧化学反应。当煤气空气混合物达到其着火温度后，可燃气体与空气就立即开始剧烈的氧化反应并放出大量的光和热，这就是可燃气体的燃烧反应阶段。通常，此反应过程是非常快的。

5.4.1.2　气体燃料的燃烧方法

根据煤气与空气在燃烧前的混合情况，可将煤气燃烧方法分为有焰燃烧法和无焰燃烧法两种。

A 有焰燃烧法

如果煤气和空气在燃烧装置中不预先进行混合，而是分别将它们送进燃烧室中，并在燃烧室中边混合边燃烧，这时火焰较长，并有鲜明的轮廓，故名有焰燃烧。有焰燃烧属于扩散燃烧。

有焰燃烧的特点是火焰的稳定性较好。其燃烧速度主要取决于煤气空气的混合速度，与可燃气体的物理化学性质无关。当用有焰燃烧法燃烧含碳氢化合物较多的煤气时，由于可燃气体在进入燃烧反应区之前及进行混合的同时，必然要经受较长时间的加热和分解，因此在火焰中容易生成较多的固体炭粒，火焰黑度较大。有焰燃烧法可以允许将空气和煤气预热到较高的温度而不受着火温度的限制，有利于用低热值煤气获得较高的燃烧温度和充分利用废气余热节约燃料。因此，有焰燃烧法至今得到广泛采用，尤其是当炉子的燃料消耗量较大，或者需要长而亮的火焰时，都采用有焰燃烧法。

B 无焰燃烧法

当煤气和空气事先在燃烧装置中混合均匀时，则燃烧速度主要取决于着火和燃烧反应速度、没有明显的火焰轮廓，称为无焰燃烧。

由于空气和煤气预先混合，所以空气过剩系数可以取小一点，一般为1.02～1.05。其燃烧速度快，燃烧空间的热强度（指$1m^3$燃烧空间在1h内燃料燃烧所放出的热量，单位为$kJ/(m^3 \cdot h)$）比有焰燃烧大100～1000倍，高温区比较集中，而且由于所用的过剩空气量少，燃烧温度比有焰燃烧高；由于燃烧速度快，煤气中的碳氢化合物来不及分解成游离炭粒，所以火焰的黑度比有焰燃烧小。由于煤气和空气预先进行混合，所以它们的预热温度都不能太高，原则上不能超过混合气体的着火温度，实际上一般空气温度都控制在500℃以下，煤气的预热温度控制在300℃以下，此外，还要特别注意要防止回火和爆炸。

5.4.1.3 气体燃料的燃烧装置

A 有焰燃烧烧嘴

气体燃料的燃烧装置称为烧嘴，有焰燃烧法所用的烧嘴称为有焰烧嘴，常用的有焰烧嘴有套管式烧嘴、涡流式烧嘴、扁缝涡流式烧嘴、环缝涡流式烧嘴、低NO_x烧嘴等，下面介绍几种常用的烧嘴及新型烧嘴。

（1）套管式烧嘴。套管式烧嘴结构如图5-4所示。这种烧嘴的煤气通道和空气通道是两个同心套管，煤气和空气是平行流动，在离开烧嘴后才开始混合。这种烧嘴的特点是结构简单，气体流动阻力小，所需要的煤气和空气压强比较低，一般烧嘴前只需要784～980Pa。由于混合较慢，火焰较长，因此需要有足够大的燃烧空间，以保证燃料的完全燃烧。根据以上特点，套筒式烧嘴适于用在煤气压强较低和需要长火焰的场合。

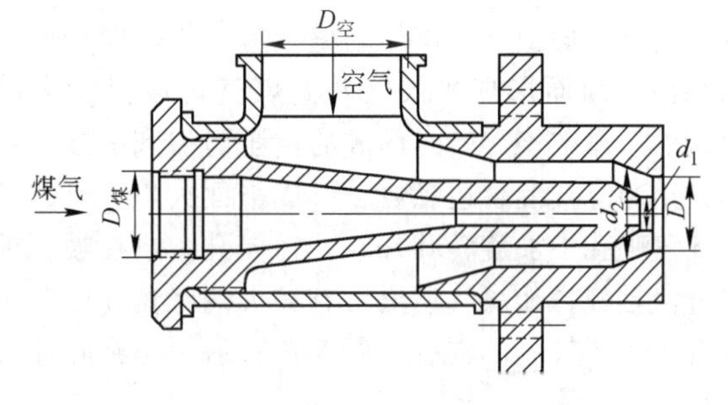

图5-4 套管式烧嘴结构

（2）低压涡流式烧嘴（DW-1型）。涡流式烧嘴是目前应用比较广泛的一种有焰烧嘴，也称为低压涡流式烧嘴。当这种烧嘴用来燃烧清洗过的发生炉煤气、混合煤气、焦炉煤气时，可以得到比较短的火焰。把煤气喷口缩小后也可以用来燃烧天然气。低压涡流式烧嘴结构如图5-5所示。

与套管式烧嘴相比，低压涡流式烧嘴的主要结构特点是煤气和空气在烧嘴内部就开始相遇，而且为了强化煤气与空气的混合过程，在空气的通道内还设置了涡流导向叶片（如图

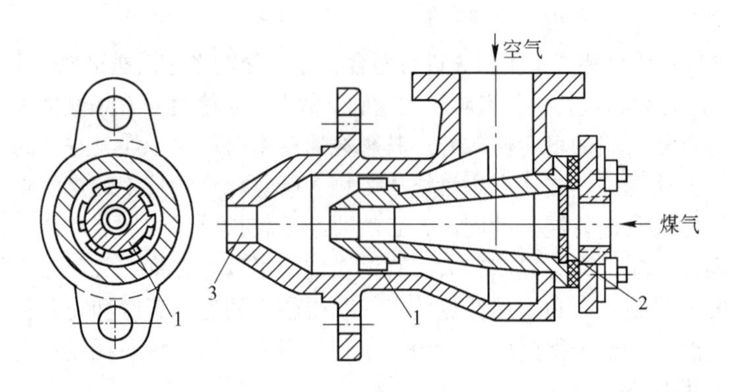

图 5-5　低压涡流式烧嘴结构
1—导流叶片；2—节流圈；3—喷口

5-5 中 1 所示)，使空气产生了切向分速度，在旋转前进的情况下和煤气相遇，因而混合条件较好，可以得到较短的火焰。要求煤气的压强不高，但因为空气通道的涡流片增加了阻力，因此，所需空气压强比套管式烧嘴大。当空气预热时，烧嘴的结构不变，但烧嘴的燃烧能力有所降低。

(3) 平焰烧嘴。一般烧嘴都是直流火焰，有时希望火焰不要直接冲刷被加热物体，此时就可采用平焰烧嘴。它所产生的火焰与一般烧嘴的火焰不同，平焰烧嘴的火焰是向四周展开的圆盘形火焰、并紧贴在炉墙或炉顶的内表面上，平焰烧嘴能将炉墙或炉顶内表面均匀加热到很高的温度，形成辐射能力很强的炉墙炉顶。因此有利于将物料均匀加热和强化炉内传热过程，显著改善加热质量，提高炉子生产率和降低燃料消耗。

现有的煤气平焰烧嘴，虽然结构有所不同，但原理基本一致。为了得到圆盘式的平面火焰，基本条件是必须在烧嘴出口形成平展气流。为此，可以使空气沿切线方向或经螺旋导向片从烧嘴旋转喷出，造成旋转气流，然后经过喇叭形或大张角的烧嘴砖喷出。一方面由于旋转气流产生了较大的离心力，使气流获得较大的径向速度；另一方面由于气体的附壁效应，气体向炉墙表面靠拢，因而形成平展气流。煤气可以沿轴向喷出，然后靠空气旋转时形成的负压而引到平展气流中，边与空气混合边燃烧，形成平面火焰。有的还在煤气喷孔中加旋转叶片、开径向孔，或在喷孔前加分流挡板，让煤气喷出后有较大的张角，以利于煤气与平展气流的混合。图 5-6 所示为螺旋叶片式平焰烧嘴结构。

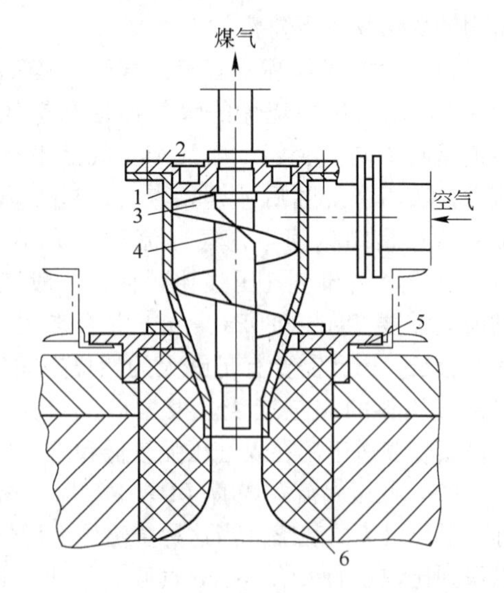

图 5-6　螺旋叶片式平焰烧嘴结构
1—外壳；2—盖板；3—螺旋片；4—煤气喷头；5—烧嘴板；6—烧嘴砖

平焰烧嘴可用在轧钢和锻造加热炉、热处理炉及隧道窑等要求炉内温度（或某一区域内的温度）分布均匀的炉子。采用平焰烧嘴除有利于物料加热外，还有利于提高炉体寿命。据现场经验，采用平焰烧嘴一般可使炉子生产率提高 10% ~20%，燃料节约 10% ~30%。

B　无焰燃烧烧嘴

为了使煤气、空气混合均匀，无焰燃烧经常采用喷射式烧嘴，利用煤气喷射时产生的抽力吸入空气。所用煤气压强较高，约为 10kPa。个别情况下也有采用空气的喷射作用带动煤气进入的。当吸入的空气为冷空气时，称为冷风吸入式烧嘴，由于不需要空气管道，故又称为单管喷射式烧嘴。当吸入的空气为热空气时，称为热风吸入式烧嘴，由于需要热空气管道，故又称为双管喷射式烧嘴。

无焰烧嘴在我国已有定型产品，下面介绍两种常见的喷射式烧嘴的结构和性能。

(1) 冷风喷射式烧嘴。这种烧嘴适用于冷风、冷煤气或单独预热煤气的场合。烧嘴没有空气支管，因此又称为单管式烧嘴，有直头和弯头两种结构形式，弯头烧嘴结构如图 5-7 所示。

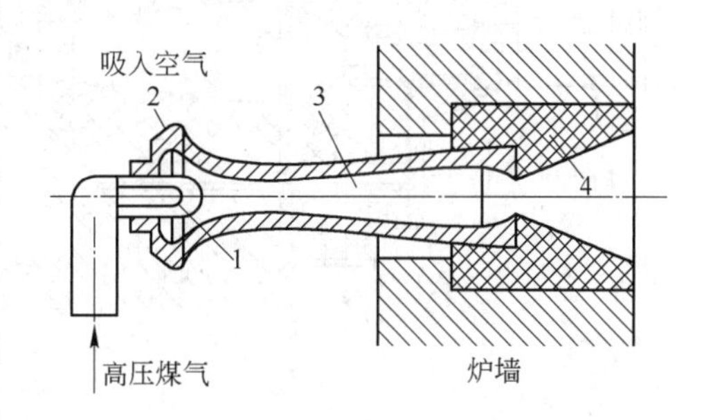

图 5-7 冷风喷射式无焰烧嘴结构示意图

1—煤气喷嘴；2—空气吸入口；3—混合管；4—燃烧通道

冷风式烧嘴可以用来燃烧发热量比较低的煤气，可用于 3770 ~ 9200kJ/m^3 的高 - 焦混合煤气和发生炉煤气。

(2) 热风喷射式烧嘴。热风喷射式烧嘴的结构如图 5-8 所示，它和冷风喷射式烧嘴不同的是多了一个空气箱和一个热风管，所以也称为双管喷射式烧嘴。

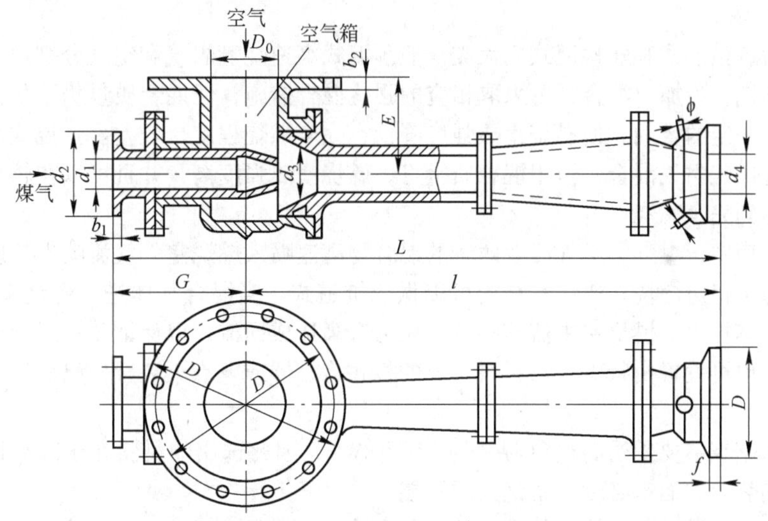

图 5-8 热风喷射式烧嘴的结构

这种烧嘴可以用在冷煤气-热空气或热煤气-热空气的场合。热空气是由热风管从空气预热器引到空气箱中，然后靠煤气的喷射作用将其吸进混合管。为了保证喷射式烧嘴按比例吸入空气的性能，即保证一定的喷射比，空气箱中的压强应保持恒定。通常保持为零压或某一与大气压强相近的恒定压强。为了加强保温，烧嘴和管道应包有绝热材料。

C 其他类型烧嘴

(1) 高速烧嘴。高速烧嘴属于无焰或超短焰烧嘴。这种烧嘴的出现，促进了间歇式窑和连续式窑炉的重大改进。

高速烧嘴工作原理如图 5-9 所示。具有一定压强的煤气和空气经混合后（也可以不混合）进入具有高负荷的燃烧室中迅速点火燃烧，由于燃烧产物体积膨胀和燃烧室内气体压

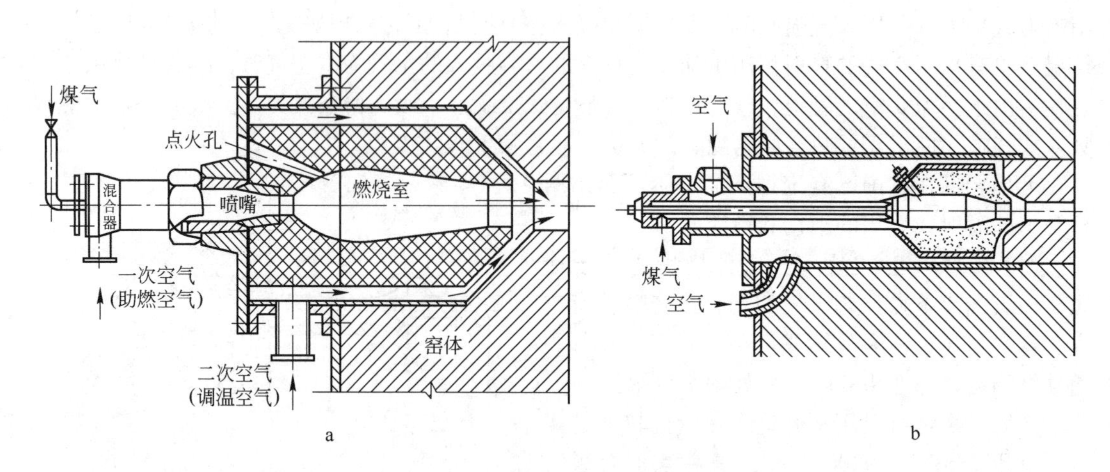

图 5-9　高速烧嘴工作原理

a—预混式高速烧嘴；b—非预混式高速烧嘴

力的作用（压强约 2500Pa），在通过狭窄喷口时将会产生高速气流，一般在 100m/s 以上，最高可达 300m/s。同时借助调节调温空气量，喷出气流温度可以在很大的范围内（200 ~ 1800℃）进行调节。

高速烧嘴有预混式和非预混式两大类。非预混式高速烧嘴煤气和空气分别送入，在燃烧室进行混和、燃烧。为加速混合，可采取相应的强化混合措施，但混合质量仍不如预混式好，而且混合要占据一定的空间，使燃烧室热强度降低，完全燃烧程度也较差。预混式高速烧嘴，采用喷射器进行煤气空气混合，由于混合质量好，燃烧室热强度高，并且可以在较小的空气过剩系数情况下达到完全燃烧。

在高速烧嘴中，煤气、空气或者两者的混合物高速喷入燃烧室，气流喷出速度远大于火焰传播速度。为了稳定燃烧，燃烧室结构可以做成坑道式。当混合气体进入燃烧室时立即燃烧，燃烧产物在突然扩大的燃烧室中流速降低，压力升高造成回流，以保证喷口附近可燃气体混合物着火燃烧。也可设置由特殊耐热材料构成的板式稳燃器或电点火装置，以保证可燃混合物稳定燃烧。

高速烧嘴燃烧室要承受高热负荷（约 12 万 kW），因此选用的材料在耐高温性能，抗高温气流冲刷及隔热等方面都必须具备优良的性能。

采用高速烧嘴最突出的特点是窑内温度分布均匀，这是由于喷出的高速气流带动窑内原有气流一起形成环流，使窑内气流始终受到强烈搅动。同时借助调节湿空气量，可以很方便地调节喷出气流的温度，并同时很准确地控制窑内温度。

此外，由于窑内气流运动速度的提高，显著增强了对流换热效果，从而提高了窑炉热效率，降低了燃料消耗。

由于高速烧嘴有上述特点，在窑炉中以对流为主的阶段，可以发挥显著效益。在间歇式窑的低温阶段，当采用一般烧嘴时，为了避免窑内温度升高过快，往往需要少开烧嘴或者烧嘴开启很小，这样造成窑内温度分布极不均匀。而采用高速烧嘴时，通过调节湿空气量来调节低温阶段温度，再加上气流的强烈循环，使整个窑内即使在低温阶段，温度分布也很均匀。隧道窑预热带的上下温差问题，也可采用高速烧嘴造成低温气流循环而消除。

（2）自身预热烧嘴。自身预热烧嘴是一种气体或液体燃料的燃烧器。其工作原理如图 5-10 所示。炉内的高温烟气在引射风所产生的负压吸引下进入环缝 1，此时低温的助燃空气正在环缝2内与烟气逆向流动，烟气与空气是靠圆筒壁3隔离开的，这样热量就由高温的烟气通过圆筒壁3传递给了低温的空气，实现了空气的预热。很显然，这正是一个套管换热器所具有的功能，从此意义上讲，自身预热式烧嘴又是一个换热器。升温后的空气进入炉膛助燃，而降温后的烟气向上流动与引射风混合后经喇叭口排出。这样此烧嘴就又具有了排烟功能，因而它又可以算得上一个排烟器，而且是引射排烟器。

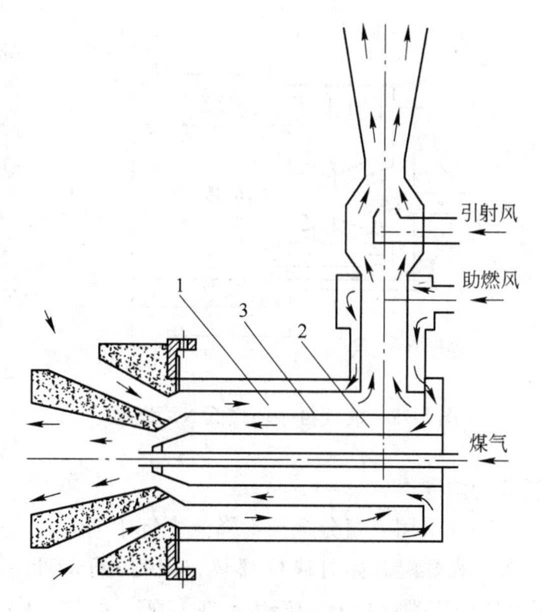

图5-10　自身预热烧嘴工作原理

自身预热式烧嘴既是燃烧器又是换热器，还是引射排烟器，它和其他燃烧器相比具有两个突出的优势：一是能够利用高温烟气余热加热助燃空气，以减少出炉物理热或增加入炉物理热，因而节约燃料；二是能够排出炉膛废气，可以取代炉子的烟囱，从而不必设置炉底烟道、烟道闸板和高大的专用烟囱，简化了炉子结构。这种烧嘴可以用在600～1400℃的工业炉上，用于1000℃以上的窑炉时效果更好。

（3）平焰烧嘴。平焰烧嘴喷出的火焰为向四周展开的圆盘形，并紧贴在炉墙或炉顶的内表面。该烧嘴能将炉墙或炉顶内表面均匀加热到很高温度，具有很强的辐射能力，有利于物料均匀加热和强化炉内传热过程。

平焰烧嘴工作原理如图5-11所示。为了得到圆盘式的平面火焰，必须在烧嘴砖出口处形成平展气流，为此可以使空气经螺旋导向叶片从烧嘴处旋转，再经喇叭口形烧嘴砖喷出。一方面由于旋转气流产生较大的离心力使气流获得较大的径向速度，另一方面由于气体的附壁效应，使气体向炉壁表面靠拢，从而形成平展气流。煤气可以从轴向喷出，然后靠空气旋转产生的负压而吸引到平展气流内，与空气边混合边燃烧，形成平面火焰。

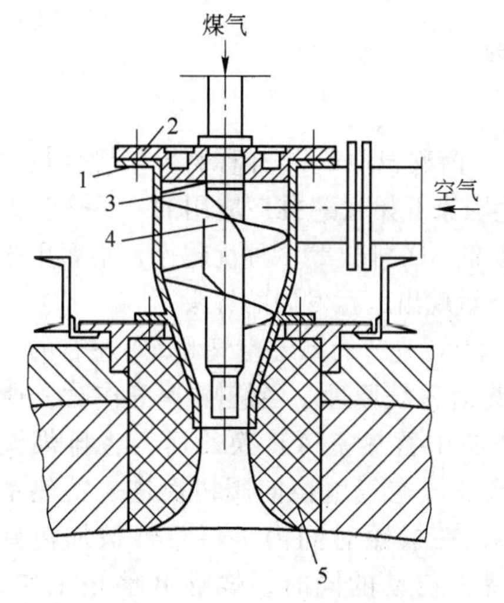

图5-11　平焰烧嘴工作原理
1—外壳；2—盖板；3—螺旋片；4—煤气喷头；5—烧嘴砖

与一般烧嘴比较，平焰烧嘴具有加热均匀、升温速度快、煤气消耗低和噪声小等优点；缺点是制造、安装技术要求高，使用受到一定的限制，目前主要用于玻璃、化工等工业窑炉上。

（4）低氮氧化物（NO_x）烧嘴。低NO_x是为了适应环境保护，减少环境污染而发展起来的新型煤气烧嘴。

氮的氧化物NO_x，一般包括N_2O、NO、NO_2、N_2O_4等，其中NO和NO_2对大气的污染最大，对人体的健康有严重影响。

煤气燃烧时空气中少量氮与氧化合生成NO，进一步氧化后生成NO_2。煤气中的氮也会在燃烧时与空气中的氧化合生成NO和NO_2。烟气中NO的生成与火焰温度有关，火焰温度越高，NO的生成量越多。NO_x的生

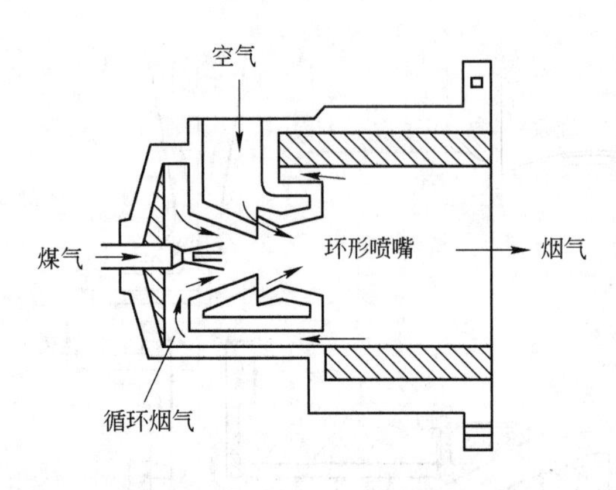

图 5-12　废气再循环式低 NO_x 烧嘴

成量与空气过剩系数有关，空气过剩系数小，混合气体的氮含量降低，NO_x 的生成量减少。此外，氮的氧化反应为可逆反应，高温气体缓慢冷却，NO_x 可重新分解为氮和氧。为此可以采用烟气的再循环，使部分烟气与新生成的燃烧产物混合，以降低火焰温度及氧气的浓度。采用含氮量低的煤气作燃料，可以减少 NO_x 的生成量。

废气再循环式低 NO_x 烧嘴如图 5-12 所示。它是利用空气从环形喷嘴喷出时的喷射作用使一部分烟气回流到煤气烧嘴附近，与空气、煤气掺混在一起，防止生成局部高温，并可降低氧气的浓度。

一种采用空气分级技术降低烟气中 NO_x 含量的烧嘴，如图 5-13 所示。空气分两级注入：第一级，在燃烧开始时缺 O_2 燃烧，限制 NO 的产生；第二级，加入空气以便完全燃烧，同时降低火焰温度以限制 NO 的产生。在 1200℃的炉子中，该烧嘴排放的 NO_x 大约为 150mg/m³，约为相同条件下的普通烧嘴的 1/5 ~ 1/4。

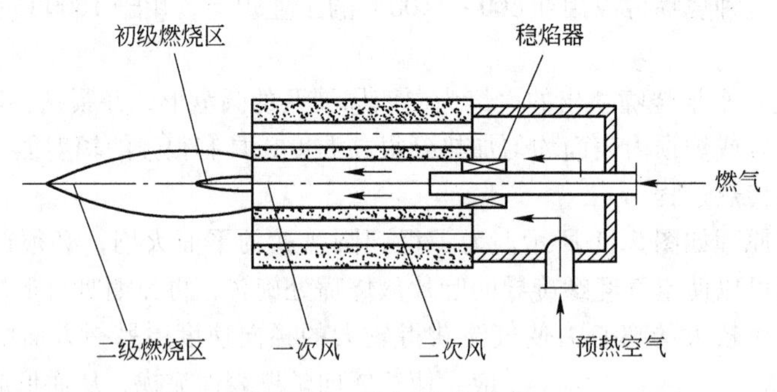

图 5-13　空气分级烧嘴

D　高温空气燃烧技术（HTAC）介绍

高温空气燃烧技术（High Temperature Air Combustion，简称 HTAC），亦称为无焰燃烧技术（Flameless Combustion），是 20 世纪 90 年代以来，在发达国家开始普遍推广应用的一种全新型燃烧技术。它具有高效烟气余热回收和高温预热空气以及低 NO_x 排放等多种优越性，主要用于冶金、机械、建材等工业部门中的各种工业燃料炉，并已呈现出迅猛发展的势头。

HTAC 技术与常规燃烧技术的不同点在于：燃料在 1200℃左右的高温空气和 5% 左右的氧气浓度环境下进行燃烧。图 5-14 所示为蓄热式高温空气燃烧系统原理。当烧嘴 B 工作时，所产生的大量高温烟气经由烧嘴 A 排出，与蓄热体（如图中蓄热室 A）换热后，将排烟温度降低到 200℃以下甚至更低。一定的时间间隔后，当常温空气由换向阀切换进入蓄热室 A 后，在经过蓄热室（陶瓷球或蜂窝体等）时被加热，在极短时间内常温空气被加热到接近炉膛温度（一般比炉膛温度低 50 ~ 100℃）。烧嘴 A 启动的同时，烧嘴 B 停止工作，而转换为排烟和蓄热装置。通过这种交替运行方式，实现“极限余热回收”和燃烧空气的高温预热，同时，余热回收方式也从以往的集中式改进为分散式回收方式，温度控制更容易实现。

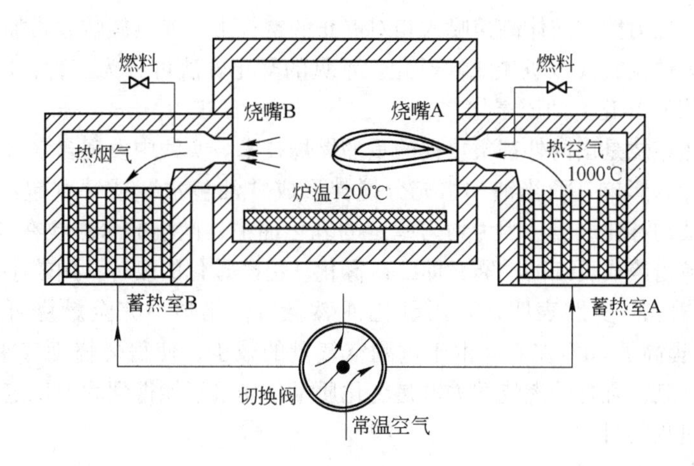

图 5-14 蓄热式高温空气燃烧系统原理

高温空气燃烧技术的主要优势有：

（1）节能潜力巨大，平均节能25%以上，燃料节约率可达50%～60%，经济效益显著。

（2）扩展了火焰燃烧区域，火焰的边界几乎扩展到炉膛的边界，从而使得炉膛内温度均匀，这样一方面提高了产品质量，另一方面延长了炉膛寿命。

（3）炉膛的平均温度增加，加强了炉内传热，导致同样产量的工业炉的炉膛尺寸可以缩小20%以上，即同样长度的炉子其产品的产量可以提高20%以上，大大降低了设备的造价。

（4）由于火焰不是在燃烧器中产生的，而是在炉膛空间内才开始逐渐燃烧，因而燃烧噪声低。

（5）采用传统的节能燃烧技术，助燃空气预热温度越高，烟气中NO_x含量越大，而采用蓄热式高温空气燃烧技术，在助燃空气预热温度非常高的情况下，NO_x含量却大大减少了。

在我国，高温空气燃烧技术虽然已引起了极大关注，但还处于起步阶段。随着我国经济的发展和能源结构的改善，该项技术以其节能降耗和保护环境等特点，必将对我国企业生产产生长远的影响，因而有着广阔的发展前景。

5.4.2 液体燃料的燃烧及燃烧装置

液体燃料热值高，燃烧时可以获得较高的燃烧温度，燃烧过程易于控制，便于实现自动化，因此液体燃料是高温窑炉用主要燃料之一。液体燃料包括有汽油、煤油、轻柴油等轻质油和重油。在工业窑炉的高温燃烧中主要以重油做燃料，下面只对重油燃烧过程及设备进行简要介绍。

5.4.2.1 重油的燃烧过程

重油的燃烧过程比气体燃烧过程复杂，它包括雾化、加热与蒸发、热解与裂化、油雾与空气的混合、着火燃烧五个过程。

A 重油的雾化

和气体燃料一样，燃烧必须具备液体燃料的质点能与空气中的氧接触的条件，因此，重油燃烧开始前必须先进行雾化，以增大它和空气的接触面积。重油的雾化是借助某种外力的作用，克服油本身的表面张力和黏性力，使油破碎成很细的雾滴。在窑炉中，这一过程是通过油烧嘴的装置来实现的。

雾化的方法有两大类，一类是靠雾化剂的能量雾化，常用的雾化剂是空气或蒸汽；另一类主要靠液体本身的压力能把液体高速喷入相对静止的空气中，或以旋转方式加强搅动，使油雾化，这种方法称为油压式（或机械式）雾化。常见的雾化方法可分为三种：即低压空气雾化、高压空气（或蒸汽）雾化、油压雾化。

重油掺水乳化燃烧是国内外都很重视的重油燃烧技术。实践中发现含水10%～15%的重油对燃烧效率没有什么影响，而当油和水充分搅拌形成“油包水”或“水包油”的乳化液后，反而有利于改善油的雾化质量。因为均匀稳定的乳化油中，微小的水颗粒在高温下变成蒸汽，蒸汽压力将油颗粒击碎成更细的油雾，即二次雾化。由于雾化的改善，用较小的空气过剩系数就能够达到完全燃烧。实践表明，采用乳化油燃烧后，化学不完全燃烧可以降低1.5%～2.2%，火焰温度提高了20℃左右。由于过剩空气量的减少，使得燃烧烟气中NO_x含量降低，减少了对大气的污染。乳化油燃烧的关键是乳化质量，如果不能得到均匀稳定的乳化液，则不能达到改进燃烧过程的目的。

B　油雾的加热与蒸发

重油的沸点在200～300℃左右，而着火温度在600℃以上，因此，油雾在燃烧前先被加热为油蒸气，油蒸气比液滴更容易着火，为了加速重油燃烧，应使油更快地蒸发。

C　热解和裂化

油和油蒸气在高温下与氧气接触，达到着火温度可以立即燃烧。但在高温下没有与氧气接触，组成重油的碳氢化合物就会受热分解而生成炭粒，即

$$C_nH_m \longrightarrow nC + \frac{m}{2}H_2$$

重油燃烧不充分时，往往会看到烟囱中会冒出大量的黑烟，就是因为在火焰中含有大量的、未燃尽的固体炭粒。固体炭粒增加了烟气的黑度。

没有来得及蒸发的油颗粒如果在高温下还没有与氧气接触，会发生裂化，一方面会产生一些相对分子质量较小的气态碳氢化合物，另一方面会剩下一些固态的、较重的分子。这种现象严重时，会在油烧嘴中发生结焦现象。提高雾化质量可避免此现象发生。

D　油雾与空气的混合

油雾与空气的混合也是决定燃烧速度与质量的重要条件。在雾化与蒸发都良好的条件下，混合就起着更重要的作用。但油与空气的混合比煤气与空气的混合更加困难，故不能得到像煤气燃烧那样容易得到短火焰和完全燃烧。如果混合不好，火焰将拉得很长，或者造成不完全燃烧，炉子大量冒黑烟，使得炉子温度上不去。在生产实践中，控制重油燃烧过程就是通过调节雾化与混合条件来实现的。

E　着火燃烧

油蒸气及热解、裂化产生的气态碳氢化合物在与氧气接触并达到着火温度时，便激烈的完成燃烧反应。这些气态产物的燃烧属于均相反应。另外，固态的炭粒、石油焦在这种条件下也会开始燃烧，属于非均相反应。对于油颗粒而言，受热后油蒸气从油滴内部向外部扩散，外面的氧向内扩散，当两者混合达到一定比例时，被加热到着火温度便着火燃烧。在火焰的前沿面上温度最高，热不断向邻近的油颗粒传递，使火焰扩展开来。

重油在燃烧时不可避免地发生热解和裂化，火焰中游离着大量的炭粒，火焰呈橙色或黄色，由于游离碳的存在，其火焰的黑度比不发光火焰的黑度大得多，辐射力强。生产实践中，为了提高火焰的辐射力，可采取人工增碳措施，即向不含碳氢化合物的燃料中加入重油作为人工增碳剂。

需要指出的是，燃烧的各个环节是相互联系又相互制约的，一个过程不完善，重油就不能顺利燃烧；一个过程不能实现，火焰就会熄灭。例如，当调节油烧嘴时，突然将油量加大，而未及时调节雾化剂量和空气量，则由于大量的油喷入炉内而得不到很好的雾化和混合，因而不能立即着火燃烧，此时火焰就会脱离油烧嘴，出现脱火现象，喷入的油大量蒸发，油蒸气逐渐与空气混合，当达到着火浓度极限和着火温度时，就会像爆炸一样突然着火。

5.4.2.2　重油的燃烧装置

重油燃烧过程的燃油装置，包括油烧嘴和燃烧室。这里重点介绍油烧嘴。

重油烧嘴的结构及性能，应根据炉子热工过程的要求确定。一般来说对重油烧嘴的基本要求是：(1) 有一定的燃烧能力；(2) 在一定的调节范围内能保证雾化质量；(3) 能造成一定的空气与油雾混合的良好条件；(4) 调节倍数能满足生产中调节油量的要求；(5) 燃烧稳定，火焰的形状和火焰长度稳定，或根据生产要求允许调节火焰长度；油烧嘴便于调节或能实现自动调节；(6) 结构坚固，工作可靠，检修方便等。

重油烧嘴的种类很多，分类方法也不一样，按雾化方法的不同，常用的烧嘴可分为如下三类：低压油烧嘴、高压油烧嘴、机械雾化烧嘴。

A　低压油烧嘴

低压油烧嘴是用鼓风机供给的空气作雾化剂，烧嘴前风压一般为 5 ~ 10kPa，高的可达 12kPa。在这样的压强下，雾化剂与燃料相遇时的速度为 50 ~ 100m/s。

低压油烧嘴重油的雾化是靠雾化剂产生的动量。由于雾化剂的喷出速度受到风压的限制，所以为了保证雾化质量良好，就必须用较大量的空气做雾化剂。根据实验研究的一些结果、雾化剂消耗量应为燃烧空气消耗量的25% ~50%，且有许多烧嘴是将全部燃烧空气量都作为雾化剂经由烧嘴喷入。这样一来，在雾化的同时，创造了空气和油雾混合的良好条件。所以为了达到完全燃烧，低压油烧嘴可选用较小的空气过剩系数，一般，$\alpha = 1.10 \sim 1.15$。由于混合较好，低压油烧嘴可以产生较短的火焰。

低压油烧嘴的油压不宜太高，一般为 30 ~ 150kPa。如前所述，如果油压过高将不利于雾化；另外油压过高时，为保证油量一定，油孔必将过小，这易使油孔堵塞。烧嘴前最好装设稳压器，将油压稳定在较低水平。

低压油烧嘴的能力不宜太大，一般不超过 150 ~ 2000kg/h，这是因为在雾化剂压力和油压较低时，如果能力设计的太大，空气喷出口和油喷口的断面都将很大，这一方面使雾化质量不易保证，另一方面使烧嘴结构过于庞大。

在低压油烧嘴中，空气的预热温度受到限制。一般情况下，当全部空气用来做雾化剂时，预热温度应控制在 400℃以下，如果要求将空气预热至更高的温度，那么可将空气分为两部分：一部分流经烧嘴，为一次空气；另一部分由烧嘴之外通入燃烧室，为二次空气。二次空气的预热温度不受限制。

套管式低压油烧嘴结构如图 5-15 所示。

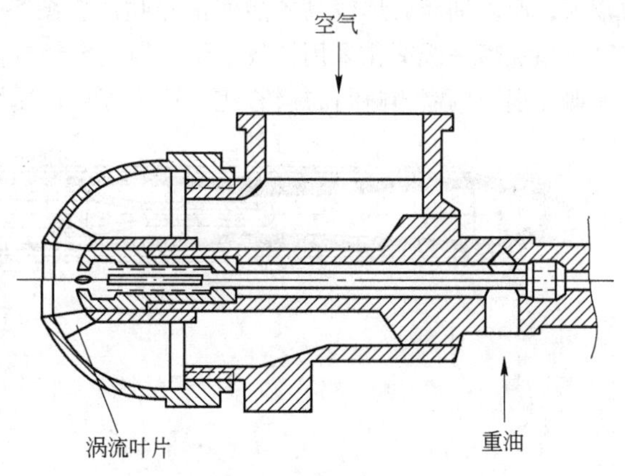

图 5-15　套管式低压油烧嘴结构

B　高压油烧嘴

高压油烧嘴是用高压气体（如压缩空

气或蒸汽）作雾化剂，燃烧所需空气的大部分或全部由风机另行供给。所以和低压油烧嘴相比，空气与重油的混合条件差、火焰较长，为保证完全燃烧，所需空气过剩系数较大，约为1.20～1.25。高压油烧嘴的优点是只有少量气体（雾化剂）通过烧嘴本体，因此在烧嘴体积较小的情况下可以获得较大的燃烧能力，此外空气预热也不受重油热分解的限制，可以提高空气预热温度。常用的高压油烧嘴有外混交流式高压油烧嘴、外混旋流式高压烧嘴（GW 系列）及内混式烧嘴。

外混交流式高压烧嘴是高压烧嘴中最简单的一种，目前在隧道窑上广泛采用。外混交流式高压油烧嘴如图 5-16 所示。该烧嘴采用压缩空气或蒸汽作雾化剂。当进行高压操作时，压缩空气压强在 300kPa 以上，一般在 300～700kPa 范围内；低压操作时，蒸汽压强仅为 0.5～100kPa。无论采用高压或低压操作，雾化油滴平均直径在 100μm 以上，雾化质量较差。外混旋流式高压烧嘴（GW 系列）由于在该烧嘴喷头内部装有旋流叶片，使雾化剂在喷头内按一定角度（30°）旋转后喷出，从而改善了雾化质量。其雾化油滴平均直径小于 100μm，结构简单、操作可靠，且火焰形状及调节性能好。

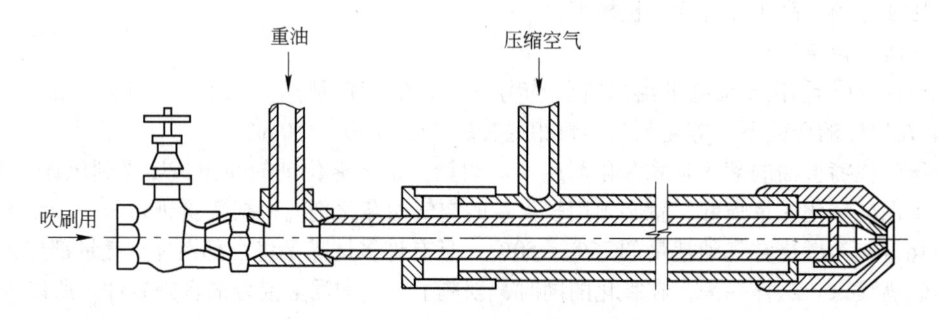

图 5-16　外混交流式高压油烧嘴

内混式烧嘴油管喷口在雾化剂喷管里面，雾化剂可以在较长一段距离内与高速油流混合，同时当油气相混时，气被油所包围，当此高压气体喷出后，由于体积膨胀而将油滴进一步破碎，即起到二次雾化作用，因此，雾化质量好，雾化粒度一般小于 40μm，甚至可达 10μm 左右。采用内混式烧嘴，不但可以得到较细的油粒，而且油粒在流股中分布均匀，有利于与空气混合，所获得的燃烧温度高、火焰短。同时内混式烧嘴雾化剂包围着油烧嘴，防止了由于炉膛高温辐射使重油分解析出炭粒堵塞烧嘴的现象。但是，此种烧嘴由于雾化剂在油喷口处的反压力较大，所以油压必须较高才能使油流喷出。图 5-17 所示为采用拉伐尔管的内混式高压雾化烧嘴，该烧嘴一级雾化采用拉伐尔管，雾化剂经拉伐尔管进行绝热膨胀，获得更高速度后与重油流股相遇，两者再进行二级雾化。该烧嘴雾化质量好，燃烧能力高。

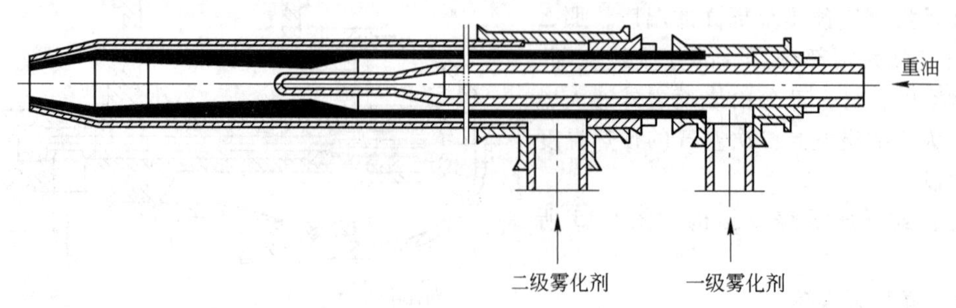

图 5-17　采用拉伐尔管的内混式高压雾化烧嘴

C 机械雾化烧嘴

机械雾化烧嘴不需要雾化剂，重油在自身压力作用下由烧嘴喷出而雾化。燃烧所需全部空气另行供给。为了保证雾化质量，要求重油具有高的喷出速度，故要求油压高。图 5-18 所示为机械雾化烧嘴结构。

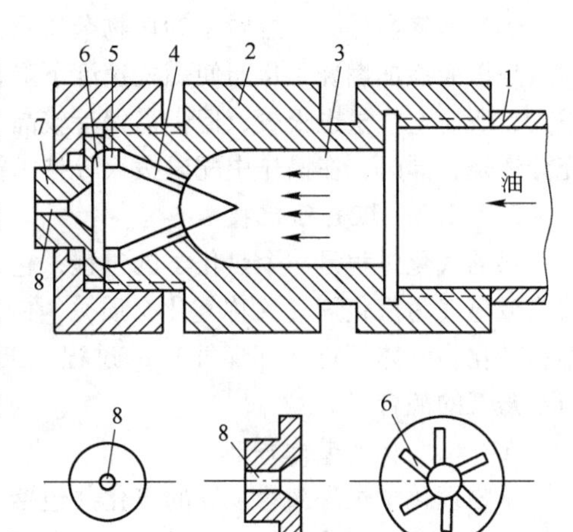

图 5-18 机械雾化烧嘴结构
1—油管；2—分油器；3—分油室；4—分油道（4 个或 6 个）；5—环形油槽；6—雾化槽；7—雾化片；8—喷出口

因为机械雾化烧嘴不需要雾化剂，所以空气预热温度不受限制，但雾化后的颗粒较大（直径为 100 ~ 200μm），机械雾化烧嘴燃油量大，一般多用在回转窑及大容积燃烧室的锅炉上。

5.4.3 固体燃料的燃烧过程及燃烧装置

固体燃料的燃烧是一个复杂的物理、化学过程，它是化学动力学、气体力学、传热、传质过程的综合。固体燃料可以块状、粉状进行燃烧。由于固体燃料不易完全燃烧，燃烧热效率低，环境污染严重，在材料工业窑炉中已不再直接利用，而是采用煤的气化技术，将煤转换为清洁的气体燃料再来进行利用，或者在煤燃烧前，通过煤的净化技术，将煤中的有害物质分离出去，从而减少燃烧产物的污染。下面主要对煤的燃烧过程、煤的气化技术、煤气发生炉及煤的先进燃烧技术作一简单介绍。

5.4.3.1 固体燃料（煤）的燃烧过程

固体燃料中煤的燃烧过程可以分为准备、燃烧和燃尽三个阶段。

A 准备阶段

准备阶段包括煤的干燥、预热、挥发分逸出和焦炭的形成。刚被送入炉膛的煤，强烈受热升温。当温度达 100℃以上时，水分迅速汽化，直至完全烘干。随着煤的温度继续上升，挥发分开始逸出，最终形成焦炭。

在这一阶段，煤的干燥预热、逸出挥发分都是吸热过程，其热量来源于燃烧室内的高温烟气、灼热火焰、炉墙及邻近的煤。一般都希望这个阶段所需的时间越短越好，而影响它的主要因素除煤的性质和水分含量外，还有燃烧室的温度及结构。

B 燃烧阶段

燃烧阶段包括挥发分的燃烧和固定炭的燃烧。

挥发分是由碳氢化合物、氢、一氧化碳等组成的气态物质，比焦炭容易着火，因此逸出的挥发分达到一定温度和浓度时，它就先与固定炭着火燃烧。通常把挥发物着火燃烧的温度粗略地看做煤的着火温度。挥发分多的煤，着火温度低；反之，着火温度高。达到着火点时虽能着火但燃烧缓慢，生产中为保证燃烧过程稳定，加快燃烧速度，往往要求把煤加热到较高温度，例如褐煤加热到 550 ~ 600℃，烟煤加热到 750 ~ 800℃，无烟煤加热到 900 ~ 950℃。

固定炭是煤中的主要可燃组分，是煤燃烧放出热量的主要来源，由于碳的燃烧属于多相燃烧反应，燃烧所需的时间长，且完全燃烧程度也较挥发分燃烧差，因此，如何保证固定炭的燃烧，是组织燃烧过程的关键。

在这一阶段，要保证较高的温度条件，供给足够的空气，并要使燃料和空气很好地混合。

C 燃尽阶段（灰渣形成阶段）

焦炭即将燃尽时，燃料中的矿物杂质及低熔点物质所形成的灰渣包围其表面，使空气很难掺入到里面参加燃烧，从而使燃烧速度下降，尤其是高灰分燃料就更难燃尽。此阶段的放热量不大，所需空气量也很少，但仍需保持较高温度，并给予一定时间，尽量使灰渣中的可燃物质充分燃烧，同时，在操作中配以拨火等技术措施，使灰渣中的可燃物质燃尽。

5.4.3.2 煤的气化技术

煤的气化过程是一个热化学的过程，它以煤或煤焦为燃料，以氧气（空气、富氧或纯氧）、蒸汽或氢气为汽化剂（又称气化介质），在高温的条件下，通过部分氧化反应将原料煤从固体燃料转化为气体燃料（即煤气）的过程。工业上所用的汽化剂主要是空气、水蒸气以及空气与水蒸气的混合气。

A 煤气化的基本原理

从物理化学过程来看，煤的气化共包括以下几个阶段：煤炭干燥脱水、热解脱挥发分、挥发分和残余碳（或半焦）的气化反应，如图 5-19 所示。

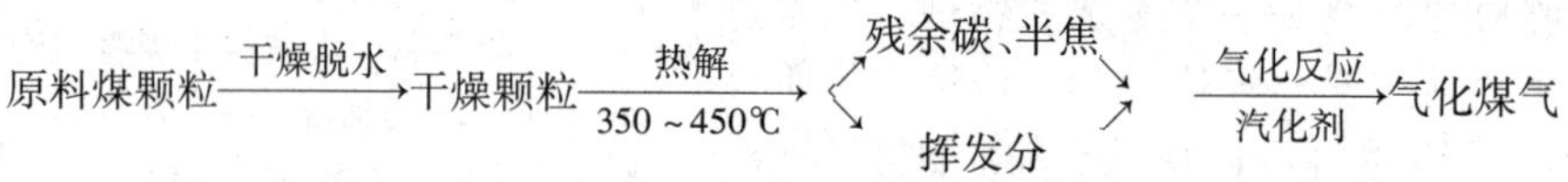

$$\text{原料煤颗粒}\xrightarrow{\text{干燥脱水}}\text{干燥颗粒}\xrightarrow[350\sim450^\circ C]{\text{热解}}\begin{cases}\text{残余碳、半焦}\\ \text{挥发分}\end{cases}\xrightarrow[\text{汽化剂}]{\text{气化反应}}\text{气化煤气}$$

图 5-19 煤的气化过程

煤的气化反应是指热解生成的挥发分、残余焦炭颗粒与汽化剂发生的复杂反应，其主要产物是：可燃性气体 CO、H_2 和 CH_4，只有小部分碳完全氧化为 CO_2，可能还有少量的 H_2O。该过程中主要的化学反应有：

碳完全燃烧：$C + O_2 = CO_2 + 393.8MJ/kmol$

碳不完全燃烧：$C + \frac{1}{2}O_2 = CO + 115.7MJ/kmol$

二氧化碳还原：$C + CO_2 = 2CO - 162.4MJ/kmol$

水煤气生成：$C + H_2O = CO + H_2 - 131.5MJ/kmol$

水煤气平衡/CO 变换反应：$CO + H_2O = CO_2 + H_2 + 41.0MJ/kmol$

甲烷生成：$C + 2H_2 = CH_4 + 74.9MJ/kmol$

$CO + 3H_2 = CH_4 + H_2O + 250.3MJ/kmol$

除了上述反应外，煤中存在的其他元素如硫、氮等，也会与汽化剂发生反应。

煤气化生成的气体产物称为煤气，根据煤气的气化方法，结合其成分及用途，按其热值高低（由低至高）可分为发生炉煤气、水煤气、合成气、城市煤气，分述如下：

（1）发生炉煤气是指以空气和水蒸气为汽化剂使煤气发生气化反应制得的，由于混入了大量氮气，其热值较低，又称贫煤气。

（2）水煤气一般是在气化炉中交替吹送空气和水蒸气，由水蒸气作汽化剂与热的无烟煤或焦炭作用制得。空气起载热体的作用，因此氮气含量较低，煤气热值高于发生炉煤气。

（3）合成气是指具有特定组分要求，在化工领域为了合成某种化工产品而做合成原料的煤气。合成气的组成与用途有关，其热值并不完全相同。

（4）城市煤气是用做民用燃料气，我国城市煤气要求热值大于 $14.64MJ/m^3$，H_2S 含量少于 $20mg/m^3$，氧气体积分数小于 1%。

B 煤气化方法

目前在应用和开发的煤气化方法及设备种类很多，根据炉内汽化剂和原料煤的混合运动方式分为移动床气化法、流化床气化法和气流床气化法，相应的三种气化方法对原料煤的粒度和黏结性、操作条件等有不同的要求，同时热效率、碳转化效率、处理能力及煤气组成也有明显的区别，表5-12为这三种典型气化法的主要特点和设备的比较统计。

表5-12 三种典型气化法比较

项　目	移动床气化法	流化床气化法	气流床气化法
典型气化炉形式	煤气 煤炭 水蒸气 氧气或空气 灰分	煤气 煤炭 水蒸气 氧气或空气 灰分	氧气或空气 煤粉/水煤浆 煤气 灰分
原料煤粒度/mm	3~30	1~5	<0.1
适用煤种	非黏结性煤	黏结性较低的煤种	基本无限制
供料方式	块煤干式	煤粉干式	煤粉干式或水煤浆湿式
排渣/灰方式	干式排灰或液态排渣	干式排灰或团聚排灰	液态排渣
气化温度/℃	450~1000（干式排灰） 600~1600（液态排渣）	850~1100	1500~1800
碳转化率/%	高（>99.7）	低（>95）	高（>99）
冷煤气效率/%	高（约89）	中（80~85）	低（76~80）
生产能力	低	中	高
代表技术	Д型炉、W-G炉（常压） UGI间歇式水煤气炉 ATC/Wellman两段炉 Lurgi/BGC-Lurgi	Winkler炉 KRW/U-Gas炉 HTW炉	Texaco/E-Gas （水煤浆供料） Shell/Prenflo/GSP （干粉供料）

5.4.3.3 煤气发生炉

煤气化所用的设备称为煤气发生炉。上述三种不同的煤气化方法分别对应不同结构的煤气发牛炉。

A 移动床气化法及典型气化炉

移动床气化法又称固定床气化，是指气体相对于固体层的速度未达到流化速度，气固系统处于固定床状态。在气化炉内，固体原料煤并不是像层燃炉一样静止在炉箅上，而是从炉顶加入，在向下移动的过程中与炉底通入的汽化剂逆流接触，进行充分的热交换并发生气化反应，故称移动气化床。图5-19所示为移动床气化炉原理示意图。

根据燃料在煤气发生炉内进行的物理化学变化，可沿高度分为干燥层、干馏层、还原层、氧化层、灰层。当采用空气、水蒸气混合物作汽化剂时，在煤气发生炉中固体燃料的气化过程可分为以下几个阶段。

（1）燃料的氧化。自炉栅下送入的汽化剂首先进入炉栅上的灰渣层，由于灰渣温度较高，汽化剂被预热。被预热的汽化剂向上运动，与燃料中的碳相互作用，生成CO_2和CO，该层称为氧化层。在该层中所进行的氧化反应均为放热反应，可使该层达到较高的温度。

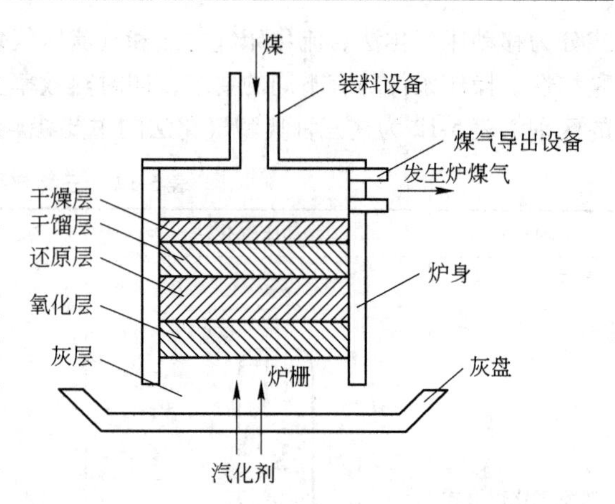

图 5-19　移动床气化炉原理示意图

（2）还原。氧化层中生成的CO_2以及水蒸气等气体，继续向上流动遇到炽热的焦炭，进行还原反应，因此该层称为还原层。在还原层中，产生了可燃气体CO及H_2，煤气质量的好坏，主要取决于煤气中CO和H_2的含量，因此该层是很重要的。

（3）干燥干馏。还原层上部的燃料随高温气流的加热，被干馏而逸出挥发分，此层称为干馏层。在干馏层上部，燃料受干燥作用排除了水分，同时被加热，该部分称为干燥层，或将此两层统称为干燥干馏层。

在燃料层上部的空间称为空层。在空层中有很少量化学反应，CO和水蒸气减少，CO_2和H_2略有增加。

移动床煤气发生炉的结构形式有很多，图5-20所示为A-Л型煤气发生炉，该炉具有机械连续加煤装置，炉身下部有冷却水套，炉渣与渣盘固定在一起，由传动机构带动转动。其结构较简单，可用于气化烟煤、褐煤及无烟煤，是国内应用较广泛的一种炉型。

B　流化床气化法及其典型气化炉

流化床气化法的原理指利用煤的流态化，在特殊的流动状态下来实现煤的化学反应。第一台工业化流化床气化炉于1926年投入使用，并命名为温克勒炉。图5-21所示为温克勒气化炉，

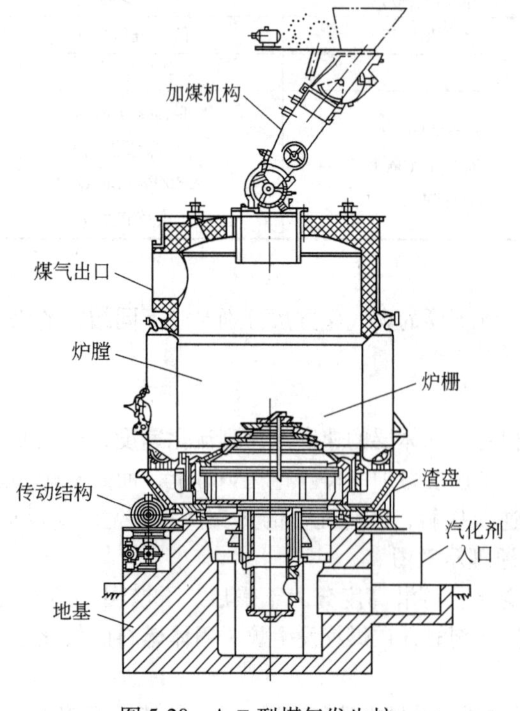

图 5-20　A-Л型煤气发生炉

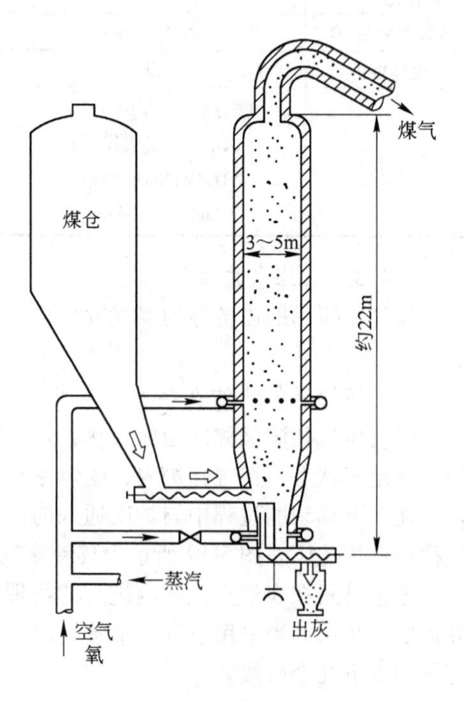

图 5-21　温克勒气化炉

煤料经过破碎处理后，通过螺旋给料机或气流输送系统进入气化炉，具有一定压力的汽化剂从床层下部经过布风板吹入，将床上的碎煤托起，当气流速度上升到某一定值时，煤粒互相分开，上下翻滚，同时床层膨胀且具有了流体的许多特征，即达成了流化床。

与移动床相比，流化床中氧化反应进行得较缓慢，而且只能用于气化反应较好的煤种，如褐煤等。在流化床内部，由于燃料颗粒与汽化剂混合良好，其温度沿床层高度的变化比移动床平稳。总的说来，流化床温度均匀，气固混合良好，同时煤的粒度小，比表面积大，能获得较高的气化强度和生产能力。

为了改善温克勒气化炉的气化性能，人们开发了许多新型气化炉，如 HTW、U-Gas 气化炉和 KRW 气化炉等，详细介绍参阅文献［31］。

C 气流床气化法及其典型气化炉

气流床气化法是20 世纪 50 年代初发展起来的新一代煤气化技术，最初代表炉型为 K-T 炉，K-T 常压气化炉典型结构如图 5-22 所示。其特点是将粉煤和氧气混合后在火焰中进行气化反应，生产适合不同用途的煤气。粉煤与氧气及水蒸气按一定比例混合，然后从两侧炉头的喷嘴喷到炉内，炉内温度很高，可达2000℃，因而煤粉喷入后即可着火。炉膛结构是由两个或四个锥体合成，中间大，两头小，故炉膛中部气流速度低，反应过程中产生的灰分能够沉淀下来，并由炉膛下部的渣口排出，煤气则从气化炉上部的出口输出。

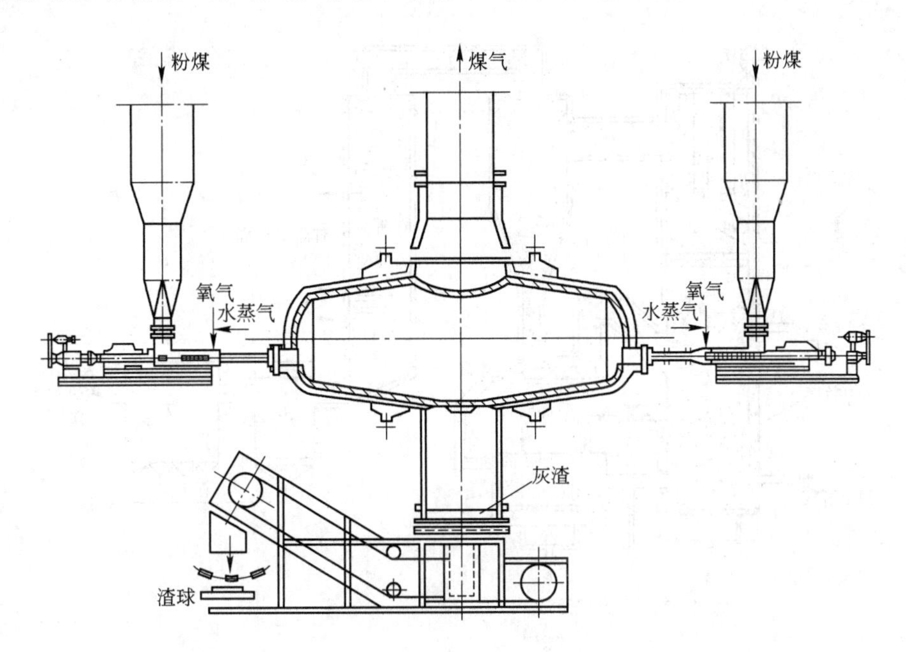

图 5-22 K-T 常压气化炉的典型结构

气流床气化法对煤种的适应性强，对煤的灰分、黏结性、耐热性、机械强度等没有任何要求。煤气热值高，煤气净化和污水处理比较方便。炉内无传动装置，常压操作，设备结构简单，操作方便。由于粗煤气出口温度高，损失大，需要采用合适的余热回收设备，提高效率。

5.4.3.4 煤的先进燃烧技术

在实际工程中，人们通过在燃烧过程中改变燃料性质、改进燃烧方式、调整燃烧条件、适当加入添加剂等方法来控制污染物的生成，减少污染物的排放量，这类洁净煤燃烧技术称为煤的先进燃烧技术。目前比较成熟且应用较广的先进燃烧技术有：煤粉低 NO_x 燃烧技术、循环流化床燃烧技术、水煤浆燃烧技术。

A　低 NO_x 燃烧技术

NO_x 燃烧技术就是根据 NO_x 的生成机理，在煤的燃烧过程中通过改变燃烧条件或合理组织燃烧方式等方法来抑制 NO_x 生成的燃烧技术。目前常见的低 NO_x 燃烧技术主要有低 NO_x 燃烧器技术、空气分级燃烧技术（又称再燃技术）和烟气再循环技术。各项技术的利用方式不同，在燃煤锅炉中的布置位置也不同，详细资料请参阅文献［31］。

B　循环流化床燃烧技术

循环流化床燃烧技术是应用流态化原理来组织燃烧的一种流化床燃烧技术，其核心是在炉膛内形成流态化。在此状态下，固体燃料与气体、或与受热面、或在固体颗粒之间发生强烈的传质或传热作用，并剧烈燃烧，从而具备了诸多区别于其他常规燃烧技术的特点。如燃料适应性好，燃料的燃尽率高，脱硫剂的利用率也高；能保持在 850～900℃ 的范围内进行低温燃烧，不仅可以防止床层结渣，以维持正常的流态化，而且使炉内脱硫处于最佳温度范围，并有效控制了 NO 的生成；床内温度分布均匀等。

循环流化床燃烧技术是目前最成熟、最经济、应用最广泛的一项清洁燃烧方式。依托于循环流化床燃烧技术发展起来的循环流化床锅炉也在世界范围内迅速发展。图 5-23 所示为典型的 Lurgi 式循环流化床锅炉示意图。

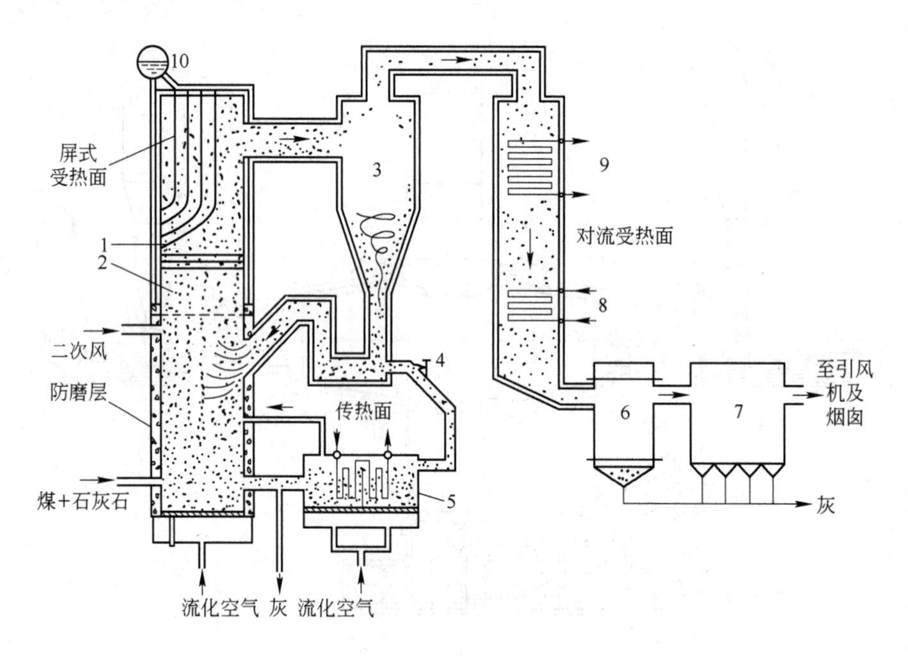

图 5-23　典型的 Lurgi 式循环流化床锅炉示意图

1—交叉管；2—水冷壁；3—旋风分离器；4—返料控制阀；5—外置式换热器；6—空气换热器；7—布袋除尘器；8—省煤器；9—过热器/再热器；10—汽包

C　水煤浆燃烧技术

水煤浆是一种煤基的液体燃料，一般是指由 60%～70% 的煤粉、40%～30% 的水和少量化学添加剂组成的混合物。它既保持了煤炭原有的物理化学特性，又具有和石油类似的流动性和稳定性，而且工艺过程简单，投资少、燃烧产物污染较小，具有很强的实用性和商业推广价值。

水煤浆作为一种替代燃料，除了具有原有煤的特性外，还具有以下特殊的要求：

（1）水煤浆的浓度。水煤浆的浓度是指固体煤的质量浓度，它直接影响到水煤浆的着火性能和热值。通常根据其实际需要和煤质特性，将浓度控制在60%～75%之间。

（2）水煤浆中煤的粒度。煤的粒度对水煤浆的流变性、稳定性及燃烧特性影响很大，且合理的粒径分布有利于达到较高的水煤浆浓度。一般情况下，煤炭的最大粒径不超过300μm，且小于200目的颗粒含量不小于75%。

（3）水煤浆的流变特性。流变性用于描述非均质流体的流动特性，它是影响水煤浆储存的稳定性、输运的流动性、雾化及燃烧效果的重要因素，常用参数黏度表示。为便于利用，在不同的剪切速率或温度下，要求水煤浆能表现出不同的黏度值。

（4）水煤浆的稳定性。一般要求水煤浆存放稳定期是3个月。

水煤浆的燃烧过程一般先通过雾化器将水煤浆雾化成细小的浆滴，进入炉膛后，浆滴受热蒸发，将煤粉颗粒暴露在炉膛内，然后发生与煤粉炉内煤粒类似的燃烧过程，直至燃尽。

水煤浆中虽含有30%～35%的水分，但着火温度比煤还低100℃，燃烧效率可达98%～99%，其低发热量一般为19～21MJ/kg，2t浆相当于1t油，燃油设施稍加改造就可应用。

近年来，水煤浆代替燃油，大量试用于冶金、机械、建材、化工等各类窑炉，如陶瓷厂的隧道窑，耐火材料厂的倒焰窑、隧道窑，冶金工业的加热炉等。水煤浆的应用，不仅满足了加热工艺要求，优化了加热工艺，而且还获得了十分显著的经济效益。

水煤浆作为我国洁净煤技术的组成部分，有其特殊的优越性，但它作为一种特定的技术，其应用范围有一定限制，其输运与制备技术有待继续发展。

习题与思考题

5-1 固体燃料的组成为何要用四种基准表示，它们各适用于哪些场合？

5-2 什么是燃料的发热量，其高低发热量有什么区别？

5-3 什么是空气过剩系数，它的大小对窑炉的热工制度有何影响？

5-4 为什么说气体燃料燃烧的关键是燃料与空气的混合？

5-5 什么是重油的乳化燃烧技术，其原理是什么？

5-6 煤气化方法主要有哪几种，分别对应什么气化设备？

5-7 已知煤的干燥无灰基组成如下

组　成	C_{daf}	H_{daf}	O_{daf}	N_{daf}	S_{daf}
质量分数/%	82.4	6.0	9.2	1.7	0.7

测定空气干燥基水分 $M_{ad}=3\%$，灰分 $A_{ad}=15\%$，收到基水分 $M_{ad}=5\%$。试将该煤的成分换算为干燥基组成、收到基组成。

5-8 已知发生炉煤气的组成如下

组　成	CO^w	H_2^w	CH_4^w	$C_2H_4^w$	CO_2^w	O_2^w	N_2^w	H_2O^w
体积分数/%	29.0	15.0	3.0	0.6	7.5	0.2	42.0	2.7

空气过剩系数 $\alpha=1.2$，求该煤气完全燃烧所需空气量、生成烟气量、烟气组成以及标态烟气密度。

5-9 已知某倒焰窑所用煤的应用基组成为

组　成	C_{ar}	H_{ar}	O_{ar}	N_{ar}	S_{ar}	A_{ar}	M_{ar}
质量分数/%	72.0	6.0	4.8	1.4	0.3	11.9	3.6

其干烟气组成为

$\varphi(CO_2)$ 13.6%　　$\varphi(O_2)$ 5.0%　　$\varphi(N_2)$ 81.4%

灰渣分析结果含碳17%，灰分83%。计算每千克煤燃烧所需空气量及烟气生成量。

5-10　计算如下的空气过剩系数（燃料中的氮含量忽略不计）

（1）烟气分析结果：

组　成	CO_2	O_2	N_2
体积分数/%	13.6	5.0	81.4

（2）烟气分析结果：

组　成	CO_2	O_2	CO	CH_4	N_2
体积分数/%	15.45	4.0	0.53	0.4	79.62

5-11　某窑炉用发生炉煤气为燃料，其组成为

组　成	CO_2^d	CO^d	H_2^d	CH_4^d	$C_2H_4^d$	H_2S^d	N_2^d
体积分数/%	4.5	29.0	14.0	1.8	0.2	0.3	50.2

湿煤气含水量为4%。设窑炉高温系数 $\eta=0.8$。当 $\alpha=1.1$ 时，计算：

（1）当煤气和空气都预热到20℃时，计算实际燃烧温度。

（2）若要求实际燃烧温度达到1450℃，则空气最少要预热到多高温度？

5-12　某隧道窑采用重油做燃料，其干燥无灰基组成为

组　成	C_{daf}	H_{daf}	O_{daf}	N_{daf}	S_{daf}
质量分数/%	88.2	10.4	0.3	0.6	0.5

测定收到基灰分 $A_{ar}=0.2\%$，水分 $M_{ar}=1.0\%$。

已知：助燃空气在燃烧前预热到200℃，燃烧时的空气过剩系数 $\alpha=1.2$。求：实际空气消耗量，燃烧产物的体积、组成和密度，实际燃烧温度。

5-13　某窑炉采用天然气做燃料，其干组成如下

组　成	H_2^d	CH_4^d	$C_2H_6^d$	$C_3H_8^d$	$C_4H_{10}^d$
体积分数/%	1.9	70.1	9.2	5.8	13.0

设水分含量为4%。窑炉高温系数为 $\eta=0.8$。当 $\alpha=1.2$ 时，计算：

（1）当天然气和助燃空气都不预热时，实际燃烧温度为多少？

（2）如果一次空气预热至200℃，一次空气占总空气量的70%，二次空气预热至1000℃，此时的实际燃烧温度为多少？

附　　录

附录 I　干空气的热物理性质（$p = 101\text{kPa}$）

t	ρ	c_p	λ	α	μ	ν	p_r
℃	kg/m^3	kJ/（kg·K）	W/（m·K）	m^2/s	$N \cdot s/m^2$	m^2/s	
-50	1.584	1.013	2.035×10^{-2}	1.27×10^{-5}	14.61×10^{-6}	9.23×10^{-6}	0.728
-30	1.453	1.013	2.198×10^{-2}	1.49×10^{-5}	15.69×10^{-6}	10.80×10^{-6}	0.723
-10	1.342	1.009	2.361×10^{-2}	1.74×10^{-5}	16.67×10^{-6}	12.43×10^{-6}	0.712
0	1.293	1.005	2.442×10^{-2}	1.88×10^{-5}	17.16×10^{-6}	13.28×10^{-6}	0.707
10	1.247	1.005	2.594×10^{-2}	2.01×10^{-5}	17.65×10^{-6}	14.16×10^{-6}	0.705
30	1.165	1.005	2.757×10^{-2}	2.29×10^{-5}	18.63×10^{-6}	16.00×10^{-6}	0.701
50	1.093	1.005	2.896×10^{-2}	2.57×10^{-5}	19.61×10^{-6}	17.95×10^{-6}	0.698
70	1.029	1.009	3.129×10^{-2}	2.86×10^{-5}	20.59×10^{-6}	20.02×10^{-6}	0.694
100	0.946	1.009	3.338×10^{-2}	3.36×10^{-5}	21.87×10^{-6}	23.13×10^{-6}	0.688
140	0.854	1.017	3.641×10^{-2}	4.03×10^{-5}	23.73×10^{-6}	27.80×10^{-6}	0.684
180	0.779	1.022	3.780×10^{-2}	4.75×10^{-5}	25.30×10^{-6}	32.49×10^{-6}	0.681
200	0.746	1.026	3.931×10^{-2}	5.14×10^{-5}	25.99×10^{-6}	34.85×10^{-6}	0.680
250	0.674	1.038	4.269×10^{-2}	6.10×10^{-5}	27.36×10^{-6}	40.61×10^{-6}	0.677
300	0.615	1.047	4.606×10^{-2}	7.16×10^{-5}	29.72×10^{-6}	48.33×10^{-6}	0.674
350	0.566	1.059	4.908×10^{-2}	8.19×10^{-5}	31.38×10^{-6}	56.46×10^{-6}	0.676
400	0.524	1.068	5.211×10^{-2}	9.31×10^{-5}	33.05×10^{-6}	63.09×10^{-6}	0.678
500	0.456	1.093	5.222×10^{-2}	11.53×10^{-5}	36.19×10^{-6}	79.38×10^{-6}	0.687
600	0.404	1.114	5.746×10^{-2}	13.83×10^{-5}	39.13×10^{-6}	96.89×10^{-6}	0.699
700	0.362	1.135	6.711×10^{-2}	16.34×10^{-5}	41.78×10^{-6}	115.4×10^{-6}	0.706
800	0.329	1.156	7.176×10^{-2}	18.88×10^{-5}	44.33×10^{-6}	134.8×10^{-6}	0.713
900	0.301	1.172	7.630×10^{-2}	21.62×10^{-5}	46.68×10^{-6}	155.1×10^{-6}	0.717
1000	0.277	1.185	8.072×10^{-2}	24.59×10^{-5}	49.04×10^{-6}	177.1×10^{-6}	0.719
1200	0.239	1.210	9.154×10^{-2}	31.65×10^{-5}			

附录Ⅱ　在大气压力（$p=1.01\times10^5$Pa）下烟气的热物理性质

（烟气中组成成分：$\varphi(CO_2)=13\%$；$\varphi(H_2O)=11\%$；$\varphi(N_2)=76\%$）

t/℃	ρ /kg·m^{-3}	c_p /kJ·(kg·℃)$^{-1}$	λ /W·(m·℃)$^{-1}$	α /m^2·s^{-1}	μ /Pa·s	ν /m^2·s^{-1}	Pr
0	1.295	1.042	2.28×10^{-2}	16.9×10^{-6}	15.8×10^{-6}	12.20×10^{-6}	0.72
100	0.950	1.068	3.13×10^{-2}	30.8×10^{-6}	24.4×10^{-6}	21.54×10^{-6}	0.69
200	0.748	1.097	4.01×10^{-2}	48.9×10^{-6}	24.5×10^{-6}	32.80×10^{-6}	0.67
300	0.617	1.122	4.84×10^{-2}	69.9×10^{-6}	28.2×10^{-6}	45.81×10^{-6}	0.65
400	0.525	1.151	5.70×10^{-2}	94.3×10^{-6}	31.7×10^{-6}	60.38×10^{-6}	0.64
500	0.457	1.185	6.56×10^{-2}	121.1×10^{-6}	34.8×10^{-6}	76.30×10^{-6}	0.63
600	0.405	1.214	7.42×10^{-2}	150.9×10^{-6}	37.9×10^{-6}	93.61×10^{-6}	0.62
700	0.363	1.239	8.27×10^{-2}	183.8×10^{-6}	40.7×10^{-6}	112.1×10^{-6}	0.61
800	0.330	1.264	9.15×10^{-2}	219.7×10^{-6}	43.4×10^{-6}	131.8×10^{-6}	0.60
900	0.301	1.290	10.00×10^{-2}	258.0×10^{-6}	45.9×10^{-6}	152.5×10^{-6}	0.59
1000	0.275	1.306	10.90×10^{-2}	303.4×10^{-6}	48.4×10^{-6}	174.3×10^{-6}	0.58
1100	0.257	1.323	11.75×10^{-2}	345.5×10^{-6}	50.7×10^{-6}	197.1×10^{-6}	0.57
1200	0.240	1.340	12.62×10^{-2}	392.4×10^{-6}	53.0×10^{-6}	221.0×10^{-6}	0.56

附录Ⅲ　常用管件和阀件局部阻力系数ζ值

<table>
<tr><td>管件和阀件名称</td><td colspan="12">ζ值</td></tr>
<tr><td>标准弯头</td><td colspan="6">45°，$\zeta=0.35$</td><td colspan="6">90°，$\zeta=0.75$</td></tr>
<tr><td>90°方形弯头</td><td colspan="12">1.3</td></tr>
<tr><td>180°回转头</td><td colspan="12">1.5</td></tr>
<tr><td>活接管</td><td colspan="12">0.4</td></tr>
<tr><td rowspan="3">弯　管</td><td>φ / R/d</td><td colspan="2">30°</td><td>45°</td><td colspan="2">60°</td><td>75°</td><td colspan="2">90°</td><td colspan="2">105°</td><td>120°</td></tr>
<tr><td>1.5</td><td colspan="2">0.08</td><td>0.11</td><td colspan="2">0.14</td><td>0.16</td><td colspan="2">0.175</td><td colspan="2">0.19</td><td>0.20</td></tr>
<tr><td>2.0</td><td colspan="2">0.07</td><td>0.10</td><td colspan="2">0.12</td><td>0.14</td><td colspan="2">0.15</td><td colspan="2">0.16</td><td>0.17</td></tr>
<tr><td rowspan="2">突然扩大
A_1 A_2 u_1 u_2</td><td>A_1/A_2</td><td>0</td><td>0.1</td><td>0.2</td><td>0.3</td><td>0.4</td><td>0.5</td><td>0.6</td><td>0.7</td><td>0.8</td><td>0.9</td><td>1</td></tr>
<tr><td>ζ</td><td>1</td><td>0.81</td><td>0.64</td><td>0.49</td><td>0.36</td><td>0.25</td><td>0.16</td><td>0.09</td><td>0.04</td><td>0.01</td><td>1</td></tr>
<tr><td rowspan="2">突然缩小
A_2 u_2 A_1 u_1</td><td>A_1/A_2</td><td>0</td><td>0.1</td><td>0.2</td><td>0.3</td><td>0.4</td><td>0.5</td><td>0.6</td><td>0.7</td><td>0.8</td><td>0.9</td><td>1</td></tr>
<tr><td>ζ</td><td>0.5</td><td>0.47</td><td>0.45</td><td>0.38</td><td>0.34</td><td>0.3</td><td>0.25</td><td>0.20</td><td>0.15</td><td>0.09</td><td>0</td></tr>
<tr><td rowspan="2">标准三通管</td><td colspan="3"></td><td colspan="3"></td><td colspan="3"></td><td colspan="3"></td></tr>
<tr><td colspan="3">$\zeta=0.4$</td><td colspan="3">$\zeta=1.5$</td><td colspan="3">$\zeta=1.3$</td><td colspan="3">$\zeta=1$</td></tr>
</table>

续附录Ⅲ

管件和阀件名称	ζ值											
烟道闸板	u	h/D	0.1	0.2	0.3	0.4	0.5	0.6	0.7	0.8	0.9	1.0
		矩形闸板 ζ	200	40	20	8.4	4.0	2.2	1.0	0.4	0.12	0.01
		圆形闸板 ζ	155	35	10	4.6	2.06	0.98	0.44	0.17	0.06	0.01
		平行式闸阀 ζ			22	12	5.3	2.8	1.5	0.8	0.3	0.15
闸　阀	全　开			3/4 开			1/2 开			1/4 开		
	0.17			0.9			4.5			24		
截止阀（球心阀）	全开 ζ=6.4						1/2 开 ζ=9.5					
蝶　阀	α	5°	10°	20°	30°	40°	45°	50°	60°	70°		
	ζ	0.24	0.52	1.54	3.91	10.8	18.7	30.6	118	751		
旋　塞	θ	5°	10°	20°	40°	60°						
	ζ	0.24	0.52	1.56	17.3	206						
单向阀	摇板式 ζ=2						球形式 ζ=70					
角阀（90°）	5											
底　阀	1.5											
滤水器(或滤水网)	2											
水表（盘形）	7											

注：管件、阀件底规格形式很多，制造水平，加工精度往往差别很大，所以局部系数 ζ 的变动范围也是很大。表中数值只是约略值。至于其他管件、阀件等 ζ 值，可参考相关文献。

摘自《化工原理》科学出版社，2001 年 9 月第 1 版，何潮洪、冯霄主编. p. 50。

附录Ⅳ　IS 型离心泵性能表

型　号	流量 q_V	扬程 H	电动机功率 /kW	转速 n /r·min^{-1}	效率 /%	吸程 /m	叶轮直径 /mm
IS50-32-160	8-12.5-16	35-32-28	3	2900	55	7.2	160
IS50-32-250	8-12.5-16	86-80-72	11	2900	3.5	7.2	250
IS65-50-125	17-25-32	22-20-18	3	2900	69	7	125
IS65-50-160	17-25-32	35-32-28	4	2900	66	7	160
IS65-40-250	17-25-32	86-80-72	15	2900	48	7	250
IS65-40-315	17-25-32	140-125-115	30	2900	39	7	315
IS80-50-200	31-50-64	55-50-45	15	2900	69	6.6	200
IS80-65-160	31-50-64	35-32-28	7.5	2900	73	6	160
IS80-65-125	31-50-64	22-20-18	5.5	2900	76	6	125
IS100-65-200	60-100-125	55-50-45	22	2900	76	5.8	200
IS100-65-250	60-100-125	86-80-72	37	2900	72	5.8	250
IS100-65-315	60-100-125	140-125-115	75	2900	65	5.8	315
IS100-80-125	60-100-125	22-20-18	11	2900	81	5.8	125
IS100-80-160	60-100-125	35-32-28	15	2900	79	5.8	160
IS150-100-250	130-200-250	86-80-72	75	2900	78	4.5	250
IS150-100-315	130-200-250	140-125-115	110	2900	74	4.5	315
IS200-150-250	230-315-380	22-20-18	30	1460	85	4.5	250
IS200-150-400	230-315-380	55-50-45	75	1460	80	4.5	400

附录Ⅴ　4-68 型离心式风机性能表

机号 No.	传动方式	转速 /r · min^{-1}	序号	全压/Pa	流量 /m^3 · h^{-1}	内效率 /%	电动机功率 /kW	电动机型号
2.8	A	2900	1	990	1131	78.5		
			2	990	1319	83.2		
			3	980	1508	86.5		
			4	940	1696	87.9		
			5	870	1885	86.1		
			6	780	2073	80.1		
			7	670	2262	73.5		
4	A	2900	1	2110	3984	82.3	4	Y112M-2
			2	2100	4534	86.2		
			3	2050	5083	88.9		
			4	1970	5633	90.0		
			5	1880	6182	88.6		
			6	1660	6732	83.6		
			7	1460	7281	78.2		
4.5	A	2900	1	2710	5790	83.3	7.5	Y132S_2-2
			2	2680	6573	87.0		
			3	2620	7355	89.5		
			4	2510	8137	90.5		
			5	2340	8920	89.2		
			6	2110	9702	84.5		
			7	1870	10485	79.4		
4.5	A	1450	1	680	2895	83.3	1.1	Y90S-4
			2	670	3286	87.0		
			3	650	3678	89.5		
			4	630	4069	90.5		
			5	580	4460	89.2		
			6	530	4851	84.5		
			7	470	5242	79.4		

附录Ⅵ　金属材料的密度、比热容和热导率

材料名称	密度 ρ/kg · m^{-3}	比热容 c/J · (kg · K)$^{-1}$	热导率 λ/W · (m · K)$^{-1}$	热导率 λ/W · (m · K)$^{-1}$ 温度/℃								
	20℃			-100	0	100	200	300	400	600	800	1000
纯　铝	2710	902	236	243	236	240	238	234	228	215		
杜拉铝 (96Al—4Cu,微量 Mg)	2790	881	169	124	160	188	188	193				

续附录Ⅵ

材料名称	密度 ρ/kg·m^{-3}	比热容 c/J·(kg·K)$^{-1}$	热导率 λ/W·(m·K)$^{-1}$	热导率 λ/W·(m·K)$^{-1}$ 温度/℃								
	20℃			-100	0	100	200	300	400	600	800	1000
铝合金(92Al—8Mg)	2610	904	107	86	102	123	148					
铝合金(87Al—13Si)	2660	871	162	139	158	173	176	180				
铍	1850	1758	219	382	218	170	145	129	118			
纯 铜	8930	386	398	421	401	393	389	384	379	366	352	
铝青铜(90Cu—10Al)	8360	420	56		49	57	66					
青铜(89Cu—11Sn)	8800	343	24.8		24	28.4	33.2					
黄铜(70Cu—30Zn)	8440	377	109	90	106	131	143	145	148			
铜合金(60Cu—40Ni)	8920	410	22.2	19	22.2	23.4						
黄 金	19300	127	315	331	318	313	310	305	300	287		
纯 铁	7870	455	81.1	96.7	83.5	72.1	63.5	56.5	50.3	39.4	29.6	29.4
阿姆口铁	7860	455	73.2	82.9	74.7	67.5	61.0	54.8	49.9	38.6	29.3	29.3
灰铸铁(C≈3%)	7570	470	39.2		28.5	32.4	35.8	37.2	36.6	20.8	19.2	
碳钢(C≈0.5%)	7840	465	49.8		50.5	47.5	44.8	42.0	39.4	34.0	29.0	
碳钢(C≈1.0%)	7790	470	43.2		43.0	42.8	42.2	41.5	40.6	36.7	32.2	
碳钢(C≈1.5%)	7750	470	36.7		36.8	36.6	36.2	35.7	34.7	31.7	27.8	
铬钢(Cr≈5%)	7830	460	36.1		36.3	35.2	34.7	33.5	31.4	28.0	27.2	27.2
铬钢(Cr≈13%)	7740	460	26.8		26.5	27.0	27.0	27.0	27.6	28.4	29.0	29.0
铬钢(Cr≈17%)	7710	460	22.0		22.0	22.2	22.6	22.6	23.3	24.0	24.8	25.5
铬钢(Cr≈26%)	7650	460	22.6		22.6	23.8	25.5	27.2	28.5	31.8	35.1	38.0
铬镍钢(18—20Cr/8—12Ni)	7820	460	15.2	12.2	14.7	16.6	18.0	19.4	20.8	23.5	26.3	
铬镍钢(17—19Cr/9—13Ni)	7830	460	14.7	11.8	14.3	16.1	17.5	18.8	20.2	22.8	25.5	28.2
镍钢(Ni≈1%)	7900	460	45.5	40.8	45.2	46.8	46.1	44.1	41.2	35.7		
镍钢(Ni≈3.5%)	7910	460	36.5	30.7	36.0	38.8	39.7	39.2	37.8			
镍钢(Ni≈25%)	8030	460	13.0									
镍钢(Ni≈35%)	8110	460	13.8	10.9	13.4	15.4	17.1	18.6	20.1	23.1		
镍钢(Ni≈44%)	8190	460	15.8		15.7	16.1	16.5	16.9	17.1	17.8	18.4	
镍钢(Ni≈50%)	8260	460	19.6	17.3	19.4	20.5	21.0	21.1	21.3	22.5		
锰钢(Mn≈12%~13%,Ni≈3%)	7800	487	13.6			14.8	16.0	17.1	18.3			
锰钢(Mn≈0.4%)	7860	440	51.2			51.0	50.0	47.0	43.5	35.5	27.0	
钨钢(W≈5%~6%)	8070	436	18.7		18.4	19.7	21.0	22.3	23.6	24.9	26.3	
铅	11340	128	35.3	37.2	35.5	34.3	32.8	31.5				
镁	1730	1020	156	160	157	154	152	150				
钼	9590	255	138	146	139	135	131	127	123	116	109	103
镍	8900	444	91.4	144	94	82.8	74.2	67.3	64.6	69.0	73.3	77.6

附录Ⅶ　耐火、建筑及其他材料的密度和热导率

类别	材料名称		最高使用温度/℃	密度/kg·m^{-3}	热导率/W·(m·℃)$^{-1}$	备　注
耐火材料	黏土砖		1300～1400	1900	$0.698+0.64\times10^{-3}t$	
	高铝砖	Al_2O_3　56%	1500～1600	2380	$1.22+0.41\times10^{-3}t$	气孔率19%
		Al_2O_3　74%		2530	$1.75+0.45\times10^{-3}t$	气孔率20%
	刚玉砖	Al_2O_3　90%	1700～1800	2750	$1.70+0.29\times10^{-3}t$	气孔率23%
		Al_2O_3　98%		3000	$2.90-0.58\times10^{-3}t$	气孔率21%
	硅　砖		1600	1850～1950	$0.815+0.756\times10^{-3}t$	
	镁　砖		2000（荷重下1500～1600）	2700	$4.3-0.477\times10^{-3}t$	
	镁铬砖		1750	2800	$4.05-0.825\times10^{-3}t$	
	碳化硅砖	再结晶SiC	>1600		$35.6-23.4\times10^{-3}t$	气孔率21.7%
		SiC　90%	1600	2320	$20.9-8.72\times10^{-3}t$	
		SiC　77%	1500	2360	$14.6-6.35\times10^{-3}t$	
		SiC　50%	1400	2200	$5.23-1.28\times10^{-3}t$	
	电熔莫来石砖		1600	2850	$2.33+0.163\times10^{-3}t$	
	电熔锆刚玉砖	ZrO_2　32.5%	1600～1700	3450	3.72（600℃）　4.08（1000℃）	
		ZrO_2　35%		3500	3.96（600℃）　4.20（1000℃）	
		ZrO_2　41%		3650	3.84（600℃）　4.08（1000℃）	
	电熔刚玉砖	Al_2O_3　93%	1650～1900	2800	2.09（600℃）　3.38（1000℃）	
		Al_2O_3　95%		3200	3.96（600℃）　4.20（1000℃）	
		Al_2O_3　99%			6.40（600℃）　6.51（1000℃）	
	耐火混凝土	矿渣硅酸盐水泥——高炉矿渣	700		0.53～1.2	20～400℃
		硅酸盐水泥——黏土砖块	1300		0.41～0.28	20～400℃
建筑材料	红　砖		600	1700～1800	$0.465+0.51\times10^{-3}t$	
	混凝土		200	1900～2300	0.7～1.2	20℃
	钢筋混凝土			2200～2500	1.55	
	玻　璃			2500	1.09	30℃
	干木板			250	0.06～0.21	垂直木纹方向
	自然干燥土壤			1800	1.16	

材料名称	温度/℃	密度/kg·m^{-3}	热导率/W·(m·K)$^{-1}$	材料名称	温度/℃	密度/kg·m^{-3}	热导率/W·(m·K)$^{-1}$
膨胀珍珠岩散料	25	60～300	0.021～0.062	丝	20	57.7	0.036
沥青膨胀珍珠岩	31	233～282	0.069～0.076	锯木屑	20	179	0.083
磷酸盐膨胀珍珠岩制品	20	200～250	0.044～0.052	硬泡沫塑料	30	29.5～56.3	0.041～0.048
水玻璃膨胀珍珠岩制品	20	200～300	0.056～0.065	软泡沫塑料	30	41～162	0.043～0.056
岩棉制品	20	80～150	0.035～0.038	红砖（营造状态）	25	2860	0.87
膨胀蛭石	20	100～130	0.051～0.07	红砖	35	1560	0.49
石棉粉	22	744～1400	0.099～0.19	水泥	30	1900	0.30
石棉砖	21	384	0.099	混凝土板	35	1930	0.79
石棉板	30	770～1045	0.10～0.14	耐酸混凝土板	30	2250	1.5～1.6
硅藻土石棉灰		280～380	0.085～0.11	瓷砖	37	2090	1.1
粉煤灰砖	27	458～589	0.12～0.22	玻璃	45	2500	0.65～0.71
矿渣棉	30	207	0.058	聚苯乙烯	30	24.7～37.8	0.04～0.043
玻璃棉毡	28	18.4～38.3	0.043	云母		290	0.58
木丝纤维板	25	245	0.048				

附录Ⅷ　湿空气的相对湿度 φ(%)表

干球温度/℃	干湿球温度差/℃																					
	0.6	1.1	1.7	2.2	2.8	3.8	3.9	4.4	5.0	5.6	6.1	6.7	7.2	7.8	8.3	8.9	9.4	10.0	10.6	11.1	11.7	12.2	12.8
23.9	96	91	87	82	78	74	70	66	63	59	55	51	48	44	41	38	34	31	28	25	22		
24.4	96	91	87	83	78	74	70	67	63	59	55	52	48	45	42	38	35	32	29	26	23		
25.0	96	91	87	83	79	75	71	67	63	60	56	52	49	46	42	39	36	33	30	27	24		
25.6	96	91	87	83	79	75	71	67	64	60	57	53	50	46	43	40	37	34	31	28	25		
26.1	96	91	87	83	79	75	71	68	64	60	57	54	50	47	44	41	37	34	31	29	26		
26.7	96	91	87	83	79	76	72	68	64	61	57	54	51	47	44	41	38	35	32	29	27	24	21
27.8	96	92	88	84	80	76	72	69	65	62	58	55	52	49	46	43	40	37	34	31	28	25	23
28.9	96	92	88	84	80	77	73	70	66	63	59	56	53	50	47	44	41	38	35	32	30	27	25
30.0	96	92	88	85	81	77	74	70	67	63	60	57	54	51	48	45	42	39	37	34	31	29	26
31.1	96	92	88	85	81	78	74	71	67	64	61	58	55	52	49	46	43	41	38	35	33	30	28
32.2	96	92	89	85	81	78	75	71	68	65	62	59	55	53	50	47	44	42	39	37	34	32	29
33.3	96	92	89	85	82	78	75	72	69	65	62	59	56	54	51	48	45	43	40	38	35	33	30
34.4	96	93	89	86	82	79	75	72	69	66	63	60	57	54	52	49	46	44	41	39	36	34	32
35.6	96	93	89	86	82	79	76	73	70	67	64	61	58	55	53	50	47	45	42	40	37	35	33
36.7	96	93	89	86	83	79	76	73	70	67	64	61	59	56	53	51	48	46	43	41	39	36	34
37.8	96	93	90	86	83	80	77	74	71	68	65	62	59	57	54	52	49	47	44	42	40	37	35
38.9	96	93	90	86	83	80	77	74	71	68	66	63	60	57	55	52	50	47	45	43	41	38	36
40.0	97	93	90	87	84	80	77	74	72	69	66	63	61	58	56	53	51	48	46	44	41	39	37
41.1	97	93	90	87	84	81	78	75	72	69	66	64	61	59	56	54	51	49	47	45	42	40	38
42.2	97	93	90	87	84	81	78	75	72	70	67	64	62	59	57	54	52	50	47	45	43	41	39
43.3	97	94	90	87	84	81	78	76	73	70	67	65	62	60	57	55	53	50	48	46	44	42	40
44.4	97	94	90	87	84	82	79	76	73	70	68	65	63	60	58	56	53	51	48	47	45	43	41
45.6	97	94	91	88	85	82	79	76	74	71	68	66	63	61	59	56	54	52	50	48	45	43	41
46.7	97	94	91	88	85	82	79	77	74	71	69	66	64	61	59	57	55	52	50	48	46	44	42
47.8	97	94	91	88	85	82	79	77	74	72	69	67	64	61	60	57	55	53	51	49	47	45	43
48.9	97	94	91	88	85	82	80	77	74	72	69	67	65	62	60	58	56	54	51	49	47	46	44
50.0	97	94	91	88	85	83	80	77	75	72	70	68	65	63	61	58	56	54	52	50	48	46	44
51.1	97	94	91	88	86	83	80	78	75	73	70	68	65	63	61	59	57	55	53	51	49	47	45
52.2	97	94	91	89	86	83	81	78	75	73	71	68	66	64	62	59	57	55	53	51	49	47	46
53.3	97	94	91	89	86	83	81	78	76	73	71	69	67	65	62	60	58	56	54	52	50	48	46
54.4	97	94	92	89	86	84	81	78	76	74	71	69	67	65	62	60	58	56	54	52	50	49	47
55.6	97	94	92	89	86	84	81	79	76	74	72	69	67	65	63	61	59	57	55	53	51	49	47
56.7	97	94	92	89	86	84	81	79	76	74	72	70	67	65	63	61	59	57	55	53	51	50	48
57.8	97	94	92	89	87	84	82	79	77	74	73	70	68	66	64	61	59	58	56	54	52	50	49
58.9	97	94	92	89	87	84	82	79	77	75	73	70	68	66	64	61	60	58	56	54	52	51	49
60.0	97	94	92	89	87	84	82	79	77	75	73	70	68	66	64	62	60	58	56	54	52	51	49

附录IX　饱和水蒸气的热物理性质

t /℃	p /Pa	ρ /kg·m^{-3}	h' /kJ·kg^{-1}	c_p /kJ·(kg·K)$^{-1}$	λ /W·(m·K)$^{-1}$	α /m^2·s^{-1}	μ /kg·(m·s)$^{-1}$	ν /m^2·s^{-1}	β /K^{-1}	σ /N·m^{-1}	Pr
0	0.00611×10^5	999.9	0	4.212	55.10×10^{-2}	13.1×10^{-6}	1788×10^{-6}	1.789×10^{-6}	-0.81×10^{-4}	756.4×10^{-4}	13.67
10	0.01227×10^5	999.7	42.04	4.191	57.40×10^{-2}	13.7×10^{-6}	1306×10^{-6}	1.306×10^{-6}	$+0.87\times10^{-4}$	741.6×10^{-4}	9.52
20	0.02338×10^5	998.2	83.91	4.183	59.90×10^{-2}	14.3×10^{-6}	1004×10^{-6}	1.006×10^{-6}	2.09×10^{-4}	726.9×10^{-4}	7.02
30	0.04241×10^5	995.7	125.7	4.174	61.80×10^{-2}	14.9×10^{-6}	801.5×10^{-6}	0.805×10^{-6}	3.05×10^{-4}	712.2×10^{-4}	5.42
40	0.07375×10^5	992.2	167.5	4.174	63.50×10^{-2}	15.3×10^{-6}	653.3×10^{-6}	0.659×10^{-6}	3.86×10^{-4}	696.5×10^{-4}	4.31
50	0.12335×10^5	988.1	209.3	4.174	64.80×10^{-2}	15.7×10^{-6}	549.4×10^{-6}	0.556×10^{-6}	4.57×10^{-4}	676.9×10^{-4}	3.54
60	0.19920×10^5	983.1	251.1	4.179	65.90×10^{-2}	16.0×10^{-6}	469.9×10^{-6}	0.478×10^{-6}	5.22×10^{-4}	662.2×10^{-4}	2.99
70	0.3116×10^5	977.8	293.0	4.187	66.80×10^{-2}	16.3×10^{-6}	406.1×10^{-6}	0.415×10^{-6}	5.83×10^{-4}	643.5×10^{-4}	2.55
80	0.4736×10^5	971.8	355.0	4.195	67.40×10^{-2}	16.6×10^{-6}	355.1×10^{-6}	0.365×10^{-6}	6.40×10^{-4}	625.9×10^{-4}	2.21
90	0.7011×10^5	965.3	377.0	4.208	68.00×10^{-2}	16.8×10^{-6}	314.9×10^{-6}	0.326×10^{-6}	6.96×10^{-4}	607.2×10^{-4}	1.95
100	1.013×10^5	958.4	419.1	4.220	68.30×10^{-2}	16.9×10^{-6}	282.5×10^{-6}	0.295×10^{-6}	7.50×10^{-4}	588.6×10^{-4}	1.75
110	1.43×10^5	951.0	461.4	4.233	68.50×10^{-2}	17.0×10^{-6}	259.0×10^{-6}	0.272×10^{-6}	8.04×10^{-4}	569.0×10^{-4}	1.60
120	1.98×10^5	943.1	503.7	4.250	68.60×10^{-2}	17.1×10^{-6}	237.4×10^{-6}	0.252×10^{-6}	8.58×10^{-4}	548.4×10^{-4}	1.47
130	2.70×10^5	934.8	546.4	4.266	68.60×10^{-2}	17.2×10^{-6}	217.8×10^{-6}	0.233×10^{-6}	9.12×10^{-4}	528.8×10^{-4}	1.36
140	3.61×10^5	926.1	589.1	4.287	68.50×10^{-2}	17.2×10^{-6}	201.1×10^{-6}	0.217×10^{-6}	9.68×10^{-4}	507.2×10^{-4}	1.26
150	4.76×10^5	917.0	632.2	4.313	68.40×10^{-2}	17.3×10^{-6}	186.4×10^{-6}	0.203×10^{-6}	10.26×10^{-4}	486.6×10^{-4}	1.17
160	6.18×10^5	907.0	675.4	4.346	68.30×10^{-2}	17.3×10^{-6}	173.6×10^{-6}	0.191×10^{-6}	10.87×10^{-4}	466.0×10^{-4}	1.10
170	7.92×10^5	897.3	719.3	4.380	67.90×10^{-2}	17.3×10^{-6}	162.8×10^{-6}	0.181×10^{-6}	11.52×10^{-4}	443.4×10^{-4}	1.05
180	10.03×10^5	886.9	763.3	4.417	67.40×10^{-2}	17.2×10^{-6}	153.0×10^{-6}	0.173×10^{-6}	12.21×10^{-4}	422.8×10^{-4}	1.00

续附录IX

t /℃	p /Pa	ρ /kg·m^{-3}	h' /kJ·kg^{-1}	c_p /kJ·(kg·K)$^{-1}$	λ /W·(m·K)$^{-1}$	α /m^2·s^{-1}	μ /kg·(m·s)$^{-1}$	ν /m^2·s^{-1}	β /K^{-1}	σ /N·m^{-1}	Pr
190	12.55×10^5	876.0	807.8	4.459	67.00×10^{-2}	17.1×10^{-6}	144.2×10^{-6}	0.165×10^{-6}	12.96×10^{-4}	400.2×10^{-4}	0.96
200	15.55×10^5	863.0	852.8	4.505	66.30×10^{-2}	17.0×10^{-6}	136.4×10^{-6}	0.158×10^{-6}	13.77×10^{-4}	376.7×10^{-4}	0.93
210	19.08×10^5	852.3	897.7	4.555	65.50×10^{-2}	16.9×10^{-6}	130.5×10^{-6}	0.153×10^{-6}	14.67×10^{-4}	354.1×10^{-4}	0.91
220	23.20×10^5	840.3	943.7	4.614	64.50×10^{-2}	16.6×10^{-6}	124.6×10^{-6}	0.148×10^{-6}	15.67×10^{-4}	331.6×10^{-4}	0.89
230	27.98×10^5	827.3	990.2	4.681	63.70×10^{-2}	16.4×10^{-6}	119.7×10^{-6}	0.145×10^{-6}	16.80×10^{-4}	310.0×10^{-4}	0.88
240	33.48×10^5	813.6	1037.5	4.756	62.80×10^{-2}	16.2×10^{-6}	114.8×10^{-6}	0.141×10^{-6}	18.08×10^{-4}	285.5×10^{-4}	0.87
250	39.78×10^5	799.0	1085.7	4.844	61.80×10^{-2}	15.9×10^{-6}	109.9×10^{-6}	0.137×10^{-6}	19.55×10^{-4}	261.9×10^{-4}	0.86
260	46.94×10^5	784.0	1135.7	4.949	60.50×10^{-2}	15.6×10^{-6}	105.9×10^{-6}	0.135×10^{-6}	21.27×10^{-4}	237.4×10^{-4}	0.87
270	55.05×10^5	767.9	1185.7	5.070	59.00×10^{-2}	15.1×10^{-6}	102.0×10^{-6}	0.133×10^{-6}	23.31×10^{-4}	214.8×10^{-4}	0.88
280	64.19×10^5	750.7	1236.8	5.230	57.40×10^{-2}	14.6×10^{-6}	98.1×10^{-6}	0.131×10^{-6}	25.79×10^{-4}	191.3×10^{-4}	0.90
290	74.45×10^5	732.3	1290.0	5.485	55.80×10^{-2}	13.9×10^{-6}	94.2×10^{-6}	0.129×10^{-6}	28.84×10^{-4}	168.7×10^{-4}	0.93
300	85.92×10^5	712.5	1344.9	5.736	54.00×10^{-2}	13.2×10^{-6}	91.2×10^{-6}	0.128×10^{-6}	32.73×10^{-4}	144.2×10^{-4}	0.97
310	98.70×10^5	691.1	1402.2	6.071	52.30×10^{-2}	12.5×10^{-6}	88.3×10^{-6}	0.128×10^{-6}	37.85×10^{-4}	120.7×10^{-4}	1.03
320	112.90×10^5	667.1	1462.1	6.574	50.60×10^{-2}	11.5×10^{-6}	85.3×10^{-6}	0.128×10^{-6}	44.91×10^{-4}	98.10×10^{-4}	1.11
330	128.65×10^5	640.2	1526.2	7.244	48.40×10^{-2}	10.4×10^{-6}	81.4×10^{-6}	0.127×10^{-6}	55.31×10^{-4}	76.71×10^{-4}	1.22
340	146.08×10^5	610.1	1594.8	8.165	45.70×10^{-2}	0.17×10^{-6}	77.5×10^{-6}	0.127×10^{-6}	72.10×10^{-4}	56.70×10^{-4}	1.39
350	165.37×10^5	574.4	1671.4	9.504	43.00×10^{-2}	7.88×10^{-6}	72.6×10^{-6}	0.126×10^{-6}	103.7×10^{-4}	38.16×10^{-4}	1.60
360	186.74×10^5	528.0	1761.5	13.984	39.50×10^{-2}	5.36×10^{-6}	66.7×10^{-6}	0.126×10^{-6}	182.9×10^{-4}	20.21×10^{-4}	2.35
370	210.53×10^5	450.5	1892.5	40.321	33.70×10^{-2}	1.86×10^{-6}	56.9×10^{-6}	0.126×10^{-6}	676.7×10^{-4}	4.709×10^{-4}	6.79

注:β 值选自 Steam Tables in SI Units, 2nd Ed., Ed. by Grigull, U. et al., Springer—Verlag, 1984。

附录X　各种材料的黑度(发射率)ε

材料名称及表面状况	温度/℃	ε	材料名称及表面状况	温度/℃	ε
铝：抛光的，纯度98%	200～600	0.04～0.06	石棉水泥	40	0.96
工业用铝板	100	0.09	石棉瓦	40	0.97
严重氧化的	100～500	0.2～0.33	砖：粗糙红砖	40	0.93
黄铜：高度抛光的	260	0.03	耐火黏土砖	980	0.75
无光泽的	40～260	0.22	碳：灯黑	40	0.95
氧化的	40～260	0.46～0.56	石灰砂浆：白色，粗糙	40～260	0.87～0.92
铬：抛光板	40～550	0.08～0.27	黏土：耐火黏土	400	0.91
铜：高度抛光的电解铜	100	0.02	土壤（干）	20	0.92
轻微抛光的	40	0.12	土壤（湿）	20	0.95
氧化变黑的	40	0.76	混凝土：粗糙表面	40	0.94
金：高度抛光的纯金	100～600	0.02～0.035	玻璃：平板玻璃	40	0.94
钢铁：钢，抛光的	40～260	0.07～0.1	瓷：上釉的	40	0.93
钢板，轧制的	40	0.65	石膏：	40	0.80～0.90
钢板，粗糙，氧化严重的	40	0.80	大理石：浅灰，磨光的	40	0.93
铸铁，抛光的	200	0.21	油漆：各种油漆	40	0.92～0.96
铸铁，新车削的	40	0.44	白色喷漆	40	0.80～0.95
铸铁，氧化的	40～260	0.57～0.66	光亮黑漆	40	0.90
不锈钢，抛光的	40	0.07～0.17	纸：白纸	40	0.95
银：抛光的或蒸镀的	40～540	0.01～0.03	粗糙屋面焦油纸毡	40	0.90
锡：光亮的镀锡铁皮	40	0.04～0.06	橡胶：硬质的	40	0.94
锌：镀锌，灰色	40	0.28	雪	-12～-7	0.82
木材：各种木材	40	0.80～0.90	水：厚度0.1mm以上	40	0.96
石棉：板	40	0.96	人体皮肤	32	0.98

的 *h-X* 图

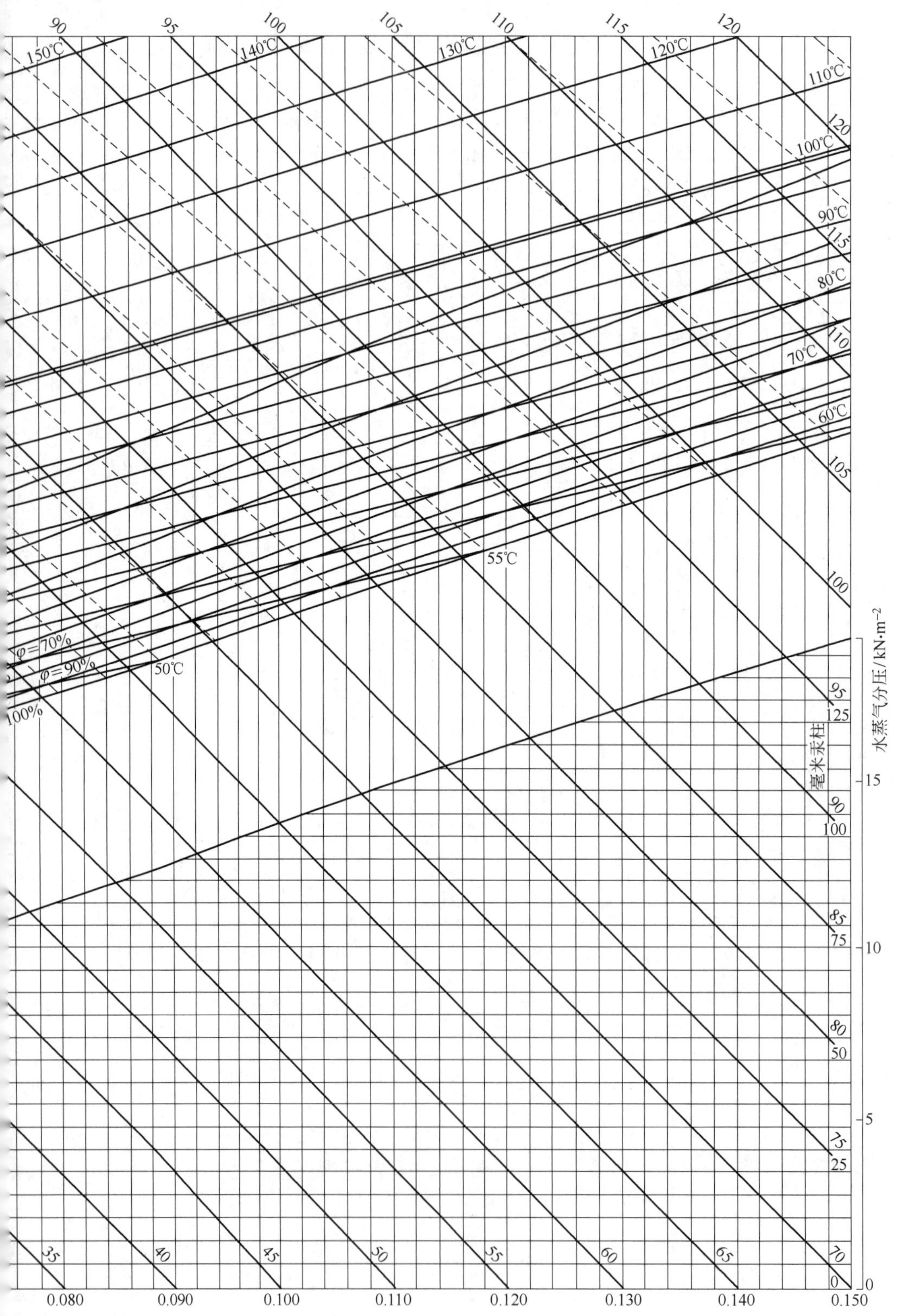

kg 水汽 /kg 干空气）

Pa，t=−10～200℃)

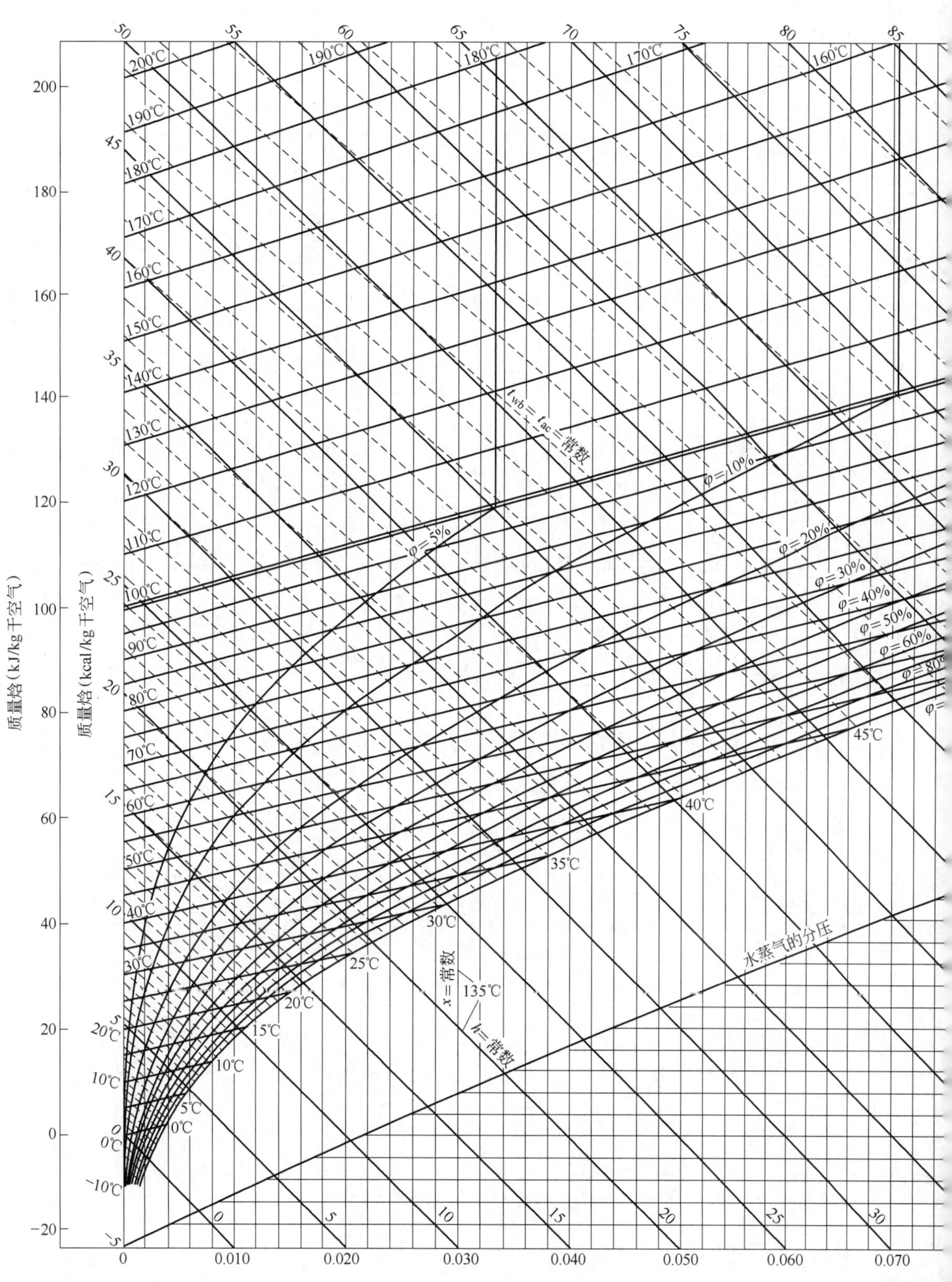
质量焓（kJ/kg干空气）
质量焓（kcal/kg干空气）
$t_{wb}=t_{ac}=$常数
$\varphi=5\%$
$\varphi=10\%$
$\varphi=20\%$
$\varphi=30\%$
$\varphi=40\%$
$\varphi=50\%$
$\varphi=60\%$
$x=$常数
135℃
$h=$常数
水蒸气的分压
湿含量 x
（$p=99.3$

附录Ⅻ 计算角系数和核算面积的公式及图

名 称	图 示	角系数的推导
两个无限大平行平面	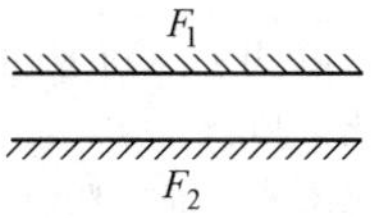 F_1 F_2	根据完整性 $\phi_{1,1}+\phi_{1,2}=1$ 根据自见性 $\phi_{1,1}=0$ 故 $\phi_{1,2}=1$ 同理 $\phi_{2,1}=1$
一个物体被另一个物体包围	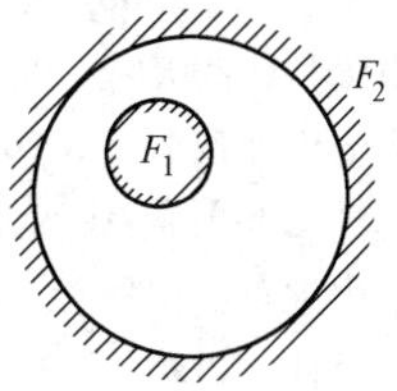 F_2 F_1	对于物体 1： 根据完整性 $\phi_{1,1}+\phi_{1,2}=1$ 根据自见性 $\phi_{1,1}=0$ 故 $\phi_{1,2}=1$ 对于物体 2： 根据完整性 $\phi_{2,2}+\phi_{2,1}=1$ 根据相对性 $F_1\phi_{1,2}=F_2\phi_{2,1}$ 故 $\phi_{2,1}=\phi_{1,2}\dfrac{F_1}{F_2}=\dfrac{F_1}{F_2}$ $\phi_{2,2}=1-\phi_{2,1}=\dfrac{F_2-F_1}{F_2}$
一个平面和一个曲面组成的封闭体系	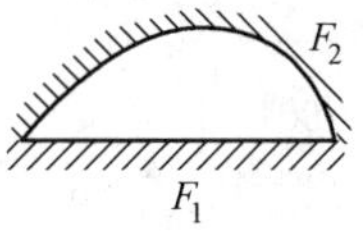 F_2 F_1	根据完整性 $\phi_{1,1}+\phi_{1,2}=1$ 根据自见性 $\phi_{1,1}=0$ 故 $\phi_{1,2}=1$ 根据相对性 $F_1\phi_{1,2}=F_2\phi_{2,1}$ 故 $\phi_{2,1}=\dfrac{F_1}{F_2}$ $\phi_{2,2}=1-\phi_{2,1}=\dfrac{F_2-F_1}{F_2}$
两个曲面组成的封闭体系	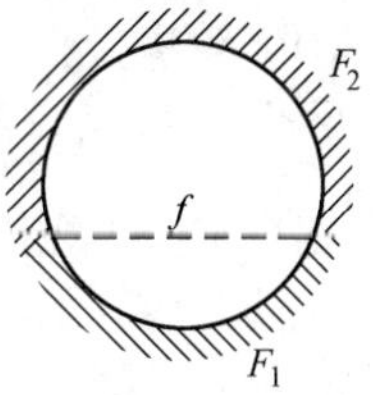 F_2 f F_1	根据兼顾性 $\phi_{1,2}=\phi_{1,f}=\dfrac{f}{F_1}$ 从上例已知 $\phi_{1,1}=\dfrac{F_1-f}{F_1}$ 同理 $\phi_{2,1}=\phi_{2,f}=\dfrac{f}{F_2}$ $\phi_{2,2}=\dfrac{F_2-f}{F_2}$
表面 1 与表面 3 之间的角系数（表面 1 与表面 2，3 垂直）	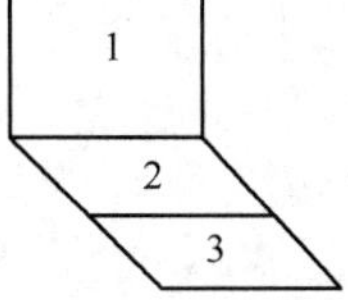 1 2 3	根据分解性 $F_{(2,3)}\phi_{(2,3)1}=F_3\phi_{3,1}+F_2\phi_{2,1}$ 根据相对性 $F_1\phi_{1(2,3)}=F_1\phi_{1,3}+F_1\phi_{1,2}$ 故 $\phi_{1,3}=\phi_{1(2,3)}-\phi_{1,2}$

参考文献

1 姜金宁. 硅酸盐工业热工过程及设备，第2版. 北京：冶金工业出版社，1994
2 李玉柱，贺五洲. 工程流体力学. 北京：清华大学出版社，2006
3 孔珑. 流体力学. 北京：高等教育出版社，2003
4 Frank M. White. Fluid Mechanics, 5th Edition. McGraw-Hill Book Companies, 2004
5 张国强，吴家鸣. 流体力学. 北京：机械工业出版社，2006
6 蔡增基，龙天渝. 流体力学. 泵与风机. 北京：中国建筑工业出版社，1999
7 陈礼，吴勇华. 流体力学与热工基础. 北京：清华大学出版社，2002
8 伍悦滨，朱蒙生. 工程流体力学. 泵与风机. 北京：化学工业出版社，2006
9 钟声玉，王克光. 流体力学和热工理论基础. 北京：机械工业出版社，1980
10 白扩社. 流体力学：泵与风机. 北京：机械工业出版社，2005
11 沈巧珍，杜建明. 冶金传输原理. 北京：冶金工业出版社，2006
12 孙晋涛. 硅酸盐热工基础. 武汉：武汉理工大学出版社，2006
13 徐利华，延吉生. 热工基础与工业窑炉. 北京：冶金工业出版社，2006
14 陈敏恒，丛德滋，方图南等. 化工原理. 北京：化学工业出版社，1996
15 郑津洋，董其伍，桑芝富. 过程设备设计. 北京：化学工业出版社，2001
16 聂能光，李福忠. 风机节能与降噪. 北京：科学出版社，1990
17 陈涛，张国亮. 化工传递过程基础，第2版. 北京：化学工业出版社，2002
18 谭天恩，麦本熙，丁惠华. 化工原理，第2版. 北京：化学工业出版社，1998
19 姚仲鹏，王瑞君. 传热学，第2版. 北京：北京理工大学出版社，2003
20 杨世铭. 传热学，第2版. 北京：高等教育出版社，1987
21 于承训. 工程传热学. 南宁：西南交通大学出版社，1990
22 J. P. Holman. Heat Transfer, 9th Edition. New York：McGraw Hill Book Companies, 2002
23 王补宣. 工程传热传质学. 北京：科学出版社，1982
24 曹玉璋. 传热学. 北京：北京航空航天大学出版社，2001
25 杨世铭，陶文铨. 传热学，第4版. 北京：高等教育出版社，2006
26 施明恒，薛宗荣. 热工实验的原理和技术. 南京：东南大学出版社，1992
27 G. H. 盖格，D. R. 波伊里尔. 冶金炉中的传热传质现象. 北京：冶金工业出版社，1981
28 梅炽. 有色冶金炉. 北京：冶金工业出版社，1994
29 刘圣华，姚明宇，张宝剑. 洁净燃烧技术. 北京：化学工业出版社，2006
30 霍然. 工程燃烧概论. 合肥：中国科学技术大学出版社，2001
31 姚强，陈超. 洁净煤技术. 北京：化学工业出版社，2005